"十四五"时期国家重点出版物出版专项规划项目

中国能源革命与先进技术丛书

储能技术

ENERGY STORAGE

梅生伟　李建林　朱建全

薛小代　陈来军　高梦宇　编著

麻林瑞　张　通　张学林

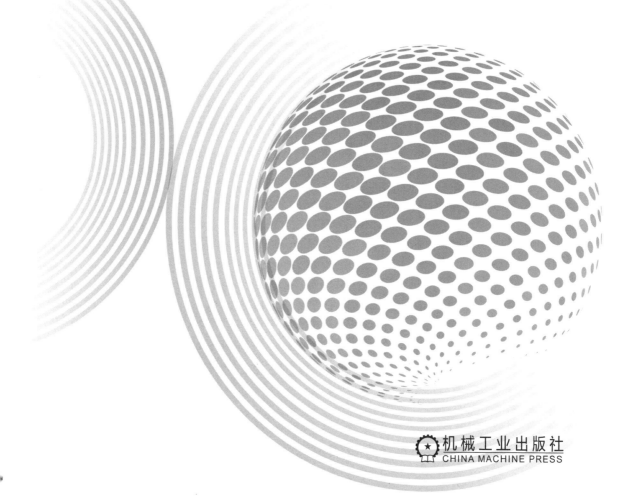

机械工业出版社

CHINA MACHINE PRESS

本书是在《储能技术专业学科发展行动计划（2020—2024年）》的指导下，按新设立的"储能科学与工程"专业规划和要求进行编写的。

本书按照储能的"本体技术—集成技术—工程应用"思路进行阐述，依次介绍了抽水蓄能、压缩空气储能、电化学储能、氢储能和储热等储能技术。这些储能技术的应用场景与特性各异，涉及物理、化学、材料、机械、电气等多个专业的知识。考虑到本书主要面向储能技术相关专业的本科生，作者省略了若干高深的理论内容，侧重于对其中的基础原理和关键特性进行介绍，并穿插了实际应用案例，帮助读者对这些储能技术形成具象的认识。另外，书中还以储能电站为例，简要概述了储能的集成运行与控制方法。最后，本书还介绍了储能的经济性分析方法，并以退役电池梯次利用为例阐述储能梯次利用的基本原理与方法。

本书可作为高等院校储能科学与工程专业、电气工程专业及其他相关专业的本科生教材，也可作为从事储能生产、应用的工程技术人员和科研工作者的参考用书。

图书在版编目（CIP）数据

储能技术/梅生伟等编著. —北京：机械工业出版社，2022.2（2025.1重印）
（中国能源革命与先进技术丛书）
"十四五"时期国家重点出版物出版专项规划项目
ISBN 978-7-111-70212-2

Ⅰ.①储… Ⅱ.①梅… Ⅲ.①储能-技术 Ⅳ.①TK02

中国版本图书馆 CIP 数据核字（2022）第 029996 号

机械工业出版社（北京市百万庄大街 22 号　邮政编码 100037）
策划编辑：付承桂　　　　　责任编辑：付承桂　闫洪庆
责任校对：郑　婕　王明欣　封面设计：鞠　杨
责任印制：郜　敏
天津嘉恒印务有限公司印刷
2025 年 1 月第 1 版第 7 次印刷
184mm×260mm·21 印张·521 千字
标准书号：ISBN 978-7-111-70212-2
定价：68.00 元

电话服务　　　　　　　　　网络服务
客服电话：010-88361066　　机 工 官 网：www.cmpbook.com
　　　　　010-88379833　　机 工 官 博：weibo.com/cmp1952
　　　　　010-68326294　　金 书 网：www.golden-book.com
封底无防伪标均为盗版　　机工教育服务网：www.cmpedu.com

推荐序一 /
FOREWORD

在化石能源日渐枯竭、气候变暖和环境恶化的多重压力下，一场以清洁低碳为目标的能源革命已在全球范围内悄然兴起。在我国，"双碳"目标已成为一项长期的国家战略，构建以新能源为主体的新型电力系统，也成了我国未来电力能源发展的重要导向。

新型电力系统的构建离不开储能的加持。新型电力系统的基本内涵是重构能源的生产、传输、分配和消费体系，逐步实现新能源对传统化石能源的替代。然而，与化石能源相比，风电、光伏等新能源具有强随机性、波动性和间歇性，这使其并网消纳面临巨大挑战。储能可以平抑大规模新能源并网对系统的冲击，并为系统提供频率和电压支撑，改善电能质量，提高安全稳定水平。从这个意义上说，储能是解决大规模新能源并网消纳难题，实现新型电力系统安全、优质运行的重要手段。

专业人才培养是储能产业发展的基石。2020 年 1 月，教育部、国家发展改革委和国家能源局联合印发了《储能技术专业学科发展行动计划（2020—2024 年）》，要求统筹整合高等教育资源，加快建立储能技术学科和专业，培养急需紧缺人才，推动我国储能产业高质量发展。西安交通大学、华中科技大学等一大批高校积极响应国家的号召，获准增设了储能科学与工程本科专业。然而，储能种类众多，涉及物理、化学、材料、能源动力、电力电气等多个学科，在教材编制、课程设置、师资配备等方面相对于一般的学科更为困难，这使得储能专业在成立之初面临较大的考验。

储能教材建设是储能专业建设的首要任务。尽管储能自出现至今已有 200 余年的历史，但长期以电化学储能、物理储能等门类存在于不同的学科，这在一定程度上限制了系统性的储能教材的编制。21 世纪以来，受新能源发电、电动汽车、移动通讯等产业发展的驱动，储能也步入了高速发展期，各种储能著作相继问世。这些著作对推动储能技术的发展起到了重要作用，但其或者面向专门的储能技术从业人员，或者停留在各种储能概况的介绍，或者过于强调储能在某一领域的应用，直接面向本科生的储能教材至今仍较为缺乏。

该书编写于储能科学与工程本科专业设立之初这一关键节点，对于促进储能专业的发展和储能人才的培养具有重要意义。主要特点包括：

（1）在内容上，以能力培养为目标，强化对储能的基本概念、原理与方法的阐述，并反映了当今储能技术的发展趋势。

（2）在结构上，重点突出，层次分明，衔接连贯，建立了一个体系严谨、内容完善的储能技术知识体系。

（3）在描述上，文字简洁流畅，并辅以丰富的插图和实际工程案例，深入浅出地对各种储能技术进行介绍。

（4）此外，每章均有引言和小结与正文相配合，并设置富有启发性的例题和习题，帮助读者更好地学习、理解和消化储能的相关知识。

梅生伟教授及其作者团队长期从事储能相关教学和科研工作，创立了青海大学储能科学与工程教学名师工作室，建立了全国高校中规模最大、设备最齐整、技术最先进、功能最完善的太阳能综合利用工程示范基地与储能相关教学科研基地，主持了多个大型储能科研与工程项目，牵头编制了多部储能专著和技术标准。作者们潜心一年半之久编写的这部教材，必将为我国储能的发展和新型电力系统的建设做出重要贡献。值此教材出版之际，特向本书的作者们表示祝贺，同时希望他们再接再厉，为我国的教育事业做出更大的贡献。

中国科学院　院士

中国电力科学研究院有限公司　名誉院长

2022 年 2 月于北京

推荐序二 /
FOREWORD

2020 年 1 月，教育部、国家发展改革委和国家能源局联合印发了《储能技术专业学科发展行动计划（2020—2024 年）》，标志着我国储能技术已正式迈入了产业、专业与学科协同发展的新阶段。在"十四五"开局之时，国家出台这一极具前瞻性的行动计划，为储能产业的长远发展注入了强大活力。早在世纪交替之际，本人就意识到了储能对于电力系统的重要性，并率先开展了高温超导磁储能和旋转飞轮储能在电力系统稳定控制中的应用等方面的研究工作，但由于当时条件有限，储能技术在国内（尤其是电力系统领域）的整体发展相对缓慢。21 世纪后，在多重利好政策以及新能源、电动汽车等大幅增长因素的驱动下，储能技术逐渐进入了高速发展期。据《储能产业研究白皮书 2021》预测，2025 年中国储能市场的规模将达到 35.5~55.9GW。这意味着在未来 4 年，储能产业将以年均 72% 以上的增长率快速发展。目前，我国储能技术的发展面临以下问题：原创性、颠覆性的储能技术缺乏，"高精尖"储能人才发展严重滞后于产业发展的需求，且有继续凸显之势。

上述问题如不及时解决，将会造成储能技术发展后劲不足，并从根本上制约新型电力系统的构建和"双碳"战略的实施。认识到储能技术发展趋势和人才培养不足的问题，国内有识之士已开展了部分卓有成效的工作。2021 年 9 月，我受邀参加了中科院学部咨询项目青海大学专题研讨会，同时参观了梅生伟教授及其团队在储能教学与科研方面的丰硕成果，深受感动。在青海这样一个欠发达地区，他们克服重重困难，组建了一支覆盖电气、机械、计算机、热工等学科的交叉型可再生能源与储能创新团队，创建了全国高校中规模最大、技术最先进的太阳能综合利用工程示范基地与储能相关教学科研基地，其中电化学储能、氢储能、压缩空气储能、热储能等不同类别的储能设备已投入到教学、科研与校园供电服务中，所研发的光热复合压缩空气储能技术为国家能源局储能示范工程"江苏金坛 60MW/300MWh 盐穴压缩空气储能电站"的建成及投运提供了强有力的技术支撑。梅教授及其团队体现了新一代学者的家国情怀和使命担当，也让我看到了我国储能事业未来发展的无限希望！

增设储能专业是从根本上解决储能技术瓶颈和人才培养问题，增强储能技术发展后劲的重要举措。根据 2021 年教育部公布的本科专业备案和审批结果，目前已有 16 省市的 25 所高校增设了"储能科学与工程"专业，通过专业建设助推储能人才、技术与产业发展已成为普遍共识。在储能专业设立之初，梅生伟教授领衔的作者团队率先突破了传统的学科和专业壁垒，集成了其教学科研成果和国内外相关研究的精华，倾心编写了《储能技术》这本教材，对于我国储能专业建设具有重要意义。阅读下来，该书给我的最大感受是：

（1）深入浅出，易于学习。该书针对本科生教学的需求，采用通俗易懂的方式对储能技术的相关概念和原理进行描述，避免抽象的定义和冗长的公式推导，并辅以丰富的例题和实际工程案例，帮助本科生从深奥难懂的储能理论中解脱出来，便于学习和领会储能技术的内涵和外延。

（2）结构清晰，便于施教。该书总体上按照储能技术的本体技术—运行控制—经济性分析三个层次进行编写。在储能技术的本体技术中，又综合考虑储能技术成熟度、应用广泛性等因素，逐章对抽水蓄能、压缩空气储能、电化学储能、氢储能、热储能以及飞轮储能等不同种类的储能技术进行介绍，在强调系统性的同时保持了各个章节的独立性，不同的学校和专业可根据自身的办学定位和专业特点有选择性地开展教学。

（3）内容丰富，受众广泛。与一般的教材不同，该书除了对各种储能技术的概念、原理和分析方法进行叙述外，还系统介绍了储能技术的发展历程、研究现状、前沿问题和实际工程案例等内容，既可以作为本科生的教材，又可延展至研究生、工程技术人员等受众，帮助他们更好地了解储能技术的发展全貌。

综上所述，我认为《储能技术》一书完全契合国家储能技术发展战略和储能专业建设需求，是一本优秀的教材，必将为我国储能技术的发展和人才培养做出重要的贡献。

中国科学院　院士

华中科技大学　教授

2022 年 2 月于武汉

前言 /
PREFACE

21 世纪以来，受到能源枯竭和环境恶化的双重压力，全球能源发展格局正在发生重大而深刻的变化，新能源逐渐取代传统化石能源成为主力能源的趋势已不可逆转。在我国，党的十八大报告首次提出"推动能源生产和消费革命"。建设清洁低碳、安全高效的现代能源体系，力争 2030 年前实现碳达峰、2060 年前实现碳中和，成为我国能源革命的主要目标。

储能可弥补风、光等新能源发电随机性强与可调度性低的先天缺陷，促进新能源汽车与能源互联网的发展，在生产侧与消费侧实现主体能源由化石能源向新能源的更替，被认为是支撑能源革命、实现"碳达峰"与"碳中和"最核心的物理手段。储能的种类较多，常见的包括抽水蓄能、压缩空气储能、电化学储能、热储能、氢储能等。然而，由于受技术、成本、政策、商业模式等因素的影响，储能的规模化发展与商业化应用之路依然任重道远。

储能的发展与应用需要大量的专业人才作为支撑。为加强储能人才的培养，教育部、国家发展改革委、国家能源局联合制定了《储能技术专业学科发展行动计划（2020—2024 年）》，拟经过 5 年的努力，增设若干储能相关本科专业、二级学科和交叉学科，建设若干储能技术学院（研究院），建设一批储能技术产教融合创新平台。在教育部发布的《关于公布 2019 年度普通高等学校本科专业备案和审批结果的通知》中，"储能科学与工程"被列为新增专业。目前，西安交通大学、华北电力大学、青海大学、中国石油大学、天津大学、中国矿业大学、厦门大学、山东大学、华中科技大学、武汉理工大学、重庆大学、哈尔滨工业大学等一大批高校已先后创建了储能学科，并有多所高校向教育部申报开设储能专业。

储能学科的发展与完善，有赖于其课程体系及教材体系的建设。特别是储能涉及物理、化学、材料、机械、电气、经济等多个专业，属于一个典型的交叉学科，现有的本科教材支撑不足，更是需要打破传统专业壁垒，编制出更多有代表性的教材。在这种背景下，作者编写了这本教材，对各种储能的基本概念、原理、集成方法、应用模式以及经济性分析方法进行介绍。第 1 章由青海大学/清华大学梅生伟教授执笔，第 2 章由华南理工大学朱建全博士执笔，第 3 章由梅生伟教授和清华大学薛小代及张学林博士执笔，第 4 章和第 8 章由北方工业大学李建林教授执笔，第5章由青海大学高梦宇博士执笔，第6章由青海大学麻林瑞和张通博士执笔，第7章由青海大学/清华大学陈来军教授执笔，第9章由梅生伟教授和朱建全博士执笔，全书由梅生伟教授和朱建全博士统稿。

值本书杀青之际，我首先要感谢大连理工大学袁铁江教授，本书最早是在袁教授的动议策划下启动的。袁教授做事热情奔放，为学严谨踏实，老实说我也是在他的鼓励下最终下定了领衔团队编写本书的决心，令人遗憾的是袁教授因故没能全程参与本书的编写，尽管如此，他还是一如既往地关注本书的进展并提出宝贵意见。

我还要感谢青海大学对本书不可或缺的支持。应该讲，编写一本储能本科专业的通识教材是一项难度很大并充满挑战性的系统工程，既需要一支高水平的多学科交叉团队完成储能基础理论和关键技术的高度凝练，更需要各类储能平台的物理支撑。如果说前者是无形的储能之道，后者则是有形的储能之器。欲成就此书，只有道器合一，方能面向本科生授储能之业，解储能之惑。话说到这里，不能不感叹我到青海大学工作的高原双幸：2020年，青海省批准成立了"昆仑英才·教学名师"工作室——青海大学储能科学与工程教学名师工作室，15位骨干成员具有博士学位，来自电气、机械、工程热物理、信息、材料、化工以及土木等7个一级学科，高度交叉，大道自然，此一幸也。又自2014年起，青海大学历时8年，建成了国内高校院所中面积最大、设备最齐整、技术最先进、功能最完善的太阳能综合利用基地以及国内首个清洁能源示范校园。构成这两个系统的中坚，便是形色各异的各类储能之器（平台），从电化学、氢、压缩空气储能，到导热油储热、水储冷，琳琅满目，应有尽有。有器方能论道，也可传道，此二幸也。

我还要特别感谢机械工业出版社的付承桂老师，她不仅严谨认真、脚踏实地，更重要的是目光高远，一直从未来本书施教效果考虑问题，她的这种工作作风一直感染着我们，直至我们完成书稿。

本书涉及内容较广，主要取材于国内外的文献、报告以及作者的研究成果。要将多个专业中的知识有条理且深入浅出地融合到一本书中较为困难，再加上编写时间仓促，疏漏和错误之处在所难免，敬请读者批评指正！

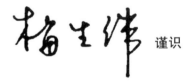

梅生伟 谨识

2022年1月于青海大学

目 录 /
CONTENTS

第1章 储能概述

能量是一切物质运动的动力之源，是人类社会赖以生存和发展的最基本的物质条件之一。能源存在于自然界并随着科学技术的发展而不断被开发利用。可以说，能源发展变迁的历史，也是人类不断认识、改造和创造世界的历史。能量存储能力的增强可以改善人类利用能源的方式，推动人类文明向前发展。

火的发现和利用是人类有意识地利用能源的开端，揭开了人类文明的序幕。人类通过钻木取火获得生物质能，改善了生存条件，这贯穿了整个人类文明史。与此同时，人类在生产和生活中逐渐学会了使用风力和水力，并通过驯化动物获得了畜力，这些机械能的利用大大增强了人类改造自然的能力。此后，人类社会的能源利用经历了从薪柴时代到煤炭时代，到油气时代，再到电气时代的演变，直接催生了前三次工业革命并引发了第四次工业革命，使大自然这个人类赖以生存的环境发生了迄今最为深远的改变。

在能源开发利用的历史进程中，我们可以发现，能源发展过程就是能量存储与利用能力不断改善的过程，遵循着从低密度到高密度、从低品质到高品质和从分散到集中的总导向。然而，在低碳发展与能源革命的大背景下，新能源得到了快速发展，我们有理由相信，未来的能源结构是多元化的，以间歇性新能源为主体，新旧能源并存。这种发展模式是否将背离前述的能量发展规律呢？这取决于储能技术的发展。储能可以实现大量分布式、低密度和随机间歇性的新能源的大规模聚集存储，即便能源生产方式是多元甚至离散的，但能源的使用依然是集中式、高密度和高品质的。从这个意义上说，未来的能源革命与能源转型能否遵循能源发展规律深化发展，在很大程度上依赖于储能技术的突破。正如伦敦大学国王学院政策研究所主席 Nick Butler 所言："在改变能源行业的所有技术中，储能技术最为重要。在储能规模足够大的情况下，世界能源结构将发生根本性改变。"

本章首先阐述储能的基本概念和分类；其次结合储能的发展简史对其未来的发展动向进行分析；接着讨论我国储能的现状及挑战；最后介绍本书的主要内容。

1.1 储能的概念

储能即能量存储，具体是指通过某种介质或设备，将一种能量用相同或不同形式的能量存储起来，在某一时刻再根据需要以特定的形式进行释放的过程。广义的储能包括一次能源（原煤、原油、天然气、核能、太阳能、水能、风能等）、二次能源（电能、氢能、煤气、汽油等）和热能等各种形式的能量存储。从狭义上讲，储能是指利用机械、电气、化学等方

1

法将能量存储起来的一系列技术和措施。本书介绍的储电、储热和储氢即属于狭义的储能。

储能过程往往同时伴随着能量的传递和形态的变化。虽然储能的类型较多，工作机理也存在差异，但储能的基本特性一般可通过以下指标进行描述。

1）**存储容量**。顾名思义，存储容量是指储能系统所能存储的有效能量，主要用于描述储能系统对能量的存储能力。

2）**实际使用能量**。实际使用能量是指储能系统在应用过程中所能释放的有效能量，主要用于描述储能系统对能量的释放能力。

3）**能量转换效率**。能量转换效率是指储能系统在完成某次充放电循环后，所能释放的有效能量与所能存储的有效能量的比值。由于能量在存储过程中会产生损耗，因此能量转换效率小于1。

4）**能量密度**。从质量或体积的角度，能量密度可分为质量能量密度与体积能量密度，分别对应单位质量或体积的储能系统所能存储的有效能量。

5）**功率密度**。与能量密度类似，功率密度可分为质量功率密度与体积功率密度，分别对应单位质量或体积的储能系统所能输出的最大功率。

受储能材料限制，储能系统通常难以兼具较高的能量密度和功率密度。比如，抽水蓄能系统的能量密度较大，但功率密度较小；蓄电池的功率密度普遍较高，但能量密度往往偏小。

6）**自放电率**。自放电率是指储能系统在单位时间内的自放电量，主要用以反映储能系统对所存储的能量的保持能力。

7）**循环寿命**。储能系统每经历一个完整的能量存储和释放过程，便称为一个循环。储能系统在寿命周期内所能实现的最大循环次数，称为循环寿命。

8）**其他指标**。除上述指标外，常用的储能技术指标还包括技术成熟度、兼容性、可移植性、安全性、可靠性和环保性等。

1.2　储能的作用

随着传统化石能源日益枯竭以及生态环境的不断恶化，可持续发展已成为全球共识。建立以清洁化能源为核心的现代能源体系，从根本上解决高碳结构问题将成为未来能源发展的主要方向。

现代能源体系的建立需要对传统能源系统的各个环节进行变革。在能源供应侧，大量间歇性、随机性和可调度性低的新能源将逐渐取代可控的传统化石能源成为主力电源。在能源消费侧，以电动汽车为标志的再电气化序幕已经拉开。在能源输配侧，电网作为基础能源配置平台将面临源荷双侧的强不确定性的冲击，各种安全稳定问题不断出现。此外，在能源的供应、消费和输配链条，不同能源间的相互转化与互补互济将成为常态。在上述能源体系变革过程中，储能将扮演核心角色，以下将进行具体分析。

（1）储能是新能源规模化发展的重要支撑

由于风能、太阳能等新能源的波动性、随机性以及反调峰、极热无风、晚峰无光等特性，新能源的规模化并网消纳极为困难，轻则产生"弃风、弃光"现象，重则诱发大规模连锁脱网事故，给系统安全运行带来严重威胁。储能技术是支撑高比例新能源并网的关键技术。一方面，通过引入储能系统，可以实现太阳能、风能等新能源发电功率的平滑输出，降低新能源并网给系统带来的冲击，提高新能源的并网消纳率。另一方面，通过引入储能系统，还可有效控制电网电压、频率及相位变化，提高新能源电力系统的安全性及电能质量，从根本上促进新能源的开发利用。

（2）储能电池是电动汽车的核心部件

电动汽车的动力由电机和电池提供。其中，电机技术经过两百余年的发展已非常成熟，在低噪声、零排放等方面相对于燃油机均具有显著优势。然而，受电池安全性、续航能力、充电速度和使用寿命等因素的影响，部分消费者仍对电动汽车持观望态度。从这个意义上说，电池水平在很大程度上决定着电动汽车的出路。

未来随着电池循环寿命的提高和容量的增大，电动汽车中的电池系统还可以作为一个存储单元与电网进行互动，从而降低用电成本。另一方面，储能电池系统还能在汽车减速制动过程中将汽车的部分动能转化为电能并存储起来，降低能耗。这将进一步提高电动汽车的经济性，从根本上促进电动汽车的发展。

（3）储能是现代电网的重要组成部分

作为能源生产与供应的基础平台，现代电网的安全稳定运行面临严峻挑战。一方面，风电、光伏发电、核电等可控性较低的电源占比将不断提高；另一方面，风力发电、光伏发电等新能源因受自然条件的制约而更为分散，通过微电网就地消纳可能更为经济、高效与便捷。所有这些能源结构与电网结构的变化，都对电力系统的灵活调节能力提出了非常高的要求。储能作为最具代表性的灵活调节资源，既可以平抑新能源的波动性和间歇性，实现削峰填谷，又可以参与系统调频调压，确保系统安全稳定运行。由此可见，储能将成为现代电网的重要组成部分，电网也将由"源-网-荷"的传统运行模式逐渐过渡到"源-网-荷-储"的协调运行模式。

（4）储能是构建能源互联网的关键支撑技术

能源互联网实现电能、热能和化学能等多种能源的相互转换，使能量可以在电网、气网、热力网和交通网等能源网络之间流动，提升能源的综合利用率。储能包括电化学储能、压缩空气储能、储热和储氢等不同形式的能源存储方式，可以调节多种能源之间的耦合关系，使其变得更为可控，是构建能源互联网的关键支撑技术。

1.3 储能的分类

储能具有多种分类方法。根据储能载体的类型，储能一般可分为机械类储能、电气类储能、电化学储能、热储能和氢储能五大类，具体如图1-1所示。

根据储能的作用时间的长短，可将储能分为分钟级以下储能、分钟至小时级储能和小时级以上储能，具体分类方法和应用场景见表1-1。

表1-1 储能的不同作用时间分类

时 间 尺 度	主要储能类型	运 行 特 点	主要应用场景
分钟级以下	超级电容器 超导储能 飞轮储能	动作周期随机 毫秒级响应速度 大功率充放电	辅助一次调频 提供高系统电能质量

（续）

时间尺度	主要储能类型	运行特点	主要应用场景
分钟至小时级	电化学储能	充放电转换频繁 秒级响应速度 能量可观	二次调频 跟踪计划出力 平滑新能源发电 提高输配电设施利用率
小时级以上	抽水蓄能 压缩空气储能 储热 储氢	大规模能量存储	削峰填谷 负荷调节

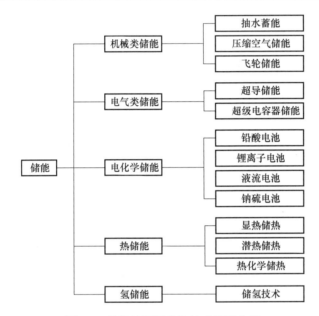

图1-1　储能的不同载体技术类型分类

接下来本节将按图1-1所示的分类方法对各种储能技术进行简要介绍。考虑到储能技术的成熟度、应用广泛性等因素，本书后续章节将按照抽水蓄能、压缩空气储能、电化学储能、氢储能、热储能和其他储能（飞轮储能、超导储能、超级电容器储能）的顺序进行详细介绍。

1.3.1　机械类储能

目前，应用在电力系统中的机械类储能技术主要包括抽水蓄能、压缩空气储能和飞轮储能。其中，抽水蓄能技术已非常成熟，在电力系统中得到广泛应用。压缩空气储能技术成熟度相对较高，目前已进入产业化阶段。与前两者相比，飞轮储能的技术成熟度不高，仍然处于产业化的初级阶段。

（1）抽水蓄能

抽水蓄能是以水为能量载体，实现能量存储和利用的一种储能技术。在电力系统处于负荷低谷时，通过电动机机械做功，把下游水库的水抽到上游水库，从而将过剩的电能转换成水体势能存储起来；在负荷高峰时，通过发电机将存储在上游水库的水体势能转换成电能以供应电力系统的尖峰电量。抽水蓄能具有调峰、调频、调相、紧急事故备用、黑启动等功能，在电力系统中的应用最为广泛。

（2）压缩空气储能

压缩空气储能是以压缩空气为载体实现能量存储和利用的一种储能技术。储能时，受电能或机械能的驱动，压缩机从环境中吸取空气，将其压缩至高压状态后存入储气装置，电能或机械能在该过程中被转化为压缩空气的内能和势能；释能时，储气装置中存储的压缩空气进入空气透平中膨胀做功发电，压缩空气中蕴含的内能和势能在该过程中被重新转化为电能或机械能。由此可见，和抽水蓄能一样，压缩空气储能也是一种采用机械设备实现能量存储和转换的物理储能技术。压缩空气储能可广泛用于电源侧、电网侧和用户侧，发挥调峰、调频、容量备用、无功补偿和黑启动等作用。

（3）飞轮储能

飞轮储能系统是电能与飞轮机械能的一种转换装置。储能时，电机驱动飞轮高速旋转，将电能转化为机械能存储起来；释能时，电机工作在发电机状态，使飞轮减速，将机械能转化为电能。飞轮储能具有寿命长、充电时间短、功率密度大、转换效率高、对环境友好、几乎不需要维护等优点；其缺点是储能密度低，自放电率较高。飞轮储能主要适用于电能质量控制、不间断电源等对储能调节速率要求高但储能时间短的场景。

1.3.2 电气类储能

电气类储能主要包括超导储能和超级电容器储能，前者将电能存储于磁场中，后者将电能存储于电场中。电气类储能在功率密度和循环寿命方面有巨大的优势，可减小电网瞬间断电的影响，抑制电网的低频功率振荡，改善电压和频率特性。

（1）超导储能

超导储能利用超导线圈将电能转换成电磁能进行存储，在需要时再对电能进行释放。超导储能的响应速度快（ms级），比功率大（$10^4 \sim 10^5 kW/kg$），储能密度大（$10^8 J/m^3$），转换效率高（≥95%），易于控制，且几乎无污染，但目前主要处于示范应用阶段，离大规模应用仍有较大距离。超导储能的发展主要依赖于材料方面的突破，如何研制出力学性能和电磁性能更好的超导线材，优化超导体的临界温度，提高超导储能系统的稳定性和使用寿命，将是未来超导储能技术的重要研究方向。

（2）超级电容器储能

超级电容器储能是将电能存储于电场中的一种储能形式。超级电容器由活性炭多孔电极和电解质构成，其电容值达法拉级以上，是一种新型储能元件。超级电容器在储能过程中遵循电化学双电层理论，通过电极与电解液形成界面双电层收藏电荷，从而实现能量的存储。超级电容器在充放电过程中几乎不发生化学反应，因此其循环寿命长，充放电速度快。超级电容器正常工作的温度范围在$-35 \sim +75℃$之间，可适应恶劣环境温度。此外，超级电容器还具有功率密度高、内阻小、维护保养成本低和对环境友好等优点。其缺点是续航能力相对较差，并依赖石墨烯等新材料的发展。目前，超级电容器储能通常应用于提高电能质量等场景。

1.3.3 电化学储能

电化学储能通过电化学反应实现电能与化学能之间的相互转换，这对应于电能的存储和释放过程。根据温度的差异，电化学储能可分为室温电池和高温电池两类。其中，室温电池主要包括铅酸电池、锂离子电池和液流电池；高温电池主要为钠硫电池。

近年来，电化学储能发展极为迅速。一般认为，电化学储能的投资成本低于250美元/kWh、储能寿命超过15年（4000次充放电循环）和储能效率高于80%时，具有较大的规模化应用前景。目前，铅酸电池和锂离子电池已实现了大规模产业化，特别是高比能锂离子电池在电动汽车领域得到了广泛应用。

（1）铅酸电池

铅酸电池根据铅在不同价态之间的固相反应实现充放电。传统的铅酸电池的电极由铅及其氧化物制成，电解液为硫酸溶液。在充电状态下，正极的硫酸铅转化为二氧化铅，负极的硫酸铅转化为铅；放电过程恰好相反，正极的二氧化铅与硫酸反应后转化为硫酸铅和水，负极的铅与硫酸反应后转化为硫酸铅。

超级铅酸电池结合了超级电容器与铅酸电池的优点。通过超级电容器的活性炭电极材料形成双电层储能机制，可以改善铅酸电池的倍率放电性能，延长其脉冲放电寿命，提高其接收电荷的能力。根据超级铅酸电池的活性炭应用方式的差异，可以进一步将其细分为超级电池和铅炭电池两类。其中，超级电池将活性炭做成单独极片与铅负极板内并，铅炭电池按一定比例将活性炭混入铅负极板活性物质中。

铅酸电池具有安全可靠、价格低廉和性能优良等优点，是目前应用最为广泛的电池之一。然而，铅是非环保材料，容易引发环境污染问题。为了实现铅酸电池的回收利用，欧美等发达国家已形成具有一定循环封闭性的铅酸电池产业链，废旧铅蓄电池的回收率可以达到97%。

（2）锂离子电池

锂离子电池是一种二次电池（充电电池），主要依靠锂离子在正极和负极之间的移动进行能量存储与释放。锂离子电池一般以钴酸锂、锰酸锂和磷酸铁锂等锂的化合物为正极材料，以石墨、软碳、硬碳和钛酸锂等锂-碳层间化合物为负极材料，电解液为含有锂盐的有机碳酸盐电解液。充电时，正极的锂原子变为锂离子，通过电解质向负极移动，在负极与外部电子结合后还原回锂原子进行存储；放电过程正好与此相反。锂离子电池的能量密度高，自放电率低，寿命长，且无记忆效应，易于快充快放，但成本偏高。随着技术的发展以及成本的下降，近年来锂离子电池的应用规模越来越大，前景被广泛看好。

（3）液流电池

液流电池的全称为氧化还原液流电池，其工作原理是先将活性物质溶解于正负储液罐的溶液中，利用送液泵使电解液不断循环，并在正负极发生氧化还原反应，从而实现电池的充电与放电。与一般电池不同，液流电池以氧化还原反应堆为活性物质，这些活性物质以离子状态存在于液体电解质溶液中。液流电池的功率主要由电堆决定，容量则主要取决于电解液容量。因此，一般采用增加电解液量或提高电解液浓度的方式增大液流电池容量。液流电池具有寿命长、自放电率低、环境友好和安全性高等优点，缺点是能量效率和能量密度均不高。目前，全钒液流电池、锌溴液流电池等已初步实现了商业化应用。

（4）钠硫电池

钠硫电池是一种以熔融金属钠为负极，以熔融态的硫为正极和以陶瓷管为电解质隔膜的熔融盐二次电池。通过钠与硫化学反应将电能存储起来，待电网需要用电时，再将化学能转化为电能释放出去。钠硫电池具有体积小、容量大、寿命长和效率高等优点。此外，钠硫电池的稳定性较强，在输入和输出电流突增至额定值的 5~10 倍的情况下，依然可以稳定地进行能量存储与释放。目前，钠硫电池主要应用于电网削峰填谷、大规模新能源并网、辅助电源等领域。

1.3.4　热储能

热储能即储热技术，有两个关键环节：其一是热能的传递，即选用合适的传热工质和换热器结构，使得储热系统能够高效地在热能富余时从热源吸热，并在热能短缺时向负载供热；其二是热能的存储，即选取合适的储热材料及盛放储热材料的容器，使得整个储热系统在大量充、放热的过程中保持稳定性，而且将热能损失降到最低。储热主要有三种方式：显热储热、潜热储热（也称为相变储热）和热化学储热，下面将逐一进行介绍。

（1）显热储热

显热储热主要利用储热材料温度的变化进行热量存储与释放。按储热材料的差异，显热储热可分为固体显热储热和液体显热储热两种。显热储热是发展最早、技术最成熟和应用最广的储热方式之一，但也存在储热密度低、储热时间短、温度变化大及储热系统庞大等缺点。

（2）潜热储热

潜热储热利用物质在凝固/熔化、凝结/气化、凝华/升华等过程需要吸收或放出相变潜热的原理进行储热，所以也被称为相变储热。相变形式包括"固—液""液—气""气—固"及"固—固"四种，其中以"固—液"相变最为常见。相较于显热储热技术，潜热储热有着更高的储热密度，而且由于充、放热过程均发生在相变材料的相变点附近，潜热储热技术有着更高的稳定性。适用于中低温的相变材料有冰、石蜡等，典型应用场景包括废热回收、电子设备热管理、太阳能供暖和空调系统等；适用于高温的相变材料有高温熔化盐类、混合盐类、金属及合金等，典型应用场景有热机、太阳能光热电站、磁流体发电以及人造卫星等。

（3）热化学储热

热化学储热技术通过可逆的化学吸附或化学反应存储和释放热能。热化学储热的密度远高于显热储热和相变储热，既可以对热能进行长期存储，还可以实现冷热复合存储，热量损失小，在余热/废热回收等领域得到了广泛应用。

目前，国内外的热化学储热技术都处于研发阶段，尚未实现商业化。从长远看，热化学储热技术是储热技术的重要发展方向，中国、美国等国的相关科研机构已进行了大量研究。

1.3.5　氢储能

氢储能的基本原理是将水电解得到氢气，并以高压气态、低温液态和固态等形式进行存储。以风电制氢储能技术为例，当风电无法上网时，可以用其将水电解为氢气存储起来。当系统处于用电高峰时，再以氢气为燃料，通过内燃机、燃料电池等产生电能。

氢气具有燃烧热值高、大规模存储便捷、可转化形式广和环境友好等优点，受到了能源行业的高度重视，具有极大的发展潜力。其缺点是能量转换率相对较低，比如在电解水制氢过程中，大量的能量被转化成热能浪费掉。此外，目前的氢储能技术的成本仍然比较高，这也在一定程度上阻碍了氢储能技术的规模化应用。

1.4 储能发展简史

储能的概念是在人类用能过程中逐渐形成的。最早的储能可以追溯到史前社会，当时人们将石块搬运到高处用于攻击入侵者，属于一种机械储能方式。随着人类社会的发展，储能被赋予了时代的特征。不同时代的人类对能源的需求与利用方式不同，促使储能的内容和形式也相应发生变化。根据各历史阶段储能的使用特点，可以将整个储能发展历史大致分为三个时期，即初步探索期、多元发展期和高速发展期。

（1）初步探索期

从18世纪末至20世纪上半叶，在工业革命爆发后，特别是在以电能广泛应用为标志的第二次工业革命爆发后，以电力储能技术为代表的多种储能技术逐渐登上了历史舞台。在此期间，电化学储能和抽水蓄能的发展相对较快，并得到了一定程度的应用。此外，氢储能也得到了初步的探索，并在少数领域得到了使用。

1）电化学储能是最早出现的电力储能技术。1799年，Alessandro Volta发明了一次电池——伏打电池，第一次使人们将储能与电联系到了一起，被认为是现代化电力储能技术的发端。1839年，英国科学家William Grove首次演示了燃料电池的原理性实验，揭开了燃料电池的帷幕。为解决一次电池续航短的问题，1859年，Gaston Planté发明了第一个二次电池，即铅酸电池。此后，人们又进一步对其负极进行了改进，即在铅膏中加入了活性炭材料，将铅酸电池发展成为铅炭电池，能显著提高其充放电速度、比容量和循环寿命。此外，多种二次电池被逐渐开发出来，如镍基电池、锌/氯电池、锌/溴电池和金属空气电池等，这些二次电池具有更高的能量密度，有效促进了电化学储能的应用。

2）抽水蓄能作为一种大规模储能方式，在这一时期同样得到了开发利用，并从此成为了电力储能技术的主要应用方式。世界上第一座抽水蓄能电站于1882年诞生在瑞士的苏黎世，功率为515kW，扬程为153m。在此后的19世纪末至20世纪上半叶，抽水蓄能电站发展相对缓慢，欧洲和日本陆续建造了几十座抽水蓄能电站，仅用于调节来水的季节不平衡性，一般汛期蓄水，枯水期发电。

3）其他的一些电力储能技术也在这一时期逐渐走进人们的视野。其中，1879年Helmholtz发现了电化学界面双电层电容性质并提出了双电层概念，被认为是超级电容器储能的开端。但是，这一发现在当时并没有引起科学界的广泛关注。此外，瓦特蒸汽机的广泛应用也为飞轮储能的诞生创造了条件，但当时的飞轮用途较为单一，主要被用以维持机器的平稳运转。

4）除了电力储能技术外，氢储能也在这一时期开始得到了摸索与使用。1870年法国预言家Jules Verne提出了氢能利用的设想，他以为"水总有一天会用作燃料，其成分氢既可单独使用，又可和氧联合使用"。1898年，Dewar首先使用液化氢并发明了杜瓦瓶，可实现氢的存储。此后，氢在内燃机和各种飞行器上得到了越来越多的应用。

（2）多元发展期

从 20 世纪中叶至 20 世纪末，世界进入了和平与发展的时代，科学技术的发展突飞猛进，各种新发明、新创造层出不穷，储能技术也进入了多元发展期。在此期间，电化学储能技术进入了新的发展阶段，一些新的储能技术，如压缩空气储能、超导储能和热储能等也逐渐走进了人们的视野。

1）电化学储能技术得到了进一步发展，尤其是锂电池的发明成为电池储能技术发展的一个里程碑。1970 年，埃克森公司的 M. S. Whittingham 分别采用硫化钛和金属锂为正、负极材料，制成了首个锂电池。1980 年，J. Goodenough 发现钴酸锂作为锂离子电池的正极材料效果更好。1982 年，伊利诺伊理工大学的 R. R. Agarwal 和 J. R. Selman 发现锂离子嵌入石墨有利于提高存储速度和安全性，基于这一发现，贝尔实验室试制成功了首个可用的锂离子石墨电极。1992 年，日本索尼公司以炭材料为负极，以含锂的化合物（钴酸锂）为正极，研制出一种新型的锂电池。由于其充放电过程中只有锂离子而不存在金属锂，因而被称为锂离子电池。此类以钴酸锂作为正极材料的电池，至今仍是便携式电子设备的主要电源。

2）与此同时，抽水蓄能得到了大量的推广应用。20 世纪 60~80 年代，随着工业化的发展，美国、西欧和日本等发达国家和地区建造了大量核电站，产生了较大的调峰需求。在这种背景下，抽水蓄能建设进入了蓬勃发展的时期。30 年内抽水蓄能电站的装机容量增长了近 23 倍，1990 年达到 8300 万 kW，占总装机容量的 3.15%，承担了大量的电网调峰和备用任务。20 世纪 90 年代至 20 世纪末，抽水蓄能电站的增长开始变慢。这一方面是因为主要发达国家的经济增速放缓，电力负荷增长缓慢。另一方面，液化天然气和液化石油气电厂快速发展，挤占了部分抽水蓄能电站的发展空间。

3）1957 年 Becker 以多孔碳为电极、水溶液为电解液，首次研制出双电层电容器。Becker 还提出较小的电容器可以用作储能元件的理论，促使超级电容器发展迅速。1966 年，美国俄亥俄标准石油公司（Standard Oil Company of Ohio）将高表面积碳材料作为电极，将非水溶液作为电解液，制造了高能量密度的双电层电容器。1979 年，日本电气股份有限公司（NEC Corporation）开始批量生产超级电容器，并将其应用于电动汽车电池启动系统，促进了双电层电容器的大规模应用。同一时期，松下电器产业公司（Panasonic Corporation）也研制出以有机溶液为电解液的双电层电容器（Gold Capacitor）。20 世纪 80 年代，日本的电容器公司进一步推出了一系列新型的超级电容器，因其功率密度大、充放电时间短、使用寿命长、温度特性好和节能环保等优点而广受关注。

4）20 世纪中叶，现代飞轮储能技术也开始得到发展。20 世纪 70 年代，受石油禁运和天然气危机的影响，飞轮储能进一步受到人们的重视。在此期间，美国提出车辆动力用的超级飞轮储能计划，大力研究复合材料飞轮、电磁悬浮轴承以及基于飞轮的电动/发电一体化电机技术。20 世纪 90 年代开始，飞轮储能真正进入高速发展期。在此期间，磁悬浮技术实现了高速或超高速旋转机械的无接触支撑，与真空技术的配合可使摩擦损耗降至最低。同时，高强度复合材料的大量涌现，使飞轮转子可以承受更高的转速，从而极大增加了飞轮储能系统的储能密度。电机技术的快速发展，也使得飞轮电池驱动能力进一步增强，而电力电子技术的发展，又进一步为飞轮储能的动能与电能之间的高速、高效转化提供了条件。通过近 30 年的技术积累，20 世纪 90 年代中后期，美国率先在不间断供电过渡电源领域形成了商业化产品，使飞轮储能进入产业化阶段。

5）随着氢能的广泛使用，储氢技术得到了一定程度的发展。1952 年，氢的大规模液化和存储获得成功。20 世纪 60 年代后期，用金属氢化物储氢的系统也实验成功。此后，国际上对氢能的开发与利用越发重视，电解制氢和输氢技术得到了发展，推动了氢储能技术的研发与应用。

6）德国工程师 StalLaval 于 1949 年提出了压缩空气储能的概念。1978 年，德国的亨托夫市（Huntorf）建造了第一座商业运行的压缩空气储能电站。1991 年，第二座压缩空气储能电站在美国亚拉巴马州麦金托夫市（McIntosh）投入运行。两座电站均采用燃气动力循环发电为技术路线，运行过程中需要天然气补燃，因此也称作补燃式压缩空气储能电站。20 世纪 90 年代开始，以摒弃化石燃料补燃、压缩热回收存储再利用为主要技术路线的非补燃式压缩空气储能逐渐成为研究热点，其主要原理是通过提升压缩机单级压缩比获得较高品位的压缩热能并加以存储发电。在释能过程中，存储的压缩热能可用于加热透平膨胀机入口的空气，以实现无需补充燃料的目标。

7）法国的 Ferrier 于 1969 年首先提出了超导储能的概念。20 世纪 70 年代初，威斯康星大学应用超导中心开发了一个由超导线圈和三相 AC/DC Graetz 桥路组成的电能存储系统，实验中发现该装置的快速响应特性可以抑制电力系统振荡，从而开启了超导储能在电力系统应用的历史。随着超导技术的发展，超导储能成为一个可以参与电力系统运行控制的有功和无功电源，能够主动参与电力系统的功率补偿，提高电力系统的稳定性和功率传输能力。

8）热储能技术也在这一时期开始得到研发与利用。其中，显热储热技术的发展最为迅速。早期的显热储热技术采用双罐系统，并将导热油作为换热和蓄热介质。1984～1991 年，以色列 Luz 公司即采用这种技术在美国加利福尼亚州建成了 9 座槽式电站，装机总容量达到 354MW。1995 年，Solar Two 采用二元硝酸盐（60% 的 $NaNO_3$ 和 40% 的 KNO_3）作为蓄热介质，蓄热罐蓄热量达到 105MWh，大约可以用于满负荷发电 3h，标志着显热储热成为一种可商业应用的成熟技术。

（3）高速发展期

21 世纪以来，能源与环境成为世界的两大主题，储能也迎来了前所未有的发展良机。此外，科学技术的发展大大推动了储能技术的进步，储能技术由此进入了高速发展期。

1）电化学储能呈现出三个发展态势：一是环保性越来越受到重视，锂离子电池、氢镍电池等环保性较好的电池发展迅速；二是一次电池（原电池）向二次电池（蓄电池）转变，使电池的性能与寿命大幅提高；三是电池进一步向小、轻、薄方向发展。目前，电化学储能具有广泛的应用前景，其中铅酸电池和锂离子电池已实现了大规模产业化，特别是锂离子电池在电动汽车领域得到了广泛应用。

2）新能源的大量并网促使抽水蓄能迎来新一轮的发展。随着新能源的快速发展，系统的调峰调频压力持续增大。作为电力系统的主要调节电源，抽水蓄能迎来新的发展机遇。按照国际可再生能源机构（IRENA）发布的研究报告《电力存储与可再生能源：2030 年的成本与市场》，2030 年全球抽水蓄能装机容量与 2017 年相比，将有 40%～50% 的增幅。

3）超级电容器储能和超导储能展示出巨大的发展潜力。近年来，随着电动汽车的发展，超级电容器作为蓄电池的辅助电源在电动汽车领域得到了应用。超级电容器可以弥补电动汽车在功率特性方面的不足，改善起动电动机的速度和性能，实现制动过程中的能量回收，因而具有巨大的商业市场。在超导储能方面，小型低温超导储能系统已经实现了商品化，而基于高温超导材料的超导储能系统也广受重视并成为重要的研发方向。

4）飞轮储能技术与压缩空气储能技术发展迅速。飞轮储能技术在新能源波动平抑领域有着广泛的应用前景。飞轮储能技术领先的美国还研究了航天飞轮储能技术，并将相关技术转化到民用领域，获得了工程应用。在压缩空气储能方面，由非补燃式压缩空气储能发展出了先进绝热压缩空气储能、深冷液化储能、等温压缩空气储能、复合式压缩空气储能等多种技术路线，部分技术路线已完成理论研究和试验验证，并已在全球范围内建设了多个商业试验示范电站，未来有望获得大范围的推广应用。

5）除了上述蓬勃发展的电力储能技术，热储能和氢储能也展现出了充足的发展活力和良好的应用前景。潜热储热技术和热化学储热技术大大提高了储热密度，实现了储热技术的重大革新，具有广阔的应用前景。氢能被称为21世纪的"终极能源"，氢燃料电池技术被认为是解决能源危机的终极方案。随着国际上对氢能产业日益重视，氢储能的发展逐渐体现出强大的后发优势。

回顾从第一块伏打电池问世到现代化储能技术不断涌现这200多年的历史，储能经历了初步探索、多元发展和高速发展三个时期，业已成为学科交叉性强、技术环节多、应用广泛的前沿技术和新兴产业。储能的发展程度关系到未来能源结构转变和电力生产消费方式变革的进程，从某种意义上说，储能就是"存储未来"。

1.5 未来储能发展动向

经过200余年的发展，储能技术已在电力、电动汽车等领域创造了辉煌的历史。当我们将目光转向未来，必须以更广阔的视角探讨现代储能的发展问题。

可持续发展是人类步入21世纪后发展的主题，也是未来储能发展的总导向。在传统化石能源日益枯竭和生态环境不断恶化的双重压力下，建设以新能源为核心的现代能源体系成为不二之选。作为新能源发展困局的破解之道，储能将在未来能源转型中扮演重要角色。可以预见，在未来几十年内，全球的储能市场将蓬勃发展，传统的储能发展模式也将相应改变。在这一总的发展趋势中，一些新的发展动向值得我们关注。

（1）成熟的交易机制与商业模式将促使储能由强配转向主动发展

由于储能技术具有平抑新能源出力波动和实现负荷时移的特性，部分政策强制要求新上的新能源项目必须配套相应比例的储能。也就是说，目前的储能配置仍以政策驱动为主，受储能成本、寿命等因素的制约，储能离商业化发展并实现盈利仍存在一定的挑战。然而，随着储能成本的下降、寿命的提高以及交易机制的完善和商业模式的成熟，储能的收益将不断提高。配置储能也将不再是强制性的要求，资本的逐利性将使越来越多的社会资金涌向储能市场，分享储能的饕餮盛宴。

（2）能源转型呼唤更高比例、更具价值的储能系统

能源转型对储能提出了极高的要求。在传统的电力系统中，因为发电功率可以根据负荷需求进行调整，对储能的依赖性相对较小。随着越来越多的新能源并网发电，情况将发生根本转变。由于风电、光伏等新能源发电直接受天气影响，加上分布式新能源发电系统的多样性，以新能源为主体的新型电力系统的协调控制难度不断增大，导致高配比的储能必不可

少。此外，储能需要扮演多重角色。在电力系统内部，储能需要将电网、负荷、光伏电站、风电场等紧密连接，实现"源-网-荷-储"和"风-光-水-火-储"两个"一体化"；在不同行业之间，储能也有利于实现能量在交通、制造、建筑等各个行业的优化整合，实现能源在不同行业与环节的相互转化与互补互济，从而提升能源的综合价值。

（3）新基建时代将赋予储能系统更丰富的内涵

储能技术可广泛应用于5G基站建设、特高压、城际高速铁路和城市轨道交通、电动汽车充电桩、大数据中心、人工智能、工业互联网等领域，是新基建不可或缺的重要组成部分。反过来，新基建的发展也将给储能的发展带来新的机遇，赋予储能系统更丰富的内涵。例如，华为基于对5G的理解，融合了通信技术、电力电子技术、传感技术、高密技术、高效散热技术、人工智能技术、云技术以及锂电池技术，推出了5G Power智能储能系统。该系统可以实现储能系统的优化管理、控制及前瞻性运维，既能提高储能的性能，又能降低储能的运维成本，增加其收益。

（4）共享储能将使储能的应用更为便捷与高效

近年来，共享经济作为一种新范式，广泛应用于交通、住房等领域，并在储能领域受到越来越多的关注。共享经济的核心思想是将物品的所有权和使用权分离，通过整合闲置资源，以较低的价格提供便捷产品或者服务。对于储能而言，共享经济同样有望发挥巨大作用。一方面，不同新能源场站或用户对储能资源的需求具有时间上的互补性，通过共享储能可以显著提高储能资源利用率；另一方面，分散在电网中的储能资源具有空间上的互补性，通过就近调用储能资源，可以有效降低网损，提高系统运行的经济性；此外，共享储能以联盟形式参与电网运行或进行投资决策时，还可以凭借规模效应获得更多的服务定价收益和政策激励收益，这又进一步提升储能的经济性。

在能源转型的背景下，全球储能发展总体上呈现出类似的发展趋势。但由于地理位置、资源禀赋和经济程度等方面的差异，不同国家与地区在储能发展过程中又具有一定的区别。可以预见，未来20年内，全球储能产业格局仍会以欧美和亚太地区为主，其中美国、德国、中国和日本将会成为全球储能发展的引领者。它们的发展趋势如下：

1）美国的储能发展趋势：目前美国的电网储能仍以抽水蓄能为主，大约94%为抽水蓄能，总量超过20GW。抽水蓄能对环境影响大、建造周期长、投资巨大和地理选址受限，且美国的抽水蓄能电站基本上都是在1980年以前建造的，其未来的发展非常有限。因此，美国电网储能的主要发展方向是使用更加灵活的新型储能系统，电池储能因其功能多样、充放电双向响应速度快而成为首选，目前正以每年30%~40%的速度增长。

2）德国的储能发展趋势：德国政府正在实施能源转型战略，目标是在2030年和2050年将新能源供电的比例提高到50%和80%以上。由于传统的化石能源匮乏，利用储电技术实现更多新能源平滑并网成为重要选择。未来几年，德国的储能市场将会显著增长。此外，家用储能将成为德国储能的一大特色。按照BNEF、SolorPower Europe的统计数据，2019年德国储能的新增装机量为910MWh，其中超过一半为家用储能。

3）日本的储能发展趋势：日本主要有抽水蓄能和电化学储能两种类型的储能。日本在电化学储能领域的研究处于领先地位，前期以钠硫电池为主，后期逐渐转向锂离子电池。日本还非常关注智慧城市的概念，在国内开展试点建设的同时，也积极参与国外的智慧城市建设，储能作为核心技术在其中发挥重要作用。

1.6 我国储能现状及挑战

目前，储能产业在我国还处于发展的初级阶段，储能的商业模式还未成熟，价格机制相对缺乏，但随着新能源的快速发展，我国的储能市场潜力巨大，有可能成为全球最大的储能市场。

近年来，我国的储能行业发展迅速，2015~2020年的发展情况如图1-2、图1-3和图1-4所示。在此期间，我国储能项目的累计装机规模逐年增长，2020年达到了35.6GW，同比增长9.88%。其中，电化学储能项目的发展最为迅速，2020年达到了3269.2MW，同比增长91.23%，新增装机规模首次突破1GW大关。从我国储能市场累计装机分布情况上看，截至2020年年底，抽水蓄能的累计装机规模最大，达到31.79GW；电化学储能的累计装机规模位列第二，其中又以锂离子电池为主，累计装机规模为2902.4MW。

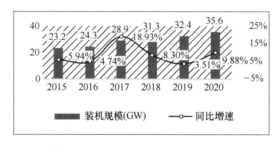

图1-2 2015~2020年我国储能项目累计装机规模

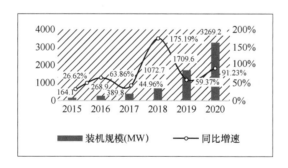

图1-3 2015~2020年我国电化学储能项目累计装机规模

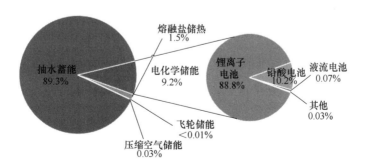

图1-4 2020年我国储能市场累计装机规模分布情况

从图 1-5 可知，储能在我国电力系统各个环节的应用差异较大。其中，储能在辅助服务、与新能源联合运行两个方面的应用最广，分别达到 31.38% 和 30.90%；在电网侧的应用位列第三，达到了 21.41%；在用户侧削峰填谷的应用占比也达到了 10.78%；在分布式微网中的应用最少，仅为 5.53%。

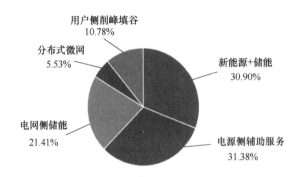

图 1-5　2020 年我国电化学储能应用场景

尽管我国储能产业呈现多元、快速发展的良好态势，但不可否认的是，受政策、技术、成本等因素影响，我国储能在大规模产业化的进程中仍面临以下四个挑战：

一是储能缺乏长效机制，收益存在较大的不确定性。一方面，目前我国的储能市场仍以政策驱动为主，缺乏配套的使用细则和行为规范，某些地方甚至存在"朝令夕改"的现象，无法形成长效机制。另一方面，我国仍处于电力市场建设的初始阶段，缺少有针对性的储能交易品种与机制，盈利模式不够清晰。比如，在用户侧，目前主要通过"峰谷套利"的形式参与电力市场，收益来源相对单一；在电网侧，储能对于提高电力系统的稳定性的价值难以衡量，这在很大程度上增加了投资的不确定性，阻碍了储能的规模化发展。

二是储能的技术和非技术成本过高，不具备大规模应用的条件。据统计，2020 年储能的度电成本约为 0.5 元，而规模应用的目标度电成本为 0.3 ~ 0.4 元，两者仍有较大差距。一方面受储能原材料、技术发展水平等限制，储能的技术成本较高；另一方面，受国内储能电站建设、并网验收、融资等环节的影响，储能的非技术投资成本被无形拉高了，使之成为制约储能行业发展的重要因素之一。

三是储能的标准体系尚未完善，影响了行业的良性发展。储能的种类较多，应用场景多样，如果缺少相应的标准体系，可能造成储能产品的技术规格和参数在设计、运输、安装、调试、运维等环节出现不匹配现象。此外，标准体系的缺失会造成使用者对储能系统的性能指标认识模糊，管理者也难以实施规范的监督，易于引发相关安全问题。

四是储能的系统集成技术不够成熟。为了满足大容量的储能应用要求，需要对小容量的电化学储能等进行集成应用，具体涉及状态监测、系统控制、设备优化匹配、电池健康及安全联动保护管理等多个环节，任意一个环节出现问题，都会影响到整个储能系统的技术性能。目前，储能行业存在非专业集成、非一体化设计、未全面测试验证等问题，系统拼凑现象严重，不仅造成系统效率低下，还暗藏安全隐患。

为解决上述问题，可以采取以下几个方面的措施：

1）加强国家规划对于储能行业发展的引领作用。长期以来，除抽水蓄能外，其他新型储能技术的发展仍缺乏系统化的顶层设计。为解决这一问题，2021 年国家发展改革委、能源局发布《关于加快推动新型储能发展的指导意见》，明确了储能行业的发展目标、重点任务及实施路径，有利于储能产业健康有序发展。

2）提高各省区政策的稳定性和可持续性。某些省区的政策频繁调整，难以保障储能项目的收益，不利于行业的长远发展。在储能技术尚未得到充分验证和迭代改进的情况下，企业和市场的关注点被迫转移至政策风险上。只有提高政策的稳定性和可持续性，才能让投资者从"快进快出"转向长远发展，从而稳步推动储能的规模化应用。

3）建立更为完善的储能价值评价体系。储能的应用可以产生较大的社会和环境效益，包括支撑新能源发展、减少温室气体排放、延缓电网升级、提高供电安全、改善电能质量等，受益者众多。然而，目前储能的价值评价相对单一，造成其效益来源不足。未来应努力建立一个更加多元化的储能价值评价体系，并针对不同的储能应用场景，建立在电厂、电网、电力用户乃至社会团体和政府之间的分摊机制，为储能价值的量化评估与成本分摊提供决策依据。

4）建立储能市场机制，促进储能的规模化应用。通过理顺储能的市场机制和电价机制，使储能在参与调频、调峰、后备电源、黑启动等过程中获得增值的机会。进一步通过更为成熟的储能商业模式提高储能的盈利能力，吸引更多社会资本参与储能建设，最终实现储能从政策扶持下的试点应用到商业化运作，再到规模化应用的三级跨越。

5）加快建立储能技术及应用标准体系。目前，各个国家都在积极制定储能标准。我国在新型储能领域已经开展了大量科研与示范项目，形成了一定的技术积累与应用经验。下一步应加快储能标准的制定工作，并与国际标准接轨，争取将我国的科研和示范项目成果纳入国际标准中，解决标准滞后于市场的问题。

1.7 本书主要内容

本书按照储能的"本体技术—集成技术—工程应用"思路进行阐述。其中，第 2~7 章依次介绍抽水蓄能、压缩空气储能、电化学储能、氢储能、储热及飞轮储能、超导储能、超级电容器等储能技术。这些储能技术的应用场景与特性各异，涉及物理、化学、材料、机械、电气等多个专业的知识。考虑到本书主要面向储能科学工程、电气工程等专业的本科生，作者省略了若干高深的理论内容，侧重于对其中的基础原理和关键特性进行介绍，并穿插了实际应用案例，帮助读者对这些储能技术形成具象的认识。

除抽水蓄能和压缩空气储能外，现有储能的单体容量普遍较小。为了实现储能的规模化应用，有必要对储能进行系统集成以形成储能电站。为此，本书的第 8 章主要介绍了储能电站运行控制，包括储能集成的主要模式、基本原理、运行控制方法等。

长期以来，储能的经济性不足成为制约储能规模化应用的重要瓶颈。本书第 9 章讲述了储能经济性分析的基本原理，并就储能在发电侧、电网侧和用户侧的经济性分析方法逐一进行介绍。为了提高储能的经济性，退役电池的梯次利用近年来成为业界关注的焦点。因此，本书的第 9 章一并对储能梯次利用的基本原理与方法进行了介绍。

1.8 总结与展望

本章主要介绍了储能的基本概念、主要分类及作用。储能可将能量用同一种形式或者转换成另一种能量形式进行存储。广义的储能包括一次能源、二次能源和热能等各种形式的能量存储。狭义的储能是指利用化学或者物理的方法将能量加以存储的一系列技术或措施，通常指储电和储热。储能是现代电网、新能源高占比能源系统、电动汽车、"互联网+"智慧能源的重要组成部分和关键支撑技术，其应用价值被社会广泛接受和认可，发展前景广阔。

储能根据载体类型可分为机械类储能、电气类储能、电化学储能、热储能和氢储能五大类。其中，常见的机械类储能有抽水蓄能、压缩空气储能、飞轮储能；电气类储能主要包括超导储能和超级电容器储能；电化学储能主要包括铅酸电池、锂离子电池、液流电池和钠硫电池；热储能主要包括显热储热、潜热储热和热化学储热。根据储能的作用时间不同，也可将储能分为分钟级以下的储能、分钟至小时级的储能和小时级以上的储能，不同时间尺度的储能具有不同的应用场景。

从第一块伏打电池的出现到现代化储能技术的不断涌现，储能技术已有200多年的历史，共经历了初步探索、多元发展和高速发展三个时期，创造了巨大的社会经济价值。

为应对化石能源开发利用带来的能源和环境危机，需要推进能源革命，加快能源技术创新，建设清洁低碳、安全高效的现代能源体系。储能可以起到"蓄水池"的作用，有利于抑制新能源发电的间歇性与不稳定性。因此，"新能源+储能"将成为新型电力系统的主要发展模式。

近年来，我国储能行业发展迅速，装机规模逐年增大，商业应用价值不断提升，但仍然存在政策缺少长效机制，收益不确定、技术和非技术成本高、储能电站成本居高不下、标准体系尚未形成和系统集成设计参差不齐等问题。为解决上述问题，可以采取以下几个方面的措施：加强国家层面的规划对于储能行业发展的引领作用；提高各省区政策的稳定性和可持续性；建立更为完善的储能价值评价体系；建立储能的市场机制，促进储能的规模化应用；加快建立储能技术及应用标准体系。

未来几十年，全球对于新能源的布局将给储能带来巨大的发展空间。此外，电动汽车的发展所带动的移动储能方式，同样具备非常大的市场潜力。

习 题

1-1 简述广义的储能方式与狭义的储能方式的联系与区别。

1-2 简述能量密度与功率密度的区别。

1-3 简述储能技术在三个历史时期的发展特点。

1-4 简要对比分析抽水蓄能与压缩空气储能的工作特性。

1-5 简要对比分析超级铅酸电池与传统铅酸电池的特性。

1-6 简要对比分析锂离子电池、液流电池和钠硫电池的特性。

1-7 为什么说储能是促进规模化新能源应用的前提？

1-8 为什么说储能是构建能源互联网的支撑技术？

参 考 文 献

［1］ 中国能源研究会储能专委会，中关村储能产业技术联盟. 储能产业研究白皮书［R］. 2021.

［2］ 中国能源研究会储能专委会，中关村储能产业技术联盟. 储能产业发展蓝皮书［M］. 北京：中国石化出版社，2019.

［3］ 华志刚. 储能关键技术及商业运营模式［M］. 北京：中国电力出版社，2019.

［4］ 孙威，李建林，王明旺，等. 能源互联网——储能系统商业运行模式及典型案例分析［M］. 北京：中国电力出版社，2017.

［5］ 唐西胜，齐智平，孔力. 电力储能技术及应用［M］. 北京：机械工业出版社，2019.

［6］ 缪平，姚祯，LEMMON JOHN，等. 电池储能技术研究进展及展望［J］. 储能科学与技术，2020，9（3）：670-678.

［7］ 丁玉龙，来小康，陈海生，等. 储能技术及应用［M］. 北京：化学工业出版社，2018.

［8］ 詹弗兰科·皮斯托亚. 锂离子电池技术——研究进展与应用［M］. 赵瑞瑞，余乐，常毅，等译. 北京：化学工业出版社，2017.

［9］ 梅生伟，李瑞，陈来军，等. 先进绝热压缩空气储能技术研究进展及展望［J］. 中国电机工程学报，2018，38（10）：2893-2907，3140.

［10］ 张会刚. 电化学储能材料与原理［M］. 北京：科学出版社，2020.

［11］ 汤双清. 飞轮储能技术及应用［M］. 武汉：华中科技大学出版社，2007.

［12］ 段敏. 电动汽车技术［M］. 北京：北京理工大学出版社，2015.

［13］ 李雷，杨春，谢晓峰. 我国储能产业发展现状、机遇与挑战［J］. 化工进展，2011，30（S1）：748-754.

［14］ 许守平，李相俊，惠东. 大规模储能系统发展现状及示范应用综述［J］. 电网与清洁能源，2013，29（8）：94-100，108.

［15］ 饶中浩，汪双凤. 储能技术概论［M］. 徐州：中国矿业大学出版社，2017.

［16］ 黄志高. 储能原理与技术［M］. 北京：中国水利水电出版社，2018.

［17］ 韩洁. 碳达峰目标下新电力系统需要怎样的储能［EB/OL］.［2021-2-26］. https://news. bjx. com. cn/html/20210226/1138560. shtml.

［18］ 吴家貌. 我国储能产业面临的问题及相关建议［EB/OL］.［2021-1-13］. http://www. chinasmartgrid. com. cn/news/20210113/637567. shtml.

［19］ 全国能源信息平台. 寻根国内储能症结［EB/OL］.［2020-9-11］. https://baijiahao. baidu. com/s?id=1677536353175567709&wfr=spider&for=pc.

［20］ IEA. Energy Storage［M］. Paris：OECD Publishing，2014.

［21］ SCHLÖGL R. Chemical Energy Storage［M］. Berlin：De Gruyter，2012.

［22］ ANDREI G TERGAZARFIAN. Energy Storage for Power Systems［M］. Herts：IET，2020.

［23］ SHI Y X，CAI N S，CAO T Y，et al. High-Temperature Electrochemical Energy Conversion and Storage：Fundamentals and Applications［M］. Boca Raton：CRC Press，2017.

［24］ CRAWLEY G M. Energy Storage［M］. New Jersey：World Scientific，2017.

［25］ B MOHAMMADI-IVATLOO，et al. Energy Storage in Energy Markets［M］. Salt Lake City：Elsevier Inc.，2021.

［26］ SATYENDER S. Energy Storage Systems：An Introduction［M］. New York：Nova Science Publishers，Inc.，2020.

［27］ 能源变迁与人类文明的发展［EB/OL］.［2012-10-12］. https://www. xzbu. com/9/view-3884359. htm.

［28］ 梅生伟. 电力系统的伟大成就及发展趋势［J］. 科学通报，2020，65（06）：442-452.

［29］ 于广伟. 储能在能源互联网中的作用分析［EB/OL］.［2018-03-15］. https://chuneng. bjx. com. cn/

news/20180315/885655.shtml.

［30］ 高小淇. 可再生能源电站采用制氢储能解决限电问题的技术分析［C］//. 2013 电力行业信息化年会
论文集，2013：416-418.

［31］ 简析电池储能技术的应用优势［EB/OL］.［2020-06-04］. https：//www.91xueshu.com/l-dianylw/14255.
html.

［32］ 缪平，姚祯，LEMMON JOHN，等. 电池储能技术研究进展及展望［J］. 储能科学与技术，2020，9
（03）：670-678. DOI：10. 19799/j. cnki. 2095-4239. 2020. 0059.

［33］ 陈龙翔. 抽水蓄能发展历史与现状［EB/OL］.［2020-06-11］. https：//news.bjx.com.cn/html/20200611/
1080445.shtml.

［34］ 陈丹之. 氢，二十一世纪的一种清洁新能源［J］. 中国科技信息，1996（12）：20.

［35］ 郑玉婴. 新型导电聚合物复合材料的制备及其电化学性能［M］. 北京：科学出版社，2017.

［36］ 戴兴建，魏鲲鹏，张小章，等. 飞轮储能技术研究五十年评述［J］. 储能科学与技术，2018，7
（05）：765-782.

［37］ 邹晗. 超导磁悬浮储能飞轮电能转换系统研究［D］. 武汉：华中科技大学，2008.

［38］ 超导磁储能的发展历史及现状［EB/OL］.［2013-09-27］. http：//www.chinasmartgrid.com.cn/news/
20130927/462376.shtml.

［39］ 汉京晓，杨勇平，侯宏娟. 太阳能热发电的显热蓄热技术进展［J］. 可再生能源，2014，32（07）：
901-905. DOI：10. 13941/j. cnki. 21-1469/tk. 2014. 07. 001.

［40］ 李建林，谭宇良，王楠，等. 新基建下储能技术典型应用场景分析［J］. 热力发电，2020，49
（9）：10.

［41］ 李建林，孟高军，葛乐，等. 全球能源互联网中的储能技术及应用［J］. 电器与能效管理技术，
2020（01）：1-8. DOI：10. 16628/j. cnki. 2095-8188. 2020. 01. 001.

［42］ 封红丽. 2016 年全球储能技术发展现状与展望［EB/OL］.［2016-09-19］. https：//chuneng.bjx.com.cn/
news/20160919/773660.shtml.

［43］ 2020 年中国光储市场发展报告（政策篇）.［EB/OL］.［2021-07-07］. https：//baijiahao.baidu.com/s？id
=1704613561333067432&wfr=spider&for=pc.

［44］ 德国储能发展现状及对中国的借鉴意义［EB/OL］.［2016-09-19］. https：//chuneng.bjx.com.cn/news/
20201105/1114065.shtml.

［45］ 陈永翀. 中国储能产业与技术发展的问题与建议［J］. 高科技与产业化，2016（04）：42-45.

第2章 抽水蓄能

　　水是人类赖以生存的生命之源，也是能量的载体。人类文明的发展史也是一部我们不断探寻水的动能、势能和压力能等能量资源的过程史。人类最早主动利用水能资源始于公元前202年至公元220年的中国汉朝，由集水车轮带动杵锤进行碾谷、碎石和造纸。19世纪末，随着机械、电气、输电等技术的发展，水力发电逐渐成为人类利用水能的主要方式之一。抽水蓄能又称抽蓄发电，是水力发电的一种特殊技术。抽水蓄能实现了电能与水能的双向转换，是人类利用水能技术的又一次飞跃。世界上最早的抽水蓄能电站于1882年在瑞士苏黎世建成，经过百余年的发展，抽水蓄能已成为技术最成熟、应用最广泛的大容量的储能形式之一。

　　本章首先叙述抽水蓄能电站的基本概念、构成、作用、类别及其特点。接着，就抽水蓄能电站能量转换过程阐述其工作原理及两个重要特性——水头特性和能量特性，以及能量转换过程的综合效率的计算。在此基础上，进一步介绍抽水蓄能机组的运行模式，包括基本工况类型、工况切换方式和机组运行指标计算方法。最后，结合国内外典型的抽水蓄能电站应用案例，概述抽水蓄能系统的实际运行情况。

2.1　抽水蓄能电站概述

2.1.1　抽水蓄能电站的基本概念

　　抽水蓄能，顾名思义，就是把水作为能量载体，通过抽水和放水过程实现能量存储和利用的一种储能技术。抽水蓄能电站利用电力系统负荷低谷过剩的电能，通过抽水蓄能电动机水泵将下水库的水抽到上水库中，从而将这些电能转换为水的势能存储起来，待电力系统负荷转为高峰时，再将这部分水从上水库放到下水库，推动抽水蓄能水轮发电机发电。

2.1.2　抽水蓄能电站的构成

　　抽水蓄能电站一般由上水库、输水系统、厂房和下水库等组成，具体如图2-1所示。
　　（1）上、下水库
　　抽水蓄能电站的上水库用于储蓄能量，而下水库用于储蓄上水库发电过程放下来的水。上水库容量应能满足电站最大发电所需的水量并留有一定的备用库容，以应对上

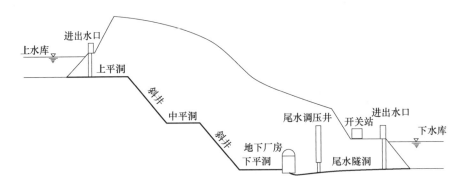

图 2-1　抽水蓄能电站的组成示意图

水库的渗漏和蒸发损耗。抽水蓄能电站的上水库一般由沟谷或小盆地开挖围填而成；下水库大部分利用现有水库或湖泊进行整改扩建，少部分由于地形条件无法满足库容和水头要求而需要新建，如我国的西龙池、响水涧和洪屏抽水蓄能电站等。

（2）输水系统

抽水蓄能电站的输水系统是电站储蓄的水在上水库与下水库之间双向流动的传输通道。抽水蓄能电站的输水系统一般包括上水库进（出）水口、引水隧洞、压力管道、尾水隧洞和下水库进（出）水口。其中，上水库的水口在发电工况时作为出水口，在抽水工况时作为进水口；下水库的水口恰好相反，在发电工况时作为进水口，在抽水工况时作为出水口。引水隧洞一般将上水库的水引到发电厂房附近，再通过压力管道将水引流入水轮发电机组发电。尾水隧洞则将水轮发电机组发电后的水引入下水库。

（3）厂房

抽水蓄能电站的厂房既是抽水蓄能电站的核心，也是运行人员进行生产和活动的场所。抽水蓄能电站的厂房包括厂房建筑、抽水蓄能的发电电动机、开关站等。厂房建筑又包括主、副厂房和主变洞等。主厂房放置电站的主要动力设备——抽水蓄能发电电动机。抽水蓄能发电电动机在电站抽水时作为电动机运行，在电站发电时作为发电机运行。副厂房是电站运行、控制、监视、通信、试验、管理和工作的场所，主要放置电站的电气设备、控制设备、配电装置和公用辅助设备。主变洞是电站装设主变压器之处。开关站是装设高压开关、高压母线和保护措施等高压电气设备的场所。抽水蓄能电站发出的电能经过主变压器升高到规定的电压后，送到开关站，再经高压输电线输往用户。

2.1.3　抽水蓄能电站的作用

抽水蓄能电站可有效调节电力系统的供需，大幅度提高电网的运行安全运行水平和供电质量。具体作用包括削峰填谷、调频（快速跟踪负荷）、调相（调压）、事故备用和黑启动等。

（1）削峰填谷

在电力系统用电负荷高峰时段，抽水蓄能电站将上水库的水通过抽水蓄能发电机发电后放到下水库，向电网提供电能，电站相当于削平电力负荷曲线的尖峰；在电力系统用电负荷低谷时段，将下水库的水抽至上水库加以存储起来，从而消纳电网中其他电源（如火电、风电和太阳能等）过剩的电量，相当于填平电网负荷曲线的低谷。抽水蓄能电站的削峰填谷作用可以避免对电网中出力调节能力低的电站的频繁调节，使系统处于经济运行状态；同时可使风电场和光伏电站等原本需要舍弃的电能得到有效利用，从而提高新能源的消纳率。

（2）调频

电网频率的稳定性是电网供电质量的重要指标。为保证电力系统平稳运行，我国电网频率一般要求控制在（50±0.2）Hz 的范围内。抽水蓄能电站由于具有启停速度快、工况转换迅速以及机组出力变换范围大等优点，能随时并迅速地调整出力以消除系统功率不平衡量，从而实现频率稳定。

（3）调相

抽水蓄能电站的调相作用又称为调压作用。抽水蓄能发电机的调相运行方式可分为调相运行和进相运行两种。其中，调相运行是指发电机不发出有功功率，只向电网输送感性无功功率的运行状态；进相运行是指发电机吸收电网感性无功功率的运行状态。电力系统无功功率不足会导致电压下降，影响电力系统的供电质量和运行安全。抽水蓄能电站通过控制机组的无功出力调节电力系统的无功功率以维持电网的电压稳定。

（4）事故备用

抽水蓄能电站可作为电力系统中备用电源的组元之一。由于发电设备可能发生临时性或永久性故障而影响供电，所以电力系统必须设置一定数量的事故备用电源以避免停电。电力系统需要用到事故备用的情况一般有两种。第一种是系统供电量小于负荷需求，如电力系统的常规电源因突发事故停止供电或用电负荷突然陡升；第二种是系统供电量大于负荷需求，如系统电力负荷出现突发陡降事故。对于第一种情况，抽水蓄能电站能在静态工况下紧急启动进入发电工况，或在抽水工况下迅速切转到发电工况以成为事故备用电源。对于第二种情况，抽水蓄能电站能在静态工况下紧急启动进入抽水工况，或在发电工况下迅速切转到抽水工况，吸收系统过剩的电能。抽水蓄能电站的这种双向作用可以提高电力系统的供电可靠性，减少事故损失。

（5）黑启动

抽水蓄能电站的黑启动作用是指其可在无外界电力供应的情况下，迅速自启动，并为其他机组提供启动功率，使电力系统在短时间内恢复供电。黑启动是保障电力系统安全运行的重要措施之一，可以使系统在短时间内恢复带负荷能力。若无任何黑启动措施，则会使停电时间延长，从而造成更加严重的损失。

2.1.4　抽水蓄能电站的类别及特点

根据开发方式、天然径流条件、水库座数等的差异，抽水蓄能电站有多种不同的分类方式，具体如图 2-2 所示。

2.1.4.1　按开发方式分类

按开发方式分类，抽水蓄能电站可分为引水式和抬水式抽水蓄能电站两类。引水式抽水蓄能电站的布置图如图 2-3 所示，上、下水库间的天然高度落差一般较大。抬水式抽水蓄能电站的布置图如图 2-4 所示，通过在上水库筑坝抬高上、下水库间的高度落差。

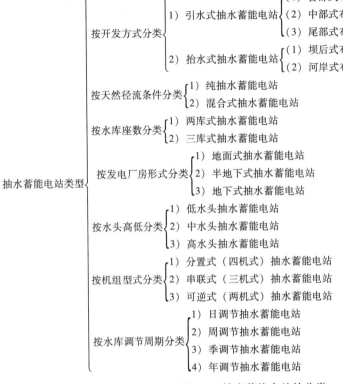

图 2-2 抽水蓄能电站的分类

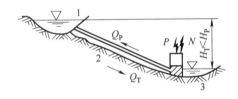

图 2-3 引水式抽水蓄能电站布置图
1—上水库 2—引水道 3—下水库

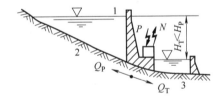

图 2-4 抬水式抽水蓄能电站布置图
1—上水库 2—引水道 3—下水库

1. 引水式抽水蓄能电站

引水式抽水蓄能电站一般建在天然高度落差大、流量小的山区或丘陵地区的河流上。根据厂房在输水系统中的位置，引水式抽水蓄能电站的布置形式可分为首部式布置、中部式布置和尾部式布置三种。

（1）首部式布置

首部式布置的抽水蓄能电站将厂房布置在输水系统的上游侧，靠近上水库，其高压引水道短，低压尾水道长，工程投资经济性较高。首部式布置常用于水头不太高的电站，典型的代表是德国 Sackingen 抽水蓄能电站。

（2）中部式布置

中部式布置的抽水蓄能电站一般将厂房布置在输水系统的中部，其地形一般不太高，上下游输水道一般比较长。

我国的广州抽水蓄能电站是典型的中部式布置抽水蓄能电站，其布置方式如图 2-5 所示。该电站最大发电水头为 522.85m，第一期装机采用可逆式竖轴两机式机组。引水道长约 2160m，尾水道长约 1640m，同时设有上游调压室和尾水调压室，主变室与主厂房平行，用于布置主变压器。

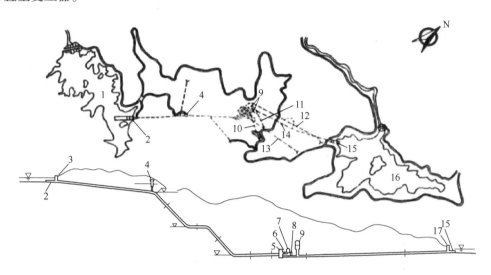

图 2-5 广州抽水蓄能电站的布置图

1—上水库 2—上进（出）水口 3—阀门井 4—上游调压室 5—厂房 6—母线洞
7—主变开关室 8—尾水阀门室 9—尾水调压室 10—高压电缆洞 11—施工运输兼通气洞
12—交通洞 13—尾水洞 14—出渣兼排风洞 15—下进（出）水口 16—下水库 17—阀门井

（3）尾部式布置

尾部式布置的抽水蓄能电站一般将厂房布置在输水系统的下游侧，靠近下水库。此类电站的厂房又可分为地下式、半地下式和地面式三种类型，2.1.4.4 节还将具体介绍。

尾部式布置的抽水蓄能电站由于厂房位置比较靠近下水库，地面一般比较平坦，交通比较便利，设备安装方便，目前在抽水蓄能电站中应用较多。英国 Dinorwic 抽水蓄能电站是典型的尾部式布置抽水蓄能电站，其剖面图如图 2-6 所示。该电站的上、下水库均利用天然湖泊建成，平均发电水头为 517.9m，厂房采用地下式，靠近下水库。

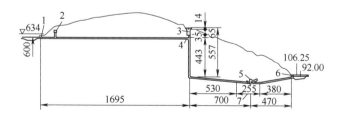

图 2-6 英国 Dinorwic 抽水蓄能电站剖面图（单位：m）

1—上游进（出）水口 2—阀门井 3—调压室 4—阻尼井 5—厂房 6—下游进（出）水口 7—钢衬段

2. 抬水式抽水蓄能电站

如前所述，抬水式抽水蓄能电站是在天然河道中拦河筑坝形成上水库，以抬高上水库的水位的抽水蓄能电站。此类电站的组成建筑物及布置形式与常规水电站类似，其布置形式主要分为坝后式和河岸式。

（1）坝后式布置

坝后式抽水蓄能电站将厂房布置在坝的后侧，一般为地面式，不需承受水压。其水头一般较低，但机组安装高程普遍较高。

图2-7所示的潘家口抽水蓄能电站是一个典型的坝后式抽水蓄能电站，其副厂房位于厂坝之间，上游的进（出）水口位于坝体内，并在坝的上游面设置拦污栅。电站的最大库容可达 $29.30×10^8 m^3$，装有1台150MW的常规机组和3台90MW的可逆式机组，通过220kV输电线路向京津唐电力系统供电。每年发电1411h，抽水1071h，削峰填谷的作用显著。

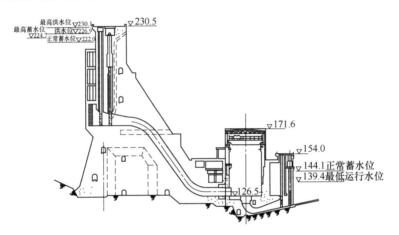

图 2-7 潘家口抽水蓄能电站厂房剖面图

（2）河岸式布置

河岸式抽水蓄能电站将厂房布置在河岸边或河岸内，其引水道多采用山体隧洞。电站中的调压井根据电站隧洞长度设置，若隧洞较短，则不需设置调压井；若隧洞较长，则需设置调压井。河岸式抽水蓄能电站的示意图如图2-8所示。

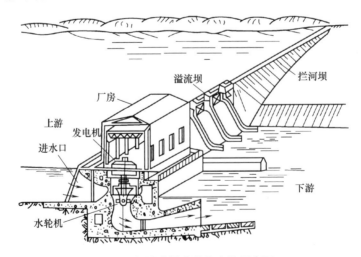

图 2-8 河岸式抽水蓄能电站示意图

2.1.4.2 按天然径流条件分类

按天然径流条件，抽水蓄能电站可分为纯抽水蓄能电站和混合式抽水蓄能电站两类。纯抽水蓄能电站的上水库一般没有或只有少量的天然来水进入。此类电站的厂房内安装的一般全部是抽水蓄能机组，其主要功能是削峰填谷、承担系统事故备用，而不承担常规发电和综合利用等任务。

大多数情况下，纯抽水蓄能电站与混合式抽水蓄能电站可由上水库有无天然径流判别。少数情况下，需要额外结合抽水蓄能电站中装设机组的情况、机组的主要任务等综合判断。下面分别介绍纯抽水蓄能电站和混合式抽水蓄能电站的特点、适应范围及典型应用。

(1) 纯抽水蓄能电站

纯抽水蓄能电站一般水头较高，上水库和下水库的库容大小相似。上、下水库的蒸发和渗透损失一般靠下水库入流补偿。此外，纯抽水蓄能电站的站址通常靠近系统负荷中心及抽水电源点附近，送、受电方便，输电损失小。

纯抽水蓄能电站由于不依赖于天然水源，站址选择空间范围较广。我国的广州抽水蓄能电站、天荒坪抽水蓄能电站、十三陵抽水蓄能电站、俄罗斯的 Zagorsk 抽水蓄能电站、卢森堡的 Vianden 抽水蓄能电站、英国的 Flstinging 抽水蓄能电站和美国的 Taum Sauk 抽水蓄能电站都属于典型的纯抽水蓄能电站。

(2) 混合式抽水蓄能电站

混合式抽水蓄能电站又称为常蓄结合式抽水蓄能电站。此类电站的上水库一般建在河川上或直接利用天然湖泊，具有天然径流汇入优势，其来水流量可达到安装常规水轮发电机组承担部分系统负荷的要求。厂房内所安装的机组一般由常规水轮发电机组和抽水蓄能机组两部分组成。相应地，混合式抽水蓄能电站的发电量也一般由两部分构成，分别为抽水蓄能发电量和天然径流发电量。

混合式抽水蓄能电站的抽水蓄能机组按水库的调蓄能力和电网的需要参与调峰。典型者包括我国的北京市密云抽水蓄能电站、河北省岗南抽水蓄能电站、潘家口抽水蓄能电站，意大利的 Roncovalgrande 抽水蓄能电站，英国的 Cruachan 抽水蓄能电站和加拿大的 Niagara Falls 抽水蓄能电站等。

2.1.4.3 按水库座数分类

按水库座数及位置的差异，抽水蓄能电站可分为两库式和三库式抽水蓄能电站。

(1) 两库式抽水蓄能电站

两库式抽水蓄能电站，顾名思义，是指具有两座水库的抽水蓄能电站。此类电站一般由上、下两座水库组成。当两库式抽水蓄能电站属于混合式抽水蓄能电站时，其上水库一般具有天然径流的湖泊，下水库一般是人工新建的没有天然径流的水库。当两库式抽水蓄能电站属于纯抽水蓄能电站时，上、下水库情况恰好相反。两库式抽水蓄能电站较为常见，我国的广州抽水蓄能电站即为典型。

(2) 三库式抽水蓄能电站

三库式抽水蓄能电站是指具有三座水库的抽水蓄能电站，其基本结构如图 2-9 所示。此类电站一般是由一座上水库与两座下水库组成。其中，两座下水库可以是相邻梯级水电站的水库，从而实现同流域抽水蓄能；也可以是相邻流域的水电站水库，从而实现跨流域抽水蓄能。德国的 Reisach 抽水蓄能电站是一座典型的三库式抽水蓄能电站。该抽水蓄能电站将水从较低的第二级下水库抽到较高的第一级人工湖上水库里，然后泄放至更低的第三级下水库进行发电。

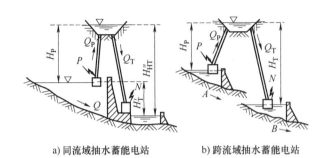

a) 同流域抽水蓄能电站　　　　　b) 跨流域抽水蓄能电站

图 2-9　三库式抽水蓄能电站示意图

2.1.4.4　按发电厂房形式分类

按发电厂房形式，抽水蓄能电站可分为地面式、半地下式和地下式抽水蓄能电站三种。

（1）地面式抽水蓄能电站

采用地面式厂房的抽水蓄能电站称为地面式抽水蓄能电站，适用于水头不高、下游水位变化不大和地质条件不宜做地下厂房等场景，在抽水蓄能电站中应用较少。Bath County 抽水蓄能电站即为典型，其厂房横剖面图如图 2-10 所示。其中，厂房长 152m，宽 52m，高 61m，电站水头高 329m，装有 6 台 350MW 可逆式机组。

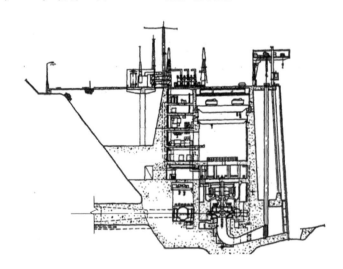

图 2-10　Bath County 抽水蓄能电站厂房横剖面图

（2）半地下式抽水蓄能电站

采用半地下式厂房的抽水蓄能电站称为半地下式抽水蓄能电站。半地下厂房又称为竖井式厂房，主体大部分露在地面上。半地下厂房由于能适应抽水蓄能机组较大的淹没深度和下游水位较大的变幅，在抽水蓄能电站中应用较多。意大利的 Presenzano 抽水蓄能电站即为典型，其厂房剖面图如图 2-11 所示。此电站的最大水头为 489m，输水道总长 3550m，装有容量为 250MW 的 4 台可逆式机组。

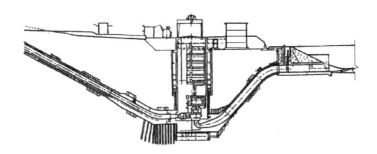

图 2-11 Presenzano 抽水蓄能电站厂房剖面图

（3）地下式抽水蓄能电站

采用地下式厂房的抽水蓄能电站称为地下式抽水蓄能电站。地下厂房由于能够适应尾水位的变化和抽水蓄能机组需要较大淹没深度的要求，在抽水蓄能电站中应用最多。地下厂房不受地形的限制，一般布置在地质条件比较好的地区。德国的 Sackingen 抽水蓄能电站和意大利的 Gargano 抽水蓄能电站即为典型，其厂房剖面图如图 2-12 所示。

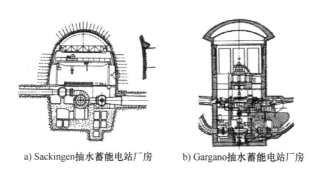

a) Sackingen抽水蓄能电站厂房   b) Gargano抽水蓄能电站厂房

图 2-12 地下式抽水蓄能电站厂房剖面图

2.1.4.5 按水头高低分类

按水头的高低，抽水蓄能电站可分为低水头、中水头和高水头三种类型。

（1）低水头抽水蓄能电站

水头在 100m 以下的抽水蓄能电站称为低水头抽水蓄能电站。我国的密云抽水蓄能电站、岗南抽水蓄能电站和潘家口抽水蓄能电站即为典型。

（2）中水头抽水蓄能电站

水头在 100~700m 之间的抽水蓄能电站称为中水头抽水蓄能电站。我国的广州抽水蓄能电站、十三陵抽水蓄能电站和天荒坪抽水蓄能电站即为典型。

（3）高水头抽水蓄能电站

水头在 700m 以上的抽水蓄能电站称为高水头抽水蓄能电站。由于抽水蓄能电站单位造价通常随水头的增高而降低，故高水头电站具有较大的经济性。我国的河北丰宁抽水蓄能电站即为典型。

2.1.4.6 按机组型式分类

按抽水蓄能机组的型式，抽水蓄能电站可分为分置式抽水蓄能电站、串联式抽水蓄能电站和可逆式抽水蓄能电站。抽水蓄能机组是抽水蓄能电站最核心的设备，随着抽水蓄能机组的发展，抽水蓄能电站的型式和结构也相应变化。

抽水蓄能电站的抽水、发电过程主要涉及水泵、水轮机、电动机和发电机四种部件。早期这四种部件是分开布置的，每一部件具有特定的功能，被称为四机式或分置式抽水蓄能机组。随着制作工艺的发展，电动机和发电机功能被集成到同一台机组中，便形成了三机式或串联式抽水蓄能机组。再后来，水泵和水轮机也被合为一体，便形成了两机式抽水蓄能机组，通常也被称为可逆式抽水蓄能机组。随着抽水蓄能机组中设备数量的减少，其尺寸也相应缩小，既能节省材料，又方便安装应用。

（1）分置式抽水蓄能电站

如上所述，在分置式抽水蓄能机组中，水泵、水轮机、电动机和发电机是分开布置的，虽然具有较高的运行效率，但由于占地大、布置复杂、工程投资大，目前已很少被采用。

（2）串联式抽水蓄能电站

抽水蓄能电机同时与水轮机和水泵相联结的机组，称为串联式机组。抽水蓄能机组发电时由水轮机带动发电机；抽水时由电动机带动水泵。串联式机组有横轴与竖轴两种布置方式。其中，小容量的串联式机组一般采用横轴布置；大容量的串联式机组一般采用竖轴布置。在串联式机组中，水泵和水轮机分工明确，可分别按其最优工况设计，因而具有较高的运行效率，但工程投资偏大。我国的西藏羊卓雍湖抽水蓄能电站就属于典型的串联式抽水蓄能电站。

（3）可逆式抽水蓄能电站

可逆式抽水蓄能电站指电站的抽水蓄能机组按可逆式布置。此类电站在串联式抽水蓄能电站的基础上将水泵和水轮机合并，称为可逆式水泵水轮机。与常规水电站布置相似，水轮机正向旋转为水轮机工况，反向旋转为水泵工况。由于水泵、水轮机和电动机、发电机合为一体，布置得到简化，机组尺寸变小，工程投资相应也降低。

可逆式水泵水轮机具有贯流式、轴流式、斜流式和混流式四种结构，可以适应不同应用场景下的水流差异。贯流式水泵水轮机一般适用于潮汐抽水蓄能电站；轴流式、斜流式、混流式水泵水轮机则主要应用于不同水头的抽水蓄能电站。在一般情况下，轴流式水泵水轮机对应的水头小于20m；斜流式水泵水轮机对应的水头为30~130m；混流式水泵水轮机对应的水头为30~800m。考虑到目前抽水蓄能电站主要往高水头的方向发展，混流式水泵水轮机应用最为广泛。例如，我国的广州抽水蓄能电站、十三陵抽水蓄能电站和天荒坪抽水蓄能电站均采用混流式水泵水轮机机组。

2.1.4.7 按水库调节周期分类

按水库调节周期分类，抽水蓄能电站可分为日调节、周调节、季调节和年调节四种类型。

（1）日调节抽水蓄能电站

日调节抽水蓄能电站是指以日为循环周期的抽水蓄能电站，其典型状态如图2-13所示。日调节抽水蓄能电站的抽水时长一般为6~7h。在午夜系统负荷处于低谷时，将下水库的水抽至上水库，直至上水库蓄满。日调节抽水蓄能电站的发电时长一般为 5~6h，在每天的日高峰和晚高峰期间，将上水库的水释放至下水库进行发电。为了提高运行效率，上水库一般会被放空。目前大部分纯抽水蓄能电站均属于日调节抽水蓄能电站。

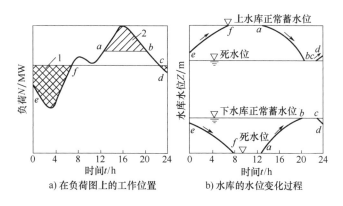

图 2-13　日调节抽水蓄能电站运行情况示意图
1—夜间低谷负荷时抽水蓄能　2—日间高峰负荷时放水发电

（2）周调节抽水蓄能电站

周调节抽水蓄能电站是指以周为循环周期的抽水蓄能电站。此类电站所需库容较日调节抽水蓄能电站的大，可满足电力系统一周以内的调峰需求。周调节抽水蓄能电站的典型运行情况如图 2-14 所示，在一周的 5 个工作日中，抽水蓄能机组的工作模式与日调节蓄能电站类似，但每天电站的发电用水量大于蓄水量，直至工作日结束时将上水库放空。在周末利用多余的电能进行蓄水，待周一早晨，电站上水库一般能蓄满。我国的第一个周调节抽水蓄能电站是福建的仙游抽水蓄能电站。

（3）季调节抽水蓄能电站

季调节抽水蓄能电站是指以季为循环周期的抽水蓄能电站。此类电站的库容比日、周调节抽水蓄能电站大得多，可满足电力系统一个季度以内的调峰需求。季调节抽水蓄能电站一般在每年的汛期，利用常规水电站的季节性电能作为抽水能源，将常规水电站过剩的水量，抽到季调节抽水蓄能电站的上水库加以蓄存；在枯水期放水发电，进行调峰或补偿农耕灌溉所需。我国的广州抽水蓄能电站即为典型的季调节抽水蓄能电站。

（4）年调节抽水蓄能电站

年调节抽水蓄能电站是指以年为循环周期的抽水蓄能电站，可满足电力系统一年以内的调峰需求。此类电站中多数为混合式抽水蓄能电站，其工作模式与季调节抽水蓄能电站类似，一般在丰水期抽水蓄能，在枯水期发电，只是其上水库库容比季调节抽水蓄能电站大得多，但下水库库容要求较小，能满足连续抽水的需要即可。比如，澳大利亚的 Lunas 抽水蓄能电站的上、下水库的库容相差两个数量级（上水库库容为 $7 \times 10^7 \mathrm{m}^3$，下水库库容为 $9.6 \times 10^5 \mathrm{m}^3$）。年调节抽水蓄能电站常建于系统水电比重大且调节性能差、季节性电能多和枯水期供电紧张的地区。我国的西藏羊卓雍湖抽水蓄能电站和福建邵武高峰抽水蓄能电站即为典型。

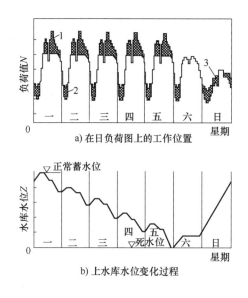

图 2-14　周调节抽水蓄能电站运行情况示意图
1—高峰负荷时发电　2—平日夜间抽水　3—假日集中抽水

2.2　抽水蓄能电站原理

抽水蓄能电站的工作流程包括水泵水轮机抽水、上水库蓄水和发电电动机发电三个基本环节，涉及能量转换、流体力学、电气工程和自动控制等多个学科的理论知识。本节将先介绍抽水蓄能电站的能量转换过程，再介绍抽水蓄能电站运行的两个重要特性——水头特性和能量特性，最后叙述抽水蓄能电站的重要性能指标——电量转换综合效率的计算方法。

2.2.1　抽水蓄能电站的能量转换过程

抽水蓄能电站的能量输入和输出都是电能，其能量转换过程如图 2-15 所示。在电力系统负荷低谷时，先将电网过剩的电能通过变压器调压后供给抽水蓄能电站的电动机；电动机再将电能转换为机械能，带动水泵将下水库的水抽至上水库中，从而将过剩的电能转换而来的机械能以水体势能形式加以存储；待电力系统负荷转为高峰时，将这部分的水从上水库通过水轮机放至下水库，将水体的重力势能转换为机械能，再通过水轮机带动发电机发电，最终将机械能转换为电能，以弥补电力系统的尖峰容量和电量不足，满足系统调峰需求。

上述能量转换过程涉及抽水蓄能电站的两个重要特性：水头特性和能量特性。为便于学习，以下先对水位、水头、库容的相关概念进行介绍。

水位：水库水位是指水库水面相对于基准面的垂直高度。正常蓄水位和死水位是水库的特征水位。正常蓄水位指抽水蓄能电站正常运行情况下，水库蓄水能达到的最高水位。死水位指抽水蓄能电站正常运行情况下，水库蓄水的最低工作水位。正常蓄水位与死水位之间的高程差（高度落差）称为水库工作深度。

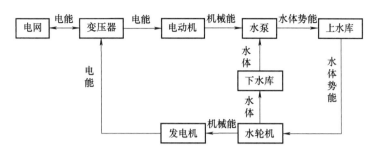

图 2-15　抽水蓄能电站的原理图

水头：水头指抽水蓄能电站的上、下水库的水面高度落差。由于抽水蓄能电站工作时上、下水库的水面高度（水位）是变化的，它们将形成不同的水头值，其中最大者为最大水头，最小者为最小水头。平均水头值取最大水头和最小水头的算术平均值。对抽水蓄能机组而言，发电时上、下水库的水面高度落差称为水头；抽水时上、下水库的水面高度落差称为扬程。水头越大，存于上水库的能量就越多。

库容：水库的库容指水库的蓄水容积。水库在正常蓄水位与死水位之间所包含的库容即为蓄能库容。

2.2.2　抽水蓄能电站的水头特性

抽水蓄能电站的水头特性主要用以描述该电站的水头值与蓄水量之间的变化规律。在抽水工况下，抽水蓄能电站需要将下水库的水抽至上水库，此时蓄水量不断增大，水头值也相应增高；发电工况与抽水工况刚好相反，蓄水量和水头在发电过程中逐渐变小。

在抽水蓄能电站完成上述抽水和发电状态的过程中，水头值与蓄水位将在一个范围内变化，具体可通过式（2-1）和式（2-2）进行描述。

$$H_{\max} = Z_{\mathrm{UN}} - Z_{\mathrm{LD}} \tag{2-1}$$

$$H_{\min} = Z_{\mathrm{UD}} - Z_{\mathrm{LN}} \tag{2-2}$$

式中，$H_{\max}$ 为抽水蓄能电站的最大水头；Z_{UN} 为上水库的正常蓄水位；Z_{LD} 为下水库的死水位；$H_{\min}$ 为抽水蓄能电站的最小水头；Z_{UD} 为上水库的死水位；Z_{LN} 为下水库的正常蓄水位。

抽水蓄能电站的水头与蓄水位的变化规律主要由水库形状以及库容大小决定，具体可以通过图 2-16 和图 2-17 进行描述。其中，图 2-16 描述的是抽水蓄能电站放水发电过程中上、下水库的水位变化情况。假定上水库从正常蓄水位 Z_{UN}（a 点）开始放水，当放水量达到 ΔV_1 时，其水位下降至 Z_{U1}（a′点）；此时，下水库由于接收到 ΔV_1 的水量，其水位也由死水位 Z_{LD}（0 点）上升至 Z_{L1}（0′点）。当上水库的蓄水位下降至死水位 Z_{UD}（b 点）后，抽水蓄能电站不能再继续放水发电，下水库的蓄水位也将上升至其正常蓄水位 Z_{LN}（c 点）。此时，抽水蓄能电站的水头最小（抽水蓄能电站的水头可通过上水库放水曲线与下水库的蓄水曲线的垂直距离表示）。

为了更直观地描述上水库放水量（或下水库蓄水量）与水头的关系，对图 2-16 中同一横坐标的上水库放水曲线与下水库的蓄水曲线取差值，便可制作出图 2-17 所示的纯抽水蓄能电站的水头特性。比如，在图 2-16 中，当上水库的放水量为 0 时，上水库的水位为 Z_{UN}，下水库的水位为 Z_{LD}，两者取差值便可得到图 2-17 中的最大水头 $H_{\max}$。同理，在上水库的放

水量为 ΔV_S 时，将图 2-16 的 Z_{UD} 与 Z_{LD} 取差值，便可得到图 2-17 中的最小水头 H_{min}。根据该图可以清楚地看到抽水蓄能电站在抽水和发电过程中的水头变化情况。对于不同库容的抽水蓄能电站，其水头变化特性曲线也是不同的。一般而言，库容越大，水头变化特性曲线就越平缓，反之亦然。

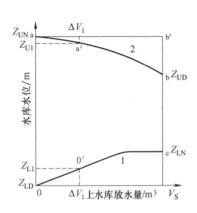

图 2-16　纯抽水蓄能电站的水头变化情况

1—发电过程中下水库的水位变化曲线
2—发电过程中上水库的水位变化曲线

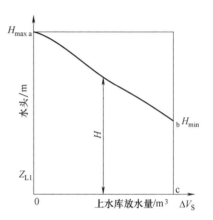

图 2-17　纯抽水蓄能电站的水头特性

2.2.3　蓄能水库的能量特性

蓄能水库的能量特性主要用以描述抽水蓄能电站的发电量与上水库在蓄能库容内的放水量之间的关系。抽水蓄能电站上、下水库所需的蓄能库容，主要取决于电力系统的调峰容量或电量需求，以及库区的地形和地质条件。

抽水蓄能电站的主要任务是调峰，因而系统能容纳的调峰容量或调峰电量是决定上、下水库容积的主要依据。在规划选点或可行性研究阶段，蓄能库容 $V_S(m^3)$ 可按下式进行估算：

$$V_S = 3600hQK = 3600h\frac{N}{9.81\eta_T H}K = 367\frac{E_T}{\eta_T H}K \tag{2-3}$$

式中，h 为日发电小时数（h），一般应转换为秒（s）进行计算；Q 为发电流量（m^3/s）；$\overline{H}$ 为发电平均水头（m）；N 为调峰容量（kW）；E_T 为调峰电量（kWh）；η_T 为发电工况的运行效率（%）；K 为损失系数，由水库表面蒸发、水库渗漏和事故库容等因素决定，数值不小于 1。

在某些情况下，由于库区地形、地质条件的限制，所能修建的水库的容积偏小，无法达到调峰所需蓄能库容要求。此时，只能按照所能建成的最大库容确定该抽水蓄能电站的调峰能力，即由蓄能库容 V_S 反推出调峰容量 N 或调峰电量 E_T。

按式（2-3），当 $K=1$，$\eta_T=85\%$ 时，可得出上水库的放水量 ΔV 与发电量 $\Delta E_T(kWh)$ 的关系式：

$$\Delta E_T = \Delta V\overline{H}\eta_T/(367K) = 0.0023\Delta V\overline{H} \tag{2-4}$$

在一次完整的放水发电调峰运行过程中，发电量 E_T（kWh）可按下式计算：

$$E_T = \frac{V_S \overline{H} \eta_T}{367K} \qquad (2-5)$$

抽水蓄能电站的抽水用电过程特性与放水发电过程类似，不再赘述。在一次完整的抽水运行过程中，用电量 E_P(kWh) 可按下式计算：

$$E_P = \frac{V_S \overline{H}}{367K\eta_P} \qquad (2-6)$$

式中，η_P 为抽水工况运行效率（%）。

当已知某时段的上水库放水量 ΔV 和发电时段的平均水头 $\overline{H}$ 时，就可以算出该时段的发电量 ΔE。将各个时段的发电量叠加后，便可绘出蓄能水库的能量累积曲线 oab，如图 2-18 左半部分所示。在上水库正常蓄水位 o 处，水库未放水，即水库放水量 $V = 0$，发电量 $E = 0$。当上水库放空时，可以得到最大发电量 E_{max}。类似地，可根据水头特性做出上水库下降水位与上水库放水量的关系曲线 ocd，如图 2-18 右半部分所示。将电站的水头特性曲线和蓄能水库的能量累积曲线结合，可以得到完整的抽水蓄能电站水头-能量特性图，如图 2-18 所示。利用该图，可求出上水库从某一水位开始放水至另一水位对应的发电量，计算用去的蓄能量和尚存的蓄能量，或用来预测发多少电时上水库水位将下降至何处。

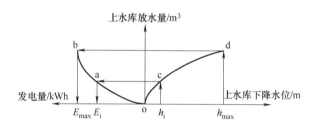

图 2-18 抽水蓄能电站的水头-能量特性图

2.2.4 抽水蓄能电站的综合效率

抽水蓄能电站在能量转换过程中存在能量损失。抽水蓄能电站的综合效率 η（即抽水用电与放水发电的电量转换效率）是衡量抽水蓄能电站调峰循环过程中电量转换效率的一个重要指标。

抽水蓄能电站的综合效率 η 等于发电工况运行效率 η_T 与抽水工况运行效率 η_P 的乘积。根据抽水蓄能电站在抽水工况和发电工况中各主要工作部件的实际情况，可计算出抽水蓄能电站的综合效率，具体如下式所示：

$$\eta = \frac{E_T}{E_P} = \eta_T \cdot \eta_P \qquad (2-7)$$

$$\eta_T = \eta_1 \cdot \eta_2 \cdot \eta_3 \cdot \eta_4 \qquad (2-8)$$

$$\eta_P = \eta_5 \cdot \eta_6 \cdot \eta_7 \cdot \eta_8 \qquad (2-9)$$

式中，E_T、E_P 分别为电站在完成抽水发电过程中的发电量和用电量；η_1、η_2、η_3 和 η_4 分别为发电工况下抽水蓄能电站的输水系统、水轮机、发电机和主变压器的运行效率；η_5、η_6、η_7 和 η_8 分别为抽水工况下抽水蓄能电站的主变压器、电动机、水泵和输水系统的运行效率。

不同结构的抽水蓄能机组的综合效率具有比较大的差异。在一般情况下，三机式和四机式抽水蓄能机组的综合效率较高。可逆式抽水蓄能机组由于要兼顾两种工况，综合效率低一些。但这种可逆式机组由于兼具抽水和发电功能，在理论上可以节省大量装备，具有较高的经济性。此外，随着机组设计水平与制造工艺的提高，可逆式机组的运行水头可达到 600m 以上，能够在一定程度上提高抽水蓄能机组的综合效率，从而大大增加了可逆式机组的吸引力。目前，在建的中大型抽水蓄能电站主要采用可逆式机组。

抽水蓄能电站综合效率主要由变压器、电动机、水泵、输水系统、水轮机、发电机等工作部件的运行效率共同决定。表 2-1 给出了我国某抽水蓄能电站各工作部件的运行效率及综合效率。一般情况下，抽水蓄能电站的容量越大，综合效率就越高。对于中小型抽水蓄能电站，其综合效率一般为 0.67~0.70 之间；对于大型抽水蓄能电站，其综合效率一般都在 0.7 以上，条件优越的大型抽水蓄能电站的综合效率甚至可以达到 0.78。

需要说明的是，除了工作部件的运行效率外，抽水蓄能电站的综合效率还与水量、电量的损失程度有关。考虑水库的水量蒸发、渗透损失以及电力传输所产生的电量损失后，抽水蓄能电站的综合效率还会进一步降低。在对抽水蓄能电站的综合效率的精度要求较高的场景（比如进行抽水蓄能电站的优化调度），应综合考虑抽水蓄能电站工作部件的运行状态以及水库面积、气象环境、输电通道等因素进行全面计算。

表 2-1　某抽水蓄能电站各工作部件的运行效率及综合效率

运行工况	抽水工况				发电工况				电站综合效率
工作部件	变压器	电动机	水泵	输水系统	输水系统	水轮机	发电机	变压器	
运行效率	0.995	0.978	0.911	0.979	0.971	0.907	0.976	0.995	0.742

例 2-1　某抽水蓄能电站上水库水位从正常蓄水位下降到死水位，各发电时段对应的平均水头 $\overline{H} = 500\text{m}$，发电工况的运行效率 $\eta_T = 85\%$，水库表面蒸发、水库渗漏和事故库容等因素引起的损失系数 $K = 1.2$，日发电小时数 $h = 8\text{h}$，发电流量 $Q = 6.3 \times 10^2 \text{m}^3/\text{s}$。试估算抽水蓄能电站的蓄能库容 V_S、调峰容量（功率）N 和调峰电量（能量）E_T。

解：由式（2-3）先求抽水蓄能电站的蓄能库容 V_S，即

$$V_S = 3600hQK = 3600 \times 8 \times 6.3 \times 10^2 \times 1.2 = 2.17728 \times 10^7 \ (\text{m}^3)$$

由 V_S 结合式（2-3），可反推求出最大调峰容量（功率）N 和调峰电量（能量）E_T，即

$$N = \frac{9.81\eta_T\overline{H}}{3600hK}V_S = \frac{9.81 \times 0.85 \times 500}{3600 \times 8 \times 1.2} \times 2.17728 \times 10^7$$

$$= 2.6266275 \times 10^6 \ (\text{kW})$$

$$E_T = \frac{\eta_T\overline{H}}{367K}V_S = \frac{0.85 \times 500}{367 \times 1.2} \times 2.17728 \times 10^7 \approx 2.10114 \times 10^7 \ (\text{kWh})$$

2.3　抽水蓄能机组运行模式

抽水蓄能机组是抽水蓄能电站的核心组成部分，抽水蓄能电站的大部分功能都需要通过抽水蓄能机组间接或直接实现。因此，抽水蓄能机组的运行状况与抽水蓄能电站的运行状况有着密切联系。本节首先介绍机组运行工况的基本原理，然后介绍机组工况切换的方式，最后介绍机组运行的性能指标。

2.3.1　抽水蓄能机组的基本工况

抽水蓄能机组具有五种基本工况：静止、抽水、发电、抽水调相和发电调相。其中，抽水调相工况和发电调相工况可合称为调相工况。考虑到抽水调相与发电调相工况在原理上较为相似，本书主要以发电调相工况为例进行介绍。

2.3.1.1　静止工况

静止工况指抽水蓄能机组处于停机静止状态。此时，抽水蓄能机组可当作备用机组，以便在电网发生紧急情况下快速投入使用；也可以安排机组进行检修，提高其运行的安全性。此外，静止工况还可以作为工况切换过程中的过渡状态，例如可逆式机组在发电工况和抽水工况之间切换时，为了保证机组的安全，通常先制动切换至静止工况，再重新将水泵水轮机机组朝另外一个方向起动。

2.3.1.2　发电工况和抽水工况

发电工况指抽水蓄能机组处于发电状态；抽水工况指抽水蓄能机组处于抽水状态。当电力负荷出现高峰时，抽水蓄能机组运行在发电工况，利用上水库存储的水发电，向电力系统输送电能，此时机组可被视为水轮发电机。当电力负荷出现低谷时，抽水蓄能机组运行在抽水工况，将下水库的水抽至上水库加以存储，以消纳电力系统过剩的电能，此时机组可被视为同步电动机。抽水工况和发电工况实质上是抽水蓄能机组处于同步电动机和水轮发电机运行状态，原理在电机学中已经详细述及，此处不再赘述。

2.3.1.3　调相工况

在调相状态下，抽水蓄能机组与电网进行无功功率交换以调节电网电压。此时抽水蓄能机组与电网交换的有功功率较小，机组输出的有功功率 P 和电磁功率 P_m 可近似为 0，即

$$P = mUI_\mathrm{a}\cos\varphi = 0 \tag{2-10}$$

$$P_\mathrm{m} = m\frac{UE_0}{X_\mathrm{s}}\sin\delta = 0 \tag{2-11}$$

式中，m 为相数；U 为电网电压（相电压）；E_0 为空载电势；I_a 为定子电流；X_s 为漏抗；φ 为功率因数角；δ 为功角。

由于 m、U 和 X_s 均为定值，可进一步推导得到

$$I_\mathrm{a}\cos\varphi = 0 \tag{2-12}$$

$$E_0\sin\delta = 0 \tag{2-13}$$

由式（2-12）和式（2-13）可画出抽水蓄能机组在调相工况下的相量图如图 2-19 所示。

以下将结合图 2-19，分为三种状态进行讨论，其中用到电机学的一个基本原理：机组的空载电势取决于励磁电流，两者呈正相关的关系。

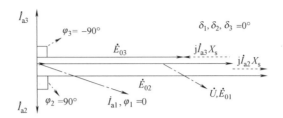

图 2-19　抽蓄机组在调相工况下的相量图

1）状态 1：假定 φ_1 为 0，由式（2-12）可知 $\dot{I}_{a1}$ 也为 0。此时 $\dot{U}$ 与 $\dot{E}_{01}$ 重合，机组并未产生无功功率。

2）状态 2：在状态 1 的基础上增加励磁电流，使空载电势增加到 $\dot{E}_{02}$，此时 $\dot{I}_{a2}X$ 不为 0，$\dot{I}_{a2}$ 也就不为 0。进一步结合式（2-12），可知 $\cos\varphi_2$ 等于 0，即 φ_2 等于 90° 或 −90°。又由式（2-13），可知 δ_2 必为 0，即 $\dot{E}_{02}$ 与 $\dot{U}$ 同相位。再根据相量关系，可判断 φ_2 等于 90°。因此，机组向电网输出感性无功功率。

3）状态 3：类似地，在状态 1 的基础减小励磁电流，使空载电势减小到 $\dot{E}_{03}$。此时，φ_3 等于 −90°，机组向电网吸收感性无功功率。

也可通过图 2-20 的 V 形曲线更直观地理解机组的调相原理：

1）V 形曲线的最低点对应状态 1，此时定子电流为 0，机组与电网并未交换无功功率。

2）V 形曲线右侧对应状态 2，此时定子电流滞后电压 90°，机组向电网输出感性无功功率。

3）V 形曲线左侧对应状态 3，此时定子电流超前电压 90°，机组向电网吸收感性无功功率。

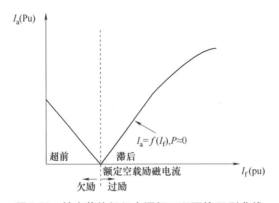

图 2-20　抽水蓄能机组在调相工况下的 V 形曲线

例 2-2　今有一台抽水蓄能机组并网运行，定子绕组丫联结，运行于发电工况，输出有功功率为 $P_0 = 334\text{MW}$，功率因数角 $\varphi_0 = 30°$。现接到调度指令，保持有功输出不变，将空载电势 E_{01} 调节至 13kV。电网线电压 $U_1 = 18\text{kV}$，机组同步电抗 $X_s = 0.2\Omega$，不计电阻压降。试求机组功角 δ_1。

解：首先求解电网相电压，即

$$U = U_1/\sqrt{3} = 18\text{kV}/\sqrt{3} = 10.4\text{kV}$$

因定子绕组 Y 联结，故有

$$P_0 = \sqrt{3}\,U_1 I_0 \cos\varphi_0$$

从而有

$$I_0 = \frac{P_0}{\sqrt{3}\,U_1 \cos\varphi_0} = \frac{334\text{MW}}{\sqrt{3}\times 18\text{kV}\times \dfrac{\sqrt{3}}{2}} = 12.37\text{kA}$$

做出等效相量图，如图 2-21 所示。

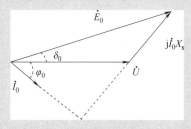

图 2-21　等效相量图

由图 2-21 可得

$$E_0 = \sqrt{(U\sin\varphi_0 + I_0 X_s)^2 + (U\cos\varphi_0)^2} = 11.83\text{kV}$$

$$\delta_0 = \arccos\frac{U\cos\varphi_0}{E_0} - \varphi_0 = 10.41°$$

由 $E_0\sin\delta_0 = E_{01}\sin\delta_1$ 可得

$$\delta_1 = \arcsin\left(\frac{E_0\sin\delta_0}{E_{01}}\right) = 9.14°$$

例 2-3　今有一抽水蓄能机组运行在调相工况，定子绕组 Y 联结。初始空载电势 $E_{01} =$ 13kV，现接到调度指令，将空载电压增加到 $E_{02} = 15$kV。电网线电压 $U_1 = 18$kV，机组同步电抗 $X_s = 0.5\Omega$，不计电阻压降。试求增发的感性无功功率。

解：首先求解电网相电压，即

$$U = U_1/\sqrt{3} = 18\text{kV}/\sqrt{3} = 10.4\text{kV}$$

由于机组运行在调相工况，与系统无有功功率交换，故 $\delta_1 = \delta_2 = 0°$，$\varphi_1 = \varphi_2 = 90°$。由此可做出相量图如下：

由图 2-22 可得

$$I_{a1} = \frac{E_{01} - U_p}{X_s} = \frac{13\text{kV} - 10.4\text{kV}}{0.5\Omega} = 5.2\text{kA}$$

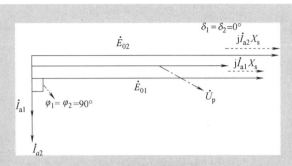

图 2-22 等效相量图

$$I_{a2} = \frac{E_{02} - U_p}{X_s} = \frac{15\text{kV} - 10.4\text{kV}}{0.5\Omega} = 9.2\text{kA}$$

进一步可算出调整励磁前后机组输出的无功功率为

$$Q_1 = 3U_p I_{a1} \sin\varphi_1 = 3 \times 10.4\text{kV} \times 5.2\text{kA} = 162.24\text{Mvar}$$

$$Q_2 = 3U_p I_{a2} \sin\varphi_2 = 3 \times 10.4\text{kV} \times 9.2\text{kA} = 287.04\text{Mvar}$$

故增发的无功功率为

$$\Delta Q = Q_2 - Q_1 = (287.04 - 162.24)\text{Mvar} = 124.8\text{Mvar}$$

尽管机组的发电调相工况与抽水调相工况具有类似的原理，但两者在运行特点上有着明显区别，以下将进行介绍。

1）转子转向不同。对于可逆式机组来说，由于同一套设备集成了发电和抽水两种功能，转子在发电方向下的转向与抽水方向下的相反。

2）继电保护配置不同。对于可逆式机组而言，转子转向相反意味着在两种工况下，发电电动机的电压、电流相序相反。因此，一些与相位相序有关的保护需要分开配置，以应对不同的工况，如负序过电流保护、相序保护、失磁保护和失步保护等。

3）使用的频率不同。机组在抽水工况起动时，为了减小有功消耗，减小机组振动，一般需要经历抽水调相工况，因而抽水调相工况较为常见。相较之下，发电调相更为少见，一般作为紧急备用，用于电网突发紧急情况。由于机组从发电调相到发电带满负荷用时要比从静止到发电带满负荷少，因此在电网遭遇紧急情况时，机组会被要求运行在发电调相工况，以便在需要时以更快的速度带满负荷。

2.3.2 抽水蓄能机组的工况切换

2.3.2.1 工况切换方式

抽水蓄能机组常见的工况切换方式有 12 种：①静止至发电；②发电至静止；③静止至发电调相；④发电调相至静止；⑤静止至抽水；⑥抽水至静止；⑦静止至抽水调相；⑧抽水调相至静止；⑨发电至发电调相；⑩发电调相至发电；⑪抽水至抽水调相；⑫抽水调相至抽水。

不同工况之间的切换流程如图 2-23 所示。其中抽水蓄能机组的起动和制动是工况切换的关键步骤，以下将主要对其进行介绍。

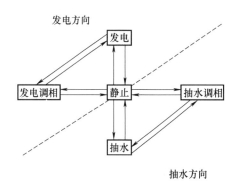

图 2-23　不同工况切换流程示意图

2. 3. 2. 2　抽水蓄能机组起动

不同型式的抽水蓄能机组起动方式不同。对于四机式和三机式抽水蓄能机组，其内部负责抽水的结构与负责发电的结构相对独立，因而起动方式较为简单，不需要特殊的起动方法。相比之下，二机式抽水蓄能机组由于使用同一套设备实现抽水和发电的功能，起动方式变得更加复杂。因此，下面将以二机式抽水蓄能机组为例介绍抽水蓄能机组的起动方式。

1. 起动电动机起动

起动电动机起动是利用专门的起动电动机带动主抽水蓄能电机起动的方式，一般适用于单机容量大、机组台数少的抽水蓄能电站。起动电动机一般为小容量的绕线转子感应电动机，极对数比主电机的少，因而运行与控制方式更为灵活，转速也比主电机快。对于机组台数多的抽水蓄能电站，通常采用起动电动机起动与同步起动混合的方式，由起动电动机负责起动最后一台机组。这种方式可以减少起动电动机的数量，有利于节省成本。

起动电动机起动具有接线简单、独立性高等优点。此外，起动电动机可以作为主电机机械部分检修时的起动设备，还可以在机组需要制动时提供相应的阻力矩。但是，采用该方式时，起动电动机需要装设在主电机顶上，造成整体高度过高，厂房建设费用增加，这是该起动方式的主要缺点。

2. 异步起动

异步起动方式是将发电电动机（本质是同步电机）按照感应电机的起动方式进行起动。主要过程为：在发电电动机的励磁绕组短接后，直接将其并入电网；在定子绕组产生磁场和转子绕组产生磁场的相互作用下，转子侧将产生异步转矩带动转子加速；当转子转速达到同步转速时加上主励磁，将电机拉入同步。

异步起动方式有全压、减压和部分定子绕组起动三种，如图 2-24 所示。

（1）全压起动

全压起动是直接利用电网电压带动起动机组异步起动的方式，其电气接线图如图 2-24a 所示。在异步起动的过程中，电机所受的异步转矩与加在其两端的电压呈正相关关系，因而全压起动响应快、耗时少。但是在起动初期，转子转速较低，转子侧等效电阻较小，导致定子回路电流过大，机组转子绕组过热和定子绕组稳定性降低，影响机组的正常运行，还会引起机端电压下降，对电网造成较大的冲击。因此在实际运行中，全压起动仅适用于容量不大的机组。同时，要求机组在空气中起动以减少起动过程中转子受到的阻力。

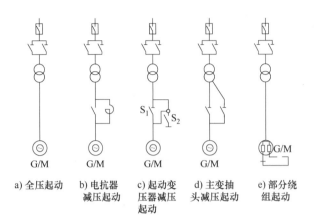

a) 全压起动　b) 电抗器　c) 起动变　d) 主变抽　e) 部分绕
　　　　　　　　减压起动　压器减压　头减压起　组起动
　　　　　　　　　　　　　起动　　动

图 2-24　异步起动方式的电气接线图

（2）减压起动

减压起动是利用降低的电网电压带动起动机组异步起动的方式。为了达到机组的起动要求，需要先将电网的电压进行降压，具体方式包括主变压器抽头调压、增加起动变压器和接入电抗器等，电气接线图如图 2-24b、c 和 d 所示。由于减压起动降低了起动过程中接在机组两端的电压，因而避免了全压起动时定子电流过大、机组发热严重和给电网造成较大冲击等问题。但是，起动电压的降低将导致起动转矩降低，从而导致响应变慢，起动时间延长。此外，引入主变压器抽头、起动变压器和电抗器都需要额外增加设备，增加投资成本。

（3）部分定子绕组起动

部分定子绕组起动是通过改接定子绕组以降低起动电压的异步起动方式，因而也可将其看作一种特殊的减压起动，接线图如图 2-24e 所示。采用该起动方式的发电电动机的定子绕组设计为分段多支，在起动时只使用其中的部分绕组，从而达到减少起动电流的目的。当机组成功并网运行后，剩余部分绕组会被接上，使机组恢复正常运行状态。与减压起动类似，低起动电压会造成机组的转矩下降，从而导致响应变慢，起动时间延长。

3. 同步起动

同步起动是指利用频率不断增加的可变频率电流带动机组起动的方式。可变频率电流可由其他机组提供，对应于下述的背靠背同步起动方式；也可由电力电子设备转换得到，对应于下述的静止变频器起动方式。同步起动方式的优点是冲击较小，无论是对电网的冲击还是对机组的冲击均小于异步起动方式。

（1）背靠背同步起动

背靠背同步起动是利用发电机来提供可变频率电流的同步起动方式。起动前，为了保证起动成功，发电机与待起动机组必须保持在静止状态，此时所构成的回路中无电流。紧接着起动发电机，回路中流过频率逐渐上升的电流，拖动待起动机组从静止加速至额定转速。此后将待起动机组并网，再将起动机组断开，使其逐渐减速停机。

背靠背同步起动具有适用范围广、对电网冲击小和起动设备简单等优点。缺点是发电机和待起动机组在起动前必须保持在静止状态，因而响应慢，起动耗时较长。为了缩短起动时间，可在发电机完全静止前就加上励磁，并让其在低转速下拖动待起动机组。

背靠背同步起动方式的电气接线如图 2-25 所示。由该图可知，背靠背同步起动方式接

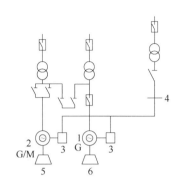

图 2-25　背靠背同步起动方式的电气接线图

1—发电电动机（起动用）　2—发电电动机（被起动）

3—励磁装置　4—厂用电母线　5—水泵水轮机（被起动）　6—水泵水轮机（起动用）

线十分复杂，需要配备单独的励磁电源。纯抽水蓄能电站采用该方式时，还会面临最后一台机组不能正常起动的问题，必须与其他起动方式结合使用。因此，背靠背同步起动方式一般不单独作为纯抽水蓄能电站机组的起动方式，而是作为静止变频器起动的后备。

（2）静止变频器起动

静止变频器起动是利用晶闸管变频装置提供可变频率电流的同步起动方式，其电气接线图如图 2-26 所示。

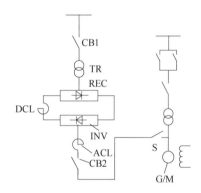

图 2-26　静止变频器起动接线图

TR—输出变压器　REC—整流器　INV—逆变器　DCL—直流平波电抗器　ACL—交流电抗器

由接线图可知，静止变频器本质上是一个"交-直-交"型电力电子变频电路，主要由输入变压器（TR）、整流器（REC）、逆变器（INV）、直流平波电抗器（DCL）和交流电抗器（ACL）组成。此外，起动回路中还包括断路器（CB1、CB2）以及供选择被起动机组用的开关 S。

静止变频器起动的过程如下：在开机前准备工作进行完毕后，先闭合开关 S 和断路器 CB2，接通机组主励磁回路；然后闭合断路器 CB1，使静止变频器输出频率逐渐上升的三相交流电流。该电流产生的磁场与主励磁磁场相互耦合，在转子侧产生加速转矩，带动机组逐渐加速至额定转速。当机组满足并网条件时将其并入电网，同时切除变频装置，从而完成起动过程。

静止变频器起动具有起动耗时短、起动成功率高和对系统冲击小等优点，是目前抽水蓄能机组的主流起动方式。采用变频装置的抽水蓄能电站，一般将背靠背同步起动作为备用。运行经验表明，备用方式极少启用，侧面反映出静止变频器的起动方式能保证较高的起动成功率。

4. 半同步起动

半同步起动是一种综合了同步起动和异步起动特点的起动方式，因而也被称为异步-同步起动。半同步起动过程如图 2-27 所示，首先，将一台牵引发电机在无励磁条件下加速至额定转速的 50%~80%。接着，将该发电机与待起动机组在电气上连接起来，同时给发电机加励磁，发电机两端随之感应出电压作用在待起动机组，异步拖其起动。与此同时，发电机减速。最后，当两台机组的转速相接近时，接通待起动机组的励磁回路，使其与发电机同步，并逐渐加速到额定转速。

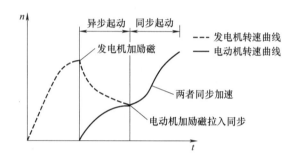

图 2-27 半同步起动方式的起动过程特性

尽管半同步起动方式对阻尼绕组具有一定要求，但不需要增设专门的励磁装置。在起动过程中，机组不从系统中受电，因而对电力系统无干扰。多台机组相继起动时，牵引机组无需回到静止状态，节约了起动时间，提高了机组的速动性。其缺点与背靠背同步起动相同，在此不再赘述。

半同步起动方式一般应用于装设有常规水电机组的混合式抽水蓄能电站。对于纯抽水蓄能电站，如果最后一台机组能够采用其他方式进行起动，则其他机组也可采用半同步起动方式。

5. 各种起动方式的比较

不同起动方式之间的性能指标见表 2-2。

表 2-2 抽水蓄能机组起动方式各项指标

项目		起动方式				
		起动电动机	异步	同步		半同步
				背靠背	变频	
适用范围	单机容量	大、中	中、小	大、中	大、中、小	大、中
	主机台数	少	任意	多	多	多
起动容量（相对于单机容量的百分数）（%）		8~10	60~120	15~20	5~8	>80

（续）

项目	起动方式				
	起动电动机	异步	同步		半同步
			背靠背	变频	
从系统吸收电流（相对于机组额定电流的百分数）（%）	5~14 cosφ=0.7~0.85	50~350 cosφ=0.3	0	4~12 cosφ=0.8	0
起动时间/min	5~7	0.5~3	2~4	5~10	3~5
起动设备	起动电动机，液体电阻器，起动变压器	减压起动时主变压器带中间抽头或设电抗器；多台机组合用降压设备时要设起动母线	起动发电机，单独的励磁电源	变频装置，起动变压器，起动母线	起动发电机，起动母线
电站布置要求	总高度加大	较小面积	无特殊要求	较大面积	无特殊要求

2.3.2.3　抽水蓄能机组制动

　　抽水蓄能机组从其他工况切换至静止工况时，由于转动部分的惯性较大，依靠机组本来就配备的水力制动、风耗制动和轴承制动等机械制动方式难以使机组在短时间之内停转，影响了机组的速动性。电气制动可以有效地缩短机组减速的时间。实践表明，在电气制动投入时，机组由额定转速降至零转速所需时间少于自由减速加机械制动所需时间的一半。目前的主流制动方法为电气制动与机械制动相结合的方式，但由于机械制动方法在机组制动过程中的作用较为有限，下面主要介绍机组的电气制动方式。

　　目前，电气制动的主流做法是在发电电动机解列后，将定子绕组直接短路或通过外接电阻短路，使得定子绕组形成闭合回路。如此则当仍具有励磁的转子在定子侧感应出电压时，闭合回路中就会产生电流，从而承担负荷，消耗转子的动能。考虑到电机的散热能力随着转速的降低而降低，所以电气制动时需要防止定子电流过高。此外，如果电机的励磁电流由通过独立的励磁回路供给，则还需配备专门的励磁装置。

　　抽水蓄能机组转子所受的制动力包括以下 5 种：

　　1）水流对转轮产生的制动力矩，与转速 n 的二次方成正比。

　　2）电机转轮旋转所受到的空气阻力矩，与 $n^{1.8}$ 成正比。

　　3）电机轴承产生的阻力矩，与 $n^{0.5}$ 成正比。

　　4）电机定子铜损产生的阻力矩，与 $1/n$ 成正比。

　　5）如接有外加电阻，其产生的阻力矩也与 $1/n$ 成正比。

　　其中 1）、2）和 3）为机械阻力矩，4）和 5）为电磁阻力矩。图 2-28 是某小型发电电动机各制动力矩随转速变化关系图。由该图可见，在转速较高时，水力制动力矩最大，但随着转速下降会迅速降低至零。电气制动则相反，高转速时电气制动力矩不大，但当转速下降到额定转速的 0.3~0.4 时，电气制动力矩会迅速上升。由此可见，电气制动力矩在机组制动过程中起到了重要作用。

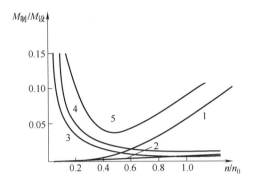

图 2-28　各种制动力矩与转速的关系
1—水力制动力矩　2—风耗及轴承力矩　3—额定电流下电气制动力矩
4—外加电阻下电气制动力矩　5—转矩 1 到 4 之和

　　电气制动一般具有较大的制动力矩，其中最大制动力矩为额定力矩的 40%～60%，这是电气制动的主要优点。此外，该制动力矩在很长一段区间内与转速成反比，转速越低，力矩就越大，这是电气制动的另一优点。但是，当转速很低时，磁通强度不足，在定子侧感应不出电流，导致制动力矩急剧下降到零。制动力矩与转速比的关系如图 2-29 所示，图中实线最高点对应横坐标为 S，其物理意义为当电气制动有最大制动力矩时对应的转速比。由于电机转速小于 S 后电气制动力矩会急剧减小，因此可将其视为电气制动失效的标志。S 的计算公式如下：

$$S = \frac{r}{X_d} \tag{2-14}$$

式中，r 为定子内阻；X_d 为电机纵轴电抗，两者均为标幺值。

　　式（2-14）说明在一定程度上增大电阻，有利于电气制动，但如果不加限制地增大电阻，则会使得 S 过大，导致电气制动在高转速时失效。

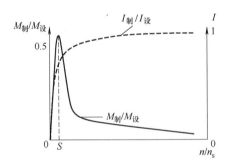

图 2-29　制动力矩与转速比的关系

2.3.3　抽水蓄能机组的安全运行指标

　　作为整个抽水蓄能电站的"心脏"，抽水蓄能机组发生故障可能会导致整个抽水蓄能电站退出运行。因此，对机组的安全运行状况进行评估是十分必要的。可用率和起动成功率是两个衡量机组安全运行状况的重要指标，其中可用率表征电站承担削峰填谷和事故备用的能力，起动成功率表征机组因响应电网要求随时开机运行的能力。

电网公司在与抽水蓄能电站签订经营合同时，通常会对动态效益作明确规定，例如，当需要抽水蓄能电站进行调峰、调频或事故备用时，响应速度越快，电网支付给电站的费用就越高。这也从侧面反映出机组的可用率和起动成功率对电网的安全运行有着十分重要的影响。

1. 可用率

抽水蓄能机组由各种不同的元件组合而成，故机组的可用率需由这些元件的可用率计算得到。下面先介绍元件可用率的相关概念及计算方法，然后给出机组可用率的计算公式。

元件的可用率用符号 A 表示，是指稳态下元件处于正常运行状态的概率。与之相反的是不可用率，它是指稳态下元件失去正常功能而处于停运状态的概率，用 $\overline{A}$ 表示。可用率与设备的可靠性有关，由于大部分机组是可修复的，因此以下先介绍可修复元件的可靠性指标，再由这些可靠性指标推导可用率的计算公式。

（1）故障率

故障率 $\lambda(t)$ 是元件在时刻 t 完好的条件下，在时刻 t 以后单位时间里发生故障的概率。故障密度函数 $f(t)$ 则是元件发生故障的概率密度函数，是元件故障分布函数 $F(t)$ 对时间的一阶导数。两者虽然都是衡量元件发生故障的指标，却有着不同的数学含义，下面将推导元件故障率 $\lambda(t)$ 和元件故障密度函数 $f(t)$ 之间的关系。

如前所述，故障率 $\lambda(t)$ 为元件在时刻 t 运行正常，在时刻 $t+\Delta t$ 发生故障的条件概率，即

$$\Pr(t \leqslant T \leqslant t+\Delta t \mid T \geqslant t) = \frac{f(t)}{1-F(t)} \tag{2-15}$$

整理有

$$\lambda(t) = \frac{f(t)}{1-F(t)} = \frac{1}{1-F(t)} \cdot \frac{\mathrm{d}F(t)}{\mathrm{d}t}$$

$$\frac{\mathrm{d}\ln(1-F(t))}{\mathrm{d}t} = -\lambda(t)$$

$$F(t) = 1 - \mathrm{e}^{-\int_0^t \lambda(t)\mathrm{d}t} \tag{2-16}$$

故元件故障率 $\lambda(t)$ 和元件故障密度函数 $f(t)$ 之间的关系为

$$f(t) = \frac{\mathrm{d}F(t)}{\mathrm{d}t} = \frac{\mathrm{d}(1-\mathrm{e}^{-\int_0^t \lambda(t)\mathrm{d}t})}{\mathrm{d}t} \tag{2-17}$$

特别地，当故障率 $\lambda(t)=\lambda$ 为一个常数时，有

$$F(t) = 1 - \mathrm{e}^{-\lambda t} \tag{2-18}$$

$$f(t) = \lambda \mathrm{e}^{-\lambda t} \tag{2-19}$$

（2）修复率

表示元件修复能力的指标为修复率 $\mu(t)$，即在现有检修能力和组织安排条件下，平均单位时间内能修复设备的台数。在元件正常寿命周期内，λ 和 μ 都是常数，可通过对同类型

元件长期观察后用数理统计的方法获得。元件修复率 $\mu(t)$ 和元件修复密度函数 $r(t)$（即元件单位时间内被修复的概率）之间的关系与故障率和故障密度函数之间的关系相类似，故推导过程略去，直接给出以下结论。

当修复率 $\mu(t) = \mu$ 为一个常数时，元件的修复密度函数为

$$r(t) = \mu e^{-\mu t} \tag{2-20}$$

（3）平均无故障工作时间

平均无故障工作时间表示元件在无故障状态下连续工作的时间。假定 $f(t)$ 为故障密度函数，则平均无故障工作时间 T_U 为

$$T_U = \int_0^\infty t f(t) \, dt \tag{2-21}$$

当 $f(t) = \lambda e^{-\lambda t}$ 呈指数分布时，有

$$T_U = \int_0^\infty t \lambda e^{-\lambda t} dt = \frac{1}{\lambda} \tag{2-22}$$

（4）平均修复时间

平均修复时间表示元件每次修复所用时间的平均值。假定 $r(t)$ 为修复密度函数，则平均修复时间 T_D 为

$$T_D = \int_0^\infty t r(t) \, dt \tag{2-23}$$

当 $r(t) = \mu e^{-\mu t}$ 呈指数分布时，有

$$T_D = \int_0^\infty t \mu e^{-\mu t} dt = \frac{1}{\mu} \tag{2-24}$$

（5）平均运行时间

平均运行时间 T_S 表示两次故障之间的时间间隔的平均值，可通过下式计算：

$$T_S = T_U + T_D \tag{2-25}$$

由数理统计相关知识可知，元件的可用率近似等于运行时间内平均无故障工作时间所占比例，如下式所示：

$$A = \frac{T_U}{T_S} = \frac{T_U}{T_U + T_D} \tag{2-26}$$

对于处于运行稳态期内的元件来说，λ 和 μ 都是常数，代入式（2-26）即可得其可用率如下式所示：

$$A = \frac{\dfrac{1}{\lambda}}{\dfrac{1}{\lambda} + \dfrac{1}{\mu}} = \frac{\mu}{\lambda + \mu} \tag{2-27}$$

（6）元件的组合方式

元件组成机组的方式较多，但最基本的方式只有两种，即串联组合方式和并联组合方式。

1）串联组合方式：元件的串联组合方式如图 2-30 所示。假设机组由元件 1，元件 2，…，元件 n 串联组合而成，当任意一个元件出现故障而变得不可用时，机组也会变得不可用。如此可得到串联组合方式下机组可用率的计算公式：

$$A = A_1 A_2 \cdots A_n \tag{2-28}$$

式中，A 表示机组的可用率；A_1，A_2，$\cdots$，A_n 分别表示元件 1，元件 2，$\cdots$，元件 n 的可用率。

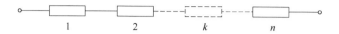

图 2-30　元件的串联组合方式示意图

2）并联组合方式：元件的并联组合方式如图 2-31 所示。假设机组由元件 1，元件 2，$\cdots$，元件 n 并联组合而成，当组成元件中所有元件出现故障而变得不可用时，机组才会变得不可用。如此便可得到并联组合方式下机组可用率的计算公式为

$$A = 1 - \bar{A}_1 \bar{A}_2 \cdots \bar{A}_n \tag{2-29}$$

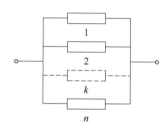

图 2-31　元件的并联组合方式示意图

式中，A 表示机组的可用率；$\bar{A}_1$，$\bar{A}_2$，$\cdots$，$\bar{A}_n$ 分别表示元件 1，元件 2，$\cdots$，元件 n 的不可用率。

例 2-4　已知一台机组的故障密度函数 $f(t)$ 服从指数分布 $f(t) = \dfrac{1}{5}\mathrm{e}^{-\frac{1}{5}t}$，修复密度函数 $r(t)$ 也服从指数分布 $r(t) = \dfrac{1}{8}\mathrm{e}^{-\frac{1}{8}t}$，求解该机组运行的可用率。

解：

根据平均无故障工作时间 T_U 和平均修复时间 T_D 的计算公式可得

$$T_U = \int_0^\infty t f(t) \,\mathrm{d}t = \int_0^\infty t \cdot \frac{1}{5}\mathrm{e}^{-\frac{1}{5}t} \,\mathrm{d}t = 5$$

$$T_D = \int_0^\infty t r(t) \,\mathrm{d}t = \int_0^\infty t \cdot \frac{1}{8}\mathrm{e}^{-\frac{1}{8}t} \,\mathrm{d}t = 8$$

再由可用率的计算公式得

$$A = \frac{T_U}{T_D + T_U} = \frac{5}{5+8} = 0.385$$

注：本题如果积分较难计算，则可用下述方法计算运行可用率。

首先，由故障密度函数以及连续停运时间的分布可知

$$\lambda = \frac{1}{5}, \ \mu = \frac{1}{8}$$

进一步由指数分布下故障率、修复率与平均无故障工作时间、平均修复时间的关系可得

$$A = \frac{\mu}{\lambda + \mu} = \frac{5}{13} = 0.385$$

例 2-5 某抽水蓄能电站中有两台抽水蓄能机组，每台机组均能独立承担电站的各项功能。其中，机组 1 的故障密度函数为 $f_1(t) = \frac{1}{8}e^{-\frac{1}{8}t}$，修复密度函数为 $r_1(t) = \frac{1}{3}e^{-\frac{1}{3}t}$；机组 2 的故障密度函数为 $f_2(t) = \frac{1}{5}e^{-\frac{1}{5}t}$，修复密度函数为 $r_2(t) = \frac{1}{4}e^{-\frac{1}{4}t}$。假设不考虑除机组外其他因素的影响，试计算该抽水蓄能电站的可用率。

解：根据相关定义可计算机组 1 和机组 2 的可用率 A_1 和 A_2 及相关量。

对于机组 1：

$$\lambda_1 = \frac{1}{8}, \ \mu_1 = \frac{1}{3}, \ A_1 = \frac{\mu_1}{\lambda_1 + \mu_1} = \frac{8}{11} = 0.727, \ \bar{A}_1 = 1 - A_1 = 0.273$$

对于机组 2：

$$\lambda_2 = \frac{1}{5}, \ \mu_2 = \frac{1}{4}, \ A_1 = \frac{\mu_2}{\lambda_2 + \mu_2} = \frac{5}{9} = 0.56, \ \bar{A}_2 = 1 - A_2 = 0.44$$

由于机组 1 和机组 2 都能独立承担电站的各项功能，只有机组 1 和机组 2 都不可用时该电站才会失去功能，因此核电站的可用率为

$$A = 1 - \bar{A} = 1 - \bar{A}_1 \cdot \bar{A}_2 = 0.88$$

2. 起动成功率

起动成功率为一段时间内（如一个月、一年等），机组起动成功次数与机组起动总次数之比，计算公式如下：

$$S = \frac{N_s}{N_t} = 1 - \frac{N_f}{N_t} = 1 - \frac{N_{gf} + N_{mf}}{N_t} \tag{2-30}$$

式中，N_s 为起动成功次数；N_t 为起动总次数；N_f 为起动失败次数；N_{gf} 为发电工况起动失败次数；N_{mf} 为抽水工况起动失败次数。

由式（2-30）可知，抽水蓄能机组的起动成功率由发电工况和抽水工况的起动成功率共同决定。目前，机组抽水工况起动成功率的影响机理已较为明确，但发电工况的相关研究还比较少，因而下面仅介绍机组抽水工况下起动成功率的影响因素。

（1）起动因素

目前，抽水蓄能大多采用静止变频器起动作为主起动方式，背靠背起动作为备用起动方式，因此机组的起动成功率主要受到静止变频器起动流程的影响。随着运行过程的不断优化，静止变频器本身已经不再是影响机组起动成功率的主要因素，更容易受到外界因素干扰

导致机组起动失败的是静止变频器的信号传输链路。由于信号传输链路一般使用长电缆作为传输介质，信号在传输过程中容易受分布电容的影响致使保护发生误动，造成机组抽水工况起动失败。

（2）调相压水因素

在抽水蓄能机组起动初期，为了抑制起动电流的上升，需要降低转轮转动时所受到的阻力，这就要采用调相压水方式，将转轮室水位压低到调相水位。在调相压水过程中，机组容易出现压水太过（即转轮室水位过低）或者不足（即转轮室水位过高）的问题，两者都会产生不利影响，致使压水失败和机组停机。

（3）设计因素

除了上述因素外，设备自身的设计也是影响起动成功率的一个重要因素。随着运行情况的不断变化，老式机组往往不能满足新的运行条件，机组的形式也需要不断地更新。例如，机组整体结构从开始的四机式到三机式，再逐渐演变成现如今的二机式。只有不断改进机组的设计以适应运行条件的新变化，才能够从根本上提高起动成功率。

3. 可用率与起动成功率的关系

就抽水蓄能电站的长期运行而言，可用率和起动成功率的提高标志着电站运行管理水平的提高。然而，可用率与起动成功率之间存在密切的关系，一味追求高可用率可能会阻碍起动成功率的提高，反之亦然。下面将从机组可用率的角度阐述可用率和起动成功率的内在联系。

机组可用率与机组的计划停运时间有着密切联系，提高可用率会导致机组的计划停运时间减少，从而影响机组的维护和保养。如果为了追求高可用率而不对存在安全隐患的机组进行检修，则会造成机组起动成功率的降低。当隐患进一步扩大时，机组将会损坏，可用率也随之下降。综上所述，在电网允许的前提下，牺牲一定的机组可用率来对机组进行维护和保养是十分有必要的。随着监测技术的不断进步，计划检修的时间会逐步缩短，取而代之的是更为先进的在线维护和状态检修技术，因而机组可以同时保持高可用率和高起动成功率。

此外，机组在不同工况之间的切换时间也是重要的运行指标之一。从电力系统稳定运行的角度看，工况切换时间需要控制得尽可能短以减少对电网造成的影响，但这又会使机组承受较大的冲击和振动，因而需要在合理范围内缩短工况切换时间。

2.4 抽水蓄能电站应用案例

抽水蓄能电站由于开停机、工况转换灵活，并能以各种不同方式参与电网运行，因而得到广泛应用。下面将简要说明抽水蓄能电站在国内外电网中的实际应用情况。

2.4.1 潘家口混合式抽水蓄能电站

1. 电站简介

潘家口混合式抽水蓄能电站位于河北省迁西县境内，1981 年开始并网发电，对于京津唐电网的调峰调频至关重要。电站的上水库是一个多年调节水库，在蓄水发电的同时，还兼顾防洪及向天津和唐山两市供水的任务。由于上水库是多年调节水库，其水位变幅大，最大水头为 85.7m，最小水头为 36.0m。下水库相对较小，属于日调节水库。整体布置情况如图 2-32 所示。

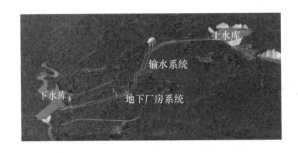

图 2-32　潘家口混合式抽水蓄能电站布置图

潘家口混合式抽水蓄能电站安装了 1 台 150MW 的常规水轮发电机组和 3 台 90MW 的可逆式抽水蓄能机组，其剖面图如图 2-33 所示。由于电站抽水和放水过程中水头变化较大，一般机组的运行效率会受到影响。为此，电站安装了 90MW 的静止变频器以提高低水头段水泵和水轮机的运行效率。

图 2-33　可逆式抽水蓄能机组剖面图

2. 运行情况

潘家口混合式抽水蓄能电站的运行采用常蓄结合方式，以减少下游需水量对电站发电量的影响。当下游需水量小于电站常规发电机组的最小发电用水量时，可以用抽水蓄能机组抽水补充常规机组的发电用水量；反之，当下游需水量大于电站常规发电机组的最大发电用水量时，多出的水量可以用于电站的抽水蓄能机组发电。因此，混合式抽水蓄能电站具有较高的综合运行效率。

2.4.2　日本葛野川抽水蓄能电站

1. 电站简介

葛野川抽水蓄能电站是由日本东京电力公司投资修建的纯抽水蓄能电站，位于日本山梨县。上水库的库容为 1120 万 m^3，至少可以满足 4 台发电机满负荷发电 8h；下水库的库容相对较大，为 1150 万 m^3；上、下水库的调节库容均为 830 万 m^3。上水库于 1997 年开始蓄水，下水库于一年后开始蓄水。

电站设计的最大水头为 728m，额定水头为 714m。所建的地下式厂房位于地表下约 500m 深处，开挖尺寸为 240m×34m×54m，是日本最大规模的抽水蓄能电站厂房。厂房采用了信息化的设计施工体系，可以优化支撑结构，确保洞室安全。

该电站配有四台 40 万 kW 的可逆混流式水泵水轮机。其中，1 号和 2 号机组是额定转速为 500r/min 的恒速机组，分别于 1999 年和 2000 年投入运行；3 号和 4 号机组是转速为 480 ~ 520r/min 的变速机组，分别于 2012 年和 2014 年投入运行。整体布置情况如图 2-34 所示。

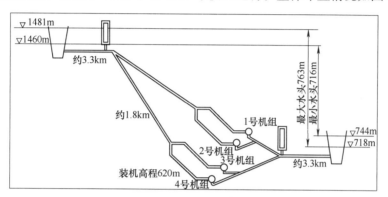

图 2-34　葛野川抽水蓄能电站布置图

2. 运行情况

葛野川抽水蓄能电站采用纯抽水蓄能方式，即在用电低谷时，将下水库的水抽到上水库；在用电高峰时，再将上水库的水放出至下水库发电。通过这种方式，可以削峰填谷，保证系统稳定运行。

2.5　总结与展望

本章主要介绍了抽水蓄能电站的基本概念、工作原理、电站类型、电站水头-能量特性、机组运行模式以及应用实例。

抽水蓄能电站是一种特殊形式的水电站，一般由上水库、输水系统、厂房、下水库和开关站等组成。与常规水电站相比，抽水蓄能电站不仅能像常规水电站一样供给电网电能，进行调峰，而且能消耗电网电能，进行填谷。

抽水蓄能的工作原理是利用电力系统负荷低谷时的多余电能，通过电动机水泵将低处下水库的水抽至高处上水库，如此将多余电能转换为水体势能进行存储，待电力系统负荷转为高峰时，再将这部分水从上水库放至下水库，通过水轮发电机发电，以补充电力系统所缺乏的尖峰容量和电量。电力系统通过抽水蓄能电站以能量转换的方式，可以协调电力系统发电和用电在时间和数量两方面的不一致性。

抽水蓄能电站具有"削峰填谷"、调频、调相（调压）、事故备用、黑启动等功能，可有效调节电力系统供需的动态平衡，大幅度提高电网安全运行水平和供电质量。

抽水蓄能电站的水头特性，就是电站水头值与上水库蓄能库容的放水量间的关系。水库的能量特性，表现为电站发电量与上水库蓄能库容的放水量间的关系。利用电站的水头-能量特性图，可求出上水库从某一水位开始放水至另一水位所产生的发电量；在抽水蓄能电站运行过程中，可借助水库的能量特性图确定用去的蓄能量和尚存的蓄能量，或用来计算发电量与水库下降水位的关系。

抽水蓄能机组有静止工况、发电工况、抽水工况和调相工况。调相工况可分为发电调相和抽水调相，它们原理相同，但运行特点不同。抽水蓄能机组常见的工况切换方式有12种，水泵工况的起动和发电工况的制动需要体现安全性和快速性。

二机可逆式机组有起动电动机起动、异步起动、同步起动和半同步起动四种方式。异步起动方式又分为全压、减压和部分定子绕组起动三种，部分定子绕组起动是减压起动的一种。同步起动方式有背靠背同步起动和静止变频器起动两种。抽水蓄能机组的运行要求主要体现在两个指标——机组的可用率和起动成功率，两者是相互联系的。

抽水蓄能技术是目前发展得较为成熟的典型储能技术之一。抽水蓄能电站具有使用寿命长和能量转换效率高等优点，但同时也存在着受地理环境限制较大、能量密度低、电站的投产成本高和回报周期长等缺点，这些缺点在很大程度上限制了抽水蓄能机组装机容量的增长。

近年涌现出了一批新型抽水蓄能技术，其中最具有代表性的是变速抽水蓄能技术和海水抽水蓄能技术，它们在一定程度上代表了抽水蓄能技术未来的发展方向。

变速抽水蓄能机组可灵活调节水泵输入功率，自动跟踪电网频率变化，提高新能源利用率；另一方面，可变速机组还可以使水轮机在不同出力下运行在高效率区，并适应更大的运行水头范围，这也可以降低上水库大坝高度，节省建设成本。

海水抽水蓄能利用大海作为下水库，对环境的影响较小，同时能够节省下水库的建设费用，不受补水量的限制，使得大型抽水蓄能电站选址较为容易。此外，海水抽水蓄能电站一般建在沿海城市靠近负荷中心之处，能有效减少电能的传输损耗。

习　题

2-1　试阐述抽水蓄能电站的定义。

2-2　试阐述抽水蓄能电站的基本结构。

2-3　试从能量转化的角度阐述抽水蓄能电站的工作原理及其本质。

2-4　试阐述抽水蓄能电站在电力系统中所承担的功能，以及这些功能对维持电力系统运行起到的作用。

2-5　试阐述抽水蓄能电站的主要分类方式，以及各分类方式对应的具体抽水蓄能电站类型。

2-6　试解释以下抽水蓄能电站专有名词：（1）正常蓄水位；（2）死水位；（3）水头特性；（4）能量特性。

2-7　已知某抽水蓄能电站上水库正常蓄水位$Z_{UN} = 800m$，上水库死水位$Z_{UD} = 780m$，下水库正常蓄水位$Z_{LN} = 300m$，下水库死水位$Z_{LD} = 260m$。试求抽水蓄能电站的最大水头H_{max}和最小水头H_{min}。

2-8　某抽水蓄能电站的蓄能库容为$2.3 \times 10^{10} m^3$，按最大的容量进行削峰填谷。假定在抽水工况下，变压器、电动机、水泵和输水系统的运行效率分别为99%、97%、92%和98%；在发电工况下，输水系统、水轮机、发电机和变压器的运行效率分别为97%、90%、97%和99%；水库表面蒸发、水库渗漏和事故库容等因素引起的损失系数为1.2；发电运行

5 个小时；运行时段的平均水头为 600m。试求：

（1）抽水蓄能电站的抽水工况运行效率、发电工况运行效率和综合效率；

（2）发电运行状态下的调峰容量（功率）和调峰电量（能量）。

2-9 试阐述抽水蓄能机组调相的基本原理。

2-10 试阐述抽水蓄能机组发电调相和抽水调相在运行时的区别。

2-11 试列举常见的抽水蓄能机组的基本工况及切换方式。

2-12 试列举二机可逆式机组的起动方式，并进一步细分异步起动方式和同步起动方式的区别。

2-13 试阐述抽水蓄能机组制动时电机转子所受的制动力及其与转速的对应关系。

2-14 试阐述机组运行可用率指标和起动成功率指标之间的内在关系。

2-15 今有一抽水蓄能机组运行于调相工况，定子绕组丫联结。初始励磁电流 I_{f1} = 1000A，输出感性无功功率为 200Mvar。现接到调度指令，增发 50Mvar 感性无功功率。假定其空载电势与励磁电流成正比，电网线电压 U_1 = 18kV 保持不变，机组同步电抗 X_s = 0.5Ω，不计电阻压降。试求此时的励磁电流。

2-16 今有一抽水蓄能机组，其故障率 $\lambda = \dfrac{1}{7}$，修复率为 $\mu = \dfrac{1}{9}$，试求其故障密度函数、修复密度函数和可用率。

2-17 抽水蓄能电站中有机组 1 和机组 2 两台抽水蓄能机组，其中机组 1 的故障率 $\lambda_1 = \dfrac{1}{2}$，修复率 $\mu_1 = \dfrac{1}{4}$；机组 2 的故障率 $\lambda_2 = \dfrac{1}{6}$，修复率 $\mu_2 = \dfrac{1}{3}$，忽略其他因素的影响。试求：

（1）当机组 1 和机组 2 串联组合时，抽水蓄能电站的可用率；

（2）当两台机组并联组合时，抽水蓄能电站的可用率。

参 考 文 献

［1］ 梅祖彦. 抽水蓄能技术 ［M］. 北京：清华大学出版社，1988.

［2］ 陆佑楣，潘家铮. 抽水蓄能电站 ［M］. 北京：水利电力出版社，1992.

［3］ 李惕先，季云，刘启钊. 抽水蓄能电站 ［M］. 北京：水利电力出版社，1995.

［4］ 万永华. 抽水蓄能电站规划及运行 ［M］. 北京：水利电力出版社，1997.

［5］ 罗绍基，刘国刚. 抽水蓄能电站的运行指标探讨 ［J］. 广东电力，1997，4：22-27.

［6］ 梅祖彦. 抽水蓄能发电技术 ［M］. 北京：机械工业出版社，2000.

［7］ 张广溢，郭前岗. 电机学 ［M］. 重庆：重庆大学出版社，2002.

［8］ 陈世元. 电机学 ［M］. 2 版. 北京：中国电力出版社，2015.

［9］ 汪军元. 抽水蓄能机组抽水调相与发电调相的异同 ［J］. 水电站机电技术，2015，38（11）：23-24，74.

［10］ 曹善安. 抽水蓄能式水电站 ［M］. 大连：大连理工大学出版社，2011.

［11］ 高传昌，等. 抽水蓄能电站技术 ［M］. 郑州：黄河水利出版社，2011.

［12］ 张岩雨，王青亚. 影响蓄能机组水泵方向启动成功率的因素 ［J］. 浙江水利水电专科学校学报，2011，23（2）：31-33.

［13］ 苗世洪，朱永利. 发电厂电气部分 ［M］. 5 版. 北京：中国电力出版社，2015.

［14］ 汪顺生. 抽水蓄能技术发展与应用研究 ［M］. 北京：科学出版社，2016.

［15］ 丁玉龙，来小康，陈海生，等. 储能技术及应用［M］. 北京：化学工业出版社，2018.

［16］ 张文泉，何永秀. 海水抽水蓄能发电技术［J］. 中国电力，1998（11）：16-18.

［17］ 白宏坤，李千生. 蓄能电站的多种形式［J］. 能源研究与利用，1999（1）：20-21.

［18］ 电网头条. 人类水能使用简史：江河湖海皆是命脉［EB/OL］.［2019-12-12］. https：//baijiahao. baidu. com/s?id=1652705233182860647&wfr=spider&for=pc.

［19］ WHITTINGHAM M S. History，Evolution，and Future Status of Energy Storage［J］. Proceedings of the IEEE，2012，100（SI）：1518-1534.

［20］ BOICEA V A. Energy Storage Technologies：The Past and the Present［J］. Proceedings of the IEEE，2014，102（11）：1777-1794.

［21］ BROWN P D, PECAS LOPES J A, MATOS M A. Optimization of Pumped Storage Capacity in an Isolated Power System With Large Renewable Penetration［J］. IEEE Transactions on Power Systems，2008，23（2）：523-531.

［22］ KUWABARA T, SHIBUYA A, FURUTA H, et al. Design and dynamic response characteristics of 400MW adjustable speed pumped storage unit for Ohkawachi Power Station［J］. IEEE Transactions on Energy Conversion，1996，11（2）：376-384.

［23］ LU N, CHOW J H, DESROCHERS A A. Pumped-storage hydro-turbine bidding strategies in a competitive electricity market［J］. IEEE Transactions on Power Systems，2004，19（2）：834-841.

［24］ CARACAS J V M, FARIAS G D C, TEIXEIRA L F M, et al. Implementation of a High-Efficiency, High-Lifetime, and Low-Cost Converter for an Autonomous Photovoltaic Water Pumping System［J］. IEEE Transactions on Industry Applications，2014，50（1）：631-641.

［25］ ZHANG N, et al. Planning Pumped Storage Capacity for Wind Power Integration［J］. IEEE Transactions on Sustainable Energy，2013，4（2）：393-401.

［26］ HOZOURI M A, ABBASPOUR A, FOTUHI-FIRUZABAD M. On the Use of Pumped Storage for Wind Energy Maximization in Transmission-Constrained Power Systems［J］. IEEE Transactions on Power Systems，2015，30（2）：1017-1025.

［27］ LUNG J, LU Y, HUNG W. Modeling and Dynamic Simulations of Doubly Fed Adjustable-Speed Pumped Storage Units［J］. IEEE Transactions on Energy Conversion，2007，22，（2）：250-258.

［28］ TUOHY A, O'MALLEY M. Impact of pumped storage on power systems with increasing wind penetration［C］. Calgary：2009 IEEE Power & Energy Society General Meeting，2009.

［29］ 宋湘辉. 抽水蓄能机组检修管理研究［D］. 北京：华北电力大学，2011.

［30］ 李志伟. 风电—抽水蓄能电站联合运行的多目标优化［D］. 兰州：兰州理工大学，2011.

［31］ 朱美芳，姚瑜. 现有抽水蓄能电站电价机制及经营模式的探究［J］. 华东电力，2007（05）：65-67.

［32］ 刘凯. 分布式光伏电站与抽水蓄能联合运行研究［D］. 成都：电子科技大学，2020.

［33］ 刘微，郑颖平，郝乐友. 发展抽水蓄能电站的意义及前景［J］. 黑龙江水利科技，2004（04）：34-35.

［34］ 刘诗兴. 电网储能技术综述［J］. 中国电力教育，2012（18）：145-146+153.

［35］ 华丕龙. 抽水蓄能电站建设发展历程及前景展望［J］. 内蒙古电力技术，2019，37（06）：5-9.

［36］ 周全仁. 抽水蓄能电站——峰谷负荷调整的理想电源［J］. 湖南电力，1998（01）：33-34.

［37］ 吴世东，蒋杏芬. 日本抽水蓄能电站发展经验对华东电网的借鉴作用［J］. 水力发电，2011，37（12）：5-7+21.

［38］ 余国铨. 天荒坪抽水蓄能电站电气一次设计［J］. 水力发电，2001（06）：47-50.

［39］ 万玉珍，陈金利. 美国抽水蓄能电站建设［J］. 人民黄河，1998（04）：39-41.

［40］ 张恒君. 国外建设抽水蓄能电站的经验［J］. 山西水利科技，1995（04）：92-96.

［41］ 王璐琰. 浅析抽水蓄能发电［J］. 科技与企业，2016（07）：117.

［42］ 陆忠民，叶建春，顾小双，等. 沙河抽水蓄能电站竖井半地下式厂房［J］. 水力发电，2004（05）：47-48.

［43］ 卢锟明，赵文发，黄晓华. 综合利用抽水蓄能电站初步探讨［J］. 水电与抽水蓄能，2017，3（06）：58-62.

［44］ 刘思源，宓维孝. 小水电系统中的混合式抽水蓄能电站［J］. 水电能源科学，2001（01）：72-74.

［45］ 张利荣，严匡柠，张孟军. 大型抽水蓄能电站施工关键技术综述［J］. 水电与抽水蓄能，2016，2（03）：49-59+91.

［46］ 刘守刚. 110kV 智能变电站设计及其可靠性分析［D］. 北京：华北电力大学，2013.

［47］ 何勇琪. 风光储联合发电系统容量配置优化研究［D］. 北京：华北电力大学，2019.

［48］ 黄晖. 抽水蓄能机组微机励磁及变频起动问题的研究［D］. 武汉：华中科技大学，2004.

［49］ 刘芳，吕朋伟. 110kV 智能变电站设计及其可靠性研究［J］. 河南科技，2014（18）：129-130.

［50］ 吴蓓欣. 某 500kV 变电站 220kV 主接线改造方案设计与实施［D］. 广州：华南理工大学，2020.

［51］ 杨洪灿，吕庆升. 继电保护在电力系统中的可靠性研究［J］. 黑龙江科技信息，2007（09）：25.

［52］ 黄晖，陆继明. 抽水蓄能机组微机励磁控制器的研制［J］. 大电机技术，2004（05）：65-67.

［53］ 艾奇，刘大鹏. 论继电保护可靠性的提高［J］. 机电信息，2009（36）：41.

主要符号表

拉丁字母符号		拉丁字母符号	
A	机组的可用率	n	转速
E_0	空载电动势	P_2	抽水蓄能机组输出功率
E_T	发电量［MWh］	P_m	抽水蓄能机组电磁功率
E_P	用电量［MWh］	Q	发电流量［m^3/s］
$F(t)$	元件故障函数	r	定子内阻
$f(t)$	元件故障密度函数	$r(t)$	元件修复密度函数
H_{max}	抽水蓄能电站最大水头［m］	S	机组的起动成功率
H_{min}	抽水蓄能电站最小水头［m］	s	转速比
$\overline{H}$	发电平均水头［m］	T_D	平均修复时间
h	抽水蓄能电站日发电小时数［h］	T_S	平均运行时间
I_a	定子电流	T_U	平均无故障工作时间
K	考虑水库表面蒸发、水库渗漏和事故库容等因素所确定的不小于 1 的系数	U	电网电压（相电压）
m	抽水蓄能机组的相数	V_S	抽水蓄能电站全部蓄能库容［m^3］
N	调峰容量［MW］	X_d	电机纵轴电抗
N_f	起动失败次数	X_s	漏抗
N_{gf}	发电工况起动失败次数	Z_{UN}	上水库正常蓄水位［m］
N_{mf}	抽水工况起动失败次数	Z_{UD}	上水库死水位［m］
N_s	起动成功次数	Z_{LN}	下水库正常蓄水位［m］
N_t	起动总次数	Z_{LD}	下水库死水位［m］

（续）

希腊字母符号		希腊字母符号	
δ	功角	η_7	抽水工况下抽水蓄能电站水泵工作效率
η	抽水蓄能电站综合效率（即抽水用电与放水发电循环过程的电量转换效率）	η_8	抽水工况下抽水蓄能电站输水系统工作效率
η_1	发电工况下抽水蓄能电站输水系统工作效率	η_T	发电工况运行效率
η_2	发电工况下抽水蓄能电站水轮机工作效率	η_P	抽水工况运行效率
η_3	发电工况下抽水蓄能电站发电机工作效率	$\lambda(t)$	元件故障率
η_4	发电工况下抽水蓄能电站主变压器工作效率	$\mu(t)$	元件修复率
η_5	抽水工况下抽水蓄能电站主变压器工作效率	φ	功率因数角
η_6	抽水工况下抽水蓄能电站电动机工作效率		

第3章 压缩空气储能

空气作为构成自然界最基本和最广泛的物质之一，取之不尽，用之不竭，具有天然的环境友好特性，是用于能量清洁存储的最理想介质。压缩空气储能技术充分利用了空气的上述特性，成功使"空气能"的理想在某种意义上成为现实。和抽水蓄能一样，压缩空气储能也是一种采用机械设备实现能量存储和转移的物理储能技术。从系统运行的本征原理上来看，两者都遵循电能-势能-电能的转换流程来实现储能发电。不同之处是，抽水蓄能系统是将电能转换为水的重力势能，而压缩空气储能系统则是将电能转换为空气的分子势能，即宏观的压力势能。此外，在压缩空气储能系统运行过程中，往往还伴随着压缩热能的产生、存储和利用。

近年来，随着全球能源结构持续向绿色低碳转型和发展，压缩空气储能技术得到了全球能源领域的普遍关注，我国也在相关技术和应用方面取得了较大进展和突破。本章首先将对压缩空气储能的基本技术原理和典型技术路线进行阐述；在此基础上，进一步介绍压缩空气储能系统的能量转化过程、主要设备以及评估压缩空气储能系统特性的常用方法；最后，通过典型压缩空气储能电站案例的介绍，概述压缩空气储能系统在实际工程应用中的运行特性。

3.1 压缩空气储能概述

3.1.1 压缩空气储能的基本概念

压缩空气是一种可规模化应用的能量载体。早在1870年，法国巴黎、英国伯明翰、德国奥芬巴赫和阿根廷布宜诺斯艾利斯等城市就已经出现了压缩空气城市管网系统，主要用于驱动轻工业和重工业使用的马达等原动机，并按照消耗压缩空气的立方数计费。1896年，巴黎压缩空气管网累计建设长度已达50km，压缩空气供能功率达到2.2MW。在压缩空气广泛用于工业生产的大背景下，将压缩空气存储起来备用的概念开始萌生，并逐渐发展成熟。1949年，德国工程师Stal Laval提出了利用地下空间储气的压缩空气存储系统，并取得了专利，这通常也被视作压缩空气储能的雏形。

压缩空气储能系统，顾名思义，就是采用压缩空气作为能量载体，实现能量存储与跨时间、空间转移和利用的一种能源系统，如图3-1所示。以电能的存储为例，压缩空气储能系统主要可以分为储能和释能两个基本工作过程：储能时，电动机驱动压缩机从环境中吸取空气并将其压缩至高压状态并存入储气装置，电能在该过程中转化为压缩空气的内能和势能；释能时，储气装置中存储的压缩空气进入空气透平中膨胀做功发电，压缩空气中蕴含的内能和势能在该过程中重新转化为电能。当然，也可以直接采用外部机械能驱动空气压缩机，或使空气膨胀机直接对外输出机械能。

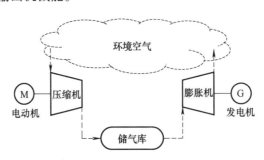

图 3-1　压缩空气储能系统基本原理示意图

由此可见，和抽水蓄能一样，压缩空气储能也是一种采用机械设备实现能量存储和转移的物理储能技术。根据工作流程，压缩空气储能系统通常包括空气压缩机和空气透平膨胀机两大能量转化设备，其功能分别与抽水蓄能中的水泵和水轮机相类似。此外，类似于抽水蓄能具有的低位水库和高位水库，压缩空气储能系统还包括由大气环境和储气装置形成的开放式低压气库和封闭式高压气库。

3.1.2　压缩空气储能的作用

压缩空气储能可广泛用于电源侧、电网侧和用户侧，发挥调峰、调频、容量备用、无功补偿和黑启动等作用，一般可用于以下应用场景：

（1）大功率储能

压缩空气储能系统的空气压缩机和空气透平膨胀机均为流体动力机械，与抽水蓄能所采用的水轮机类似，可满足不同运行功率的应用需求，单机功率可达数百兆瓦，并且可在实际运行过程中实现功率的实时调整。

（2）长周期储能

压缩空气的存储一般采用封闭空间，由于空气物理化学性质稳定，在存储容器不发生泄漏的情况下，压缩空气可存储任意长的时间，从而使压缩空气储能系统实现日调度、周调度甚至季调度的长周期储能。

（3）长时间供电

可长时间连续供电是压缩空气储能技术的优势和特点之一。压缩空气储能系统的连续供电时长由储气容积和发电功率共同决定。在发电功率确定的情况下，可通过设计大容量的储气装置来满足空气透平膨胀机长时间运转的供气量需求，从而实现长时间供电；在储气容积确定的情况下，可以通过降低空气透平膨胀机的进气量来实现低于额定功率的长时间供电。

（4）多能联储、多能联供

传统光热集热、地热或工业余热系统产生的多余热能，均可以通过与压缩空气储能系统耦合实现能量联合存储，并用于提高系统发电能力；压缩空气储能系统也可以利用存储的热能进行供热，并通过调整热电比例满足不同的供能需求，从而实现热电联储。此外，压缩空气储能系统通过调整空气透平膨胀机入口温度或入口压力，可获得较低温度的排气用于供冷。

3.1.3　压缩空气储能的分类及技术路线

3.1.3.1　压缩空气储能分类

虽然压缩空气储能系统概念早在 1949 年就已形成，但压缩空气储能系统的分类方法并未得到有效统一。从广义上讲，凡是通过压缩空气实现能量存储转换的储能系统都可以归类为压缩空气储能。例如，一部以压缩空气作为驱动能源的车辆，在加气站将高压气瓶充满压缩空气后，就相当于完成了能量的存储。当车辆行驶时，压缩空气的能量通过气缸活塞和曲柄连杆机构转化为车辆的动能，能量再度被释放，因此该车辆即为一种简单的压缩空气储能系统。除此之外，常见的各类气泵一般会带有储气罐，也可视为简单的压缩空气储能系统。狭义的压缩空气储能特指通过对空气施加压缩功，将电能或机械能转化为空气内能后以压缩空气为载体进行存储，并利用压缩空气对外输出膨胀功的方式实现能量再生的系统。后续章节若不特别指出，本书中所论述的压缩空气储能一般指的是狭义的压缩空气储能系统。

狭义的压缩空气储能包括多种不同的技术路线，如图 3-2 所示。根据空气的存储形态，压缩空气储能系统可分为气态存储型和液态存储型。其中，液态存储型一般指深冷液化压缩空气储能技术，又称为液态空气储能。根据运行过程中是否需要消耗燃料，气态存储型压缩空气储能又可分为补燃式和非补燃式两种。补燃式压缩空气储能通过化石燃料燃烧提供热能加热空气透平进气，非补燃式压缩空气储能通过非燃烧、无化石燃料的技术手段来满足膨胀过程中的加热需求，以实现高效、可靠的电力存储和再生。根据热能的来源和应用方式不同，非补燃式压缩空气储能又可进一步划分为绝热式压缩空气储能、复合式压缩空气储能和等温式压缩空气储能三种不同的技术路线。上述各种技术路线的基本原理和技术特点将在本章稍后进行介绍。

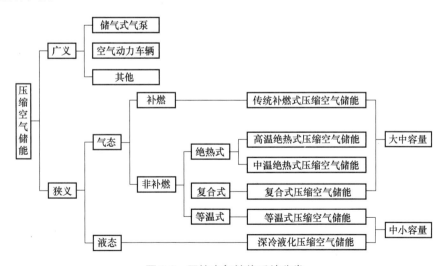

图 3-2　压缩空气储能系统分类

按照系统装机容量和规模不同，压缩空气储能系统可以划分为小容量、中等容量和大容量压缩空气储能系统。补燃式压缩空气储能系统、绝热式压缩空气储能系统一般单机容量可达到百兆瓦级别，而等温式压缩空气储能系统只能采用活塞气缸式的压缩和膨胀设备，单机容量一般仅为兆瓦级别。深冷液化空气储能系统理论上可以达到单机百兆瓦的装机容量，但受限于低温换热和蓄冷设备的技术水平，目前国际上的深冷液化压缩空气储能系统一般为数兆瓦或十数兆瓦级别。

按照压缩空气储能所处地理位置的不同，也可将压缩空气储能系统分为在岸和离岸两种类型。在岸压缩空气储能系统建设在陆地上，是目前研究最深入、应用最广泛的系统形式。离岸压缩空气储能系统，即部分或全部建设在水域内的压缩空气储能系统，以加拿大公司 Hydrostor 开发的水下压缩空气储能系统为代表。随着海上风电、潮汐发电、波浪发电等新技术的应用和推广，离岸压缩空气储能系统也将成为研究和应用的热点。

3.1.3.2 补燃式压缩空气储能

传统的燃气动力循环在吸热过程中采用天然气与压缩空气混合燃烧的方式提升燃气轮机进气温度。通过借鉴燃气动力循环技术路线，可以在压缩空气储能系统膨胀机前设置燃烧器，利用天然气等燃料与压缩空气混合燃烧，以提升空气透平膨胀机进气温度。这种采用化石燃料与压缩空气混合燃烧的方式来实现压缩空气储能的技术路线称为补燃式压缩空气储能系统，如图 3-3 所示。补燃式压缩空气储能系统与传统燃气动力循环存在较多相似之处，但两者结构上最显著的区别在于，燃气动力循环中空气压缩机与燃气轮机同轴，燃气轮机输出的部分轴功用来驱动空气压缩机，而补燃式压缩空气储能系统中的空气压缩机与燃气轮机相对独立。据统计，常规燃气电站中，空气压缩机消耗的轴功占燃气轮机输出总轴功的比例一般为 2/3 左右。由于补燃式压缩空气储能系统中的空气压缩机直接由外部电力或机械功驱动，不消耗燃气轮机轴功，因而补燃式压缩空气储能电站消耗的天然气仅为常规燃气电站的 1/3 左右，碳排放量也大幅降低。

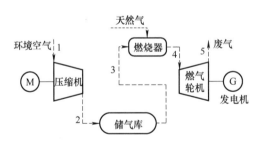

图 3-3 补燃式压缩空气储能系统

通过空气压缩、存储和燃烧膨胀，补燃式压缩空气储能系统能够实现电能大规模的跨时空存储和转移，可提供调峰、容量备用及黑启动等服务。目前全球仅有两座商业化运行的压缩空气储能电站，其技术路线均为补燃式。1978 年，全球首座压缩空气储能电站 Huntorf 在德国投入运营，发电装机容量 290MW，可连续供电 2h，标志着压缩空气储能技术正式进入能源市场；1991 年，全球第二座压缩空气储能电站 McIntosh 在美国投入运营，发电装机容量 110MW，最长可连续供电 26h。

补燃式压缩空气储能结构简单、技术成熟度高、设备运行可靠、投资成本低，具有较长的使用寿命，具备与燃气电站类似的快速响应特性。然而，在当前大力发展绿色能源、控制碳排放量的大背景下，补燃式压缩空气储能的碳排放已成为其最大弊端之一。

3.1.3.3　绝热式压缩空气储能

通过采取良好的保温隔热措施，尽量降低压缩机与环境的换热而减少热量耗散，可以使压缩过程最大限度地接近绝热压缩过程，或者说实现准绝热压缩过程。同时，通过提升压缩机单级压缩比可以获得较高温度的压缩空气和较高品位的压缩热能并存储起来。释能过程中，存储的压缩热能可用于加热透平膨胀机入口空气，实现无需补充燃料的非补燃式压缩空气储能。由于采用了准绝热压缩过程，这种非补燃式压缩空气储能系统可以称作绝热式非补燃压缩空气储能系统，也称作先进绝热式压缩空气储能系统。根据储热温度的不同，先进绝热式压缩空气储能又可分为高温绝热式压缩空气储能和中温绝热式压缩空气储能两个不同的技术路线。

高温绝热式压缩空气储能系统工艺流程如图 3-4 所示，其一般采用固体式填充床作为换热器和热存储装置，内部填料为鹅卵石、人造陶瓷颗粒、金属颗粒或颗粒化封装的相变材料等，可满足 600℃ 甚至 1000℃ 以上的蓄热需求。压缩过程中，采用大压缩比的空气压缩机通过准绝热压缩的方式将环境空气直接压缩至高温高压后送入换热蓄热器，在换热蓄热器中，高温压缩空气中蕴含的热能传递给蓄热材料后温度降低，并进入储气装置中存储。膨胀过程中，储气库释放高压压缩空气进入换热蓄热器，蓄热材料存储的压缩热能重新被压缩空气吸收，压缩空气再次成为高温高压状态后进入空气透平膨胀机中做功，乏气直接排入环境。

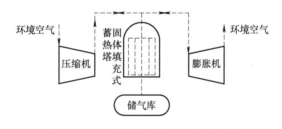

图 3-4　高温绝热式压缩空气储能系统

高温绝热压缩和高温蓄热可以提高系统的储能效率，然而，高温压缩机内部的密封结构和润滑结构目前均存在重大技术瓶颈，固体式填充床易存在温度梯度和换热不均等问题。因此，在当前的设备技术和工艺水平条件下，高温绝热式压缩空气储能系统难以实现工程应用。高温绝热式压缩空气储能系统以德国莱茵电力公司（RWE）的 ADELE 项目为代表，该项目设计发电功率 260MW，采用单级压缩机将空气压缩至 10MPa、600℃，以达到 70% 的理论储能效率。然而超高温压缩和超大容量的高温高压固体填充式蓄热技术难以实现，受限于上述技术瓶颈和超预算的设备研发制造成本，该项目自 2010 年后一直处于停滞状态并最终被取消。

和高温绝热式压缩空气储能系统相比，中温绝热压式缩空气储能系统适当降低了压缩机排气温度（一般不超过 400℃），并采用多级准绝热压缩、级后设置换热器的方式逐级压缩空气，以达到所需的储能压力。采用液体（水、导热油等）流动换热蓄热工质进行压缩热的提取、存储和回馈，从而实现换热、蓄热过程的高效可控。中温绝热式压缩空气储能系统的一般工艺流程如图 3-5 所示。

中温绝热式压缩空气储能与补燃式压缩空气储能的空气压缩机组结构相似，但存在本质

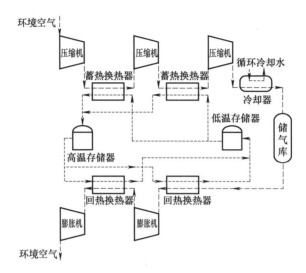

图 3-5　中温绝热式压缩空气储能系统

上的区别。中温绝热式压缩空气储能系统中压缩机单级压比更大，从而可获得更高品位的压缩热；采用换热器将压缩热提取并存储，将其用于替代燃料加热膨胀机进气，而不是采用冷却器将其耗散。中温绝热式压缩空气储能关键设备技术成熟、成本合理，可基于当前成熟的关键设备技术和工艺水平开展设计和制造；系统稳定性、可控性较强，具备多能联储、多能联供的能力，易于实现工程化应用。截至 2020 年年底，全球已开展的压缩空气储能工程项目大部分均采用了中温绝热式压缩空气储能技术路线。

3.1.3.4　等温式非补燃压缩空气储能

和绝热式非补燃压缩空气储能系统类似，等温式非补燃压缩空气储能系统就是采用准等温压缩过程实现空气压缩的压缩空气储能系统，也可简称为等温式压缩空气储能系统。不同于绝热式压缩空气储能系统追求高温排气的目标，等温式压缩空气储能系统注重在压缩过程中实时分离压缩热能和压力势能，使空气不发生较大的温升；相应地，在膨胀过程中，实时将存储的压缩热能回馈给压缩空气，使压缩空气不发生较大的温降。

一种可实现等温式压缩空气储能技术的途径是采用允许湿压缩和湿膨胀的活塞气缸装置，通过向气缸内喷入雾化换热蓄热工质实现气缸内压缩空气温度的调控，同时利用气液分离器实现压缩空气和换热蓄热工质的分离，如图 3-6 所示。压缩过程中，活塞在电动机的驱动下向上压缩空气，同时喷雾装置向气缸内连续喷入适量的低温雾化水来控制压缩过程中的空气温升，例如使其稳定在 80℃ 左右；压缩后的气水混合物进入气液分离器，分离出的水送入高温存储器中存储，分离出的压缩空气则进入下一级活塞气缸装置继续压缩或进入储气装置中存储。膨胀过程中，储气装置释放高压空气进入气缸，同时喷雾装置向气缸内连续喷入适量的高温雾化水，并通过控制喷水量来控制膨胀过程空气的温降，使膨胀过程中压缩空气的温度基本不变，从而实现准恒温膨胀。

等温式压缩空气储能系统的优点是系统结构简单、运行参数低，但其装机功率一般较小，储能效率较低，等温的压缩过程和膨胀过程也难以实现，仅适用于小容量的储能场景，例如分布式储能、家庭储能等。美国 SustainX 和 General Compression 两家公司分别提出并搭

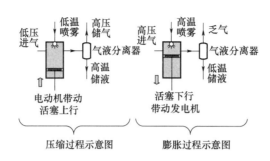

图 3-6　等温式压缩空气储能系统

建了 1.5MW 和 2MW 发电功率的试验示范系统，但并未公布实际运行试验结果。

3.1.3.5　复合式非补燃压缩空气储能

太阳能光热、地热和工业余热均可满足压缩空气储能系统膨胀过程中的加热需求，这种通过多种能源系统复合实现非补燃式压缩空气储能的系统称为复合式非补燃压缩空气储能系统，简称复合式压缩空气储能系统，其一般工艺流程如图 3-7 所示。压缩子系统仍然采用传统补燃式压缩空气储能系统多级压缩、级间和级后冷却的方式，膨胀子系统则采用类似于中温绝热式压缩空气储能系统的多级膨胀、级前和级间加热的方式，区别在于用于加热的热能由复合的外热源系统提供。压缩过程中，环境空气通过多级压缩、逐级冷却的方式进入储气装置中存储，并通过降低单级压缩比来减少压缩热能的产生、降低热量的耗散，从而使电能转化为压力势能得到存储。膨胀过程中，储气装置释放的压缩空气通过换热器吸收外部热源的热能后进入膨胀机做功，膨胀后的排气进入下一级膨胀机前的换热器继续加热后膨胀做功或直接排入环境。

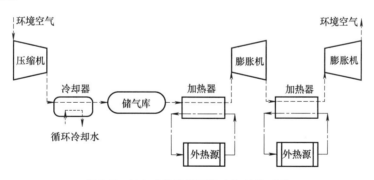

图 3-7　复合式非补燃压缩空气储能系统

复合式压缩空气储能系统形式较多，可在理论研究或工程应用中根据需求进行多样化的设计和调整。复合式压缩空气储能系统具有较强的多能联储、多能联供的能力，可以实现多种能量形式的存储、转换和利用，满足不同形式的用能需求，提升系统能量综合利用效率。

3.1.3.6　深冷液化压缩空气储能

深冷液化压缩空气储能又称作液态空气储能，其在先进绝热压缩空气储能的基础上引入了低温过程和蓄冷装置，以常压液态的形式存储空气，可大幅提升储能密度，减小系统所需要的储气容积。

图 3-8 为一个典型的液态空气储能系统的流程图，其主要包括压缩系统、储热系统、蓄

冷系统、储液系统和膨胀系统等，其中压缩系统采用三级压缩，膨胀系统采用三级膨胀，采用导热油作为储热和换热介质，采用固体填充床作为蓄冷工质和设备。储能时，采用低谷电、弃风弃光电等驱动多级压缩机将空气压缩至高压状态，在此过程中，通过蓄热装置回收压缩过程的压缩热，存储在高温储热装置中。高压空气通过蓄冷系统中存储的冷量进行冷却，成为低温高压的液态空气，再经过节流装置节流到接近常压，成为气液混合物。气液混合物进入分离器进行分离，液态空气进入低温储罐中进行存储，气态空气返回蓄冷系统，提供部分冷量用于冷却高压空气。释能过程中，低温液态空气通过低温泵进行升压后进入蓄冷系统中气化至接近环境温度，气化过程中产生的冷能通过蓄冷装置进行回收。气化后的压缩空气进入换热器中，经蓄热装置的热量加热后成为高温高压空气，进入空气透平膨胀做功带动发电机向外输出电力。释能过程中的冷能用于下一个循环的压缩空气冷却。

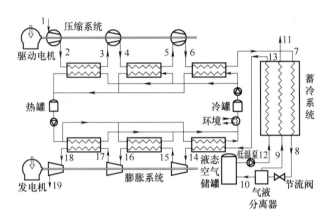

图 3-8　液态空气储能系统

从上述论述中可以看出，液态空气储能技术在压缩系统、膨胀系统和储热系统方面与绝热式压缩空气储能是类似的。所不同的是，液态空气储能增加了蓄冷系统，其包括储能过程中空气的冷却、液化、分离、存储和释能过程中空气的气化。因此，液态空气储能技术更为复杂。和压缩空气储能技术相比，液态空气储能技术最大的优点是空气以常压液态形式存储，储能密度高，可大大减少储气系统的容积，减少电站对地形条件的依赖。但由于增加蓄冷系统，导致系统结构更为复杂。同时，由于蓄冷系统在储能和释能过程中动态损失较大，导致系统的储能效率偏低。和压缩空气储能相比，液态空气储能技术还是一项有待于深入研究和完善的技术，目前并不适合进行大规模的商业应用。

3.1.4　压缩空气储能系统的技术特性

压缩空气储能电站建设时应根据实际储能需求，对不同类型系统的技术特点进行分析比对，进而选择合理的系统形式，以使压缩空气储能系统的技术可行性与经济适用性达到综合最优，从而更好地发挥其储能和能源优化的作用。影响压缩空气储能系统适用性的技术参数主要包括响应时间、使用寿命、能量密度、装机功率、发电时长以及系统效率等。

响应时间指储能系统从接受调度指令到实现调度目标所需要的时间。对于补燃式压缩空气储能系统，其响应特性与常规燃气轮机完全一致，甚至优于常规燃气轮机机组。由于燃气轮机可以参与电网二次调频，补燃式压缩空气储能系统膨胀发电机组也可参与电网二次调频。对于非补燃式压缩空气储能系统，其响应时间主要受高压空气换热过程和空气透平起动时间的影响，其响应时间为分钟级。

储能系统使用寿命一般指系统投产后能够保证正常工作的时间长度，包含常规的小修和大修时间。目前，尚未出现压缩空气储能电站退役的案例，最早投运于 1978 年的德国 Huntorf 电站至今已稳定运行超 40 年，投运于 1991 年的美国 McIntosh 电站至今也已稳定运行近 30 年，至今仍状态良好。因此，保守估计，补燃式压缩空气储能系统的系统寿命大于 40 年。中温绝热式压缩空气储能系统的运行参数较低，其关键设备与常规电站内的同类设备原理及结构相似，一般可认为其系统寿命也不低于 40 年。

3.2　压缩空气储能热力学基础

压缩空气储能工作流程包括空气压缩、存储和膨胀三个基本环节，涉及机械、流体、电气、热工、控制等多个学科的理论知识，其中热力学更是贯穿整个工作流程的理论基础。本节将对压缩空气储能相关的热力学基础进行扼要回顾。

3.2.1　热力学第一定律

热力学第一定律（First Law of Thermodynamics）又称能量守恒定律，它指出：热量可以从一个物体传递到另一个物体，也可以与其他形式的能量互相转换，在上述传递或转换过程中，能量的总量保持不变。对于一个与外界不发生质量交换的闭口系统，热力学第一定律的数学表达式为

$$dE = \delta Q - \delta W \tag{3-1}$$

式中，dE 为系统总能量的变化；δQ 为系统由外界吸收热量与向外释放热量之差；δW 为系统向外界做功与外界向系统做功之差。

压缩空气储能系统中，外部能量输入和系统能量对外输出必须通过能量的转化和传递实现，压缩功（Compression Work）和膨胀功（Expansion Work）就是衡量上述过程能量的关键指标。发生压缩功和膨胀功传递的标志是系统体积发生了变化，因而统称为体积功或容积功（Volume Work）。

如图 3-9 所示，对于准静态过程中的热力系统，若边界上某一微元面积 δA 在压强 p 作用下沿法线移动，移动距离为 dx，系统在该微元面积法线上的体积变化为 dV，则压强 p 在该过程中对热力系统所做的功为

$$\delta W = p(\delta A dx) = p dV \tag{3-2}$$

对于单位质量物质，体积 V 的变化表现为比体积 v 的变化，式（3-2）变为

$$\delta w = p dv \tag{3-3}$$

式（3-2）和式（3-3）即为体积功的基本表达式，在实际应用时需要注意，压强 p 与体积 V 和比体积 v 之间往往存在函数关系。

除体积功外，对于存在物质传递的热力过程，热力系统中工质在压力作用下的流动过程也存在功的传递，称为流动功（Flow Work），即工质在压力推进作用下流动时发生的功。如图 3-10 所示，长度为 dx 的工质微元在压力 p 的推进作用下通过截面 δA，流动功仍然可以采用式（3-3）计算，但 dV 的物理含义变为流过截面 δA 的工质微元体积。由于未发生压缩或

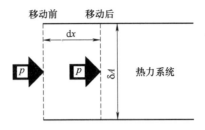

图 3-9　体积功示意图

膨胀，微元内工质的比体积 v 不变，则式（3-3）可转化为

$$\delta W = p\mathrm{d}V = p\delta mv \tag{3-4}$$

式中，δm 为微元中工质的质量，则单位质量工质流动时的流动功为

$$\delta w = pv \tag{3-5}$$

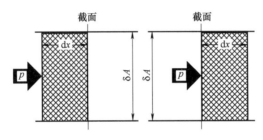

图 3-10　流动功示意图

对于一个热力系统，其内部能量 E 由系统内部物质的内能 U、宏观的动能 E_k 和重力势能 E_g 组成，即

$$\mathrm{d}E = \mathrm{d}U + \mathrm{d}E_k + \mathrm{d}E_g$$

单位质量物质的内部能量 e 可表示为

$$e = u + \frac{c_f^2}{2} + gz$$

而对于如图 3-11 所示的开口系统，上述表达式中还应有工质出入带来的内能变化以及发生的流动功 pv。热力学中，定义物质内能 U 和推动功 pV 之和为物质的焓 H（Enthalpy），单位质量物质内能 u 与流动功 pv 之和为物质的比焓 h（Specific Enthalpy），则式（3-1）可进一步整理为

$$\delta Q = \mathrm{d}E + \delta W + \left[\delta m_{\mathrm{out}}\left(h + \frac{c_f^2}{2} + gz \right)_{\mathrm{out}} - \delta m_{\mathrm{in}}\left(h + \frac{c_f^2}{2} + gz \right)_{\mathrm{in}} \right] \tag{3-6}$$

式（3-6）即为开口系统的能量守恒方程。式中，c_f 为工质的流速；z 为工质在重力场中的高度；g 为重力加速度；下标 in 和 out 分别表示进口和出口参数。然而，将压缩空气储能系统整体作为研究对象时，一般忽略空气的动能和重力势能，则能量守恒方程可简化为

$$\delta Q = \mathrm{d}E + \delta W + \delta m_{\mathrm{out}}h_{\mathrm{out}} - \delta m_{\mathrm{in}}h_{\mathrm{in}} \tag{3-7}$$

对于达到稳定流动状态的开口系统，即系统内各处物质的状态参数都处于稳定状态，则此时系统内部总能量不变，即 $\mathrm{d}E$ 为零；进出系统的物质的量也一致，则式（3-6）可改

写为

$$\delta Q = \delta W + \left[\delta m_{out} \left(h + \frac{c_f^2}{2} + gz \right)_{out} - \delta m_{in} \left(h + \frac{c_f^2}{2} + gz \right)_{in} \right]$$

(3-8)

$$\delta q = \Delta h + \delta w + \frac{1}{2} \Delta c_f^2 + g \Delta z \qquad (3-9)$$

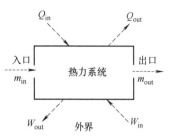

图 3-11　开口系统能量守恒示意图

式（3-9）即为稳定流动能量方程式。式中，无论体积功还是物质宏观动能或重力势能，都可通过某种工程机械技术手段由外界对系统施加，或由系统转移给外界利用，这种可通过工程机械技术手段施加或应用的功称作技术功（Technical Work）。因而，根据定义，系统向外界输出的技术功 δw_t 为上述功和能量之和，即

$$\delta q = \Delta h + \delta w_t \qquad (3-10)$$

热力学第一定律的能量方程式应用很广，可用于计算任何过程中能量的传递和转化。在应用能量方程分析问题时，应根据具体问题的不同条件，做出相应的假定和简化，使能量方程更加简单明了。下面以压缩空气储能系统中压缩机、换热器和空气透平膨胀机为例进行说明，各部件的能量平衡如图 3-12 所示。

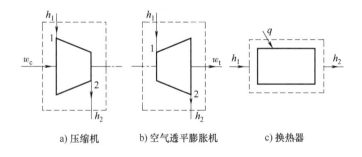

a) 压缩机　　　b) 空气透平膨胀机　　　c) 换热器

图 3-12　压缩空气储能各部件能量平衡示意图

（1）压缩机

空气流经压缩机时，压缩机对空气做功 w_c，使得空气升压，其能量方程为

$$q = (h_2 - h_1) + \frac{1}{2}(c_{f2}^2 - c_{f1}^2) + g(z_2 - z_1) - w_c \qquad (3-11)$$

在绝热条件的假设下，对外界放热的热量 q 可以忽略不计。若动能差和势能差也可以忽略不计，则压缩机对 1kg 工质需做功为

$$w_c = (h_2 - h_1)$$

（2）空气透平膨胀机

空气流经透平膨胀机时，压力降低对透平膨胀机做功 w_t，其能量方程为

$$q = (h_2 - h_1) + \frac{1}{2}(c_{f2}^2 - c_{f1}^2) + g(z_2 - z_1) + w_t \qquad (3-12)$$

在绝热条件假设下，透平膨胀机对外界略有散热损失，但数量不大，也可以忽略。气体进口和出口的动能差很小，势能差极微，均可不计。因此，1kg 工质进入透平膨胀机所做的

功为

$$w_t = h_1 - h_2$$

（3）换热器

工质在流经换热器时，和外界或其他工质存在有热量交换而无功的交换，动能差和势能差也可以忽略不计。若工质流动是稳定的，则 1kg 工质与外界或其他工质的换热量为

$$q = h_2 - h_1 \tag{3-13}$$

例 3-1 已知空气透平进口空气的焓值 h_1 为 599.85kJ/kg，流速 c_{f1} 为 30m/s；透平出口空气焓值 h_2 为 352.03kJ/kg，流速 c_{f2} 为 70m/s；散热损失和势能差可以忽略不计。试求 1kg 空气流经空气透平时对外界做的功。若空气流量 m 为 20t/h，试求空气透平的功率。

解： 由式（3-12）可知，透平的能量方程为

$$q = (h_2 - h_1) + \frac{1}{2}(c_{f2}^2 - c_{f1}^2) + g(z_2 - z_1) + w_t$$

根据题意可知，$q = 0$，$g(z_2 - z_1) = 0$，于是 1kg 空气所做的功为

$$w_t = (h_1 - h_2) + \frac{1}{2}(c_{f1}^2 - c_{f2}^2)$$

$$= (599.85\text{kJ/kg} - 352.03\text{kJ/kg}) + \frac{1}{2}\left[(30\text{m/s})^2 - (70\text{m/s})^2\right] \times 10^{-3}$$

$$= 247.82\text{kJ/kg} - 2.0\text{kJ/kg} = 245.82\text{kJ/kg}$$

空气透平的功率为

$$P = \frac{mw_t}{3600} = \frac{20 \times 10^3 \text{kg/s} \times 245.82\text{kJ/kg}}{3600} = 1365.7\text{kW}$$

从例 3-1 中可以看出，相对于焓值的变化 247.82kJ/kg，工质动能的变化仅为 2.0kJ/kg，动能的变化对透平做功能力的影响不大，因此在工程领域中，常常忽略动能的变化。

3.2.2 理想气体及其热力过程

空气作为储能工质，是压缩空气储能系统分析和计算的关键。通过测定热力学温度 T、压力 p 和比体积 v（或密度 ρ）三个基本可测状态参数，可以确定气体所处的热力学状态。早期科学家通过观察和实验，得出上述三个状态参数之间的相互关系为

$$pv = RT \tag{3-14}$$

式（3-14）表明，气体的温度、压力和体积存在确定的线性比例关系。受限于早期实验条件，该公式是热力学温度、压力和体积参数在一定范围变化时得出，一旦某个参数变化过大，气体不再遵循该公式。然而，在理论研究和一般工程应用中，该公式能够极大简化研究过程中的分析和计算，具有较高的适用性。为区别于实际气体，将上述假设气体称为理想气体，式（3-14）称为理想气体状态方程（Ideal Gas Law），R 也被称为理想气体常数。

理想气体状态方程是理想气体假设的宏观描述。为完善理想气体模型，还需要进行气体分子无体积、无相互作用力等微观假设，相关论述不再展开。

定义单位质量物质在热力过程中温度升高 1K 所需要吸收的热量为比热容（Specific Heat）。定容过程和定压过程中的定容比热容 c_v 和定压比热容 c_p 分别可表示为

$$c_v = \frac{\mathrm{d}u}{\mathrm{d}T} \tag{3-15}$$

$$c_p = \frac{\mathrm{d}h}{\mathrm{d}T} \tag{3-16}$$

根据焓的定义及理想气体状态方程，进一步可得定容比热容与定压比热容之间的关系为

$$c_p = c_v + R \tag{3-17}$$

从式（3-17）可以看出，同样温度下任何气体的 c_p 总是大于 c_v，其差值恒等于该气体的气体常数。c_p/c_v 称为比热容比，一般用 γ 表示，即

$$c_p = \frac{\gamma}{\gamma - 1} R \tag{3-18}$$

$$c_v = \frac{1}{\gamma - 1} R \tag{3-19}$$

状态参数熵是从研究热力学第二定律而得出的，它在热力学理论及热工计算中都有着重要的作用。根据热力系统发生耗散效应时的热力学温度 T 和耗散的热量 Q，定义衡量热力过程不可逆程度的热力学状态参数熵（Entropy）S，记为

$$\mathrm{d}S = \frac{\delta Q}{T} \tag{3-20}$$

根据式（3-20），$\mathrm{d}S$ 越大，δQ 越大，说明热力过程中能量的耗散越大，不可逆程度越大。

对于单位质量物质，式（3-20）变为

$$\mathrm{d}s = \frac{\delta q}{T} \tag{3-21}$$

根据熵的定义、理想气体状态方程、理想气体比热容表达式，可进一步得到理想气体比熵的不同表达式

$$\mathrm{d}s = c_v \frac{\mathrm{d}T}{T} + R \frac{\mathrm{d}v}{v} \tag{3-22a}$$

$$\mathrm{d}s = c_v \frac{\mathrm{d}p}{p} + c_p \frac{\mathrm{d}v}{v} \tag{3-22b}$$

$$\mathrm{d}s = c_p \frac{\mathrm{d}T}{T} - R \frac{\mathrm{d}p}{p} \tag{3-22c}$$

例 3-2　某气体的气体常数 R 为 $0.287\mathrm{kJ/(kg \cdot K)}$，其在某状态下的定压比热容 c_p 为 $1.0065\mathrm{kJ/(kg \cdot K)}$，试求其定容比热容 c_p 及比热容比 γ。

解： 由式（3-17）可得

$$c_v = c_p - R = 1.0065\mathrm{kJ/(kg \cdot K)} - 0.287\mathrm{kJ/(kg \cdot K)} = 0.7195\mathrm{kJ/(kg \cdot K)}$$

比热容比为

$$\gamma = \frac{c_p}{c_v} = \frac{1.0065\,\mathrm{kJ/(kg \cdot K)}}{0.7195\,\mathrm{kJ/(kg \cdot K)}} = 1.40$$

理想气体的热力过程主要有绝热过程、等容过程、等压过程、等温过程、多变过程等。绝热过程是一种特殊的理想热力学过程，该过程中系统与外界不发生热量传递，因而系统熵增为零，可逆的绝热过程也称等熵过程。等熵过程中的比热容比通常用 k 表示，称为定熵指数或绝热指数。绝热过程中理想气体状态参数的关系式为

$$pv^k = C(常数) \tag{3-23a}$$

$$Tv^{k-1} = C(常数) \tag{3-23b}$$

$$\frac{T}{p^{\frac{k-1}{k}}} = C(常数) \tag{3-23c}$$

根据实验及实际应用经验，对于复杂的热力学过程，仍然可以采用类似式（3-23）的形式来描述，即

$$pv^n = C(常数) \tag{3-24a}$$

$$Tv^{n-1} = C(常数) \tag{3-24b}$$

$$\frac{T}{p^{\frac{n-1}{k}}} = C(常数) \tag{3-24c}$$

式中，n 称为多变指数。其中，若 n 为零，即 p 为常数，为等压过程；若 n 为 1，即 pv 为常数，为等温过程；若 n 为 k，即为绝热指数，为等熵过程；若 n 为无穷大，即 v 为常数，为等容过程。

在定值比热容的假设下，理想气体各可逆过程的计算公式见表 3-1。

表 3-1 理想气体各可逆过程计算公式（定值比热容）

	等容过程 $n=\infty$	等压过程 $n=0$	等温过程 $n=1$	绝热过程 $n=k$	多变过程 n
T、p、v 关系	$\dfrac{T_1}{p_1} = \dfrac{T_2}{p_2}$	$\dfrac{T_1}{v_1} = \dfrac{T_2}{v_2}$	$p_1 v_1 = p_2 v_2$	$p_1 v_1^k = p_2 v_2^k$ $T_1 v_1^{k-1} = T_2 v_2^{k-1}$ $T_1 p_1^{\frac{k-1}{k}} = T_2 p_2^{\frac{k-1}{k}}$	$p_1 v_1^n = p_2 v_2^n$ $T_1 v_1^{n-1} = T_2 v_2^{n-1}$ $T_1 p_1^{\frac{n-1}{n}} = T_2 p_2^{\frac{n-1}{n}}$
体积功 w	0	$p(v_2 - v_1)$ $R(T_2 - T_1)$	$RT\ln\dfrac{v_2}{v_1}$ $RT\ln\dfrac{p_1}{p_2}$	$\dfrac{R}{k-1}(T_1 - T_2)$ $\dfrac{RT_1}{k-1}\left[1 - \left(\dfrac{p_2}{p_1}\right)^{\frac{k-1}{k}}\right]$	$\dfrac{R}{n-1}(T_1 - T_2)$ $\dfrac{RT_1}{n-1}\left[1 - \left(\dfrac{p_2}{p_1}\right)^{\frac{n-1}{n}}\right]$
技术功 w_t	$v(p_1 - p_2)$	0	$w_t = w$	$\dfrac{kR}{k-1}(T_1 - T_2)$ $\dfrac{kRT_1}{k-1}\left[1 - \left(\dfrac{p_2}{p_1}\right)^{\frac{k-1}{k}}\right]$ $w_t = kw$	$\dfrac{nR}{n-1}(T_1 - T_2)$ $\dfrac{nRT_1}{n-1}\left[1 - \left(\dfrac{p_2}{p_1}\right)^{\frac{n-1}{n}}\right]$ $w_t = nw$

例 3-3　空气稳定流经散热良好的压缩机，入口参数为 $p_1 = 0.101\text{MPa}$，$t_1 = 20℃$，可逆绝热压缩到出口压力 $p_2 = 0.82\text{MPa}$，然后进入储罐。假设空气的流量 $m = 2.5\text{kg/s}$，定压比热容 $c_p = 1.004\text{kJ/(kg·K)}$，绝热指数 $k = 1.4$，试求空气的出口温度及压缩机的功率。

解：根据表 3-1 中绝热过程进出口参数公式可得

$$T_2 = T_1\left(\frac{p_2}{p_1}\right)^{\frac{k-1}{k}} = (20+273.15)\text{K} \times \left(\frac{0.82\text{MPa}}{0.101\text{MPa}}\right)^{\frac{1.4-1}{1.4}} = 533.27\text{K}$$

则压缩机出口温度为

$$t_2 = T_2 - 273.15 = 260.12℃$$

根据表 3-1 中绝热过程技术功公式可知，1kg 工质压缩所消耗的技术功为

$$w_t = -c_p(T_2 - T_1) = -1.004\text{kJ/(kg·K)} \times (533.27\text{K} - 293.15\text{K}) = -241.08\text{kJ/kg}$$

则压缩机的功率为

$$P = m\left|w_t\right| = 2.5\text{kg/s} \times 241.08\text{kJ/kg} = 602.7\text{kW}$$

例 3-4　空气稳定流经散热良好的压缩机，入口参数为 $p_1 = 0.101\text{MPa}$，$t_1 = 25℃$，可逆绝热压缩到出口压力 $p_2 = 1.25\text{MPa}$，然后进入储罐。假设空气的流量 $m = 1.3\text{kg/s}$，气体常数 $R = 0.287\text{kJ/(kg·K)}$，试求压缩机的功率：（1）压缩过程为等温压缩；（2）压缩过程为 $n = 1.28$ 的多变过程；（3）压缩过程为绝热等熵压缩，$k = 1.4$。

解：（1）等温过程

等温过程中，压缩机进出口温度相等，根据表 3-1 中等温过程技术功的计算公式可得

$$w_t = w = RT\ln\frac{p_1}{p_2} = 0.287\text{kJ/(kg·K)} \times (25+273.15)\text{K} \times \ln\left(\frac{0.101\text{MPa}}{1.25\text{MPa}}\right)$$
$$= -215.273\text{kJ/kg}$$

则压缩机的功率为

$$P = m\left|w_t\right| = 1.3\text{kg/s} \times 215.273\text{kJ/kg} = 279.85\text{kW}$$

（2）多变过程

根据表 3-1 中多变过程进出口参数公式可得，压缩机出口温度为

$$T_2 = T_1\left(\frac{p_2}{p_1}\right)^{\frac{n-1}{n}} = (25+273.15)\text{K} \times \left(\frac{1.25\text{MPa}}{0.101\text{MPa}}\right)^{\frac{1.28-1}{1.28}} = 516.94\text{K}$$

则压缩 1kg 工质所需要的技术功为

$$w_t = \frac{nR}{n-1}(T_1 - T_2) = \frac{0.287\text{kJ/(kg·K)}}{1.28-1} \times (298.15 - 516.94)\text{K} \times 1.28 = -287.05\text{kJ/kg}$$

则压缩机的功率为

$$P = m\left|w_t\right| = 1.3\text{kg/s} \times 287.05\text{kJ/kg} = 373.17\text{kW}$$

（3）绝热过程

根据表 3-1 中绝热过程进出口参数公式可得，压缩机出口温度为

$$T_2 = T_1 \left(\frac{p_2}{p_1} \right)^{\frac{k-1}{k}} = (25+273.15)\text{K} \times \left(\frac{1.25\text{MPa}}{0.101\text{MPa}} \right)^{\frac{1.4-1}{1.4}} = 611.79\text{K}$$

则压缩 1kg 工质所需要的技术功为

$$w_t = \frac{kR}{k-1}(T_1 - T_2) = \frac{0.287\text{kJ}/(\text{kg} \cdot \text{K})}{1.4-1} \times (298.15-611.79)\text{K} \times 1.4 = -315.04\text{kJ/kg}$$

则压缩机的功率为

$$P = m \left| w_t \right| = 1.3\text{kg/s} \times 315.04\text{kJ/kg} = 409.55\text{kW}$$

3.2.3 热力学第二定律

热力学第二定律（Second Law of Thermodynamics）在能量守恒的基础上进一步指出，热量会自发地由高温向低温传递，但不会自发地由低温向高温传递，这样逆温差的热量传递过程需要消耗能量。

实际热力过程往往伴随着因摩擦、电磁等因素导致的能量耗散，这种耗散一般以热量形式发生。根据热力学第二定律，存在耗散效应的热力过程是不可自发逆转的。熵的定义为判断热力过程不可逆程度提供了依据，熵越大，说明热力过程中能量的耗散越大，不可逆程度越大。

根据热力学第二定律，由一个高温热源、一个低温热源和一个热机构成的热力系统中，高温热源可以驱动热机做功并向低温热源排放废热，而低温热源却不能驱动同一个热机反向做功，说明相对于低温热源，高温热源含有更高品位的热能。这种更高品位的热能驱动热机对外输出可供利用的功，称为可用功。在温度为 T_0 的环境条件下，热源所提供的热量中可转化为有用功的最大值称为㶲（Exergy），用 $E_{x,Q}$ 来表示，其表达式为

$$E_{x,Q} = \left(1 - \frac{T_0}{T} \right) Q = Q - T_0 \Delta S \tag{3-25}$$

式中，T 为热源的温度；T_0 为参考状态下的参考温度，一般选取为当地的环境温度。㶲的大小能够作为衡量热源品位高低的参数，热能从较高温度降低到较低温度，即使热能的总量不发生变化，但其驱动热机做功的能力已经降低，或者说已经产生了不可逆的㶲损失。

对于稳定流动的工质，其㶲一般是指其能量焓中的㶲，称为焓㶲，其表达式为

$$E_{x,H} = H - H_0 - T_0(S - S_0) \tag{3-26}$$

从式（3-26）中可以看出，对于确定的环境状态，稳定流动工质㶲只取决于给定状态，是个状态参数。

3.3　先进绝热压缩空气储能

作为非补燃式压缩空气储能中最重要的技术路线，先进绝热压缩空气储能近年来得到了广泛的关注和研究，也是最具发展潜力的技术路线。本章将以该技术路线为主进行压缩空气储能技术原理和系统特性的详细介绍。

3.3.1 系统基本原理

根据能量的转换和传递，先进绝热压缩空气储能运行过程可划分为能量输入、热势解耦、热势耦合和能量输出四个基本过程，如图 3-13 所示。

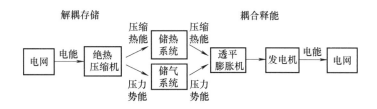

图 3-13 先进绝热压缩空气储能系统能量存储和再生原理

能量输入过程中，电能通过电机转化为机械能驱动压缩机进行准绝热压缩，将环境中的空气吸入后压缩至高温高压，机械能再次转化为压缩空气的内能，从而完成能量的输入。

热势解耦过程即压缩空气中压缩热能和压力势能的解耦过程，该过程伴随着能量输入过程同步进行，主要在压缩机级后的换热器中进行。在该换热器内，压缩机的高温高压排气和换热介质进行换热，压缩空气温度降低进入储气装置中进行存储，换热介质升温后进入储热系统中进行存储，从而实现压缩热能和压力势能的解耦存储。

热势耦合过程是热势解耦过程的逆向过程，该过程直接为能量输出过程提供能量供应，主要在透平膨胀机级前的换热器中进行。在该换热器内，高温的储热介质和从储气系统中释放的高压空气进行换热，空气重新成为高温高压空气进入空气透平膨胀机，而储热介质温度降低后返回储热系统。在此过程中实现了压缩热能和压力势能的耦合过程。

能量输出过程在空气透平膨胀机中进行，系统存储的能量在该过程中实现再生和对外输出。热势耦合过程生成的高温高压空气进入空气透平膨胀机中膨胀做功，完成内能向机械能的转化，而机械能最终在发电机中转化为电能，实现电能的再生和输出。

下面将对上述过程中涉及的能量输入、能量输出、热能交换、势能存储各环节的物理过程和计算方法进行详细介绍。

3.3.1.1 能量输入

对空气进行压缩时，空气压力升高的同时温度也会升高，即产生压缩热能。空气流动过程中与压缩机通流结构存在接触换热，实际的空气压缩过程为复杂的多变过程。然而，由于压缩过程中空气的流速很快，压缩产生的热量大部分来不及传递给周围环境即向下游流动。因此，空气压缩过程往往可简化为绝热过程进行分析计算。

根据理想气体绝热方程，压缩过程结束时的空气压力越高，温度越高。然而，考虑材料、密封等技术和成本问题，实际压缩过程能够承受的最高温度存在一定的上限。因此，在压缩空气储能系统中，为获得较高的压力，一般需要采用多级压缩机串联的形式，将环境状态下的空气逐级增压、冷却，直至达到所需压力，即多级压缩、级间冷却。

对于多级压缩过程中的任意两个相邻的压缩级 i 和 j，其消耗的总技术功为

$$w_t = \frac{RT_{i1}k}{k-1}\left[1-\left(\frac{p_{i2}}{p_{i1}}\right)^{\frac{k-1}{k}}\right] + \frac{RT_{j1}k}{k-1}\left[1-\left(\frac{p_{j2}}{p_{j1}}\right)^{\frac{k-1}{k}}\right]$$

一般情况下，通过级间冷却后，下一压缩级的入口温度均设置为同一温度，同时级间压损相对于空气压力可以忽略，即 $T_{i1} = T_{j1}$，$p_{i2} = p_{j1}$，则上式可简化为

$$w_t = \frac{RT_{i1}k}{k-1}\left[2 - \left(\frac{p_{i2}}{p_{i1}}\right)^{\frac{k-1}{k}} - \left(\frac{p_{j2}}{p_{i2}}\right)^{\frac{k-1}{k}}\right] \tag{3-27}$$

当该相邻两级的整体入口压力 p_{i1} 和出口压力 p_{j2} 确定时，式（3-27）可看作技术功 w_t 关于中间压力 p_{i2} 的单值函数，将该表达式对 p_{i2} 求导并使之为 0，则可得到 w_t 有极小值的条件为

$$p_{i2}^2 = p_{i1}p_{j2}$$

即

$$\frac{p_{i2}}{p_{i1}} = \frac{p_{j2}}{p_{i2}} \tag{3-28}$$

式（3-28）说明，对于任意相邻的两个压缩级，当其压缩比相等时，其整体消耗的技术功最小。上述结论可推广到多级压缩过程中，当各级压缩比相等时，理论上整个多级压缩过程消耗的技术功最小。此结论虽是基于理想气体绝热压缩过程的假设得出的，但其对于实际空气的压缩过程依然适用。

实际的空气压缩过程是一个相当复杂的过程，本书主要基于等熵压缩假设对于空气的压缩过程进行计算。设压缩机总级数为 N，则第 i 级压缩机出口温度 $T_{c,i}^{out}$ 和出口压力 $p_{c,i}^{out}$ 分别为

$$T_{c,i}^{out} = T_{c,i}^{in}\left(1 + \frac{\beta_{c,i}^{\frac{k-1}{k}} - 1}{\eta_{cs,i}}\right) \tag{3-29}$$

$$p_{c,i}^{out} = p_{c,i}^{in}\beta_{c,i} \tag{3-30}$$

式中，下标 c 表示压缩机（compressor）；$T_{c,i}^{in}$ 为该级压缩机的进口温度（K）；$p_{c,i}^{in}$ 为该级压缩机的入口压力（MPa）；$\beta_{c,i}$ 为该级压缩机的压缩比；$\eta_{cs,i}$ 为该级压缩机的等熵效率；k 为空气的比热容比，即空气定压比热容和定容比热容的比值。

每一级压缩机压缩过程的耗功量 $w_{c,i}$ 可以表示为

$$w_{c,i} = m_{c,i}\frac{1}{\eta_{cs,i}}\frac{k}{k-1}R_g T_{c,i}^{in}(\beta_{c,i}^{\frac{k-1}{k}} - 1) \tag{3-31}$$

式中，R_g 为空气的气体常数 $[kJ/(kg \cdot K)]$；$m_{c,i}$ 为该级压缩机的质量流量（kg/s）。

对于采用多级压缩机的压缩空气储能系统，其总压缩功耗 w_c 可表示为各级压缩机功耗之和，如下式所示

$$w_c = \sum_{i=1}^{N} w_{c,i} \tag{3-32}$$

例 3-5 某压缩空气储能系统压缩部分采用四级压缩、级间换热器冷却的方式。空气的初始状态为 $p_0 = 0.1MPa$、$t_1 = 25℃$，经四级压缩后空气压力达到 8.1MPa。各级压缩均为等熵压缩且等熵效率均为 85%，压缩机的质量流量为 2.5kg/s，空气的绝热系数为 1.4，气体常数为 0.287kJ/（kg·K）。假设第二、三、四级压缩机的入口温度均为 40℃ 且不考虑换热器的流动阻力损失，则压缩系统的最小功率是多少？此时各级的排气温度分别是多少？

解： 压缩机功耗最小时各级压缩比相等，即

$$\beta = \sqrt[4]{\frac{p_4}{p_0}} = \sqrt[4]{\frac{8.1\text{MPa}}{0.1\text{MPa}}} = 3$$

则第一级压缩机的功耗为

$$w_1 = m \frac{1}{\eta} \frac{k}{k-1} R_g T_0 \left(\beta^{\frac{k-1}{k}} - 1 \right)$$

$$= \frac{2.5\text{kg/s}}{85\%} \times \frac{1.4}{1.4-1} \times 0.287\text{kJ/(kg·K)} \times (273.15+25)\text{K} \times \left(3^{\frac{1.4-1}{1.4}} - 1 \right)$$

$$= 324.81\text{kW}$$

第一级压缩机的出口温度为

$$t_1 = T_0 \left(1 + \frac{\beta^{\frac{k-1}{k}} - 1}{\eta} \right) - 273.15 = 298.15\text{K} \times \left(1 + \frac{3^{\frac{1.4-1}{1.4}} - 1}{85\%} \right) - 273.15\text{K} = 154.34\text{℃}$$

由于第二、三、四级入口温度相等，则可以求得其功耗分别为

$$w_2 = w_3 = w_4 = 341.15\text{kW}$$

第二、三、四级的排气温度为

$$t_2 = t_3 = t_4 = 175.85\text{℃}$$

则该压缩空气储能系统压缩机的总功耗为

$$w = \sum_{i=1}^{4} w_i = 324.81\text{kW} + 341.15\text{kW} \times 3 = 1348.26\text{kW}$$

3.3.1.2　能量输出

与空气压缩过程类似，空气膨胀过程中，随着空气压力下降，空气温度也会降低。作为原动机时，空气膨胀机一般也要求出口温度限制在特定温度之上，例如当地空气中水分的露点以上，以避免空气中的水分凝结后对叶轮产生损害。因此，压缩空气储能系统的膨胀过程往往需要通过多级膨胀实现，并在各级膨胀机入口加热压缩空气进气。

对于多级膨胀过程中的任意两个相邻的膨胀级 i 和 j，其输出的总技术功为

$$w_t = \frac{RT_{i1}k}{k-1} \left[\left(\frac{p_{i1}}{p_{i2}} \right)^{\frac{k}{k-1}} - 1 \right] + \frac{RT_{j1}k}{k-1} \left[\left(\frac{p_{j1}}{p_{j2}} \right)^{\frac{k}{k-1}} - 1 \right]$$

多级膨胀过程中各级入口温度一般平均设置为同一温度，同时级间压损相对于空气压力可以忽略，即 $T_{i1} = T_{j1}$，$p_{i2} = p_{j1}$，则上式可简化为

$$w_t = \frac{RT_{i1}k}{k-1} \left[\left(\frac{p_{i1}}{p_{i2}} \right)^{\frac{k}{k-1}} + \left(\frac{p_{i2}}{p_{j2}} \right)^{\frac{k}{k-1}} - 2 \right] \tag{3-33}$$

式（3-33）可看作技术功 w_t 关于中间压力 p_{i2} 的单值函数，将该表达式对 p_{i2} 求导并使之为 0，此时 w_t 有极大值点，满足该极大值的条件为

$$\frac{p_{i2}}{p_{i1}} = \frac{p_{j2}}{p_{i2}} \tag{3-34}$$

式（3-34）说明，对于任意相邻的两个膨胀级，当其膨胀比相等时，其整体输出的技术功最大。上述结论可推广到多级膨胀过程中，当各级膨胀比相等时，理论上整个多级膨胀过程输出的技术功最大。此结论虽是基于理想气体绝热膨胀过程的假设得出的，但其对于实际空气的膨胀过程依然适用。

和压缩过程类似，空气透平的实际膨胀过程也可基于等熵膨胀计算。设空气透平总级数为 N，则第 j 级空气透平出口温度 $T_{t,j}^{out}$ 和压力 $p_{t,j}^{out}$ 分别为

$$T_{t,j}^{out} = T_{t,j}^{in} \left[1 - \left(1 - \beta_{t,j}^{\frac{1-k}{k}} \right) \eta_{ts,j} \right] \tag{3-35}$$

$$p_{t,j}^{out} = p_{t,j}^{in} / \beta_{t,j} \tag{3-36}$$

式中，下标 t 表示空气透平（turbine）；$T_{t,j}^{in}$ 为该级空气透平的进口温度（K）；$p_{t,j}^{in}$ 为该级空气透平的入口压力（MPa）；$\beta_{t,j}$ 为该级空气透平的膨胀比；$\eta_{ts,j}$ 为该级空气透平的等熵效率（%）。

每一级空气透平膨胀过程的做功量 $w_{t,j}$ 可表示为

$$w_{t,j} = m_{t,j} \frac{k}{k-1} R_g T_{t,j}^{in} \left(1 - \beta_{t,j}^{\frac{1-k}{k}} \right) \eta_{ts,j} \tag{3-37}$$

式中，$m_{t,j}$ 为该级空气透平的质量流量（kg/s）。对于采用多级空气透平膨胀的压缩空气储能系统，其释能时的总做功量 w_t 可表示为各级透平做功量之和，如下式所示：

$$w_t = \sum_{j=1}^{N} w_{t,j} \tag{3-38}$$

例 3-6 某压缩空气储能系统膨胀部分采用两级膨胀、级间再热的方式。一级空气透平进气压力 $p_1 = 6.4\text{MPa}$、$t_1 = 290℃$，两级膨胀完毕后的压力为环境压力 0.1MPa。各级膨胀均为等熵膨胀且等熵效率均为 90%，透平的质量流量为 5.5kg/s，空气的绝热系数为 1.4，气体常数为 0.287kJ/(kg·K)。假设两级空气透平的入口温度相同且不考虑换热器的流动阻力损失，则透平的最大输出功率是多少？此时各级的排气温度分别是多少？

解： 空气透平输出功率最大时，各级透平膨胀比相等，即

$$\beta = \sqrt{\frac{p_1}{p_a}} = \sqrt{\frac{6.4\text{MPa}}{0.1\text{MPa}}} = 8$$

由于两级透平的进口温度、等熵效率、膨胀比均相等，所以两级透平的排气温度和输出功率也相等。透平的排气温度为

$$T_2 = T_1 \left[1 - \left(1 - \beta^{\frac{1-k}{k}} \right) \eta \right] = (290 + 273.15)\text{K} \times \left[1 - 90\% \times \left(1 - 8^{\frac{1-1.4}{1.4}} \right) \right] = 336.11\text{K}$$

$$t_2 = t_a = T_2 - 273.15 = 62.96℃$$

各级透平的输出功率为

$$w_1 = w_2 = m T_1 \frac{k}{k-1} R \left(1 - \beta^{\frac{1-k}{k}} \right) \eta$$

$$= 5.5\text{kg/s} \times (290 + 273.15)\text{K} \times \frac{1.4}{1.4-1} \times 0.287\text{kJ/(kg·K)} \times 90\%$$

$$\times \left(1 - 8^{\frac{1-1.4}{1.4}} \right) = 1393.71\text{kW}$$

则透平的总输出功率为

$$w = \sum_{j=1}^{2} w_j = 2 \times 1393.71\text{kW} = 2787.42\text{kW}$$

3.3.1.3 热能交换

压缩空气储能系统中，热能的传输过程包括储热过程和回热过程。储热过程中，压缩空气将热量传递给储热换热介质并存储起来。回热过程中，储热换热介质将存储的压缩热能重新传递给压缩空气，其目的是提升空气膨胀机进气温度。根据能量守恒原理，换热过程中冷、热流体的传热控制方程如下所示：

$$m_{\text{hot}}c_{\text{p,hot}} \left| T_{\text{hot}}^{\text{in}} - T_{\text{hot}}^{\text{out}} \right| = \varepsilon (mc_{\text{p}})_{\min} \left| T_{\text{hot}}^{\text{in}} - T_{\text{cool}}^{\text{in}} \right| \tag{3-39}$$

$$m_{\text{cool}}c_{\text{p,cool}} \left| T_{\text{cool}}^{\text{in}} - T_{\text{cool}}^{\text{out}} \right| = \varepsilon (mc_{\text{p}})_{\min} \left| T_{\text{hot}}^{\text{in}} - T_{\text{cool}}^{\text{in}} \right| \tag{3-40}$$

式中，m 为流体的质量流量（kg/s）；c_{p} 为定压比热容 [J/（kg·K）]；ε 为换热装置能效，一般取 0.7~0.9；$(mc_{\text{p}})_{\min}$ 表示冷热流体中质量流量和定压比热容乘积中较小者；下标中的 hot 和 cool 分别代表热流体和冷流体。

基于上述方程，可对空气和换热介质的换热温度进行计算。以压缩侧的换热过程为例，已知空气的入口温度和换热介质的入口温度，则换热装置中空气的出口温度和换热介质的出口温度可采用下列公式计算得出

$$T_{\text{a}}^{\text{out}} = T_{\text{a}}^{\text{in}} + \varepsilon \frac{(mc_{\text{p}})_{\min}}{m_{\text{a}}c_{\text{p,a}}} (T_{\text{HTF}}^{\text{in}} - T_{\text{a}}^{\text{in}}) \tag{3-41}$$

$$T_{\text{HTF}}^{\text{out}} = T_{\text{HTF}}^{\text{in}} - \varepsilon \frac{(mc_{\text{p}})_{\min}}{m_{\text{HTF}}c_{\text{HTF,a}}} (T_{\text{HTF}}^{\text{in}} - T_{\text{a}}^{\text{in}}) \tag{3-42}$$

式中，下标 HTF 代表传热和储热介质（Heat Transfer Fluid）；a 代表空气。此外，由于换热装置的面积和空间有限，压缩空气在换热装置中存在着不可忽视的流动阻力，从而产生压力降。换热器中的压损可以采用以下经验公式计算：

$$\Delta p = \left(\frac{0.0083\varepsilon}{1-\varepsilon} \right) p_{\text{in}} \tag{3-43}$$

式中，p_{in} 为换热器的入口压力（MPa）。

例 3-7 某压缩空气储能压缩侧换热器中，采用水进行换热和蓄热。空气侧进口压力为 0.8MPa，进口温度为 90℃，流量为 75kg/s，定压比热容为定值 1.02kJ/（kg·K）。水侧的进口温度为 35℃，流量为 10.5kg/s，定压比热容为定值 4.18kJ/（kg·K）。换热器的能效系数为 0.85，忽略换热过程中空气的压力损失，试求空气侧和水侧介质的出口温度。

解： 空气侧和水侧质量流量和比热的乘积分别为

$$m_{\text{a}}c_{\text{p,a}} = 75\text{kg/s} \times 1.02\text{kJ/（kg·K）} = 76.5\text{kW/K}$$

$$m_{\text{w}}c_{\text{p,w}} = 10.5\text{kg/s} \times 4.18\text{kJ/（kg·K）} = 43.89\text{kW/K}$$

则根据式（3-41）和式（3-42），空气侧和水侧的出口温度分别为

$$T_{\text{a}}^{\text{out}} = T_{\text{a}}^{\text{in}} + \varepsilon \frac{(mc_{\text{p}})_{\min}}{m_{\text{a}}c_{\text{p,a}}} (T_{\text{w}}^{\text{in}} - T_{\text{a}}^{\text{in}}) = 90℃ + 0.85 \times \frac{43.89\text{kW/K}}{76.5\text{kW/K}} \times (35-90)℃ = 63.18℃$$

$$T_\text{w}^\text{out} = T_\text{w}^\text{in} - \varepsilon \frac{(mc_\text{p})_\text{min}}{m_\text{w}c_\text{w,a}}(T_\text{w}^\text{in} - T_\text{a}^\text{in}) = 35℃ - 0.85 \times \frac{43.89\text{kW/K}}{43.89\text{kW/K}} \times (35-90)℃ = 81.75℃$$

3.3.1.4 势能存储

压缩空气储能系统中，压力势能以压缩空气作为能量载体实现存储，最高工作压力一般为 10MPa 左右，适用于该压力范围的压缩空气存储装置主要包括人造压力容器、人造洞穴和天然储气库等。根据存储过程中存储装置的工作特点，可将势能的存储过程划分为等压和等容两类。等压存储过程中空气压力能够始终维持基本不变，其可采用理想气体状态方程进行简单分析和计算。等容存储过程即势能存储装置容积基本不发生变化的势能存储过程，也是目前应用最普遍的势能存储过程。

等容储气装置内空气的状态与进出口空气状态和环境温度等因素有关，为明确等容存储过程的工作特性，可建立模型对其热力学过程进行分析。本章采用理想气体模型，假设充放气过程中储气装置与环境间隔热良好，无热量传递发生，即势能存储过程均为绝热等熵过程，则储气装置内气体能量守恒方程为

$$\text{d}(mu) = \delta m h_\text{in}$$

若储气装置内压力为 p，温度为 T，储气装置进气温度恒为 T_in，则有

$$mC_\text{V}\text{d}T + C_\text{V}T\text{d}m = C_\text{p}T_\text{in}\text{d}m$$

将理想气体状态方程代入上式并整理得

$$\text{d}p = \frac{C_\text{p}}{C_\text{V}}\frac{R_\text{g}T_\text{in}}{V}\text{d}m = \frac{kR_\text{g}T_\text{in}}{V}\text{d}m \tag{3-44}$$

式（3-44）即为等容等熵储气装置充气过程中的内部压力变化。记充气过程开始时储气装置内的初始压力为 p_1，充气流量为 q_in，则充气时长为 τ 时储气装置内的压力 p_2 为

$$p_2 = p_1 + \frac{kR_\text{g}T_\text{in}}{V}q_\text{in}\tau \tag{3-45}$$

由式（3-45）可知，在等容等熵充气过程中，由于单位时间内进入储气装置内的能量不变，储气装置内压力的变化与充气时间呈线性关系。

放气过程中等容等熵储气装置内气体能量守恒方程为

$$\text{d}(mu) = -h_\text{out}\delta m$$

若储气装置内压力为 p，温度为 T，则有

$$mC_\text{V}\text{d}T + C_\text{V}T\text{d}m = -C_\text{p}T\text{d}m$$

将理想气体状态方程代入上式并整理得

$$\frac{\text{d}p}{p} = -k\frac{\text{d}m}{m} \tag{3-46}$$

式（3-46）即为等容等熵储气装置放气过程中的内部压力变化。记放气过程开始时储气装置内的初始压力为 p_3，初始温度为 T_3，放气流量为 q_out，放气时长为 τ 时储气装置内压力为 p_4，对式（3-46）积分得

$$p_4 = p_3\left(1 - \frac{R_\text{g}T_3}{p_3V}q_\text{out}\tau\right)^{-k} \tag{3-47}$$

由式（3-47）可知，在等容等熵放气过程中，虽然放气流量不变，但由于储气装置内压力下降导致排气温度下降，储气装置内压力的变化与放气时间呈反对数函数关系。

3.3.2　系统关键设备

3.3.2.1　空气压缩机

目前，常规压缩机技术非常成熟，其主要可以分为容积型与速度型两大类。根据运动方式不同，容积型压缩机可分为往复式和回转式两类。往复式压缩机一般指采用气缸活塞结构、通过活塞向气缸内压紧使气缸内气体升压的压缩机，又称活塞式压缩机。回转式压缩机型式较多，常见的有螺杆式、涡旋式、滑片式等。速度型压缩机则主要指透平式，这类压缩机主要通过加速流道内的气体介质使其获得加大的动能，然后流动减速后动能部分转化为压力势能，从而实现气体压缩。根据介质在叶轮内的流动方向，透平式压缩机又可进一步分为离心式和轴流式。

影响空气压缩机选型的因素主要是工作压力和工作流量，常用压缩机的应用范围如图 3-14 所示。由图 3-14 可见，往复式（活塞式）压缩机的工作压力范围最宽，约 $0.5 \sim 700MPa$，但一般只适用于中小流量（$<700m^3/min$）应用场景。回转式压缩机主要适用于压力不超过 2MPa、流量不超过 $500m^3/min$ 的低压中小流量应用场景。离心式压缩机适用于不超过 70MPa 的中高压和 $50 \sim 5000m^3/min$ 的中大流量应用场景。轴流式压缩机适用范围最窄，一般用于压力不超过 1MPa、流量不低于 $10000m^3/min$ 的应用场景。

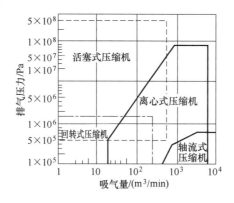

图 3-14　常用压缩机适用流量和压力范围

在压缩空气储能系统中，空气压缩机应具有流量大、压力高的特点。目前适用于压缩空气储能系统的压缩机类型主要为往复式压缩机、离心式压缩机和轴流式压缩机，下面分别对其进行简单的介绍。

（1）往复式压缩机

往复式压缩机的主要部件包括曲轴连杆机构、十字头、活塞、气缸和进排气阀等，其结构如图 3-15 所示。工作过程中，活塞在曲柄连杆机构的带动下往复运动，进气阀和排气阀在气缸内外压差的作用下开启或关闭，完成一个由吸气、压缩和排气三个过程组成的工作循环。应用于压缩空气储能系统时，往复式压缩机的优点是机械效率高，排气稳定，排气压力覆盖范围广，排气压力高。同时，往复式压缩机也存在一些缺点，例如转速低、结构复杂、易损件多、日常维修量大、运转时有振动等。

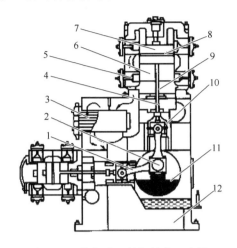

图 3-15 往复式压缩机结构示意图

1—连杆 2—曲轴 3—中间冷却器 4—活塞杆 5—气阀 6—气缸 7—活塞 8—活塞环
9—填料 10—十字头 11—平衡重 12—机身

（2）离心式压缩机

离心式压缩机的内部结构如图 3-16 所示，气体由吸气室吸入，通过叶轮时，气体在高速旋转的叶轮离心力作用下压力、速度、温度都得到提高，然后再进入扩压器，将气体的速度能转变为压力能，从而实现空气的压缩。当通过一个叶轮对气体做功、扩压后仍不能满足压力要求时，就需要把气体引入下一级进行压缩。为此，在扩压器后设置了弯道和回流器，使气体由离心方向变为向心方向，均匀地进入下一级叶轮进口。上述过程中，一般称气体流过了一个"级"。气体继续进入后续各级并连续压缩后，最终由排出管排出。

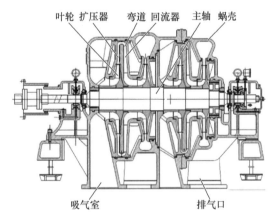

图 3-16 离心式压缩机结构示意图

离心式压缩机转速高、排气量大、排气均匀，密封良好、泄漏量少，性能曲线平坦、操作范围宽。同时，离心式压缩机易损件和维修量较少，易于实现自动化和大型化，非常适合应用于压缩空气储能系统。但离心式压缩机气流速度大，有较大的摩擦损失；存在喘振现象，危害压缩机本身和系统的运行安全，故在系统设计和运行时应尽力避免。

（3）轴流式压缩机

轴流式压缩机的内部结构如图 3-17 所示。轴流式压缩机工作原理是依靠高速旋转的叶轮将气体从轴向吸入，气体获得速度后排入导叶，经扩压后再沿轴向排出。轴流式压缩机具有通流能力大、流量大、阻力损失小、效率高等优点，同时其结构简单、运行维护方便、占地面积小。但轴流式压缩机一般压比较小，制造工艺要求较高，稳定工况区比较窄，流量可调节的范围比较小。轴流式压缩机在用于压缩空气储能系统时，一般需要和离心式压缩机串联使用。

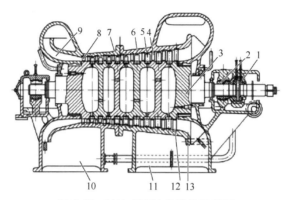

图 3-17　轴流式压缩机结构示意图

1—止推轴承　2—径向轴承　3—转鼓　4—静叶　5—动叶　6—前气缸　7—后气缸　8—出口导叶　9—扩压器

10—排气口　11—进气口　12—进气导叶　13—收敛器

3.3.2.2　空气膨胀机

空气膨胀过程中的关键能量转换设备为空气膨胀机。与空气压缩机类似，空气膨胀机也可主要分为容积式与速度式两大类。根据运动形式的不同，容积式膨胀机同样分为往复式（活塞式）和回旋式。回旋式膨胀机常见的有螺杆式膨胀机、涡旋式膨胀机等，其中螺杆式膨胀机又可细分为单螺杆式与双螺杆式。速度式膨胀机以气体膨胀时速度能的变化来传递能量，膨胀过程连续进行，流动稳定。速度式膨胀机的主要类型是透平式膨胀机，根据介质在叶轮内的流动方向，透平式膨胀机主要分为径流式和轴流式。本节就压缩空气储能系统可采用的往复式膨胀机、径流式膨胀机和轴流式膨胀机进行介绍。

（1）往复式膨胀机

往复式膨胀机的结构如图 3-18 所示，其主要部件有曲轴、连杆、十字头、活塞、气缸、

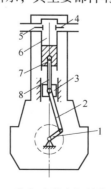

图 3-18　往复式膨胀机结构示意图

1—曲轴　2—连杆　3—十字头　4—排气阀　5—进气阀　6—气缸　7—活塞　8—活塞杆

81

进气阀和排气阀等。与往复式压缩机的工作原理相反，在往复式膨胀机中，高压气体通过进气阀进入气缸后，气体膨胀时推动活塞运动，并通过曲轴连杆结构将活塞的往复运动转化成曲轴的旋转运动，向外输出机械功。其中，活塞在气缸内每来回动作一次，即完成进气-膨胀-排气-余气压缩一个循环。

往复式膨胀机结构简单，制造技术成熟，对加工材料和加工工艺要求比较低，容易实现高压比，能用于非常广泛的压力范围。但往复式膨胀机流量小，转速低，做功不连续，工作过程阻力损失大，效率低。同时，往复式膨胀机结构笨重，运行噪声大，维护频繁，不适合大型场合的应用。

（2）径流式膨胀机

径流式膨胀机是利用气体膨胀时速度能的变化来传递能量，将气体的热能、压力能和动能转化为机械能的动力机械，也称向心式膨胀机，其结构如图 3-19 所示。气体由膨胀机的蜗壳进入，气体的压力能和热能一部分转化为动能。气体流过喷嘴叶片环，部分压力能转变成动能，气体速度加大而温度、压力下降，且具有很强的方向性，此时喷嘴出口处气体获得巨大的速度并均匀而有序地流入膨胀机的叶轮。气体进入叶轮后，由于离心力作用的结果，在叶面的凹面上压力得到提高，而在凸面则降低，作用在叶片表面的压力的合力产生了转矩，在工作叶轮出口处压力、温度、速度均下降。叶轮一方面使得高速气体的动能转化为机械能，由主轴向外输出做功，气体温度降低获得冷量，同时改变了气体的流动方向，使它由径向流动转化为轴向流动。为了使工作流体避免减速运动，以减少流动损失，充分利用能量，在工作叶轮出口外设置扩压器，经过扩压器气体速度降低。

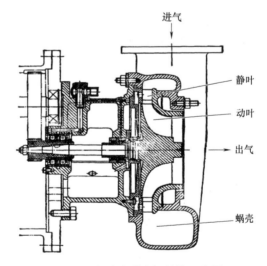

进气

静叶

动叶

出气

蜗壳

图 3-19　径流式膨胀机结构示意图

径流式膨胀机效率高，周向速度可达 450~550m/s，可获得较大的比功；重量轻、叶片少，结构简单可靠，制造工艺要求不高。但径流式膨胀机径向外壳的尺寸较大，其流量也受到约束。

（3）轴流式膨胀机

轴流式膨胀机同样利用气体膨胀时速度能的变化来传递能量，结构功能均类似于径流式膨胀机，不同的在于径流式膨胀机气体进入工作叶轮时由径向流入，而轴流式膨胀机则由轴向流入，如图 3-20 所示，轴流式膨胀机的叶轮可多级串联。

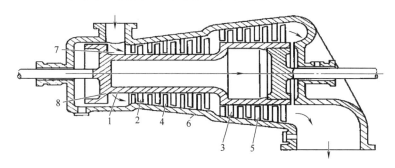

图 3-20　轴流式膨胀机结构示意图

1—轮毂　2、3—动叶栅　4、5—静叶栅　6—气缸　7—进气室　8—平衡活塞

轴流式膨胀机通流能力强，适用于要求大流量的场合；易实现多级串联，从而实现总体上的高膨胀比；气流路程短，效率高于径流式膨胀机。但轴流式膨胀机的制造工艺要求较高，其在小流量运行时，摩擦损失增加，效率会降低。

3. 3. 2. 3　换热器

换热装置一般称作热交换器或换热器，是将热流体的部分热量传递给冷流体的设备。按换热结构，换热器主要可以分为管壳式换热器和板式换热器两类。

（1）管壳式换热器

管壳式换热器是以封闭在壳体中的管束壁面作为传热面的间壁式换热器，其结构较简单，操作可靠，能在高温、高压下使用，是目前应用最广泛的类型。管壳式换热器由壳体、换热管、管板、折流板和管箱等部件组成，如图 3-21 所示。进行换热的冷热两种流体，一种在管内流动，称为管程流体；另一种在管外流动，称为壳程流体。为提高壳程流体的传热系数，通常在壳体内安装若干折流板。折流板可提高壳程流体速度，增强流体湍流程度。换热管在管板上可按等边三角形或正方形排列。

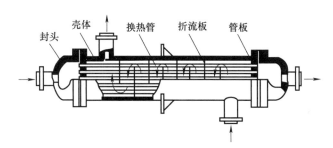

图 3-21　管壳式换热器结构示意图

管壳式换热器可承受较高的工作温度和工作压力，制造加工工艺简单，运行可靠性高，应用广泛。但是管壳式换热器也存在换热系数低、体积大、换热端差大等缺点。

（2）板式换热器

板式换热器是由一系列具有一定波纹形状的金属片叠装而成的一种新型高效换热器。典型的板式换热器结构如图 3-22 所示，其由许多冲压有波纹的薄板按一定间隔、四周通过垫片密封,并用框架和压紧螺栓重叠压紧而成,板片和垫片的四个角孔形成了流体的分配管和汇集管,同时又合理地将冷热流体分开,使其分别在每块板片两侧的流道中流动,通过板片进行热交换。

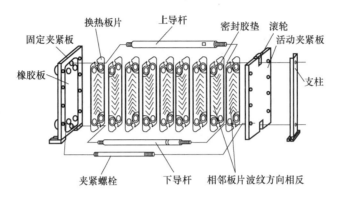

图 3-22 典型的板式换热器结构示意图

板式换热器具有换热效率高、结构紧凑轻巧、占地面积小、安装清洗方便、应用广泛等特点。但板式换热器无法承受高温高压,密封难度高,使用过程中容易出现泄漏问题。尽管在换热能力和体积上板式换热器有一定的优势,但是对于高温过程和带压的换热过程,实施过程中还是应该主要考虑采用管壳式换热结构。

3.3.2.4 压力势能存储装置

(1) 等容储气装置

普通钢制压力容器在压缩气体领域的应用非常广泛,设计和制造技术成熟,且能够承受较高压力。然而,当应用于中等容量以上的储能场景时,普通钢制压力容器储气库的成本将成为限制其应用的主要因素。此外,普通钢制压力容器还有重量大、体积大、占地大等弊端。

管线钢钢管最初的用途是输送石油或天然气。21 世纪初,随着西气东输、川气东送等国家能源输送工程的重点建设,我国管线钢钢管市场逐渐由依赖进口发展至基本国产化。国产化管线钢钢管质量得到提升的同时,批量化生产的成本也快速下降。管线钢钢管一般单根长度 100m 左右,根据管径不同,其壁厚在 1~3cm 时,即可承受 10MPa 以上的压力。采用管线钢钢管进行储气时,可以将其阵列化布置于地上,或浅埋于地下以节省地面空间。同时,也可通过增减阵列中的管线钢钢管数量对压缩空气储能系统的容量进行调节。此外,由于国产化管线钢钢管的批量化生产,将其用于压缩空气储能系统的成本处于较合理的水平。因此,在中小容量等级的压缩空气储能系统中,采用管线钢钢管阵列进行储气成为最佳选择之一。

以地下盐穴、煤矿巷道等地下洞穴为代表的地下储气库容量大、占地少,是目前建造大容量压缩空气储能系统的有力支撑条件,如图 3-23 所示。此类地下储气库一般是天然矿藏开采后的遗存,大部分仅需简单改造后即可用于压缩空气存储,因而成本显著低于各类人造压力容器。以地下盐穴储气库为例,其采用人工方式在盐层或盐丘中制造洞穴形成存储空间来存储空气,一般选择在盐层厚度大、分布稳定的盐丘或盐层上。开采盐岩溶腔的成本较低,大约为硬岩洞室的 30%~60%,且盐岩具有非常低的渗透率与良好的裂隙自愈能力，能够保证存储溶腔的密闭性。同时，其力学性能较为稳定，能够适应因充放气和壁面换热导致的存储压力变化。目前，国内盐穴天然气储气库的设计、建造和运行技术已经趋于成熟，可为开展大容量压缩空气储气库相关研究和应用提供成套的经验和数据。

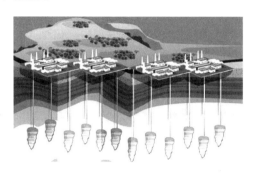

图 3-23　地下盐穴示意图

地下石油、天然气采空区或地下含水层等也可用于大容量压缩空气的存储，目前国内也已利用此类地下空间建设了天然气储气库。相较于地下盐穴等大容量地下洞穴，地下石油、天然气采空区和含水层一般为多孔隙地质结构，气体流动时的压力损失较大，也可能存在压缩空气向四周弥散渗漏的现象。然而，综合考虑存储容量和成本，此类地质条件依然是开展大容量压缩空气储能系统建设的选项之一。

（2）等压储气装置

近年来，随着离岸压缩空气储能概念的兴起和深入研究，采用承压气囊在水下存储高压压缩空气的可行性已经得到初步的实践验证。承压气囊壁面具有一定的柔性或伸缩性，可使外部水压与内部气压平衡，从而利用水压实现气囊内部压缩空气压力的基本稳定。图 3-24 所示为 Hydrostor 公司提出的一种离岸压缩空气储能系统的储气装置示意图和实验装置图片。将气囊固定在水底后，通过管路与水面上的空气压缩机和膨胀机分别连通，此时气囊中的压缩空气压力与所处深度位置的水压相等，从而实现恒压充气和恒压放气。

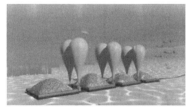

图 3-24　水下气囊示意图及实验装置

除了采用水力调压实现恒压储气的技术手段外，还可以直接采用重物放置在可变容积的储气装置上，利用重物的重力和储气装置内压缩空气压力之间的平衡关系实现压力的调节和控制。恒压储气装置受限于材料技术、加工工艺和成本等条件，目前只适用于小容量压缩空气储能系统或实验系统。

3.4 压缩空气储能热力学分析

压缩空气储能的热力学分析主要是基于热力学的相关理论知识对系统进行评估和优化，提高系统的效率并对实际工程决策进行指导，以下主要介绍基于热力学基本定律的能量分析法（Energic Analysis）和㶲平衡分析法（Exergy Balance Analysis）。

3.4.1 能量分析法

能量分析法基于热力学第一定律，其主要反映系统内能在"量"上的传递、转化和损失情况，可以分析得到系统的循环效率（Round-Trip Efficiency）和电-电效率（Electricity Storage Efficiency）。压缩空气储能系统的循环效率 η_{RTE} 定义为释能过程中总输出的能量和储能过程中总消耗的能量之比，如下式所示：

$$\eta_{RTE} = \frac{\int_0^{\tau_{dis}} w_t d\tau + \int_0^{\tau_{dis}} q_h d\tau + \int_0^{\tau_{dis}} q_c d\tau}{\int_0^{\tau_{ch}} w_c d\tau + \int_0^{\tau_{ch}} q_{in} d\tau} \tag{3-48}$$

式中，τ_{ch} 和 τ_{dis} 分别为储能时间和释能时间（h）；w_t 为系统释能时透平膨胀机的输出功率（kW）；w_c 为系统储能时压缩机消耗的功率（kW）；q_{in} 为系统储能时除了电能外的其他输入热量的功率（kW）；q_h 和 q_c 分别为系统释能时供热和供冷的功率（kW）。与压缩机消耗的功率相比，各种泵和辅机的功率都比较小，在计算系统效率时可以忽略不计。

压缩空气储能系统的电-电效率 η_{ESE} 定义为释能过程中总输出的电能和储能过程中总消耗的电能之比，如下式所示：

$$\eta_{ESE} = \frac{\int_0^{\tau_{dis}} w_t d\tau}{\int_0^{\tau_{ch}} w_c d\tau} \tag{3-49}$$

式中符号代表的意义和式（3-48）中相同。

压缩空气储能的储能密度 ρ_{ES} 定义为单位储气容积存储的电能（kWh/m³），可用下式进行计算：

$$\rho_{ES} = \frac{\int_0^{\tau_{dis}} w_t d\tau}{V_{as}} \tag{3-50}$$

式中，V_{as} 为压缩空气储能电站储气系统的容积（m³）。

若储能和释能过程均为稳态运行，即储能阶段功耗和释能阶段发电功率均为定值，则压缩空气储能系统的循环效率、电-电效率和储能密度可简化为

$$\eta_{RTE} = \frac{(w_t + q_h + q_c)\tau_{dis}}{(w_c + q_{in})\tau_{ch}} \tag{3-51}$$

$$\eta_{ESE} = \frac{w_t \tau_{dis}}{w_c \tau_{ch}} \tag{3-52}$$

$$\rho_{\mathrm{ES}}=\frac{w_{\mathrm{t}}\tau_{\mathrm{dis}}}{V_{\mathrm{as}}} \tag{3-53}$$

式中符号代表的意义与式（3-48）和式（3-50）中相同。同时，根据不同系统能源输入和输出的特性，上述公式可相应地变化。

例 3-8　某光热复合式压缩空气储能的技术参数见表 3-2，试求其电-电效率、循环效率和储能密度。

表 3-2　光热复合式压缩空气储能技术参数表

参　数	单　位	数　值
储能阶段功耗	kW	320
储能运行时长	h	4
光热集热功率	kW	70
光热集热时长	h	6
释能阶段发电量	kW	210
释能阶段时长	h	4
储气容积	m³	200

解：根据式（3-51）~式（3-53）可得，系统的循环效率为

$$\eta_{\mathrm{RTE}}=\frac{w_{\mathrm{t}}\tau_{\mathrm{dis}}}{w_{\mathrm{c}}\tau_{\mathrm{ch}}+q_{\mathrm{solar}}\tau_{\mathrm{solar}}}=\frac{210\mathrm{kW}\times4\mathrm{h}}{320\mathrm{kW}\times4\mathrm{h}+70\mathrm{kW}\times6\mathrm{h}}=49.4\%$$

电-电效率为

$$\eta_{\mathrm{ESE}}=\frac{w_{\mathrm{t}}\tau_{\mathrm{dis}}}{w_{\mathrm{c}}\tau_{\mathrm{ch}}}=\frac{210\mathrm{kW}\times4\mathrm{h}}{320\mathrm{kW}\times4\mathrm{h}}=65.6\%$$

储能密度为

$$\rho_{\mathrm{ES}}=\frac{w_{\mathrm{t}}\tau_{\mathrm{dis}}}{V_{\mathrm{as}}}=\frac{210\mathrm{kW}\times4\mathrm{h}}{200\mathrm{m}^{3}}=4.2\mathrm{kWh/m}^{3}$$

3.4.2　㶲平衡分析法

　　㶲平衡分析法基于热力学第二定律，其考虑了系统内不同能量之间品位的差异，以㶲的传递、转化和损失评价系统及组件的能量利用水平，可以分析得到系统及各部件的㶲效率（Exergy Efficiency）和㶲损失（Exergy Destruction）。由于压缩空气储能系统内包含电能、热能和压力势能等多种形式能量转换，㶲分析方法具有更重要的意义。

　　压缩空气储能的㶲效率 η_{EXE} 可以定义为释能过程中输出能量的㶲和储能过程中输入能量的㶲之比，如下式所示：

$$\eta_{\mathrm{EXE}}=\frac{\displaystyle\int_{0}^{\tau_{\mathrm{dis}}}w_{\mathrm{t}}\mathrm{d}\tau+\int_{0}^{\tau_{\mathrm{dis}}}E_{\mathrm{x,h}}\mathrm{d}\tau+\int_{0}^{\tau_{\mathrm{dis}}}E_{\mathrm{x,c}}\mathrm{d}\tau}{\displaystyle\int_{0}^{\tau_{\mathrm{ch}}}w_{\mathrm{c}}\mathrm{d}\tau+\int_{0}^{\tau_{\mathrm{ch}}}E_{\mathrm{x,in}}\mathrm{d}\tau} \tag{3-54}$$

式中，$E_{\mathrm{x,h}}$ 和 $E_{\mathrm{x,c}}$ 分别为系统释能过程中供热和供冷的㶲（kW）；$E_{\mathrm{x,in}}$ 为系统储能时除了电能外的其他输入热量的㶲（kW）；其他符号代表的意义与式（3-48）中相同。

对于第 i 级压缩机，其㶲损失可用下式表示为

$$\Delta E_{x,c,i} = w_{c,i} - m_{c,i}(e_{x,out,i} - e_{x,in,i}) \tag{3-55}$$

式中，$w_{c,i}$ 为第 i 级压缩机的功耗（kW）；$e_{x,in,i}$ 和 $e_{x,out,i}$ 分别为第 i 级压缩机进口空气和出口空气的比㶲值（kJ/kg）；$m_{c,i}$ 为第 i 级压缩机的空气质量流量（kg/s）。

对于第 j 级空气透平，其㶲损失可用下式表示为

$$\Delta E_{x,t,j} = m_{t,j}(e_{x,in,j} - e_{x,out,j}) - w_{t,j} \tag{3-56}$$

式中，$w_{t,j}$ 为第 j 级空气透平的做功量（kW）；$e_{x,in,j}$ 和 $e_{x,out,j}$ 分别为第 j 级空气透平进口空气和出口空气的比㶲值（kJ/kg）；$m_{t,j}$ 为第 j 级空气透平的空气质量流量（kg/s）。

对于换热器，其㶲损失可用下式表示为

$$\Delta E_{x,he} = m_{hot}(e_{x,hot,in} - e_{x,hot,out}) - m_{cool}(e_{x,cool,out} - e_{x,cool,in}) \tag{3-57}$$

式中，m_{hot} 和 m_{cool} 分别为换热器热流体和冷流体的质量（kg/s）；$e_{x,hot,in}$ 和 $e_{x,hot,out}$ 分别为热流体进口和出口的比㶲值（kJ/kg）；$e_{x,cool,in}$ 和 $e_{x,cool,out}$ 分别为冷流体进口和出口的比㶲值（kJ/kg）。

例 3-9 某先进绝热压缩空气储能系统采用两级压缩、两级膨胀的技术方案，采用高温合成导热油作为传热和储热工质，其方案如图 3-25 所示。图中，各物流节点都进行了标注，A 代表空气，O 代表导热油，各节点的压力、温度、流量、比㶲见表 3-3。该方案中，压缩时间为 8h，膨胀时间为 4h。一级、二级压缩机的功率分别为 10.09MW 和 9.60MW，一级、二级透平的功率分别为 12.76MW 和 12.67MW。试求各压缩机、透平和换热器的㶲损失。

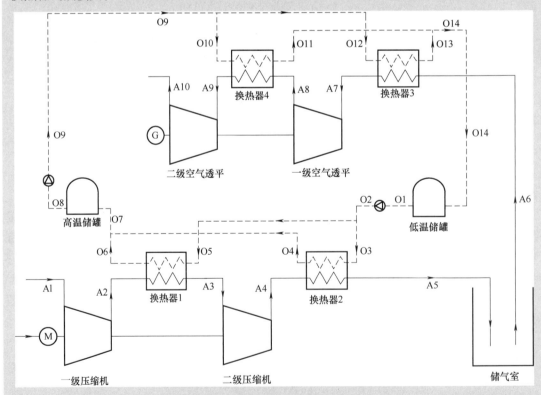

图 3-25　某先进绝热压缩空气储能流程图

表 3-3　某先进绝热压缩空气储能节点参数

节　点	P/MPa	$t/{}^{\circ}\!C$	$m/(\text{kg/s})$	$e_x/(\text{kJ/kg})$
A1	0.101	20	27.78	0.0632
A2	1.112	374.4	27.78	327.5
A3	1.112	40	27.78	204.9
A4	10.0	374.8	27.78	517.5
A5	10.0	40	27.78	389.4
A6	6.0	25	55.56	346.6
A7	6.0	305	55.56	434.5
A8	0.775	79.97	55.56	178.4
A9	0.775	305	55.56	259
A10	0.101	82.26	55.56	4.897
O1	0.101	30	34.75	0.059
O2	0.30	30.06	34.75	0.2653
O3	0.30	30.06	18.18	0.2653
O4	0.20	310.4	18.18	180.9
O5	0.30	30.06	16.57	0.2653
O6	0.20	319.5	16.57	192.2
O7	0.20	314.8	34.75	186.2
O8	0.30	310	57.09	180.4
O9	0.30	310	57.09	180.5
O10	0.30	310	27.28	180.5
O11	0.20	85	27.28	8.527
O12	0.30	310	29.81	180.5
O13	0.20	30	29.81	0.1611
O14	0.20	57.29	57.09	2.559

解: 一级压缩机的㶲损失为

$$\Delta E_{x,c1} = w_{c1} - m_{c1}(e_{x,A2} - e_{x,A1}) = 10.09\text{MW} - 27.78\text{kg/s} \times \frac{(327.5 - 0.0632)\text{kJ/kg}}{1000} = 0.994\text{MW}$$

相似地,可以计算出二级压缩机的㶲损失为

$$\Delta E_{x,c2} = w_{c2} - m_{c2}(e_{x,A4} - e_{x,A3}) = 9.60\text{MW} - 27.78\text{kg/s} \times \frac{(517.5 - 204.9)\text{kJ/kg}}{1000} = 0.916\text{MW}$$

一级透平的㶲损失为

$$\Delta E_{x,t1} = m_{t1}(e_{x,A7} - e_{x,A8}) - w_{t1} = 55.56\text{kg/s} \times \frac{(434.5 - 178.4)\text{kJ/kg}}{1000} - 12.76\text{MW} = 1.47\text{MW}$$

相似地,可以计算出二级透平的㶲损失为

$$\Delta E_{x,t2} = m_{t2}(e_{x,A9} - e_{x,A10}) - w_{t2} = 55.56\text{kg/s} \times \frac{(259 - 4.897)\text{kJ/kg}}{1000} - 12.67\text{MW} = 1.45\text{MW}$$

一级换热器的㶲损失为

$$\Delta E_{x,he1} = m_{A2}(e_{x,A2} - e_{x,A3}) - m_{05}(e_{x,06} - e_{x,05})$$

$$= \frac{27.78\text{kg/s} \times (327.5-204.9)\text{kJ/kg} - 16.57\text{kg/s} \times (192.2-0.2653)\text{kJ/kg}}{1000} = 0.237\text{MW}$$

相似地，可以计算出二级、三级、四级换热器的㶲损失分别为

$$\Delta E_{x,he2} = m_{A4}(e_{x,A4} - e_{x,A5}) - m_{03}(e_{x,04} - e_{x,03})$$

$$= \frac{27.78\text{kg/s} \times (517.5-389.4)\text{kJ/kg} - 18.18\text{kg/s} \times (180.9-0.2653)\text{kJ/kg}}{1000} = 0.275\text{MW}$$

$$\Delta E_{x,he3} = m_{012}(e_{x,012} - e_{x,013}) - m_{A6}(e_{x,A7} - e_{x,A6})$$

$$= \frac{29.81\text{kg/s} \times (180.5-0.1611)\text{kJ/kg} - 55.56\text{kg/s} \times (434.5-346.6)\text{kJ/kg}}{1000} = 0.492\text{MW}$$

$$\Delta E_{x,he4} = m_{010}(e_{x,010} - e_{x,011}) - m_{A8}(e_{x,A9} - e_{x,A8})$$

$$= \frac{27.28\text{kg/s} \times (180.5-8.527)\text{kJ/kg} - 55.56\text{kg/s} \times (259-178.4)\text{kJ/kg}}{1000} = 0.213\text{MW}$$

3.5 压缩空气储能应用案例

自 1949 年压缩空气储能概念提出以来，全球已有多个国家和地区开展了理论研究和应用实践。根据美国能源部公布的全球储能项目数据库，截至 2020 年年底，全球先后有 8 个国家开展了共计 22 项压缩空气储能工程项目，其中美国 8 项，加拿大、英国和中国各 3 项，德国 2 项，澳大利亚、荷兰和瑞士各 1 项。其中，中国的 3 个项目均采用了清华大学的非补燃式压缩空气储能技术，分别为安徽芜湖 500kW 实验电站（TICC-500）、青海西宁 100kW 光热复合压缩空气储能实验电站和江苏金坛 60MW 盐穴压缩空气储能国家试验示范项目。本节将对国内外典型的压缩空气储能电站进行简要介绍。

3.5.1 补燃式压缩空气储能电站

1. Huntorf 电站

Huntorf 电站是全球首座压缩空气储能电站，位于德国下萨克森州境内。下萨克森州北部拥有丰富的盐矿资源，自 20 世纪 60 年代末起，当地就开始利用地下盐穴进行石油和天然气的存储。Huntorf 电站于 1977 年建成，经过一系列的调试和测试于 1978 年 12 月正式投入商业运营，已经稳定运行超过 40 年。Huntorf 电站地面部分建筑如图 3-26 所示，包括电站主体建筑与两个盐穴储气库 NK1 和 NK2。电站主要由压缩机组、电机、透平机组、盐穴储气库和并网设备等构成，如图 3-27 所示。

Huntorf 电站配置有一台视在功率 341MWA 的电机，可通过联轴器选择性地与压缩机组或透平机组联接。与空气压缩机组联接时，用作电动机，由外部电力驱动旋转，带动压缩机组压缩空气；与透平机组联接时，用作发电机，由透平机组作为原动机驱动旋转，对外输出电力。

压缩机组中，低压压缩机为轴流式压缩机，高压压缩机为离心式压缩机，级间设置有循

图 3-26　Huntorf 电站地面部分建筑

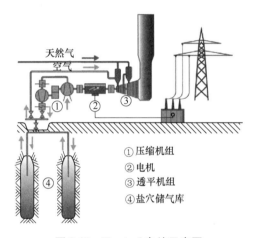

① 压缩机组
② 电机
③ 透平机组
④ 盐穴储气库

图 3-27　Huntorf 电站示意图

环水冷却器。透平机组中，高压透平基于一个小型中压汽轮机改造而成，并在级前设置高压燃烧器。低压透平则采用了轴流燃气轮机，级前设置低压燃烧器。盐穴储气库由两个独立的盐穴并联组成，容积分别约为 14 万 m^3 和 17 万 m^3。

目前，Huntorf 电站通常为电网提供快速备用容量服务，其只需要大约 6min 即可达到额定出力，用时仅稍大于调峰型燃气轮机机组，但小于常规燃气轮机机组，并远小于由于常规发电站（如煤电）所需的数小时至十几小时。Huntorf 电站还用于傍晚时刻的调峰，此时当地的抽水蓄能电站容量已经无法满足需求。此外，由于德国北部风力发电容量快速上升，Huntorf 电站还用于调节和弥补风力发电的波动性和间歇性出力特性。

2. McIntosh 电站

1991 年 9 月，McIntosh 电站在美国亚拉巴马州正式交付，标志着全球第二座压缩空气储能电站投入商业运营，如图 3-28 所示。与 Huntorf 电站相比，McIntosh 电站仅采用一座地下盐穴作为储气库，盐穴容积约 62 万 m^3，位于地下 460~810m 深度。McIntosh 电站的另一显著改进在于在高压透平入口增加一个预热器，实现了低压透平高温排气的余热利用，提高了系统的效率。

此外，McIntosh 电站的运行模式与 Huntorf 电站也有所不同。Huntorf 电站为典型的日调度储能电站，而 McIntosh 电站则为周调度储能电站，设计年利用时间为 26 周，主要满足冬季供暖和夏季供冷时期调峰的需求。在需要连续供电的情况下，McIntosh 电站最长可连续满负荷发电 26h。

图 3-28　McIntosh 电站地面建筑

3.5.2　先进绝热压缩空气储能电站

1. TICC-500 电站

清华大学作为国内压缩空气储能领域的代表性研发机构之一，在 2011 年提出了基于中高温压缩热回馈的技术路线建设非补燃式先进绝热压缩空气储能系统，以实现先进压缩空气储能技术与国产化设备设计和生产水平的契合，从而降低投资成本、促进压缩空气储能在国内的工程应用。

2012 年，在国家电网公司大力支持下，清华大学（Tsinghua University）联合中国科学院理化技术研究所（IPC）及中国电力科学研究院（CEPRI），在国内率先开展先进压缩空气储能系统的技术验证和工程实践，于 2014 年在安徽省芜湖市建成了 TICC-500 电站（Tsinghua-IPC-CEPRI CAES），如图 3-29 所示。该电站既是国内首个先进绝热压缩空气储能电站，又是国内首个系统完善和实现并网运行的压缩空气储能电站。

图 3-29　TICC-500 电站建筑结构

TICC-500 电站系统结构及原理如图 3-30 所示。电站采用五级压缩、级间/级后提取压缩热能的方式实现电能的输入和转化，压缩机为双作用往复式压缩机，由同一台电机通过曲轴连杆机构带动。电站储热系统以加压水作为储热介质，蓄热温度为 120℃。储气系统采用两个钢制卧式储气罐并联，单个储气容积为 50m³，共计 100m³。膨胀发电系统采用三级膨胀、级前/级间加热的膨胀方式实现电能的再生和输出，其中高转速空气透平为向心径轴流式叶轮，三级同轴布置，通过减速器驱动低转速发电机。

电站设计发电功率为 500kW，最大连续发电时长为 1h，电-电效率为 41%，能量综合利用效率为 72%。TICC-500 电站的建成和成功并网运行标志着国产化压缩空气储能系统在工

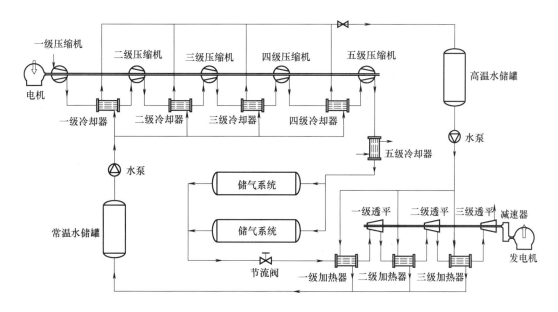

图 3-30　TICC-500 电站系统结构及原理示意图

艺设计、关键设备研发和工程应用等多方面取得突破。

2. 江苏金坛盐穴压缩空气储能国家试验示范项目

应西气东输、川气东送工程储气所需，中盐金坛盐化有限公司自 2003 年起，率先在国内开始建造天然气盐穴储气库，截至 2020 年 10 月，在建或规划盐穴储气库群 12 个，在运行盐穴储气库群 3 个，在运行盐穴共计 44 个，储气量超 15 亿 m³。鉴于清华大学在先进绝热压缩空气储能技术方面取得的研究和实践成果及中盐金坛盐化有限公司在盐穴天然气储气库方面的成功经验，2017 年 5 月 27 日，国家能源局批复立项了"江苏金坛盐穴压缩空气储能发电系统国家试验示范项目"，由清华大学、中盐集团和华能集团联合建设，项目一期将建设 60MW×5h 盐穴压缩空气储能电站，未来将分期建设总装机容量达到 1000MW 的压缩空气储能电站群，打造清洁物理储能基地。

国家试验示范电站为日调度的调峰储能电站，采用优化的中温绝热压缩空气储能技术路线，其结构及原理如图 3-31 所示，其系统工艺流程如图 3-32 所示。空气压缩机组采用离心式空气压缩机，各级出口均设置导热油蓄热换热器；空气膨胀机组则采用轴流式空气透平膨胀机，各级前分别设置导热油回热换热器，用于加热透平进气。

在 TICC-500 电站的基础上，为进一步提升系统容量和效率，国家试验示范项目主要进行了三处改进：一是采用地下盐穴作为储气库，以扩大储能容量；二是采用大流量、大压比的离心式空气压缩机，从而实现压缩功率和排气温度的双提升，有助于提升系统压缩热品位和透平进气温度，从而提升系统储能效率，系统电-电效率可达 60% 以上；三是基于热能梯级利用原则实现电站热利用率最大化，同时使电站具备热电联供的能力，通过为周边用户提供 80℃ 的热水供应，将电站的综合能源效率提升至 85% 以上。电站布局如图 3-33 所示，已于 2021 年 9 月底实现并网发电。

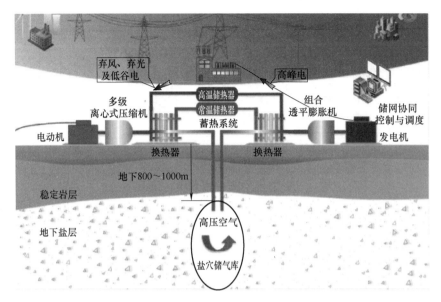

图 3-31　盐穴压缩空气储能国家试验示范项目电站结构及原理示意图

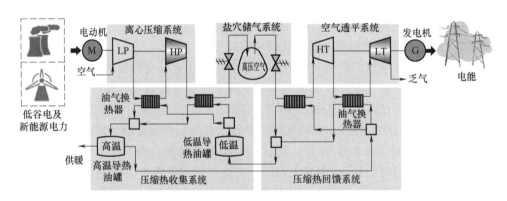

图 3-32　盐穴压缩空气储能国家试验示范项目系统工艺流程示意图

图 3-33　国家能源局江苏金坛 60MW/300MWh 盐穴压缩空气储能发电国家示范项目

3.5.3 光热复合压缩空气储能电站

通过提升压缩机排气温度实现系统储能效率提升的技术措施特别适用于大规模储能场景，而在中小容量储能场景中，高温压缩、级后换热蓄热的系统结构过于复杂，不利于其推广应用。基于 TICC-500 系统，清华大学提出了光热复合技术路线以实现高效的非补燃式压缩空气储能，并进一步借助我国西部地区极为丰富的光热资源开展了试验验证工作。2017年，清华大学联合青海大学在青海西宁建成了 100kW 光热复合压缩空气储能发电试验电站，并成功实现全系统联合运行发电，系统电-电效率达 51%，能量综合利用效率达 80%。电站主体结构如图 3-34 所示，系统工艺流程如图 3-35 所示，其主要包括透平发电系统、空气压缩系统、管线钢储气系统、储换热系统、光热槽式集热系统和控制系统等。

图 3-34　100kW 光热复合压缩空气储能电站

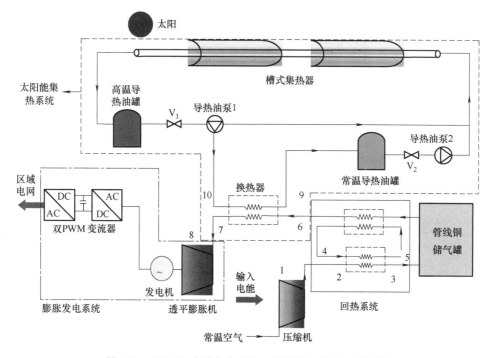

图 3-35　100kW 光热复合压缩空气储能系统工艺流程图

95

该电站将先进绝热压缩空气储能系统与光热槽式集热系统有机结合起来，利用太阳能光热系统取代先进绝热压缩空气储能系统中的储热系统，采用导热油作为蓄热介质存储光热并加热空气透平进气，蓄热温度为260℃，大大提高了系统的储能效率。在储气方面，借鉴天然气输送管线技术，采用封闭的模块化管线钢钢管作为储气库，大幅降低了储气成本。以100kW光热复合压缩空气储能电站为代表的复合压缩空气储能系统特别适用于中小容量的储能场景，例如分布式能源系统等。该电站也为太阳能的综合利用和消纳提供了新的思路，在西部光热资源丰富地区具有广阔应用前景。

3.5.4 液态空气储能电站

英国Highview公司、伯明翰大学与利兹大学于2008年联合启动了一项液态空气储能的示范项目，于2012年完成了示范装置的初步建设工作，如图3-36所示。系统设计额定功率350kW，采用八个石子填充床作为冷量回收装置，由于系统冷量回收效率低、动态过程损失大，导致系统储能效率偏低。Highview Pilot系统在2014年被移交给伯明翰大学低温储能中心，用于支持学术研究和相关科研实验。

图 3-36 Highview 350kW 液态空气储能电站

2014年2月，Highview公司和英国第二大垃圾废物回收商Viridor公司筹划在英国大曼彻斯特地区贝利市的Pilsworth垃圾填埋场建造容量为5MW/15MWh的液态空气储能电站，并在发电过程中利用毗邻的垃圾发电厂的余热作为热源加热透平进气。2018年4月，Pilsworth电站正式运营，该电站可为当地大约5000个中等规模的家庭提供电力。

3.6 总结与展望

压缩空气储能作为大容量物理储能技术的一种，采用空气作为工作介质和能量载体发挥储能功效，在电力系统调节、新能源电力消纳及分布式能源微电网构建等领域具有独特的应用价值。本章主要围绕压缩空气储能技术展开，首先介绍了压缩空气储能的基本概念、主要用途和主要类别。压缩空气储能系统以压缩空气作为能量载体，通过电能与压缩空气内能之间的往复转化实现能量的存储和再生。现有可用压缩空气储能技术路线较多，但清洁型的压缩空气储能技术是未来的主要发展方向。

　　为了更好地学习压缩空气储能相关知识，本章回顾了与压缩空气储能相关的主要热力学基础知识，并结合传统热动力循环对压缩空气储能系统进行了简要分析。压缩空气储能系统与传统的热动力循环不同，循环效率等热力学特性的分析更为复杂。根据压缩空气储能系统基本特性和热力学基础知识，在空气膨胀过程中，需要提升压缩空气温度以保障系统的高效和安全运行。

　　在此基础上，本章选取具有代表性的先进绝热压缩空气储能技术作为重点，详细介绍其基本原理和关键设备。先进绝热压缩空气储能系统主要由空气压缩子系统、空气膨胀子系统、储气子系统和蓄换热子系统构成，通过能量输入、热势解耦、热势耦合和能量输出四个基本能量转化和传递过程实现系统的运行；系统关键设备包括空气压缩机、空气膨胀机、储气装置和换热器等，上述设备的实际应用需要结合实际应用场景进行型式和参数的选择。

　　基于热力学第一定律和热力学第二定律，本章阐述了压缩空气储能系统的热力学分析方法，其可以对压缩空气储能系统的循环效率和㶲效率进行详细分析和评估，有助于压缩空气储能系统工艺流程和关键参数的优化。最后，本章对基于不同技术路线的典型压缩空气储能电站进行了详细的介绍，概述了压缩空气储能系统在实际应用场景中的运行特性。

　　压缩空气储能技术具有广泛的应用场景，在电网侧，压缩空气储能具备调峰、调频、调相、旋转备用和黑启动等众多功能，可有效提高电网运行的安全性和经济性；在电源侧，压缩空气储能可与光伏、风电相结合，构成风储或光伏一体化系统，提升新能源发电消纳率；在负荷侧，压缩空气储能可充分利用多能联储、多能联供特性，以其为枢纽构建综合能源系统，提高能源综合利用效率。我国盐穴、煤矿、矿井资源丰富，可以提供大规模储气空间，为发展压缩空气储能提供了便利的条件。在我国大力发展新型电力系统和实现双碳目标的愿景下，压缩空气储能技术未来具有非常广阔的应用前景。

3-1　简述压缩空气储能的工作原理及系统组成。

3-2　简述压缩空气储能和抽水蓄能在工作原理上的相似之处。

3-3　下列压缩空气储能电站不是采用盐穴储气方式的是（　　）

A. Huntorf 电站　　　　　　　　　　　B. McIntosh 电站

C. TICC-500 电站　　　　　　　　　　D. 江苏金坛电站

3-4　德国 ADELE 项目属于哪种压缩空气储能技术路线？简述该项目终止的主要原因。

3-5　下列压缩空气储能技术路线中，不适宜建设大容量储能电站技术的是（　　）

A. 传统补燃式压缩空气储能　　　　　　B. 中温绝热压缩空气储能

C. 等温压缩空气储能　　　　　　　　　D. 复合式压缩空气储能

3-6　简述深冷液化空气储能的技术原理及其优缺点。

3-7　关于复合式压缩空气储能，以下说法错误的是（　　）

A. 可以与光热、地热和工业余热相结合　B. 需要化石燃料补燃

C. 具备多能联储、多能联供能力　　　　D. 电站容量可达百兆瓦级别

3-8　补燃式压缩空气储能的技术原理是什么？其与传统燃气动力循环有什么联系和区

别？补燃式压缩空气储能的优点和局限性又是什么？

3-9　非补燃式压缩空气储能主要有几种技术路线？分别阐述其优点及局限性。

3-10　下列对于中温绝热压缩空气储能系统的描述中错误的是（　　）

A. 一般采用固体填充床进行蓄热　　　　B. 关键设备技术成熟、成本合理

C. 系统稳定、可控性强　　　　　　　　D. 具备多能联供能力

3-11　简述常用的压缩空气储能空气存储设备及其优缺点。

3-12　目前可用于压缩空气储能系统的压缩机有哪几种？它们各有什么优缺点？应用于压缩空气储能系统时，压缩机应该按照什么方法进行选型？

3-13　关于轴流式膨胀机，以下描述错误的是（　　）

A. 通流能力大　　　　　　　　　　　　B. 流量大

C. 结构简单、制造工艺要求低　　　　　D. 损失小、效率高

3-14　和管壳式换热器相比，板式换热器具有什么优点和缺点？其是否可应用于压缩空气储能系统？

3-15　已知某压缩机进口空气的焓值 h_1 为 298.45kJ/kg，流速 c_{f1} 为 55m/s；压缩机出口空气焓值 h_2 为 621.28kJ/kg，流速 c_{f2} 为 22m/s；散热损失和势能差可以忽略不计。试求 1kg 空气流经压缩机时压缩机对其做功的量。若空气流量为 120t/h，试求压缩机的功率。

3-16　空气的初始状态为 $p_0 = 0.1$MPa、$t_1 = 20$℃，经三级压缩后空气压力达到 12.5MPa。各级压缩均为等熵压缩且等熵效率均为 90%，压缩机的质量流量为 10kg/s，空气的绝热系数为 1.4，气体常数为 0.287kJ/(kg·K)。假设各级压缩机的入口温度均相同，试求压缩系统的最小功率和排气温度分别是多少？如果采用单机压缩到 12.5MPa，则压缩机的功率和排气温度分别为多少？

3-17　某压缩空气储能系统膨胀部分采用三级膨胀、级间再热的方式。一级空气透平进气压力 $p_1 = 6.4$MPa、$t_1 = 180$℃。各级透平均为等熵膨胀，三级透平的等熵膨胀效率分别为 90%、88% 和 85%，膨胀比均为 5，透平的质量流量为 2.5kg/s，空气的绝热系数为 1.4，气体常数为 0.287kJ/(kg·K)。假设各级空气透平的入口温度相同且不考虑换热器的流动阻力损失，试求透平的输出功率及各级透平的排气温度。

3-18　某深冷液化空气储能系统，采用两级压缩、两级膨胀的布置方式，其储能时间和释能时间均为 6h。除了输出电力外，该系统还可同时实现供热和制冷应用。储能阶段，一、二级压缩机的功率分别为 10.32MW 和 9.75MW，释能阶段，一、二级空气透平的输出功率分别为 5.42MW 和 4.98MW，其供热和制冷功率分别为 1.84MW 和 870kW。试求该系统的电-电效率和循环效率。

3-19　某非补燃式压缩空气储能系统采用四级压缩、三级膨胀的技术方案，采用加压水作为传热和储热工质，其方案如图 3-37 所示。图中，各物流节点都进行了标注，A 代表空气，W 代表水，各节点的压力、温度、流量、比焓见表 3-4。该方案中，压缩时间为 8h，膨胀时间为 4h。1~4 级压缩机的功率分别为 3.607MW、3.907MW、3.907MW 和 3.914MW，1~3 级透平的功率分别为 5.564MW、5.591MW 和 5.552MW。试求：（1）该压缩空气储能的循环效率；（2）各压缩机、透平和换热器的㶲损失。

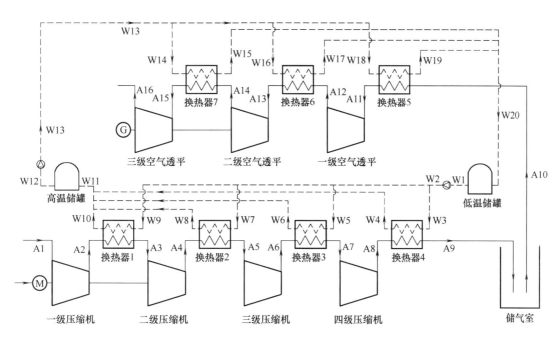

图 3-37　某非补燃式压缩空气储能流程图

表 3-4　某非补燃式压缩空气储能节点参数

节点	P/MPa	t/℃	m/(kg/s)	e_x/(kJ/kg)
A1	0.101	20	27.78	0.0632
A2	0.30	149.67	27.78	113.54
A3	0.30	40	27.78	93.20
A4	0.90	179.86	27.78	217.3
A5	0.90	40	27.78	186.94
A6	2.70	180.2	27.78	311
A7	2.70	40	27.78	280.1
A8	8.10	180.7	27.78	404.5
A9	8.10	40	27.78	372
A10	4.30	25	55.56	318.8
A11	4.30	110	55.56	329.6
A12	1.225	6.625	55.56	213.4
A13	1.225	110	55.56	223.2
A14	0.35	8.139	55.56	106.5
A15	0.35	110	55.56	116.3
A16	0.101	9.506	55.56	0.434
W1	0.101	30	39.01	0.179
W2	0.6	30.03	39.01	0.769
W3	0.6	30.03	10.83	0.769

（续）

节点	P/MPa	t/℃	m/（kg/s）	e_x/（kJ/kg）
W4	0.3	120	10.83	55.11
W5	0.6	30.03	10.28	0.769
W6	0.3	120	10.28	55.11
W7	0.6	30.03	10.07	0.769
W8	0.3	120	10.07	55.11
W9	0.6	30.03	7.83	0.769
W10	0.3	120	7.83	55.11
W11	0.3	120	44.50	55.11
W12	0.3	115	44.50	49.84
W13	0.6	115	44.50	50.23
W14	0.6	115	15.31	50.23
W15	0.3	30	15.31	0.645
W16	0.6	115	15.73	50.23
W17	0.3	30	15.73	0.645
W18	0.6	115	13.46	50.23
W19	0.3	30	13.46	0.645
W20	0.3	30	44.50	0.645

参 考 文 献

［1］ MEI S W, WANG J J, TIAN F, et al. Design and engineering implementation of non-supplementary fired compressed air energy storage system: TICC-500 ［J］. SCIENCECHINA Technological Sciences, 2015, 58 (4): 600-611.

［2］ CROTOGINO F, MOHMEYER K U, SCHARF R. Huntorf CAES: More than 20 years of successful operation ［C］. Orlando: Solution Mining Research Institute (SMRI) Spring Meeting, 2001.

［3］ BUDT M, WOLF D, SPAN R, et al. A review on compressed air energy storage: Basic principles, past milestones and recent developments ［J］. Applied Energy, 2016, 170: 250-268.

［4］ ANDERSSON, DAVIS, SCHAINKER. Operating experience and lessons learned at alabama electric cooperatives 110-MW 26-hour CAES plant ［C］. Anaheim: Power generation conference, 1995.

［5］ MEI S W, LI R, XUE X D, et al. Paving the way to smart micro energy grid: concepts, design principles, and engineering practices ［J］. CSEE Journal of Power and Energy Systems, 2017, 3 (4): 440-449.

［6］ Benjamin Bollinger. Demonstration of isothermal compressed air energy storage to support renewable energy production ［R］. Seabrook: Sustainx Incorporated, 2015.

［7］ MORGAN R, NELMES S, GIBSON E, et al. Liquid air energy storage-Analysis and first results from a pilot scale demonstration plant ［J］. Applied Energy, 2015, 137 (3): 845-853.

［8］ 梅生伟, 李瑞, 陈来军, 等. 先进绝热压缩空气储能技术研究进展及展望 ［J］. 中国电机工程学报, 2018, 38 (10): 2893-2907.

［9］ ZUNFT S, FREUND S. Large-scale electricity storage with adiabatic CAES-the ADELE-ING project ［C］. Paris: Energy Storage Global Conference, 2014.

［10］ 李路遥. 基于液体工质蓄冷的新型液态空气储能系统性能研究 ［D］. 北京：中国科学院大学，2016.

［11］ 王思贤. 0.5MW 绝热压缩空气储能系统理论与实验研究 ［D］. 北京：中国科学院大学，2016.

［12］ JUBEH N M, NAJJAR Y. Green solution for power generation by adoption of adiabatic CAES system ［J］. Applied Thermal Engineering, 2012, 44：85-89.

［13］ 杨春和，梁卫国，魏东吼，等. 中国盐岩能源地下储存可行性研究 ［J］. 岩石力学与工程学报，2005，24（24）：4409-4417.

［14］ SARAVANAMUTTOO H, ROGERS G, COHEN H. Gas turbine theory ［M］. 5th ed. New Jersey：Prentice Hall，2001.

［15］ MCDONALD A G, MAGANDE H L. Fundamentals of heat exchanger design ［M］. New York：John Wiley & Sons Inc.，2012.

［16］ 沈维道，童钧耕. 工程热力学 ［M］. 5 版. 北京：高等教育出版社，2016.

［17］ 杨世铭，陶文铨. 传热学 ［M］. 4 版. 北京：高等教育出版社，2006.

［18］ CROTOGINO F, QUAST P. Compressed-air storage caverns at huntorf ［J］. Subsurface Space, 1981, 2：593-600.

［19］ WANG S X, ZHANG X L, Yang L W, et al. Experimental study of compressed air energy storage system with thermal energy storage ［J］. Energy, 2016, 103：182-191.

［20］ 史美中，王中铮. 热交换器原理与设计 ［M］. 6 版. 南京：东南大学出版社，2018.

［21］ 屈宗长. 往复式压缩机原理 ［M］. 西安：西安交通大学出版社，2019.

［22］ 黄钟岳，王晓放，王巍. 透平式压缩机 ［M］. 2 版. 北京：化学工业出版社，2014.

［23］ 刘爱虢. 透平机械原理 ［M］. 北京：化学工业出版社，2021.

［24］ 金维平，彭益. 硬岩地区压缩空气储能工程地下储气洞室选址方法研究 ［J］. 电力与能源，2017，38（1）：63-67.

主要符号表

拉丁字母符号		拉丁字母符号	
A	面积 ［m^2］	n	多变指数
c_f	速度 ［m/s］	p	压力 ［Pa］
c	比热容 ［J/(kg·K)］	Q	热量 ［J］
c_p	定压比热容 ［J/(kg·K)］	q	比热量 ［J］
c_v	定容比热容 ［J/(kg·K)］	R	理想气体常数 ［J/(kg·K)］
E	总能 ［J］	S	熵 ［J/K］
e	比总能 ［J］	s	比熵 ［J/(kg·K)］
E_g	重力势能 ［J］	T	热力学温度 ［K］
E_k	宏观动能 ［J］	t	摄氏温度 ［℃］
E_x	㶲 ［J］	U	内能 ［J］
$E_{x,H}$	焓㶲 ［J］	u	比内能 ［J/kg］
$E_{x,Q}$	热量㶲 ［J］	V	体积 ［m^3］
g	重力加速度 ［m/s^2］	v	比体积 ［m^3/kg］
H	焓 ［J］	W	功 ［J］
h	比焓 ［J/kg］	w	比功 ［J］
k	绝热指数	w_t	技术功 ［J］
m	质量 ［kg］	z	高度 ［m］

（续）

希腊字母符号		下标	
β	压缩比或膨胀比	0	环境状态参数
ε	换热器能效	ch	储能过程
η_s	等熵效率［％］	cool	冷流体
η_{RTE}	循环效率［％］	dis	释能过程
η_{ESE}	电-电效率［％］	hot	热流体
η_{EXE}	㶲效率［％］	in	进口参数
ρ_{ES}	储能密度［kWh/m^3］	out	出口参数
τ	时间［h］		
γ	比热容比		

第 4 章　电化学储能

电化学储能利用化学元素作为储能介质，充放电过程伴随储能介质的化学反应或者价态变化，主要包括铅酸电池、锂离子电池、液流电池和钠硫电池储能等。电化学储能技术在整个电力行业的发电、输送、配电以及用电等各个环节都得到广泛应用。相比抽水蓄能，电化学储能具备较大的发展潜力，其受地理条件影响较小，建设周期短。同时，随着成本持续下降、商业化应用日益成熟，电化学储能技术在众多储能技术中进步最快。

随着全球新能源的普及应用、电动汽车产业的迅速发展以及智能电网的建设，电化学储能技术成为影响新能源发展的重要环节。本章首先阐述了电化学储能的基本概念、作用及相关技术，随后对不同类型储能电池的原理、特点及应用场景进行了具体描述，再对各种储能电池的性能指标进行对比分析，最后对电化学储能技术进行展望。

4.1　电化学储能概述

4.1.1　电化学储能的基本概念

电化学储能通过储能电池完成能量存储、释放与管理过程。作为电化学能量转换装置，电池能够实现电能与化学能的转化。储能电池在充电时将外部直流电源连接在蓄电池上进行充电，将电能转化成化学能存储起来，在放电时再将存储的化学能转换成电能释放出来，用于驱动外部设备。电化学储能技术不受地理地形环境的限制，可以直接对电能进行存储和释放，因而引起新兴市场和科研领域的广泛关注。并且随着电化学储能技术的逐步发展，其环境适应性好、能量密度高、占地少、效率高、工期短等优点逐渐凸显出来。电化学储能电池种类较多，主要有铅酸电池、锂离子电池、液流电池、钠硫电池等。

4.1.2　电化学储能的作用

电化学储能可广泛应用于电源侧、发电侧和用户侧。电化学储能具有不受地域限制的优势，因此相比于其他储能类型，电化学储能可应用于用户侧的不同场合。其在电源侧和发电侧发挥的作用与其他类型储能类似，在此不再赘述，电化学储能在用户侧中发挥的作用主要有以下三点：

（1）峰谷电价套利

多数用户侧储能以配合小功率光伏应用的光储形式存在，用户增设储能容量，实现价值的最直接方式是对峰谷电价的套利。用户可以在负荷低谷时，以谷电价对自有储能电池进行充电；在负荷高峰时，将部分或全部负荷转由自有储能电池供电。其所能获取的利润可用峰电价减谷电价和储能度电成本之和进行估算。利润的大小取决于峰谷电价差和电池成本。

（2）提高自建光伏发电的利用率

光伏发电具有周期性，只能在白天光照条件合适时出力。加装储能电池，可以将光伏的发电量存储起来适时使用，消除了光伏发电与居民用电时间不同步的限制，大大提高了光伏发电利用率。

（3）保证电网运行的稳定性

我国近年来居民自建光伏装机容量增长迅猛，不加储能的光伏发电渗透率增大，必然会影响到电网的稳定性。若光伏发电出力过大，会在电网局部形成潮流倒送的现象，这会增大电网调度的难度，影响电网的安全运行。用户侧加装储能电池可以在低压侧形成缓冲层，吸收部分出力过大的光伏发电，便于调度部门对潮流进行控制，保证电网运行的稳定性。

4.1.3　电化学储能技术

电化学储能技术包含本体、能量管理和热管理等关键技术。本节将对能量管理和热管理这两个方面进行简要介绍。考虑到电化学储能电池有多种类型，主要分为铅酸电池、锂离子电池、液流电池和钠硫电池这四种，此内容将分别在4.2~4.5节中进行详细阐述。

4.1.3.1　能量管理技术

电化学储能能量管理关键技术主要包括电化学储能变流器系统（Power Conversion System，PCS）、电池管理系统（Battery Management System，BMS）及能量管理系统（Energy Management System，EMS）、热管理系统等。

1. PCS

PCS是电池储能系统的重要组成部分，是储能与交流电网连接的枢纽。PCS主要通过控制蓄电池的充放电过程，可进行交直流的变换，且在无电网情况下，可直接为交流负荷供电，其主要由交直流双向变流器、控制单元等构成。通过通信接收后台控制指令后，PCS控制器根据功率指令的符号及大小控制变流器对电池进行充电或放电，实现对电网有功功率及无功功率的调节。PCS通过控制器局域网络（Controller Area Network，CAN）接口与BMS通信，以获取电池组状态信息，进而实现对电池在充放电或静置时的保护，并确保电池组能够安全地投入运行。

目前市面上PCS的规模一般为千瓦级至兆瓦级，且技术已较为成熟，只是不同功率等级应用场景有所区别：户用型基本在几十千瓦以下，工商业用户型基本在几十千瓦至几百千瓦之间，而在电网应用领域，其规模将达到兆瓦级。大功率大容量电化学储能PCS是当前电化学储能研究与应用的热点。

2. BMS

BMS是一种对电化学储能系统中的电池进行管理的系统，通过分析电池内部特性，将采集到的电池充放电数据上传至EMS和BMS内部控制系统，进而确定各电池做何动作。这种系统能够对由许多电池单体通过串并联组成的电池组进行有效的告警、保护和均衡管理，进而使得各电池单体和电池组达到最佳运行状态。BMS 一般都具备测量电池电压的功能，主要是为了防止电池过放电、过充电、过温等异常情况的出现。BMS 主要功能如下：

1）参数测量、计算：在充放电过程中在线实时监测电池单体及模组电压、电流、温度、内阻等，通过这些测量参数测算出电池单体及模组的荷电状态（State of Charge，SOC）和健康状态（State of Health，SOH）。

2）充放电均衡：在充放电过程中，通过调整单体电池充放电电流的方式，保证系统内所有电池的端电压在每一时刻保持良好的一致性。为单体电池均衡充放电，使电池组中各个电池都达到均衡一致的状态。

3）安全管理：及时对电池有效性进行判断，当电池系统出现过电流、过电压、均压和温度超标的情况时，能自动切断电池充放电回路；当系统中出现电池失效或即将失效，或者与其他电池不一致性增大的情况时，可通知管理系统发出示警信号。

4）通信功能：采用 CAN 总线的方式与电池管理系统进行通信，将电池信息实时传递到系统内或系统外的各级监控层。

5）上位机管理系统：电池管理系统设计了相应的上位机管理系统，可以通过串口读取实时数据，可实现 BMS 数据的监控、数据转储和电池性能分析等功能，数据可灵活输入至监视器、充电机、警报器、变频器、功率开关、继电器开关等，并可与这些设备联动运行。

BMS 贯穿了电化学储能电池本体与应用端。除了电池剩余电量 SOC 的准确计算与应用研究之外，开展针对电池应用过程中的健康诊断、能效分析、故障预警等综合服务研究也是当前的热点。

3. EMS

EMS 是对整个储能系统进行管理的系统，包括对各储能电站进行协调调度，下发控制命令至子站储能 EMS 执行等。多点布局的储能 EMS 子站响应储能统一调控主站的调度命令，并根据储能设备运行状态合理地分配到各电池簇中，实现电池模组和电池簇能量与信息管理的融合，具体功能如下：

1）将所有采集数据存放至 EMS 远端后台并通过系统总界面显示。采集数据包括系统频率、储能 SOC、储能工作状态、负荷信息、其他用能总量信息、电能质量等参数。

2）监视发电、储能、配变、母线、开关刀闸工作状态、PCS 工作状态和重要运行信息。可根据断路器、开关的实时状态确定系统中各种电气设备的带电、停电、接地等状态。

3）可根据不同的控制需求，通过不同的控制方式实现电网和储能电站内部能量控制，既能维持电网功率平衡，保证电网正常运行，满足各种规模储能系统的现场能量调度需求，又能保证储能电站内部协调控制，合理利用电池中的电能。

目前，在充分考虑系统寿命、经济性和安全性的条件下，研究电化学储能系统充放电运行控制策略是 EMS 研究的热点。

4.1.3.2　电池热管理技术

温度过高或过低都会严重影响储能电站的性能和使用寿命，并可能造成电池系统安全事故，且电池箱内温度场不均匀分布会造成各电池模块、单体间性能不均衡，因此必须对电池储能系统内部温度变化和周围环境温度进行严格管控。

目前研究较多的电池热管理系统有风冷和液冷这两种方式。风冷式电池热管理系统分为自然风冷和强制风冷两种方式。强制风冷需要依靠风扇和循环泵等辅助设备，自然风冷通过空气本身与电池表面的温度差产生热对流，使得电池产生的热量被转移到空气中，实现电池模组及电池箱的散热，但由于空气的换热系数较低，自然对流散热难以满足电池的散热需求。强制风冷需要额外安装风机、风扇等外部电力辅助设备，使得外部空气通过风道进入电池模组内，循环流动对电池进行冷却。强制风冷散热效果比自然风冷方式要好一些，但会消耗大量电能，且安装外部辅助设备需要扩大占地空间。

风冷控制方式中，除了控制风的流量，在散热空间方面可分为串行和并行这两种通风方式，如图 4-1 所示。

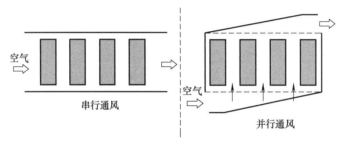

图4-1　风冷通风方式路线图

串行通风方式中空气左进右出，但由于左侧距离风口较近，所以左侧部分的储能电池组冷却效果要优于右侧部分。并行通风方式能够将冷风均匀地送入到储能电池组的间隙中，进而维持储能电池箱中温度的一致性。

与风冷式散热原理基本相同，液冷式电池热管理系统也利用对流换热的方式进行散热，两者差异性体现在换热介质和换热系数。液冷散热方式利用液体流动转移电池工作产生的热量，对电池组或电池箱进行散热，但液冷方式由于设备昂贵导致成本较高。

4.2　铅酸电池

铅酸电池利用铅在不同价态之间的固相反应实现充放电过程，是目前产量最大和工业、通信、交通、电力系统应用最广的二次电池体系，以其独特的技术优势活跃于电化学储能市场。自从 1859 年法国物理学家普兰特（Raymond Gaston Planté）发明铅酸电池以来，迄今已有 160 多年的发展历史。由于铅酸电池工艺成熟、成本低廉、回收利用率高和自放电率低，目前在市场中占据很大的比例。但随着铅酸电池性能逐渐衰退，其负极存在严重的硫酸盐化现象，这将导致电池循环寿命缩短，严重制约其发展。虽然目前很难被任何其他种类的电池完全替代，但铅酸电池未来市场会随其他新兴电池的成熟而逐渐变小。铅酸电池的发展需要更加关注如何增加能量、功率密度及循环寿命。

4.2.1　铅酸电池的原理

铅酸电池结构主要由极板、栅板、隔板、电解液、安全阀、连接单元、壳体等组成，如图 4-2 所示。其中，极板的规格和数量是根据蓄电池容量确定的。栅板是将化学能转变为电能装置中的主要部件，它能使电解液顺利通过隔板，确保极板正常地进行化学反应。隔板既能防止正、负极板间产生短路，又不会妨碍两极间离子的流通。铅酸电池一般都使用胶质隔离板。电解液相对密度以 20℃测得的密度值为标准，壳体耐酸性强，机械性强度高。

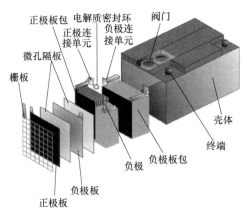

图 4-2　铅酸电池结构组成示意图

传统铅酸电池的电极由铅及其氧化物制成，电解液采用硫酸溶液。在充电状态下，二氧化铅和铅分别作为铅酸电池的正负极主要成分；放电状态下，铅酸电池正负极的主要成分均为硫酸铅。放电时，正极的二氧化铅与硫酸反应生成硫酸铅和水，负极的铅与硫酸反应生成硫酸铅；充电时，正极的硫酸铅转化为二氧化铅，负极的硫酸铅转化为铅。铅酸电池的充放电过程如图 4-3 所示。

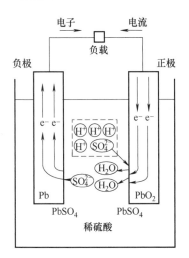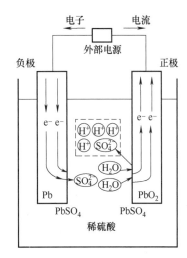

图 4-3　铅酸电池的充放电过程

铅酸电池化学反应如下：

正极

$$PbO_2+3H^++HSO_4^-+2e^-\underset{充电}{\overset{放电}{\rightleftharpoons}}PbSO_4+2H_2O \qquad (4-1)$$

负极

$$Pb+HSO_4^-\underset{充电}{\overset{放电}{\rightleftharpoons}}PbSO_4+H^++2e^- \qquad (4-2)$$

总反应

$$PbO_2+Pb+2H_2SO_4\underset{充电}{\overset{放电}{\rightleftharpoons}}2PbSO_4+2H_2O \qquad (4-3)$$

铅酸电池连接外部电路放电时，稀硫酸会与正、负极板上的活性物质发生反应，生成新化合物硫酸铅。放电过程中硫酸成分从电解液中释出，硫酸浓度逐渐降低。充电时，放电所产生的硫酸铅被分解还原成硫酸、铅及二氧化铅，因此电池内电解液的浓度会逐渐增加至放电前的浓度。

铅酸电池在充电后期和过充电时，会发生电解水的副反应，在电极上产生一定量的气体，如下所示：

正极

$$2H_2O\longrightarrow O_2\uparrow+4H^++4e^- \qquad (4-4)$$

负极

$$2H^++2e^-\longrightarrow H_2\uparrow \qquad (4-5)$$

工程上，铅酸电池的电动势 E 可由下式确定：

$$E=0.85+d \qquad (4-6)$$

式中，0.85 为铅酸电池电动势常数；d 为电解液在极板活性物质微孔中的相对密度（15℃），一般来说，d 在 1.050~1.300 范围内。

4.2.2　铅酸电池的工作方式及充放电特性

4.2.2.1　铅酸电池工作方式

作为电源，铅酸电池会产生电动势，这个电动势即为两极间的电位差。铅酸电池电动势等于空载端电压，因此可用空载端电压来测量。铅酸电池电动势与其极板上活性物质的电化学性质及电解液的浓度有关，而与极板无关。活性物质的电化学性质主要是指正极板孔穴中二氧化铅的氧化程度。当电极的活性物质固定后，铅酸电池的电动势主要由电解液的浓度来决定。

在铅酸电池充放电过程中，极板微孔中电解液的相对密度变化很大，充电时微孔中水分逐渐减少，而硫酸逐渐增加；反之，放电时水分逐渐增加而硫酸逐渐减少。采用密度计测试电解液相对密度时，难以测得极板微孔中的电解液相对密度，因此一般取铅酸电池静态（即停止充放电的状态）时电解液相对密度的稳定值。

对于一定型号的铅酸电池，只有在其电解液的相对密度符合规定时才能可靠工作。铅酸电池电动势与电解液相对密度的关系曲线如图4-4所示。

为了适应用户对不同容量和不同电压等级的需要，实际使用铅酸电池时，总是需要将铅酸电池串联或并联成铅酸电池组，然后再加以利用。单体铅酸电池的标称电压一般为2V，

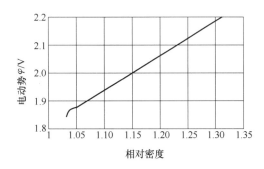

图 4-4　铅酸电池电动势与电解液相对密度的关系曲线

实际使用时常需要十几伏、几十伏甚至几百伏的直流电源，这就需要将多个相同型号的铅酸电池单体顺极性串联起来构成铅酸电池组。常用直流电源的标称电压值见表 4-1。

表 4-1　直流电源的标称电压值

序　号	1	2	3	4	5	6	7
标称电压/V	6	12	24	48	72	110	220

直流电源标称电压 U_n 与单体铅酸电池标称电压 U_{no} 及其串联个数 N 的关系如下：

$$U_n = NU_{no} \tag{4-7}$$

下面主要介绍充电放电制和定期浮充制两种工作方式。

充电放电制是指铅酸电池组的充电过程与放电过程分别进行的一种工作方式，即先用整流装置给铅酸电池组充满电后，再由铅酸电池的负载供电（放电），然后再充电、再放电的一种循环工作方式。充电放电制主要用于移动型铅酸电池组。充电时，一般采用电力电子整流设备，并采用两阶段恒流充电法。放电时，放电电流既不宜过大，也不宜过小，否则都可能造成过放电而影响铅酸电池组的使用寿命。充放电时的具体技术要求及注意事项，应遵照铅酸电池生产厂家产品说明书的规定。

定期浮充制就是整流设备与铅酸电池组并联并定期轮流向负载供电的一种工作方式。也就是说，由整流设备和铅酸电池组所构成的直流电源，部分时间由铅酸电池向负载供电；其他时间由整流设备浮充铅酸电池组供电，即整流设备在直接向负载供电的同时，还要向铅酸电池充电（浮充），以补充铅酸电池放电时所消耗的能量以及因局部放电所引起的容量损失。

与充电放电制相比，采用定期浮充制时铅酸电池寿命较长，容量可适当减小，整个直流电源设备的使用率也较高。但需要考虑因浮充而引起的电流脉动以及过电压等问题对电源系统性能和成本的影响。

4.2.2.2　充放电特性

1. 内电阻、端电压及电压方程式

蓄电池的端电压是指其正负极端子间的电压，蓄电池的端电压 U 与其电动势 E 有关，又与其内电阻所产生的电压降 Ir 有关，三者之间的关系可以表示为如下公式，称为蓄电池的电压方程式：

$$U = E + Ir \tag{4-8}$$

式中，E 为蓄电池电动势；I 为负载电流；r 为蓄电池内电阻。

由式（4-8）可以得出以下结论：

1）当有负载电流 I 流过时，在蓄电池内电阻 r 上将产生电压降 Ir。内电阻将始终处于动态变化过程中，使得内电阻电压降 Ir 也始终处于动态变化中。由于内电阻的数值很小，其变化所引起的电压降变化就更小，所引起的端电压的变化有时可以忽略不计。而当电解液浓度发生较大变化时，常常对端电压 U 产生较大影响，这时所引起的端电压的变化又是必须考虑的。

2）蓄电池电流 I 主要取决于端电压 U 与电动势 E 的差值。

把式（4-8）改写为如下形式：

$$I = \frac{\pm(E - U)}{r} \tag{4-9}$$

显然，当蓄电池充电时，必须使端电压 U 大于电动势 E，即 $U > E$，才能保证充电电流 I 为正值；反之，当蓄电池放电时，端电压 U 将小于电动势 E，即 $U < E$，才能保证放电电流为正值。在端电压 U 和电动势 E 极性不变的情况下，充电和放电两种状态下的电流方向恰好相反，这也是式（4-9）在电流 I 的前面取"±"号的原因。

2. 充电特性

充电特性是指蓄电池充电时，其端电压 U 随时间 t 变化的特性。随着充电过程的持续进行，蓄电池端电压将不断上升。

1）在充电初期，端电压 U 很快从 2.0V 升高至 2.2V。这是因为在充电初期，活性物质微孔内的电解液浓度迅速增加，使电动势 E 迅速增加，同时内电阻 r 的较大增加也使内电阻电压降 Ir 有较大增加，在两者的共同作用下，使端电压 U 也迅速增加。

2）在充电中期，由于活性物质微孔内的电解液逐渐扩散，电解液浓度趋于平衡，使电动势 E 和内电阻 r 的增加变得十分缓慢，也使端电压 U 从 2.2V 缓慢增加到 2.3V 左右。在 2.3V 附近，正负极板表面上的硫酸铅（$PbSO_4$）已经大部分转换成二氧化铅（PbO_2）和海绵状金属铅（Pb）。

3）充电后期，如果继续给蓄电池充电，极板上硫酸铅转换成二氧化铅和海绵状金属铅的转换作用已经很微弱。这时，充电电流将主要用来电解水，负极板逐渐被氢气气泡所包围，使内电阻增大；正极板逐渐被氧气气泡所包围，形成过氧化电极，使正极电位提高。在两者的共同作用下，端电压将进一步较快上升，此时极板上的活性物质已经全部还原，该点的电压一般将提高到 2.5~2.6V。

4）充电饱和期。如果继续充电，蓄电池的端电压将不再增加，而是稳定在 2.6~2.7V。这一阶段的显著特点是，极板上的活性物质已全部还原，因水电解而析出的氢气和氧气也趋于饱和，使电解液沸腾。

以恒定电流对蓄电池充电的方法称为恒流充电法。采用恒流充电法充电时，随着蓄电池端电压的升高，充电电压需要相应地进行调节，以保持电流恒定。这种方法的主要缺点是充电末期仍保持较大的恒定电流，不仅降低了充电效率，还容易损坏极板，因此不宜采用。

以恒定电压对蓄电池充电的方法称为恒压充电法。这种充电方法的缺点是，充电初期的电流过大，远远超过正常充电电流，容易损坏极板，而充电末期的电流又太小，充电效果甚微，因此也很少采用。

　　工程上常采用的是两阶段恒流充电法，充电初期用较大电流充电，当蓄电池开始产生气泡时改用较小电流充电。图 4-5 为一种额定电压 12V 的密封型铅酸蓄电池组的充电特性，图中给出了端电压、充电电流以及充电能量随充电时间变化的曲线。

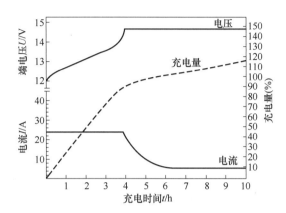

图 4-5　两阶段恒流充电法的充电特性

　　充电电流对充电特性影响很大。用大电流充电时，充电特性曲线上升很快，达到充电终了所需时间较短；反之，用小电流充电时，充电特性曲线上升较慢，达到充电终了所需时间也较长。

　　蓄电池达到充电终止电压的快慢称为充电率，可用充电电流来表示，也可用充电的小时数来表示，一般采用后者，如 20h、10h、8h、5h、3h、1h 充电率等。常用的是 10h 充电率，即蓄电池充电时，达到充电终止电压所需时间为 10h。

　　不同充电率时的充电特性曲线如图 4-6 所示。从图中可以看出，充电率越小，充电电流越大，充电特性曲线上升越快。不同充电率时，蓄电池的充电起始电压和充电终止电压均有所不同。与 10h 充电率相比，充电率小而充电电流大时，蓄电池的端电压要高些；反之，充电率大而充电电流小时，蓄电池的端电压要低些。应该指出，充电终止电压是判断蓄电池充电是否终止的主要依据，但并不是唯一依据。

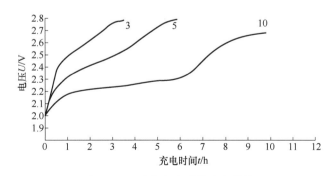

图 4-6　不同充电率时的充电特性

3. 放电特性

　　放电电流对蓄电池的放电特性有很大影响。用大电流放电时，放电特性曲线下降较快，达到放电终止电压所需时间较短；反之，用小电流放电时，放电特性曲线下降较慢，达到放电终止电压所需时间也较长。放电率表征蓄电池达到放电终止电压的快慢，可用放电电流来表示，也可用放电的小时数来表示，一般采用后者，如20h、10h、8h、5h、3h、1h放电率等。通常以10h放电率作为正常放电率，即蓄电池放电时，达到放电终止电压所需时间为10h。

不同放电率时的放电特性曲线如图4-7所示。从图中可以看出，放电率越小，放电电流越大，则端电压下降就越快。不同放电率时，蓄电池的放电起始电压、放电终止电压以及平均电压等均不相同。例如，当以10h放电率的正常电流放电时，终止电压为1.8V；以大电流放电时，终止电压将低于1.8V；以小电流放电时，终止电压高于1.8V。

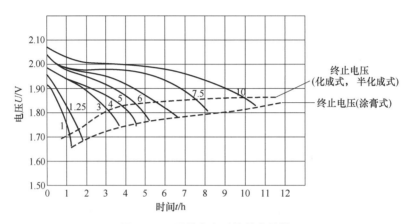

图4-7　不同放电率时的放电特性

随着放电过程的持续进行，蓄电池端电压将不断下降。

1）在放电初期，端电压U下降很快。这是因为在放电初期，活性物质微孔内的电解液浓度下降很快，使电动势E明显减小。同时内电阻r的明显减小也使内电阻电压降Ir有较大减小，端电压U也将快速减小。

2）在放电中期，由于活性物质微孔内的电解液逐渐扩散，其浓度趋于平衡，使电动势E和内电阻r的减小变得缓慢，也使端电压U缓慢减小。临近放电中期末尾时，正负极板表面上的活性物质［二氧化铅（PbO_2）和海绵状金属铅（Pb）］已经大部分转换成硫酸铅（$PbSO_4$）。

3）放电后期，极板上活性物质转换成硫酸铅的转换作用已经很微弱，此时端电压将快速下降。当放电电压下降到终止电压（1.8V）时，蓄电池应立即停止放电，此时端电压将快速恢复到2.0V左右。如果不立即停止放电，蓄电池的端电压将快速降低，并且对蓄电池的使用寿命造成不良影响。

4.2.3　铅炭电池

铅炭电池是在传统铅酸电池的铅负极中以"内并"或"内混"的形式掺入具有电容特性的炭材料而形成的新型储能装置。将炭材料（C）与海绵铅（Pb）进行复合，形成既有电容特性又有电池特性的铅炭双功能复合电极（简称铅炭电极）后，铅炭复合电极再与PbO_2正极匹配构成铅炭电池。内并型铅炭电池由电池内部铅和炭材料采用并联结构组成；

内混型铅炭电池是指在铅负极中掺入少量的炭材料而使其性能得到改善和寿命得到延长的铅酸电池。如图 4-8 所示，正极是二氧化铅，负极是铅-炭复合电极，其基本电池反应与传统铅酸电池相同。

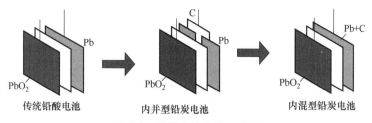

图 4-8 铅炭电池结构示意图

铅炭电池的核心是在负极引入活性炭，使电池兼具铅酸电池和超级电容器的优势，能够显著提高铅酸电池的寿命，同时可有效抑制普通铅酸电池负极不可逆硫酸盐化的问题，使其大电流充放电性能和循环寿命得到显著提升。

铅炭电池兼具铅酸电池与超级电容器的特点，大幅改善了传统铅酸电池各方面的性能，其技术特点见表 4-2。

表 4-2 铅炭电池技术特点

优　　势	劣　　势
（1）成本低廉、制造工艺简便 （2）能量成本低 （3）工作温度范围宽，低温性能好于锂离子电池，无需单体 BMS	（1）比功率、比能量偏低，充电速率低，满充需要 14~16h （2）循环寿命短，重复深度充放会缩短电池寿命 （3）回收困难，对环境有害

4.2.4　铅酸电池的应用场景

随着市场需求的变化，铅酸电池的生产方式及工艺不断完善，制造水平不断提升，铅酸电池比能量、循环寿命、性能一致性、使用安全性和环保性不断提高。目前不同类型铅酸电池的应用情况见表 4-3。

表 4-3 不同类型铅酸电池的应用情况

铅酸电池类型	应　用　场　景
密封铅酸电池（SLA）	小型 UPS、应急照明
阀控密封铅酸电池（VRLA）	电力储能，通信、银行、医院、机场的电力备用
铅炭电池	新能源车辆，如混合动力汽车、电动自行车等领域；新能源储能领域，如风光发电储能等

由于铅酸电池技术的不断进步，电动助力车产业获得巨大发展，并对降低燃油汽车和燃油摩托车的污染做出了贡献。铅酸电池可应用于电动自行车、备用电源、机械工具起动器及工业设备/仪器摄像。其中，机械工具起动器包括剪草机、无绳电钻、电动螺丝刀和电动雪橇等，工业设备/仪器摄像包括闪光灯和电影灯等。

4.3 锂离子电池

1970 年，埃克森公司的 M. S. Whittingham 分别采用硫化钛和金属锂作为正负极材料，制成首个锂离子电池。1982 年，伊利诺伊理工大学的 R. R. Agarwal 和 J. R. Selman 发现锂离子具有嵌入石墨的特性，此过程快速且可逆。1989 年，A. Manthiram 和 J. Goodenough 发现采用聚合阴离子的正极将产生更高的电压。1992 年，日本索尼公司发明了以炭材料为负极，以含锂的化合物作为正极的锂离子电池。此后，锂离子电池迅速占领市场，至今仍是便携式电子产品的主要电源。1996 年，Padhi 和 Goodenough 发现具有橄榄石结构的磷酸盐，如 $LiFePO_4$。与传统的 $LiCoO_2$ 等正极材料相比，$LiFePO_4$ 更具有安全性、耐高温性和耐过充性，已成为目前主流的大电流放电的动力锂离子电池的正极材料。然而，目前锂离子电池的能量密度较低，难以满足电动汽车的发展需求，以金属锂为负极材料的锂/硫电池与锂/空气电池逐渐成为研究开发的热点。

4.3.1 锂离子电池的原理

锂离子电池是目前能量密度最高的实用二次电池（充电电池），它主要依靠锂离子在两个电极之间往返游走来工作。锂离子电池是以锂离子为活性离子，在进行充放电时集电器中的锂离子经过电解液在正负极之间脱嵌，将电能存储在嵌入（或插入）锂的化合物电极中的一种电化学储能方式，锂离子电池的工作原理如图 4-9 所示。

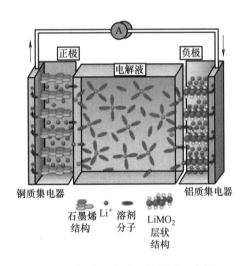

图 4-9 锂离子电池工作原理示意图

锂离子电池主要由电极（正极、负极）、隔膜、电解液和壳体等组成，其材料种类丰富多样。适合作正极的含锂化合物有钴酸锂、锰酸锂、磷酸铁锂等二元或三元材料；负极采用锂-炭层间化合物，主要有石墨、软炭、硬炭、钛酸锂等；电解液为含有锂盐（如 $LiPF_6$、$LiBF_4$）的碳酸酯类有机电解液 [如碳酸乙烯酯（EC）、碳酸二甲酯（EMC）、碳酸甲乙酯（DMC）等]。

电池充电时，正极上的电子通过外部电路移动至负极上，而锂离子从正极脱嵌，穿过电解质和隔膜嵌入负极，与从正极移动过来的电子结合，使得负极处于富锂态，正极处于贫锂态，同时电子的补偿电荷从外电路供给到负极，保证负极的电荷平衡；放电时则相反，电子从负极经过外部电力电子器件移动到正极，锂离子从负极脱嵌，穿过电解质和隔膜重新嵌入正极，与从负极移动过来的电子结合。因此锂离子电池实质为一种锂离子浓差电池，依靠锂离子和电子在正负极之间的转移来完成充放电过程。

锂离子电池的化学反应式如下：

$$\text{LiMO}_2 + n\text{C} \underset{\text{放电}}{\overset{\text{充电}}{\rightleftharpoons}} \text{Li}_{1-x}\text{MO}_2 + \text{Li}_x\text{C}_n \tag{4-10}$$

正极

$$\text{LiMO}_2 \underset{\text{放电}}{\overset{\text{充电}}{\rightleftharpoons}} \text{Li}_{1-x}\text{MO}_2 + x\text{Li}^+ + xe^- \tag{4-11}$$

负极

$$x\text{Li}^+ + xe^- + n\text{C} \underset{\text{放电}}{\overset{\text{充电}}{\rightleftharpoons}} \text{LiC}_n \tag{4-12}$$

化学反应式正向均表示充电，反向均表示放电；M 表示锂离子电池正极各种材料，可以是钴、镍、铁和铝等。

正常充放电时，锂离子在均为层状结构的正负极材料层间嵌入和脱嵌，一般只会引起层面间距的变化，不会破坏晶体结构。且在充放电过程中，电极材料的化学结构基本保持不变。因此，锂离子电池反应是一种理想的可逆反应，能够保证电池的长循环寿命和高能量转换效率。

例 4-1　电化学储能系统中锂离子电池的储能总放电量为 2.6kWh，总充电量为 3.2kWh，试问该电池的能量转换效率为多少？

解： 锂离子电池充放电转换效率公式为

$$\eta_{\text{ESU}} = \frac{E_{\text{D}}}{E_{\text{C}}} \times 100\%$$

式中，η_{ESU} 为储能单元充放电能量效率（%）；E_{D} 为评价周期内储能单元总的放电量（kWh）；E_{C} 为评价周期内储能单元总的充电量（kWh）。

故有

$$\eta_{\text{ESU}} = \frac{E_{\text{D}}}{E_{\text{C}}} \times 100\% = \frac{2.6}{3.2} \times 100\% = 81.25\%$$

4.3.2　锂离子电池的特点

锂离子电池具备循环寿命长、能效高、能量密度大和绿色环保等优势，随着锂离子电池制造成本的降低以及政策的推出落地，锂离子电池大规模应用到电化学储能领域是目前的发展趋势，将在储能领域迎来爆发式增长。但锂离子电池也存在一些缺点，例如价格较贵和安全性较差等。在工作状态下锂离子电池内部会发生放热反应，在一定条件下伴随着热失控反应，存在电池着火、燃烧和爆炸等安全隐患，故锂离子电池储能安全问题将成为电化学储能的一大研究热点。锂离子电池的特点见表 4-4。

表 4-4　锂离子电池的特点

优　势	劣　势
（1）高能量密度，高功率密度 （2）能量转换效率高，95%以上 （3）长循环寿命 （4）可快充快放，充电倍率一般为（0.5~3）C	（1）采用有机电解液，存在较大安全隐患 （2）循环寿命和成本等指标尚不能满足电力系统储能应用的需求 （3）不耐受过充和过放 （4）使用循环中不可避免自然缓慢衰退 （5）低温下（<0℃）不易实现快充快放

4.3.3　锂离子电池的充放电特性

锂离子电池基本充放电电压曲线如图 4-10 所示。

锂离子电池在放电中前期电压下降缓慢，但在放电后期电压下降迅速，如图 4-10 中的 CD 段所示。因此在此阶段必须进行有效的控制，以防止电池过放电，避免对电池造成不可逆性损害。

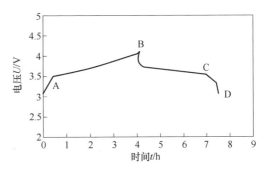

图 4-10　锂离子电池基本充放电电压曲线

随着充电电流的增加，恒流工作时间逐步减少，恒流可充入容量和能量也逐步减少。在实际电池组应用中，以锂离子电池允许的最大充电电流充电，达到限压后，再进行恒压充电，这样在减少充电时间的基础上，也保证了充电的安全性；另外，应综合考虑充电时间和效率，选择适中的充电电流，以减少内阻能耗。

随着放电深度的增加，充电所需时间逐步增加，但平均每单位容量所需的充电时间有所减少，即充电时间的增加与放电深度的增加不成正比；随着放电深度的增加，恒流充电时间所占总充电时间的比例增加，恒流充电容量占所需充入容量的比例增加；随着放电深度的增加，等安时充放电效率小幅度降低。

4.3.4　锂离子电池的应用场景

在锂离子电池中，不同类型的电池可根据实际需求应用在适宜的场合中，见表 4-5。

表 4-5　不同类型锂电池的特点及应用范围

锂离子电池类型	特　点	应　用
磷酸铁锂（LFP）	原料价格低且磷、锂、铁资源含量丰富。工作电压适中（3.2V）、比容量大（170mAh/g）、放电功率高、充电快速且循环寿命长，在高温、高热环境下的稳定性高，是目前产业界认为较符合环保、安全和高性能要求的锂离子电池	目前应用的领域包括新能源汽车、储能、5G 基站、两轮车、重型卡车、电动船舶等

（续）

锂离子电池类型	特　点	应　用
钴酸锂（LCO）	钴酸锂材料研究应用时间很长，其充放电容量和速率、安全性在不断提高。钴酸锂在高比能量方面表现出色，但在功率特性、安全性和循环寿命方面只能提供一般的性能表现。此外钴的价格越来越昂贵，造成钴酸锂成本较高，不适于在耐受穿刺、冲撞和高温、低温等条件的特殊环境应用	主要用于制造手机和笔记本计算机及其他便携式电子设备
锰酸锂（LMO）	锰酸锂成本低、无污染，制备容易，最大的缺点是高温容量衰减较为严重	适用于大功率低成本动力电池，可用于电动汽车、储能电站以及电动工具等方面
镍锰钴酸锂（NMC）（三元）	高电压正极材料镍锰钴酸锂具有较高的比能量和比功率，一度被产业界认为是最成功的锂离子体系之一，但安全性还没有更大突破	主要应用于锂离子电池正极材料，如动力电池、工具电池、聚合物电池、圆柱电池、铝壳电池等
镍钴铝酸锂（NCA）（三元）	具有较高的比能量、相当好的比功率和长的使用寿命，与 NMC 有相似之处，缺点是安全性较低和成本较高	主要用于医疗设备、工业、电动汽车等
钛酸锂	钛酸锂的标称电池电压为 2.40V，可以快速充电，钛酸锂电池放电倍率甚至大于 10C，循环次数比普通锂离子电池高，同时更安全，低温放电特性优异	主要用于不间断电源、太阳能路灯、电动汽车等

4.4　液流电池

液流电池通常又被称为氧化还原液流电池，最早由美国国家航空航天局（NASA）资助研发，1974 年由 Thaller L. H. 公开发表并申请了专利。40 多年来，各国学者通过变换两个氧化-还原电对，提出了多种不同的液流电池体系，如铈钒体系、全铬体系、溴体系、全铀体系、全钒体系、铁铬体系等。

4.4.1　液流电池的原理

液流电池的典型结构如图 4-11 所示，电池单体包括正、负电极；薄膜，及其与电极围成的电极室；电解液储罐、泵和管道系统。电堆由多个电池单体采用双极板串接等方式组成，在电堆中引入控制系统与上述装置和设备组成液流电池储能系统。

液流电池的正极与负极电解液分别装在两个储罐中，利用送液泵使电解液在储能系统内部循环。在电池堆内部，利用离子交换膜或离子隔膜分隔正、负极电解液，并通过管道系统与流体泵使电解质溶液流入电池堆内进行反应。在机械动力作用下，液态活性物质在不同的储液罐与电池堆的闭合回路中循环流动，采用离子交换膜作为电池组的隔膜，电解质溶液平行流过电极表面并发生电化学反应。双极板收集和传导电流将存储在溶液中的化学能转换成电能。此可逆反应使液流电池顺利完成充放电过程。当前液流电池主要可分为全钒液流电池、铁铬液流电池和锌溴液流电池，将在 4.4.3 节进行详细描述。

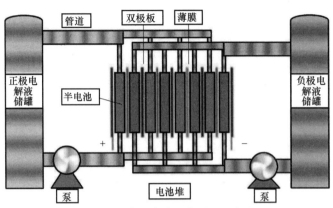

图 4-11　液流电池工作原理示意图

例 4-2　电化学储能系统中液流电池的储能总放电量为 2.6kWh，总充电量为 3.2kWh，储能单元放电和充电过程辅助设备的能耗分别为 0.2kWh 和 0.15kWh，试问该电池的能量转换效率为多少？

解：液流电池充放电转换效率公式为

$$\eta_{ESU} = \frac{E_{sD} - W_{sD}}{E_{sC} + W_{sC}} \times 100\%$$

式中，η_{ESU} 为储能单元充放电能量效率（%）；E_{sD} 为评价周期内储能单元总的放电量（kWh）；E_{sC} 为评价周期内储能单元总的充电量（kWh）；W_{sD} 为评价周期内储能单元放电过程辅助设备的能耗（kWh）；W_{sC} 为评价周期内储能单元充电过程辅助设备的能耗（kWh）。

故有，

$$\eta_{ESU} = \frac{E_{sD} - W_{sD}}{E_{sC} + W_{sC}} \times 100\% = \frac{2.6 - 0.2}{3.2 + 0.15} \times 100\% = 71.64\%$$

4.4.2　液流电池的特点

与固体作电极的普通蓄电池不同，液流电池的活性物质以液体形态存储在两个分离的储液罐中，由泵驱动电解质溶液在独立存在的电池堆中反应，电池堆与储液罐分离，安全性高、没有潜在爆炸风险。液流电池特点见表 4-6。

表 4-6　液流电池基本特点

优　　势	劣　　势
（1）长寿命：充放电循环次数大于 10000 次，寿命可达 20 年。充放电容量无衰减，电解液通过再平衡可永久使用 （2）通用性：电池的输出功率和容量可独立设计，液流电池可以定制化设计，易于扩容 （3）安全性高：液流电池电解液由不可燃材料组成，正常工作下电池起火可能性极低 （4）响应速度快、自放电率低且环境友好	（1）系统相对复杂：液流电池储能系统需要泵、传感器、流量、电源等硬件，以及储罐 （2）能量密度低：液流电池能量密度相比其他电化学储能技术较低

主流液流电池的主要性能参数见表 4-7。

表 4-7　主流液流电池主要性能参数

电池种类	技术成熟度	能量密度	功率密度	功率等级	持续发电时间
全钒液流电池	示范应用	15~40Wh/kg	50~100W/kg	0.03~10MW	秒~小时
锌溴液流电池	示范应用	65Wh/kg	200W/kg	0.05~2MW	秒~小时
铁铬液流电池	示范应用	15~40Wh/kg	50~100W/kg	0.03~10MW	秒~小时

电池种类	能量转换效率	自放电率	循环次数	服役年限	响应速度
全钒液流电池	75%~85%	低	>15000 次	20 年	毫秒级
锌溴液流电池	75%~80%	10%/月	5000 次	10 年	毫秒级
铁铬液流电池	75%~85%	低	>15000 次	20 年	毫秒级

与锂离子电池相比，液流电池具有大容量、高安全性、长寿命和可深度放电的优势；与钠硫电池相比，液流电池具有常温、瞬时启动和高安全性的优势。

4.4.3　液流电池的分类

根据参与反应的活性物质不同，液流电池可分为全钒液流电池、锌溴液流电池、多硫化钠溴液流电池、锌镍液流电池、铁铬液流电池、钒多卤化物液流电池、锌铈液流电池和半液流电池。下面主要介绍全钒液流电池、铁铬液流电池和锌溴液流电池。

4.4.3.1　全钒液流电池

1. 全钒液流电池工作原理

全钒液流电池中，正极电解液为含有五价钒离子和四价钒离子的硫酸溶液，负极电解液为含有三价钒离子和二价钒离子的硫酸溶液，两者由离子交换膜隔开。在对全钒液流电池进行充放电过程中，正负极电解液在各自电极区产生化学反应，钒电池中的电能以化学能的形式存储在不同价态钒离子的硫酸电解液中，通过循环泵把电解液压入电池堆内，在机械动力作用下使其在不同的储液罐和半电池的闭合回路中循环流动。全钒液流电池采用质子交换膜作为电池组的隔膜，电解质溶液平行流过电极表面并发生电化学反应，通过双极板收集和传导电流，从而使得存储在溶液中的化学能转换为电能。

全钒液流电池工作原理如图 4-12 所示。

全钒液流电池进行循环充放电过程中通过钒离子价态的变化实现能量的存储和释放，其电池化学反应如下：

正极

$$VO^{2+}+H_2O-e^- \underset{放电}{\overset{充电}{\rightleftharpoons}} VO_2^+ +2H^+ \tag{4-13}$$

负极

$$V^{3+}+e^- \underset{放电}{\overset{充电}{\rightleftharpoons}} V^{2+} \tag{4-14}$$

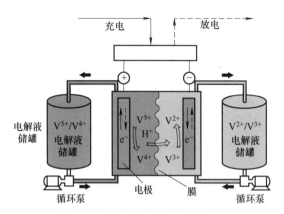

图 4-12　全钒液流电池工作原理图

2. 全钒液流电池储能系统特点与应用

（1）全钒液流电池储能系统特点

全钒液流电池储能系统具备以下特点：通过钒离子价态的变化实现能量的存储和释放；常温运行，无起火爆炸危险；使用寿命长，循环次数大于 13000 次；功率和容量可独立设计，易于扩展；电解液可循环利用，绿色环保。

（2）全钒液流电池储能系统应用

全钒液流电池具有使用寿命长、电池均匀性好、安全可靠、响应速度快、环境友好等突出的优势，成为规模化储能的应用技术之一。作为智能电网建设中的重要支撑环节，全钒液流电池储能系统广泛应用于电网发电、输电、变电、配电和用电各个环节，其主要作用为削峰填谷、作备用电源和参与电网调频等。全钒液流电池储能系统在智能电网中应用的示意图如图 4-13 所示。

4.4.3.2　铁铬液流电池

1. 铁铬液流电池工作原理

铁铬电池分别采用 Fe^{3+}/Fe^{2+} 电对和 Cr^{3+}/Cr^{2+} 电对作为正负极活性物质，通常以盐酸作为支持电解质，其工作原理如图 4-14 所示。在充放电过程中，电解液通过泵进入到两个半电池中，Fe^{3+}/Fe^{2+} 电对和 Cr^{3+}/Cr^{2+} 电对分别在电极表面进行氧化还原反应，正极释放出的电子通过外电路移动至负极，在电池内部通过离子在溶液中移动，并与离子交换膜进行质子交换，形成完整的回路，从而实现化学能与电能的相互转换。

铁铬液流电池储能单元的电解质溶液为卤化物的水溶液，在充电过程中，Fe^{2+} 失去电子被氧化成 Fe^{3+}，Cr^{3+} 得到电子被还原成 Cr^{2+}；放电过程则相反。其正负极的电化学氧化还原反应如下。

正极的正向充电与反向放电反应为 $Fe^{2+}-e^{-} \underset{放电}{\overset{充电}{\rightleftharpoons}} Fe^{3+}$，相对于标准氢电极（SHE），其电极电位 $E_{Fe}^{0} = +0.77V$。

负极的正向充电与反向放电反应为 $Cr^{3+}+e^{-} \underset{放电}{\overset{充电}{\rightleftharpoons}} Cr^{2+}$，相对于标准氢电极（SHE），其电极电位 $E_{Cr}^{0} = -0.42V$。

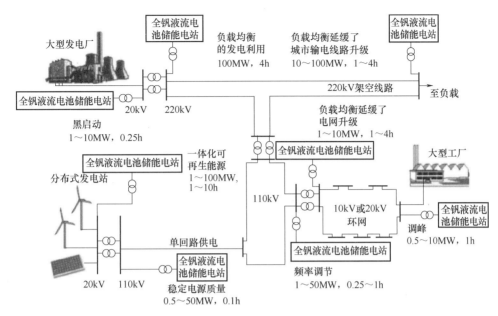

图 4-13 全钒液流电池储能系统在智能电网中应用的示意图

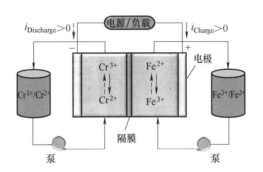

图 4-14 铁铬液流电池工作原理

总的电化学反应为 $Fe^{2+}+Cr^{3+} \underset{\text{放电}}{\overset{\text{充电}}{\rightleftharpoons}} Fe^{3+}+Cr^{2+}$，总的电化学标准电位为 $E^0 = E_{Fe}^0 - E_{Cr}^0 = 1.19V$。

2. 铁铬液流电池特点

铁铬液流电池与其他电化学储能电池相比，具有明显的技术优势，具体优点见表 4-8。

表 4-8 铁铬液流电池优势

序号	本体技术方面	外部效益方面
1	稳定，寿命长	环境适应性强，运行温度范围广
2	电池堆关键材料选择范围广、成本低	资源丰富，成本低廉
3	电解质溶液毒性相对较低	储罐设计，无自放电
4	无爆炸风险，安全性很高	容量和功率可进行定制化设计，易于扩容

（续）

序号	本体技术方面	外部效益方面
5	—	模块化设计，系统稳定性与可靠性高
6	—	废旧电池易于处理，电解质溶液可循环利用

铁铬液流电池技术具有高效率、长寿命、环境友好、可靠性高和成本低等诸多优点，其输出功率为数千瓦至数十兆瓦，储能容量数小时以上级的规模化固定式储能应用场合，具有明显的优势，是大规模储能应用的技术路线之一。

4.4.3.3 锌溴液流电池

1. 锌溴液流电池工作原理

锌溴液流电池是一种将能量存储在溶液中的电化学储能系统。正负半电池由隔膜分开，两侧电解液为 $ZnBr_2$ 溶液。在动力泵的作用下，电解液在储液罐和电池构成的闭合回路中进行循环流动。锌溴液流电池基本原理如图 4-15 所示。

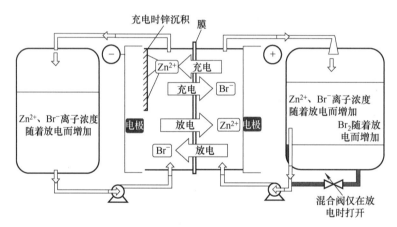

图 4-15　锌溴液流电池工作原理

锌溴液流电池氧化还原反应通过电极对间的电势差是发生氧化还原反应。充电过程中，负极锌以金属形态沉积在电极表面，正极生成溴单质，放电时在正负极上分别生成锌离子和溴离子。其电化学反应表示如下：

负极

$$Zn^{2+}+2e^{-} \underset{\text{放电}}{\overset{\text{充电}}{\rightleftharpoons}} Zn \tag{4-15}$$

$$E = 0.763V(25℃)$$

正极

$$2Br^{-} \underset{\text{放电}}{\overset{\text{充电}}{\rightleftharpoons}} Br_2+2e^{-} \tag{4-16}$$

$$E = 1.087V(25℃)$$

电池反应

$$ZnBr_2 \underset{\text{放电}}{\overset{\text{充电}}{\rightleftharpoons}} Zn+Br_2 \tag{4-17}$$

$$E = 1.85V(25℃)$$

从上面电池反应中可以看出，充电时，溴离子失去两个电子变成单质溴。溴溶解于水中，变成 Br_3^-、Br_5^- 离子，并以 Br_3^-、Br_5^- 离子形式从正极向负极扩散，当扩散到负极附近时，会与沉积的锌发生反应，造成自放电。其化学反应如下：

$$Zn+Br_3^- \longrightarrow Zn^{2+}+3Br^- \tag{4-18}$$

$$2Zn+Br_5^- \longrightarrow 2Zn^{2+}+5Br^- \tag{4-19}$$

2. 锌溴液流电池特点

锌溴液流电池储能系统的功率和容量可单独设计。此类电池设计灵活性大，易于模块组合，储能规模易于调节。正负极和储液罐中的电解液均为 $ZnBr_2$，保持了反应的一致性。理论上讲，锌溴液流电池储能系统的使用寿命长、无污染、运行和维护费用较低，是一种高效的大规模储电装置。

以下为锌溴液流电池的特性：

1）工作原理简单，使用寿命长。电池反应为液相反应，只发生溶液中离子化合价的变化。与使用固体活性物质的电池相比，不存在电池活性物质的损失、相变等使用寿命衰减因素，电池使用寿命可达 15 年以上。

2）安装布局较灵活。电池的输出功率（电池堆）和容量（电解液储槽）可独立设计，氧化还原液流电池可以做成大容量储能装置。

3）自放电率低，可快启动。电池充电后荷电电解液分别存储在正负储槽中，长期放置不用也不会发生自放电。长期放置后只需启动泵，几分钟就可工作。

4）电池充放电性能好，可 100% 深度放电几千次。

5）电池部件价格较低，成本优势明显。

6）材料来源丰富，加工技术较成熟，易于回收。

4.4.4 液流电池的应用场景

作为容量调节范围宽、充放电效率高、循环寿命长、响应迅速和环境友好的储能技术，液流电池有着广阔的应用前景和巨大的市场潜力。不同液流电池的主要特点及应用范围见表4-9。

表4-9 不同液流电池特点及应用范围

液流电池类型	特　　点	应　　用
全钒液流电池	能量密度较低，成本较高	削峰填谷、需求响应、延缓电网升级改造、偏远地区供电、分布式发电、智能电网与微电网等场景
锌溴液流电池	能量密度高、材料成本较低且环境友好	相对集中于工商业用户、偏远地区、军方等用户侧场景
铁铬液流电池	电池成本较低且无污染，制备较为容易	平滑新能源发电、跟踪计划出力、需求响应、延缓电网升级改造、偏远地区供电、分布式发电、智能电网与微电网等场景

4.5　钠硫电池

钠硫电池是以 Na-β-Al$_2$O$_3$ 为电解质和隔膜，以金属钠和多硫化钠为负极和正极的二次电池，由美国福特公司于 1967 年首先发明。早期钠硫电池的主要研究目的是电动汽车的动力源。美国的福特公司、Mink 公司，英国的 BBC 公司以及铁路实验室，瑞士的 ABB 公司等先后组装出以钠硫电池为动力源的电动汽车，并且进行了长期的测试。研究发现，钠硫电池用于电动汽车或其他移动工具的电源时，不能显示其优越性，且存在安全可靠性问题。钠硫电池在大规模储能方面成功应用近 20 年，但其较高的工作温度以及在高温下增加的安全隐患一直是人们关注的问题。在近几年里，科研人员在常温钠硫电池方面已进行相关工作并取得了一定的进展。

大容量钠硫电池在规模化储能方面的成功应用以及钠与硫在资源上的优势，激发了人们对钠硫电池更多新技术开发的热情，钠硫电池储能技术将在较长的时间内继续保持并不断取得新进展。

4.5.1　钠硫电池的原理

钠硫电池单体一般放在圆柱体的容器内，内部填满钠，外围则是硫。这两种材料由陶瓷电介质隔开（β-氧化铝），整个系统封装在一个钢复合材料罐中。钠硫电池需要在 300℃ 的环境温度中运行。其能量密度是约为 100Wh/kg，功率密度约为 230W/kg，是镉镍电池的三倍。考虑到该电池技术可能存在的高危险性，一般只应用于固定式场合，如作为间歇式电源的储能。钠硫电池采用的加热系统将固态盐类电解质加热熔融，使电解质呈离子型导体进入工作状态。固态 β-氧化铝陶瓷管作为固体电解质兼隔膜只允许带正电荷的钠离子通过并在正极与硫结合形成硫化物，如图 4-16 所示。

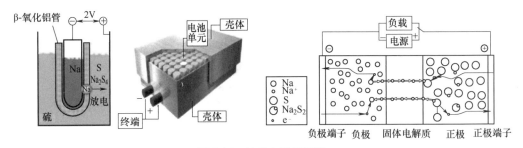

图 4-16　钠硫电池原理图

固体电解质与隔膜工作温度为 300~350℃。在工作温度下，钠离子（Na$^+$）通过电解质隔膜与硫发生可逆反应，完成能量的释放和存储。钠硫电池反应如下：

正极

$$S^{2-} \underset{\text{放电}}{\overset{\text{充电}}{\rightleftharpoons}} S+2e^-$$
（4-20）

负极

$$2Na^+ + 2e^- \underset{\text{放电}}{\overset{\text{充电}}{\rightleftharpoons}} 2Na$$
（4-21）

总反应

$$Na_2S_x \xrightleftharpoons[\text{放电}]{\text{充电}} 2Na + xS \tag{4-22}$$

钠硫电池在放电过程中，电子通过外电路由负极到正极，而 Na^+ 则通过固体电解质 $\beta\text{-}Al_2O_3$ 与 S^{2-} 结合形成多硫化钠产物，在充电时电极反应与放电时相反。钠与硫之间的反应剧烈，因此两种反应物之间必须用固体电解质隔开，同时固体电解质又必须是钠离子导体。

目前所用的电解质材料为 $Na\text{-}\beta\text{-}Al_2O_3$，为保证钠硫电池的正常运行，钠硫电池的运行温度应保持在 $300\sim350℃$，但此运行温度使钠硫电池作为车载动力电池的安全性降低，同时使电解质破损，可能引发安全问题。

例 4-3　电化学储能系统中钠硫电池的储能总放电量为 2.5kWh，总充电量为 3kWh，储能单元放电和充电过程辅助设备的能耗分别为 0.24kWh 和 0.18kWh，试问该电池的能量转换效率为多少？

解：钠硫电池充放电转换效率公式为

$$\eta_{ESU} = \frac{E_{nD} - H_{nD}}{E_{nC} + H_{nC}} \times 100\%$$

式中，η_{ESU} 为储能单元充放电能量效率（%）；E_{nD} 为评价周期内储能单元总的放电量（kWh）；E_{nC} 为评价周期内储能单元总的充电量（kWh）；H_{nD} 为评价周期内储能单元放电过程辅助设备的能耗（kWh）；H_{nC} 为评价周期内储能单元充电过程辅助设备的能耗（kWh）。

故有，

$$\eta_{ESU} = \frac{E_{nD} - H_{nD}}{E_{nC} + H_{nC}} \times 100\% = \frac{2.5 - 0.24}{3 + 0.18} \times 100\% = 71.07\%$$

4.5.2　钠硫电池的特点

钠硫电池单位质量或单位体积具有的有效电能量较高，也称其比能量较高。在理论上，钠硫电池的比能量为 760Wh/kg，是铅酸电池的 3~4 倍；钠硫电池可进行大电流、高功率放电，其放电电流密度一般可达 $200\sim300mA/cm^2$，并瞬间可放出其 3 倍的固有能量；钠硫电池采用固体电解质，充放电效率很高，但只能在 300~350℃ 的温度下工作，在工作时需加热保温；钠硫电池系统规模可根据应用需求集成钠硫电池模块灵活扩展，达到 MW 级别；此外还具有无放电污染、无振动、低噪声、环境友好等优点。钠硫电池的优劣势见表 4-10。

4.5.3　钠硫电池的应用场景

钠离子电池体系中除了钠硫电池，还有钠基电池、钠-氯化镍（Zebra）电池和室温钠离子电池，其应用情况见表 4-11。

表 4-10　钠硫电池优劣势情况

优　势	劣　势
（1）比能量和比功率高：理论比能量为 760Wh/kg，实际可达 150~300Wh/kg （2）低成本：原材料和密封材料成本较低，无维护配置 （3）运行状态灵活：电池单体可在较宽条件下运行（速率、放电深度、温度） （4）库仑效率高：几乎为 100% （5）不受环境影响：密闭，高温系统	（1）运行温度在 300℃ 以上 （2）金属钠的剧烈反应特性：液态的钠与硫直接接触或遇水会发生剧烈放热反应，给储能系统带来很大的安全隐患 （3）结构防渗透密封会增加额外的成本 （4）严格的操作和维护要求

表 4-11　钠离子电池应用情况

钠基电池类型	技术应用
高温钠硫电池	自 2002 年起，日本 NGK 公司开始钠硫电池的商业化开发，也是世界上唯一能制造出高性能钠硫电池的厂商。最初公司采用 50kW 模块（后因安全问题改成 33kW 模块），可由多个模块组成 MW 级大容量的电池组件，在日本、美国、加拿大、意大利已建有超过 200 多处钠硫电池储能电站，主要应用于负荷调平、电网削峰填谷、大规模新能源并网、改善电能质量等领域
Zebra 电池	钠-氯化镍（Zebra）电池（以下称 Zebra 电池）与同一电池体系中先前已研发的钠硫电池有着千丝万缕的关系，Zebra 电池实际上就是在钠硫电池研制基础上发展起来的。所谓 Zebra 即 Zero emission battery research activity 的缩写，表示其为一种零排放无污染的绿色电源。Zebra 电池的主要研发企业为美国 GE 公司，2011 年斥资建造了年产能 1GWh 的 Zebra 电池制造工厂，所生产的 Durathon 电池自 2012 年开始实现了商业应用
室温钠离子电池	室温钠离子电池自 2010 年以来受到国内外学术界和产业界的广泛关注。目前国内外有 10 余家企业（英国法拉第公司，美国 Natron Energy 公司，法国 TIAMAT 公司，日本岸田化学、丰田、松下、三菱等公司，以及我国中科海钠、钠创新能源、辽宁星空等公司）正在进行相关中试技术研发，并取得了重要进展

4.6　常用电化学储能的对比

根据铅酸电池、锂离子电池、液流电池、钠硫电池储能技术的应用及自身特点等，本节将这四种类型电池特点总结归纳如下（见表 4-12）。

1）铅酸电池技术成熟、成本低，已广泛应用于电力系统，但其循环寿命低、能量密度低，在制造过程中存在一定的环境污染，因此其在电力系统中的大规模应用受到限制，但考虑到其技术成熟、成本低，比较适合分布式发电系统。

2）对于液流电池储能，其技术成熟度高，有大量的运行经验，但其能量密度较低，占地面积大，在一定程度上制约了其在电力系统中的广泛应用，尤其不适宜应用于占地紧张的城市大容量储能系统。

3）对于钠硫电池储能，其技术成熟度高、能量密度高、占地面积小，在电网中有大量的运行经验（日本和美国），随着其商业化的进一步推进，在电力系统中有广阔的应用前景，尤其是在土地紧张的城市电网储能系统中应用。但是，钠硫电池的循环寿命受放电深度影响较大（10% 放电深度，45000 次；90% 放电深度，4500 次），且随着使用年限的增长，效率降低，使用寿命周期内综合效率约为 85%。

4）对于锂离子电池储能，其能量密度高、循环寿命长、效率高（90%），在电网中有广阔的应用前景。

表 4-12　电化学储能技术

	铅酸电池	磷酸铁锂电池	钛酸锂电池	镍钴锰酸锂电池	钠硫电池	全钒液流电池
容量规模	百 MWh	百 MWh			百 MWh	百 MWh
功率规模	几十 MW	百 MW			几十 MW	几十 MW
能量密度/(Wh/kg)	40~80	80~170	60~100	120~300	150~300	12~40
功率密度/(W/kg)	150~500	1500~2500	>3000	3000	22	50~100
响应时间	ms	ms			ms	ms
循环次数	500~3000	2000~10000	>10000	1000~5000	4500	>15000
寿命	5~8 年	10 年			15 年	>20 年
充放电效率	70%~90%	>90%	>90%	>90%	75%~90%	75%~85%
投资成本/(元/kWh)	800~1300	800~1200	4500	1200~2400	约 4000	2500~3900
优势	成本低、可回收含量高	效率高、能量密度高、响应快			效率高、能量密度高、响应快	循环寿命高、安全性能好
劣势	能量密度低、寿命短	安全性较差、成本与铅酸电池相比较高			需要高温条件，安全性较差	能量密度低、效率低

4.7　总结与展望

电化学储能主要通过电池内部不同材料间的可逆电化学反应实现电能与化学能的相互转化，通过电池完成能量存储、释放与管理。

电化学储能可广泛地应用于电源侧、发电侧和用户侧。相比于其他储能类型，电化学储能可应用于用户侧中不同的场景。主要场合有峰谷电价套利、提高自建光伏发电的利用率和保证电网运行的稳定性等。

电化学储能管理技术主要包括电化学储能能量管理技术（储能变流器系统技术、电池管理系统技术和能量管理系统技术等）和热管理技术等。

储能电池主要分为四种类型，分别是铅酸电池、锂离子电池、液流电池和钠硫电池。这些电池具有不同的特点，并且有着广阔的应用前景和巨大的市场潜力：铅酸电池原材料来源丰富、安全可靠、技术成熟、成本低廉、工艺简便、适应性强；锂离子电池放电电压稳定，能量密度大，寿命较长，自放电率低，无记忆效应；液流电池容量调节范围宽、充放电效率高、循环寿命长、响应迅速和环境友好；钠硫电池体积能量密度高，质量功率密度大，工作温度高。

电储能技术路线众多，且适用场景有所不同。因无法满足电力系统储能应用所需长循环寿命和高能量转换效率的要求，铅酸电池受限于大容量储能系统应用，但其技术成熟且成本低，可用于分布式发电系统。锂离子电池适用于对能量密度、循环寿命要求较高的大规模储能应用场景。液流电池非常适合规模化、长时间的储能应用场景，随着产业化发展，成本有较大降低空间。钠硫电池因其可在高温环境下工作，在电力系统中也有广阔的应用前景。

习 题

4-1 铅酸电池的原理是什么？写出它的反应方程式。

4-2 简述铅酸电池的工作方式。

4-3 简述铅酸电池的充放电特性。

4-4 简述铅炭电池的特点。

4-5 锂离子电池的原理是什么？写出它的反应方程式。

4-6 简述锂离子电池的充放电特性。

4-7 简述锂离子电池的特点。

4-8 简述液流电池的特点。

4-9 全钒液流电池的原理是什么？写出它的反应方程式。

4-10 简述全钒液流电池、铁铬液流电池和锌溴液流电池的特点。

4-11 钠硫电池的原理是什么？写出它的反应方程式。

4-12 简述钠硫电池的特点。

参 考 文 献

[1] 饶宇飞，等. 分布式电池储能系统优化配置与调度技术 [M]. 北京：中国电力出版社，2019.

[2] 李鑫，李建林，邱亚，等. 全钒液流电池储能系统建模与控制技术 [M]. 北京：机械工业出版社，2020.

[3] 李建林，惠东，靳文涛，等. 大规模储能技术 [M]. 北京：机械工业出版社，2016.

[4] 李建林，徐少华，刘超群，等. 储能技术及应用 [M]. 北京：机械工业出版社，2018.

[5] RITCHIE A, HOWARD W. Recent developments and likely advances in lithium-ion batteries [J]. Journal of Power Sources，2005，162（2）：809-812.

[6] 王绍亮. 铁铬液流电池电解液优化研究 [D]. 合肥：中国科学技术大学，2021.

[7] 庞树. $Li_{1.20}Mo_{0.41}Cr_{0.39}O_2$ 与 MoO_2 电极材料的研究 [D]. 长沙：湖南大学，2017.

[8] 曹松洁. 二氧化钛材料的改性及锂电性能研究 [D]. 秦皇岛：燕山大学，2019.

[9] 阳凤娟. A 公司电动自行车锂离子电池业务竞争战略研究 [D]. 广州：华南理工大学，2016.

[10] 黄文浩. 锂离子二次电池用正极材料磷酸铁锂的制备及性能研究 [D]. 广州：华南理工大学，2012.

[11] 刁维宇. 酸性冶金废液中铁的高值化利用研究 [D]. 沈阳：东北大学，2013.

[12] 韩金磊. 基于计算流体力学的电化学反应器流场模拟及结构优化 [D]. 长春：吉林大学，2011.

[13] 段庆喜. $LiFePO_4$ 的制备及电化学性能研究 [D]. 重庆：重庆大学，2012.

[14] 徐建铁. 新型磷酸盐体系锂离子电池正极材料的制备及掺杂改性研究 [D]. 广州：华南理工大学，2011.

[15] 罗晶晶. 储能电站盈利模式及运营策略优化研究 [D]. 北京：华北电力大学，2020.

[16] 李秀明. 液流电池膜内水相结构离子传输的数值模拟 [D]. 长春：吉林大学，2011.

[17] 李华青. 车载钒电池材料设计及电解液参数研究 [D]. 齐齐哈尔：齐齐哈尔大学，2015.

[18] 赵嵩. 电池储能 AGC 控制性能评价标准的研究 [D]. 大连：大连理工大学，2019.

[19] 李建华. R 储能技术公司发展战略研究 [D]. 大连：大连理工大学，2017.

[20] 宋文臣. 熔融态钒渣直接氧化提钒新工艺的基础研究 [D]. 北京：北京科技大学，2015.

[21] 贺磊. 锌溴液流电池中锌沉积问题的研究 [D]. 长春：吉林大学，2009.

[22] 张莉莉. 钠硫电池固体电解质 Na-β″-Al_2O_3 的制备研究 [D]. 武汉：华中科技大学，2007.

[23] 孙文，王培红. 钠硫电池的应用现状与发展 [J]. 上海节能，2015（2）：85-89.

[24] 贾蕗路，刘平，张文华. 电化学储能技术的研究进展 [J]. 电源技术，2014，38（10）：1972-1974.

[25] 李先锋，张洪章，郑琼，等. 能源革命中的电化学储能技术 [J]. 中国科学院院刊，2019，34（4）：443-449.

[26] 张文建，崔青汝，李志强，等. 电化学储能在发电侧的应用 [J]. 储能科学与技术，2020，9（1）：287-295.

[27] 王鹏博，郑俊超. 锂离子电池的发展现状及展望 [J]. 自然杂志，2017，39（4）：283-289.

[28] 谢聪鑫，郑琼，李先锋，等. 液流电池技术的最新进展 [J]. 储能科学与技术，2017，6（5）：1050-1057.

[29] WEBER A Z，MENCH M M，MEYERS J P，et al. Redox flow batteries：a review [J]. Journal of Applied Electrochemistry，2011，41（10），1137-1164.

[30] 蒋凯，李浩秒，李威，等. 几类面向电网的储能电池介绍 [J]. 电力系统自动化，2013，37（1）：47-53.

[31] 邵勤思，颜蔚，李爱军，等. 铅酸蓄电池的发展、现状及其应用 [J]. 自然杂志，2017，39（4）：258-264.

[32] 陶占良，陈军. 铅碳电池储能技术 [J]. 储能科学与技术，2015，4（6）：546-555.

[33] 缪平，姚祯，LEMMON J，等. 电池储能技术研究进展及展望 [J]. 储能科学与技术，2020，9（3）：670-678.

[34] 丁明，陈忠，苏建徽，等. 可再生能源发电中的电池储能系统综述 [J]. 电力系统自动化，2013，37（1）：19-25，102.

[35] 王晓丽，张宇，李颖，等. 全钒液流电池技术与产业发展状况 [J]. 储能科学与技术，2015，4（5）：458-466.

[36] 杨林，王含，李晓蒙，等. 铁-铬液流电池 250kW/1.5MW·h 示范电站建设案例分析 [J]. 储能科学与技术，2020，9（3）：751-756.

[37] 孙学亮，秦秀娟，卜立敏，等. 锂离子电池碳负极材料研究进展 [J]. 有色金属，2011，63（2）：147-151.

[38] RYU C，KIM J B，HWANG G J. Research Review of Sodium and Sodium Ion Battery [J]. Transactions of the Korean Hydrogen and New Energy Society，2015，26（1）：54-63.

[39] 李伟伟，姚路，陈改荣，等. 锂离子电池正极材料研究进展 [J]. 电子元件与材料，2012，31（3）：77-81.

[40] HAO H H，CHEN K L，LIU H，et al. A Review of the Positive Electrode Additives in Lead-Acid Batteries [J]. International Journal of Electrochemical Science，2018，13（3）：2329-2340.

[41] 常乐，张敏吉，梁嘉，等. 储能在能源安全中的作用 [J]. 中外能源，2012，17（2）：29-35.

[42] 杨霖霖，王少鹏，倪蕾蕾，等. 新型液流电池研究进展 [J]. 上海电气技术，2015，8（1）：46-49.

[43] 孟琳. 锌溴液流电池储能技术研究和应用进展 [J]. 储能科学与技术，2013，2（1）：35-41.

[44] 王震坡，孙逢春. 锂离子动力电池特性研究 [J]. 北京理工大学学报，2004（12）：1053-1057.

[45] 李峰，耿天翔，王哲，等. 电化学储能关键技术分析 [J]. 电气时代，2021 (9)：33-38.

[46] 赵波，王成山，张雪松. 海岛独立型微电网储能类型选择与商业运营模式探讨 [J]. 电力系统自动化，2013，37 (4)：21-27.

[47] 郑涛，王瑞圳，张红. 基于图像处理的全钒液流电池红外测温方法 [J]. 电源技术，2019，43 (9)：1499-1502.

[48] 吴秋轩，黄利娟. 全钒液流电池热动力学建模及换热效率分析 [J]. 电源技术，2017，41 (5)：759-761+776.

[49] 关晓慧，吕跃刚. 间歇性可再生能源发电中的储能技术研究 [J]. 能源与节能，2011 (2)：56-60.

[50] 郑永高，葛福余. 光伏发电技术在海岛供电中的应用再探讨 [J]. 智能建筑电气技术，2014，8 (5)：60-63.

[51] 迟晓妮，吴秋轩，黄利娟，等. 全钒液流电堆换热器顺/逆流效率研究 [J]. 计算机与应用化学，2017，34 (4)：295-300.

[52] 高晓菊，白嵘，韩丽娟，等. 钠硫电池制备技术的研究进展 [J]. 材料导报，2012，26 (S2)：197-199+211.

主要符号表

U_n	直流电源标称电压 [V]
d	电解液在极板活性物质微孔中的相对密度
N	电池串联个数
U_{no}	单体电池标称电压 [V]
U	蓄电池端电压 [V]
E	蓄电池电动势 [V]
I	负载电流 [A]
r	蓄电池内电阻 [Ω]
Ir	蓄电池电压降 [V]
η_{ESU}	蓄电池充放电能量效率 [%]
E_D	评价周期内锂离子电池总放电量 [kWh]
E_C	评价周期内锂离子电池总充电量 [kWh]
E_{sD}	评价周期内液流电池总放电量 [kWh]
E_{sC}	评价周期内液流电池总充电量 [kWh]
W_{sD}	评价周期内液流电池放电过程辅助设备的能耗 [kWh]
W_{sC}	评价周期内液流电池充电过程辅助设备的能耗 [kWh]
E_{nD}	评价周期内钠硫电池总放电量 [kWh]
E_{nC}	评价周期内钠硫电池总充电量 [kWh]
H_{nD}	评价周期内钠硫电池放电过程辅助设备的能耗 [kWh]
H_{nC}	评价周期内钠硫电池充电过程辅助设备的能耗 [kWh]

第5章 氢 储 能

氢作为地球上最丰富的元素之一，广泛存在于有机和无机分子中（如水、烃类、糖类和氨基酸等）。氢储能也因氢能的高效、清洁、来源简单、可从新能源中转化利用等优点，成为了低碳能源背景下的重要储能技术。与抽水蓄能、压缩空气储能及电化学储能相比，氢作为能量载体，其利用方式较为多样，既可以和氧化剂发生反应，释放热能，也可以通过燃料电池转化，释放电能，还可以利用其热核反应，释放出核能。

本章将重点围绕氢储能的开发与应用环节进行介绍，主要涉及氢的制备、纯化、存储的基本原理及特点，并结合实际应用案例说明氢储能的应用场景及形式。

5.1 氢储能概述

16世纪瑞士的哲学家和医生Paracelsus，首先探索了硫酸和铁发生化学反应所释放的气体是否与人们呼吸的空气一样。1766年，英国物理及化学家Cavendish使用多种不同的金属复现了Paracelsus的实验。1783年，在Laplace等人的协助下，Lavoisier将上述合成水的实验过程演示给英国皇家学会，进而证明了Cavendish的实验结果。法国科学院收到了关于该实验的信件，上面写到"水不是基本物质，是由易燃空气和可供呼吸的空气按一定比例组成的"。从此，这种易燃空气被命名为"氢"，意思是"产生水的"（"氢"的英文为"hydrogen"，其中hydro-和gen-分别为"水"和"产生"的词根）。

关于自然界中是否具有游离的氢气，目前还存在一定的争论。根据理论计算，假设地面温度为20℃（293K），则氢分子、氦原子、氮分子、氧分子的方均根速率分别为地球表面逃逸速度的1/6、1/8、1/25和1/25左右，由于氢分子逃逸的概率较大，故地球大气内具有游离氢气的概率很小。然而有不同国家的科学家们曾声明在地球上发现了游离的氢气：如1997年，法国海洋开发研究院的海底机器人对亚速尔群岛以南水下约2300m的海脊上勘探，发现了富含氢气的热液；2011年，俄罗斯地质学家Vladimir Larin和Nikolai Larin在距莫斯科几百千米处发现了氢气源；2015年，法国石油与新能源研究院的地质学家Eric Deville及其同事发表了一篇论文，报道了其在美国北卡罗来纳海湾周围开展土壤气体研究时，发现了大量的分子氢。

5.1.1 氢储能的概念

目前氢能的应用载体主要以氢气为主。本节将先讨论氢原子的物理化学性质，随后讨论氢气储能的相关知识。

1. 氢的物理化学性质

氢（元素符号 H，原子序数为 1）是元素周期表中第一个化学元素，属于ⅠA族的非金属元素，相对原子质量为 1.00794。

氢原子由一个质子及一个电子组成，电子组态为 $1s^1$，电负性为 2.2。氢原子的核外电子彼此之间能够形成共价键，达到双原子分子的稳定结构。氢原子的基态能级为 $-13.6eV$，电离能为 1312kJ/mol。自然界中氢有氘和氚两种同位素，该两种同位素分别含有 1 个及 2 个中子。

氢键是弱于化学键的一种静电键，其形成可看成电负性大的原子 X 首先与氢原子以共价键结合，若再有电负性大、半径小的原子 Y（O、F、N 等）与氢原子接近，则会在 X 与 Y 之间以氢为媒介，生成形如 X—H⋯Y 的一种特殊的分子间相互作用。如图 5-1 所示，中国科学院国家纳米科学中心的研究人员通过原子力显微技术，在实空间得到共价键化学骨架、配位键和分子间氢键的高分辨空间图像，实现了对于氢键键长和键角的直接测量，该研究成果于 2013 年 9 月在 *Science* 期刊上发表。

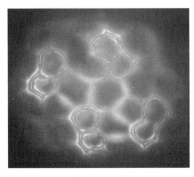

图 5-1　铜晶体表面 8-羟基喹啉分子的 qPlus 原子力显微镜图像

气态氢"分子"由两个氢原子组成，氢气用符号 H_2 表示。在室温下，氢气由 75% 的正氢和 25% 的仲氢组成。正氢与仲氢分子的区别在于前者两个质子的自旋是同向的，而后者两个质子的自旋是反向的。氢气中正氢和仲氢的比例与温度紧密相关：虽然室温下氢气由 75% 的正氢组成，但液化氢则是由 99.8% 的仲氢组成。同时，当正氢转化为仲氢时，需要放出热量。氢气的物理性质见表 5-1。

表 5-1　氢气的物理性质

熔点	14.025K
沸点	20.268K
密度	$0.089kg/m^3$
摩尔体积	$11.42×10^{-3}m^3/mol$
比热容	14.3kJ/(kg·K)
热导率	0.1815W/(m·K)
电离能	1312.06kJ/mol
临界点	32.976K
汽化焓	0.4494kJ/mol
熔融焓	0.0587kJ/mol
声在氢气中的传播速度	1270m/s（298.15K）

2. 氢储能

氢能具有储量丰富、燃烧热值高、可存储、可转化形式广的优点。氢元素主要以化合物的形式存在于水中,据估算,若把海水中的氢元素全部提取出来,其燃烧所能产生的热量比地球上化石燃料放出的总热量还要大 9000 倍,水就是地球上的"氢矿"。氢的热值要高于所有化石、化工和生物燃料。表 5-2 比较了氢与其他燃料的属性。根据表 5-2,获得燃烧 1kg 氢气的能量,需要燃烧天然气和汽油约 2.4kg 及 2.55kg。另一方面,在常温常压下,氢气的密度为 89g/m³,仅为天然气的 1/8。因此,在常温常压条件下,获得相同热量所需氢气的体积约是天然气的 3.3 倍。同理,1L 液态氢的能量仅仅能和约 0.25L 汽油的能量相当,因此氢气的使用需要更大的存储空间。与电、热的大规模存储相比,氢能可以以气态、液态或金属氢化物的形式存储,以此适应不同的储运及应用环境要求。与化石燃料只能通过燃烧利用的方式不同,氢能可以通过燃烧、催化产热、化学产热、电化学产电等不同的转化方式进行应用,具有多转换性的特点。

表 5-2 氢与其他燃料的属性对照

	单位	氢气	天然气	汽油	石油	甲醇
密度	kg/m³	0.089(气态) 71(液态)	0.721	738	840	787
低热值	MJ/kg MJ/L	120 0.01(气态)/8.52(液态)	50 0.036	47 34.6	39 32.7	20 15.4
汽油当量	L	3200(气态)	961	1	1.06	2.1

5.1.2 氢储能的作用

由于氢能具有多转换性的特点,与其他储能技术相比,氢储能不仅具有调节电网波动性的作用,还具有代替部分化石能源、充当化工原料的作用。

1. 调节电网波动性

氢能的一个重要作用是解决电网削峰填谷、新能源稳定并网的问题。氢储能系统首先将新能源产生的多余电量用来电解水制氢,随后将制得的氢气存储;需要用电时再通过燃料电池转化发电。由于氢能发电具有原料来源不受限、可存储时间长、使用排放无污染等优点,是一种非常具有前景的储能发电形式。此外,氢储能系统也可以作为分布式电站和应急备用电源,应用于城市配电网及偏远地区等场合。

2. 部分代替化石能源

用氢气作燃料具有产物是水、发热量高的优点。早在第二次世界大战期间,氢即用作A-2 火箭的液体推进剂。美国"阿波罗"登月飞船及我国的长征系列火箭均使用的是液氢作燃料。氢内燃机是一种氢燃料发动机,其工作原理与汽油内燃机原理类似,且不需要特殊环境或者催化剂就能完全做功,该类发动机由于使用氢气作为燃料,具有点火能量小、效率高、污染物及温室气体近乎零排放等优点。目前国外如丰田、福特等汽车制造商已经商业化生产使用氢内燃机的氢能汽车。

此外，可以使用氢气代替部分煤气。将氢气通过氢气管道送往千家万户，并且在车库内设置汽车加氢设备，就可以实现烹饪、取暖、制冷、交通等生活需求。人们的生活靠一条氢气管道就可以代替煤气、电力管线甚至汽车加油站。

3. 充当化工原料

氢气是现代化学及炼油工业的基本原料。在化工工业中，制氨、制甲醇需要用氢，如氢气大量被用于合成氨工业中，世界上约60%的氢是用在合成氨上，我国在该行业中消耗的氢则占了总量的约80%以上。在炼油工业中，燃料的精炼需要氢。石油炼制工业用氢量仅次于合成氨，主要用于石脑油、粗柴油、燃料油的加氢脱硫等方面。据统计，目前全世界工业每年用氢量超过约5500亿 m^3。

5.1.3　氢储能的主要环节

氢储能作为一个全产业链，可分为上游制备、中游储运、下游应用三个环节。根据应用场景及需求的不同，产业链可由三个环节中的元素搭配组成。

1. 上游制备

上游制备氢气的方式可分为化石能源重整制氢、电解水制氢、新型制氢三类技术，其特点各不相同。

化石能源重整制氢是目前制氢的主流技术，可分为煤气化制氢、天然气水蒸气重整制氢、重油制氢等。该技术优势为技术成熟、可大规模制氢，劣势为碳排放量高、产氢含杂质多，该技术在未来需与碳捕集和封存技术结合使用。

电解水制氢目前只占了制氢总量的约4%，其制氢的原料为水和电能，产物没有任何温室气体的排放，且制备的氢气纯度高。但该技术面临的问题是成本及能耗高，电价高是造成电解水成本高的主要原因，电价占总成本的约70%，随着对于新能源装机"弃风弃光"电能的消纳及电价的下降，制氢成本有望在未来下降。

新型制氢技术包括生物质制氢和光催化分解水制氢等。生物质制氢又可分为发酵制氢和热分解制氢，生物质制氢技术的特点是生物质资源量大，分布广泛，尽管生物质热分解制氢过程中产生一定量的 CO_2，但由于生物质具有可再生性，故理想情况下生物质利用的整个生命周期为零 CO_2 排放。光催化分解水制氢是新能源研究探索的热点课题。但由于光催化分解水反应动力学与光催化剂的特定物理-化学性能等因素密切相关，则对于高活性光催化材料的制备及使用具有很高要求，因此也限制了该技术的产业化路径。到目前为止，光催化分解水制氢大多数工艺仅限于实验室规模，离实际应用还有一定的距离。

2. 中游储运

氢能的中游储运方式可分为氢的高压气态储运、低温液态储运及固态储运三类。

高压气态储氢具有简便易行、成本低、充放气速度快、在常温下可以进行的特点，是目前较常用的一种储氢技术。高压气态储运的技术比较成熟，主要是先将氢气加压后装在高压容器中，随后用牵引卡车或船舶进行较长距离的输送。

液氢存储的体积能量密度比高压气态储氢高，因此适用于航天飞机等存储空间有限的运载场合。液氢的运输可以通过在汽车、船舶或者飞机上配备低温绝热槽罐进行运输，也可以用专门的液氢管道输送，但由于对于管道容器的绝热要求高，液氢管道一般只适用于短距离输送。

固态储氢具有工作压力相对较低、系统体积小、放氢纯度高的特点，是近些年备受关注的一种储氢技术。但该技术也存在质量储氢密度低、使用成本高、吸放氢有温度要求等问题。目前的固态储氢是一种具有发展前景的储氢方式，处于小规模试验阶段，尚未产业化。

3. 下游应用

氢能应用具有多转换性的特点。其主要的应用方式有：

1）直接燃烧，即利用氢和氧发生反应放出热能。

2）通过燃料电池转化为电能，即利用氢和氧在催化剂作用下的电化学反应直接获取电能。

3）化学反应，即在化工等行业中利用氢的还原性质。

氢能的使用应注意安全。氢与空气、氧气或其他氧化剂混合的可燃极限与点火能量、温度、压力、是否存在稀释剂有关，同时也与设备、设施或装置的尺寸和配置有关。在 1atm[⊖] 和环境温度下，氢在干燥空气和氧气管道中向上传播的燃烧极限分别为 4.1% ~ 74.8% 和 4.1% ~ 94%。

5.2 氢气制备与纯化

制备氢气的方式可分为化石能源重整制氢、电解水制氢、新型制氢三类技术，其特点各不相同。

5.2.1 氢气制备原理

5.2.1.1 化石能源重整制氢

化石能源重整制氢是以煤炭、天然气、石油等化石能源为原料，在高温下与水蒸气反应生成氢气的过程。反应过程通常分为两步，首先是化石能源中的碳氧化成为一氧化碳和氢气，随后再进行水煤气反应，使一氧化碳转化为二氧化碳和氢气。

1. 煤气化制氢

（1）基本原理

煤气化制氢以煤或煤焦为原料、以水蒸气作为气化剂，在高温高压下进行化学反应将原料中的可燃部分转化为氢气，它是一个煤炭的热化学加工过程。该方法制氢的基本原理为水蒸气转化反应和水煤气变换反应。

水蒸气转化反应：

$$C + H_2O \longrightarrow CO + H_2 \tag{5-1}$$

水煤气变换反应：

$$CO + H_2O \longrightarrow CO_2 + H_2 \tag{5-2}$$

（2）工艺流程

先将原料进行水蒸气转化反应得到以 H_2 和 CO 为主要成分的气态产物，随后经过净化、CO 变换、提纯等工艺过程得到副产品及一定纯度的氢。总的工艺流程如图 5-2 所示，煤炭经过干燥后，煤分子在高温下发生热分解反应，煤黏结成半焦，同时产生大量挥发性物质。

⊖ 1atm = 101.325kPa。

半焦则在更高温度下与通入气化炉的气化剂发生化学反应生成粗煤气，粗煤气的主要成分为 CO、H_2、CO_2、CH_4、H_2O、N_2、H_2S。由于粗煤气中含有 H_2S，而 H_2S 不仅会腐蚀管道及设备，其燃烧产物 SO_2 会造成环境污染，危害人体健康，因此需要净化粗煤气。粗煤气净化工艺包括冷凝、脱硫、污水处理等过程。净化回收的化工产品主要包括焦油、粗苯、硫氨和硫黄等。CO 变换工艺进行的是水煤气变换反应，其将煤气化产生的 CO 转变为 H_2 和 CO_2。最后经过提纯工艺后得到 H_2 产品和副产品 CO_2。

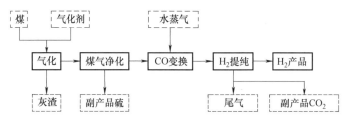

图 5-2　煤气化制氢工艺流程图

2. 天然气水蒸气重整制氢

（1）基本原理

天然气中的主要成分为甲烷（CH_4），由甲烷的分子式可以看出，它是氢原子质量占比最大的化合物，故理论上通过气化反应消耗 1mol CH_4 产生的 H_2 要比消耗 1mol CO 产生的 H_2 多。由于 CH_4 的化学结构稳定，工业上常采用水蒸气与 CH_4 反应，先生成合成气，再经化学转化与分离，制备氢气。其化学反应方程式如下所示：

制备合成气反应

$$CH_4 + H_2O \rightarrow 3H_2 + CO \tag{5-3}$$

水煤气变换反应

$$CO + H_2O \rightarrow H_2 + CO_2 \tag{5-4}$$

（2）工艺流程

天然气水蒸气重整制氢的工艺流程如图 5-3 所示，主要包括合成气制备、水煤气变换、CO_2 分离及 CO 精脱除等环节。

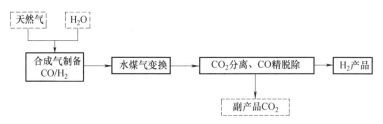

图 5-3　天然气水蒸气重整制氢

CH_4 化学稳定性高，在水蒸气气氛下，其在催化剂上的活化是一个高温过程，且上述制备合成气的过程是强吸热反应，故在催化剂的选择上需考虑其在高温反应环境下的稳定性与活性。而由于水煤气变换反应是一个可逆的放热反应，反应平衡转化率随着温度的升高而降低，故 CO 变换过程宜采用变温工艺。在水煤气变换反应的初期，此时反应还没有达到平衡，反应过程受动力学控制，反应速率随着温度的升高大幅度提高；而在反应后期，转化率受到热力学平衡的限制，高温使得热力学平衡转化率相对较低。为了提高转化率，在水煤气变换反应的后期，应降低反应温度。另外，水煤气变换反应是一个等分子反应，压力对于反应平衡没有影响，加压仅提高反应速率。合成气变换反应中产生的 CO_2 首先被分离出来，以便进行 CO_2 的循环使用。通常使用有机胺或甲醇吸收 CO_2 来进行 CO_2 的分离。在低温环境下很多气体的溶解度会变高，但氢气的溶解度不受温度的限制，且温度越低，溶解度越低。故可以利用该原理在低温甲醇中将 H_2 进行选择性分离。虽然经过低温水煤气变换后，CO 被深度转化，但是由于化学反应平衡的制约，CO 含量仍在 1% 左右。为了满足后续工业中对于氢气使用的纯度需求，需要通过化学反应去除上述残留的 CO，常用 CO 与 O_2 反应生成 CO_2 或在镍基催化剂上使 CO 与已经存在的 H_2 反应生成 CH_4。

例 5-1 在天然气水蒸气重整制氢中，假设水蒸气转化过程需要燃烧相当于 1/3 原料气的燃料来为反应提供热能。若将制氢原料与燃料气统筹计算，试问每生产 1t H_2，大约放出多少 CO_2。

解： 由式（5-3）、式（5-4）及题意可知，该反应过程可表示为

$$CH_{4(制氢原料)} + 2H_2O_{(制氢原料)} + \frac{1}{3}CH_{4(燃料气)} + \frac{2}{3}O_{2(燃烧介质)} \longrightarrow 4H_{2(产品)} + \frac{4}{3}CO_{2(排放)} + \frac{2}{3}H_2O_{(排放)}$$

$$\frac{8}{1} = \frac{\frac{4}{3} \times 44}{x}$$

$$x = 7.3t$$

由上述反应方程式计算可知，在上述条件下，每生产 1t H_2，大约放出的 CO_2 为 7.3t。在实际中，由于气体分离、天然气开采、基建等过程均有碳排放的存在。据折算，以此方法每生产 1t H_2，释放出的 CO_2 可能达到 10~11t。

3. 重油制氢

化石燃料中，通常不直接用石油制氢，而是用石油初步裂解后的产品，如重油制氢。重油是原油提取汽油、柴油后的剩余重质油。重油制氢通常使用水蒸气或氧气作为氧化剂。反应所需的温度及吸热反应所需的热量可由部分重油燃烧提供。反应所得气体产物的主要组成是体积分数为 46% 的 H_2、46% 的 CO、6% 的 CO_2。原料成本占了重油制氢成本的约 1/3，同时由于重油价格较低，故该方法受到了人们的重视。我国建有大型重油部分氧化法制氢的装置，应用于制取合成氨。

（1）基本原理

重油制氢的典型部分氧化反应方程式如下所示：

$$C_nH_m + \frac{n}{2}O_2 \longrightarrow nCO + \frac{m}{2}H_2 \tag{5-5}$$

$$C_nH_m + nH_2O \longrightarrow nCO + \left(n + \frac{m}{2}\right)H_2 \tag{5-6}$$

$$H_2O + CO \longrightarrow CO_2 + H_2 \tag{5-7}$$

上述反应过程在一定的压力下进行，重油制氢可选择不使用催化剂，反应温度控制在1150~1315℃。

（2）工艺流程

重质油制氢的工艺流程如图5-4所示，该工艺流程主要有油气化生成合成气、耐硫变换将 CO 变为 H_2 和 CO_m、低温甲醇去杂、PSA（变压吸附）提纯四个部分。油气化流程中使用的高纯度氧气可以通过空气分离技术得到。当原料、氧气、水蒸气进入气化炉后，部分氧化反应在高温高压下进行，并得到以 CO、H_2 为主的合成气，同时得到炭黑、炭浆等副产品。在 CO 变换工艺中，由于重油气化产生的合成气含有硫，故在此工艺中需要配合使用抗硫的催化剂，而产生的废水也需进行再处理；变换完成后，气体通常含有 35% 左右的 CO_2 和 0.2% 左右的 H_2S，此时再利用低温甲醇工艺，去除上述酸性气体；最后再使用 PSA 纯化（见 5.2.2 节）后得到 H_2 产品。

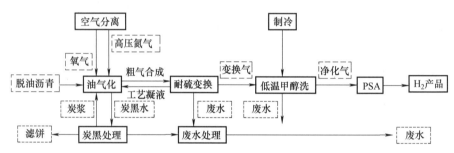

图 5-4　重质油制氢工艺流程

5.2.1.2　电解水制氢

几乎所有的能源载体都可以制氢，依托电能进行分解水制氢是工业中重要的制氢方法。目前以电解的方法制备氢气只占制氢总量的约4%，但是与化石原料制氢的方法不同，电解水制氢的原料为水和电能，产物没有任何温室气体的排放，且制备的氢气纯度较高，易与燃料电池联用，故电解水制氢有巨大的市场潜力及应用前景。同时，随着太阳能、风能、潮汐能等新能源的蓬勃发展，电解水制氢也可以作为一种储能手段来存储波动电能，这也为电解水制氢的应用提供了更多的选择性。

根据系统组成结构，电解水制氢可以分为酸/碱性溶液电解制氢、质子交换膜（PEM）水电解制氢、固体氧化物电解池（SOEC）水电解制氢三类，见表5-3。

表 5-3　三种电解水制氢方法的比较

电解类型	酸/碱性电解	PEM 电解	SOEC 电解
电解质	H_2SO_4/KOH 水溶液	PEM	固体氧化物电解质
电流密度/（A/cm²）	<0.8	1~4	0.2~0.4
工作温度/℃	≤90	≤80	≥800
操作压力/kPa	100~3000	100~30000	—
氢气纯度（%）	≥99.8	≥99.99	—
电耗/（kWh/Nm³）	4.5~5.5	4.0~5.0	

（续）

电解类型	酸/碱性电解	PEM 电解	SOEC 电解
系统寿命/h	>100000	>40000	—
技术成熟度	充分产业化	初步商业化	初期示范

1. 酸/碱性溶液电解制氢

酸/碱性溶液电解制氢的装置如图 5-5 所示，电解池主要包括四个部分：阳极、阴极、电解液、隔膜。阳极和阴极的表面分别负载着析氧和析氢的催化剂来加速水的分解。当在阴阳两极表面施加外部电压时，水分子就会分解生成 H_2 和 O_2，水的分解可以划分为两个半反应，即水的氧化反应（Oxygen Evolution Reaction，OER）和水的还原反应（Hydrogen Evolution Reaction，HER）。

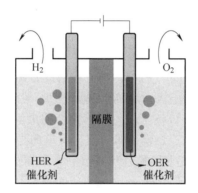

图 5-5　酸/碱性溶液电解制氢装置示意图

1）酸性水电解制氢体系如下：

阴极

$$2H^+ + 2e^- \longrightarrow H_2$$

阳极

$$2H_2O \longrightarrow 4H^+ + O_2 + 4e^-$$

2）碱性水电解制氢体系如下：

阴极

$$4H_2O + 4e^- \longrightarrow 2H_2 + 4OH^-$$

阳极

$$4OH^- \longrightarrow O_2 + 2H_2O + 4e^-$$

在 25℃、1atm 下，水分解的热力学电压都是 1.23V。但在实际中，要实现水的电解过程，往往要施加高于 1.23V 的电压。该额外施加的电压（通常被称为超电势，ε），主要用于克服阴阳两极本身固有的活化势垒（阴极 ε_c 和阳极 ε_a）、溶液内阻以及接触内阻，因此实现水分解所施加的实际电压（E_{op}）可以表示为

$$E_{op} = 1.23 + \varepsilon_a + \varepsilon_c + \varepsilon_{other} \tag{5-8}$$

由式（5-8）可知，降低过电位是实现高效水分解的关键。其中，通过优化电解槽可以减小 ε_{other}，而使用高活性的 HER 和 OER 催化剂可以减小 ε_a 和 ε_c。目前，贵金属如铂

（Pt）、钌（Ru）、铱（Ir）及其氧化物是应用较多的 HER 和 OER 催化剂。但是以上催化剂价格昂贵、储量有限，且 Ru、Ir 及其氧化物的 OER 活性也有待提高的问题。

在酸性电解水制氢中，由于酸性电解质易腐蚀电解槽，且酸性体系需要使用 PEM 导致使用成本较高，故目前工业中不常用酸性电解水制氢体系。

碱性电解水制氢技术较为成熟，目前已广泛应用于电力、电子等工业领域。碱性电解制氢所使用的电解质溶液通常为 20%~30% 的 NaOH 或 KOH 的溶液，电极一般为镍电极。碱性电解水制氢技术的优点是使用寿命长，其设计使用寿命可超过 10 年。但碱性电解水制氢技术也存在以下不足：一是由于电解液内阻仍然较大，导致单位时间内在电解液中传导的离子数量有限，进而导致电解制氢的最大工作电流较小；二是由于电解质是液态的，阴极和阳极侧的压力差会随着 H_2 及 O_2 产量的增加而增加，当两侧压力差较高时，气体容易进行相互扩散，导致产气纯度不够高，故需要进行压力平衡的设计；三是碱性电解槽的尺寸和重量比较大，使用便捷性有待提高。

2. PEM 水电解制氢

PEM 电解水制氢的原理如图 5-6 所示，水从阳极区通入电解槽并氧化成为 O_2，质子则以水合质子的形式通过电解槽中间的 PEM，随后在阴极处还原成为 H_2。阳极和阴极负载的催化剂一般为贵金属催化剂，如阳极常用到金属元素 Ir，阴极常用到金属元素 Pt。PEM 电解制氢技术具有以下特点：一是该技术使用固体聚合物电解质膜，膜既是离子传导的电解质，又能起到隔离气体的作用；二是膜只对氢离子有单向导通作用，能够直接将反应物 H_2 和 O_2 分隔开，避免了串气；三是膜两侧能够承受较大的压力差，故安全性好、气体产物纯度高；四是电解质膜厚度能减小到 200μm，使得电极间距大大减小，从而显著减小了电解槽的尺寸；五是由于电极间距的减小，带来工作电压和能耗的相对降低；六是该系统中水既是反应物也是冷却介质，从而省去了冷却系统，使得装置的体积和重量减少；七是 PEM 电解池采用了纯水作为电解液，避免了电解液对槽体的腐蚀，反应产物不含碱雾，气体纯度更高。

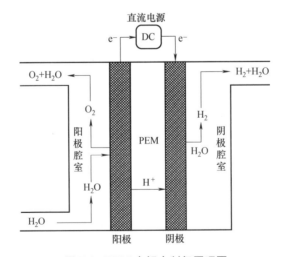

图 5-6 PEM 电解水制氢原理图

PEM 目前的问题主要在于成本高。PEM 电解中，阳极析氧性能较好的催化剂为 RuO_2 和 IrO_2，而阴极析氢性能较好的催化剂为 Pt。这些贵金属的使用使得 PEM 电解的成本较高，阻碍了其规模化应用。另外，PEM 也较为昂贵，且该膜在使用过程中会发生降解，使膜的寿命缩短。目前，人们主要通过降低贵金属催化剂载量和开发新型合金催化剂等途径来降低催化剂部分的成本；但对于膜使用寿命的问题还未能找到明确的解决方法。

3. SOEC 水电解制氢

SOEC 水电解制氢的工作温度很高，一般为 700~900℃，其结构组成如图 5-7 所示。在 PEM 电解中，H_2O 从阳极通入，H^+ 通过电解质；而在 SOEC 中，H_2O 在阴极被还原，产生 H_2 和 O^{2-}，O^{2-} 穿过致密的固体氧化物电解质层到达阳极，随后失去电子析出 O_2。

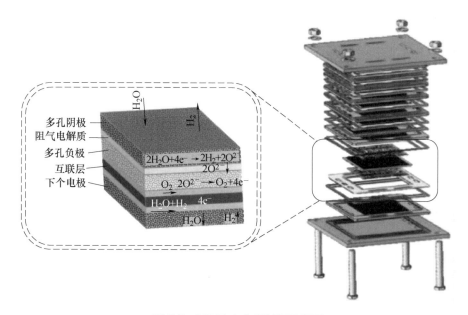

图 5-7　SOEC 水电解制氢示意图

阴极和阳极的半电池反应分别为

阴极：$H_2O+2e^- \longrightarrow H_2+O^{2-}$

阳极：$2O^{2-} \longrightarrow 4e^-+O_2$

在理论上，SOEC 电解具有一定的优势。一方面，高的工作温度能显著降低阴极和阳极的过电位，减少电解过程中的能量损失，进而提高制氢效率；另一方面，固体氧化物电解质的离子电导率随温度的升高而增加，使其在高温下的制氢效率增大。SOEC 使用的固体电解质材料通常为 Y_2O_3、ZrO_3。由于技术成熟度还不高，SOEC 目前仅处于初期示范阶段。

综上，经对三种电解技术的对比，碱性电解技术具有成本低、使用寿命长的优点，但存在电解液内阻较大、需要特殊的压力平衡设计的缺点。PEM 电解技术具有电流密度大、氢气纯度高、安全性高和操作简便的优点，但由于成本等原因，目前仅适用于小规模的氢气生产。SOEC 技术的系统效率高于另外两种技术，但其工作温度过高，目前仍处于研究阶段。

5.2.1.3　新型制氢技术

1. 生物质制氢

生物质组成比较复杂，主要包括纤维素、半纤维素、木质素，同时含有少量的单宁酸、脂肪酸、树脂和无机盐。生物质制氢主要分为直接及间接制氢两大类。其中直接制氢的途径有生物质发酵制氢和生物质化工热解制氢。间接制氢的途径有先利用生物质发电，然后用电解水制氢；也可以先利用生物质制成乙醇，再进行乙醇重整制氢。本节主要介绍生物质直接制氢的两种主要方式，即生物质发酵制氢和生物质化工热解制氢。

（1）生物质发酵制氢的基本原理

根据所用微生物、产氢底物及产氢机理，目前生物质发酵制氢可以分为蓝绿藻产氢、光解有机物产氢、发酵细菌产氢（暗发酵产氢）3 种类型。

蓝绿藻产氢是指蓝细菌和绿藻（也称为蓝绿藻）在光照、厌氧条件下通过光合作用分解水产生氢气和氧气。在这一光合系统中，包含两个光合作用中心：①接收太阳光分解水产生 H^+、电子和 O_2 的光合系统 II（PS II）；②产生还原剂用来固定 CO_2 的光合系统 I（PS I）。两个作用中心相互独立又相互协调起作用：铁氧化还原蛋白（Fd）携带由 PS II 产生的电子到达产氢酶，在产氢酶的催化作用下，H^+ 在一定的条件下形成 H_2。这一作用机理和绿色植物光合作用机理相似。但绿色植物由于没有产氢酶，所以不能产生氢气。因此，产氢酶是所有生物产氢的关键因素，也是藻类和绿色植物光合作用过程的重要区别。

光解有机物产氢是指光合细菌在光照、厌氧条件下分解有机物产生氢气。光解有机物产氢和蓝绿藻产氢的相同点表现在，都是太阳光驱动下的光合作用，区别在于光解有机物产氢所利用的微生物——光合细菌，只有一个光合作用中心（相当于蓝绿藻 PS I）。由于缺少藻类中起光解水作用的 PS II，因此，光合细菌只进行以有机物作为电子供体的不产氧光合作用。光合细菌光分解有机物产生氢气的生化途径为 $(CH_2O)_n \longrightarrow Fd \rightarrow 产氢酶 \rightarrow H_2$。

发酵细菌产氢或暗发酵产氢是指细菌在黑暗、厌氧条件下分解有机物产生氢气。厌氧发酵产氢有两种途径：一种为甲酸分解产氢途径，该途径由甲酸氢解酶系统催化进行；另一种是通过烟酰胺腺嘌呤二核苷酸的还原态（NADH）的再氧化产氢，称为 NADH 途径。

（2）生物质化工热解制氢的基本原理

热解是处理固体生物质废弃物较好的工艺之一，通常是指在无氧或低氧环境下，生物质被加热升温引起分子分解的过程，是生物质能的一种重要利用形式。生物质热解行为主要包含纤维素、半纤维素和木质素三种主要组分的热解。根据反应温度和加热速度的不同，热解工艺可分为慢速热解、快速热解和闪速热解 3 种方式。常用的生物质热解工艺多在常压或接近常压的条件下，热解反应得到的产物主要由固体炭、生物油和气体（氢气和一氧化碳）组成，其所涉及的反应可归纳为

$$生物质 \rightarrow 炭 + 液体(含焦油) + 气体 \tag{5-9}$$

2. 光催化制氢

光催化是指在光催化剂的作用下，利用光子的能量进行化学反应的技术。利用光催化技术分解水制氢是将低密度太阳能转化为高密度化学能的过程。美国能源部曾指出，若光催化制氢的成本达到 $2 \sim 4$ 美元/$(kg\ H_2)$，同时其转换效率达到 10%，该技术就有可能大规模应用。但由于光催化半导体材料受到诸多动力学及热力学因素的限制，目前最高太阳能转换氢能效率距离实际应用还存在一定的差距。

（1）光催化制氢的基本原理

光催化分解水制氢反应的基本原理是利用光子能量分解水，是光能到化学能的转化。当光辐射的能量大于光催化剂半导体材料的禁带宽度时，晶体内的电子受到激发，从价带跃迁到导带中，与仍留在价带内的空穴实现了分离；在这种自由电子-空穴对的作用下，水会在

半导体的不同位置被分别还原成 H_2 和氧化成 O_2，完成电离制氢的过程如图 5-8 所示。

光催化分解水制氢的过程主要包括以下几个方面：

1) 半导体材料受到光辐射后，价带中的电子吸收光子能量，发生带间跃迁，进而产生电子-空穴对。

2) 电子-空穴对随后分离，向半导体材料表面移动。

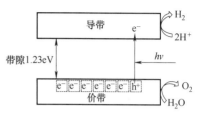

3) 迁移到半导体表面的光生电子具有还原性，将氢离子还原成为 H_2。

图 5-8 半导体光催化制氢过程示意图

4) 迁移到半导体表面的光生空穴具有氧化性，将氢氧根离子氧化成为 O_2。

5) 半导体内部同时发生电子和空穴复合过程，转化成对产氢无贡献的热能或光辐射。

光催化过程可用下述方程式来表示（以 TiO_2 光催化剂为例）：

光催化剂

$$TiO_2 + h\nu \longrightarrow e^- + h^+ \tag{5-10}$$

水分子解离

$$H_2O \longrightarrow H^+ + OH^- \tag{5-11}$$

氧化还原反应

$$2e^- + 2H^+ \longrightarrow H_2 \tag{5-12}$$

$$2h^+ + 2OH^- \longrightarrow H_2O + \frac{1}{2}O_2 \tag{5-13}$$

总反应

$$2H_2O + TiO_2 + 4h\nu \longrightarrow 2H_2 + O_2 \tag{5-14}$$

（2）光催化制氢材料

光子能量和光波频率成正比，当光波频率足够大，即光波长足够小时（波长远小于190nm），光子具有的能量较高，可以直接分解水。然而波长如此小的紫外线很难直接到达地球表面，因此若要实现到达地球表面的太阳光制氢，需要借助半导体光催化材料。

适合作为光解水催化剂的半导体材料需要具备以下条件：半导体禁带宽度需大于水分解的最小带隙（约 1.23eV）；半导体材料的导带电位比氢电极电位 $E(H^+/H_2)$ 稍负一些，同时价带电位则比氧电极电位 $E(O_2/H_2O)$ 稍正一些。

自 1972 年日本科学家 Fujishima 和 Honda 用 TiO_2 实现了光解水产氢以来，TiO_2 便成为了半导体光催化领域的热点材料。TiO_2 具有良好的化学稳定性及无毒无害的优点，但其缺点是禁带宽度较大（3.2eV），只能吸收太阳光线中的紫外部分，太阳能利用效率有待提高。

5.2.2 氢气纯化原理

根据纯化的原理不同，氢气纯化技术可以分为物理法、化学法、膜分离法三大类。物理法纯化利用气体的吸附性质或沸点的不同，可以将气体混合物进行分离，主要有变压吸附法（PSA 法）和低温分离法；化学法纯化利用氢与物质的化学反应进行氢气的分离与提纯，主要包括催化脱氧法和金属氢化物分离法；膜分离纯化法利用气体通过膜的性质不同进行氢气的分离与纯化，主要包括钯金属膜扩散法和聚合物膜扩散法。氢气的纯化技术的纯化原理及特点见表5-4。

表 5-4 氢气纯化方法及特点

技 术	原 理	原料气	纯度（%）	回收率（%）	生产规模	技 术 缺 点
变压吸附法	固体材料对气体混合物的选择性吸附	任何富氢气体	99.9999	70~85	大	吹扫过程有氢气损失，影响回收率
低温分离法	随着温度降低，沸点不同的气体冷凝顺序不同	石化废气	90~98	95	大	必须进行预处理去除 CO_2、H_2S 和 H_2O
催化脱氧法	杂质气体与氢气在催化条件下反应	氢氧气体	99.999	99	小到大	多用于电解水纯化，催化剂易失效
金属氢化物分离法	氢与金属反应生成氢化物	纯氢	99.9999	75~95	中小	回收材料易失效
金属膜扩散法	氢选择性扩散穿过金属膜	任何含氢气体	99.9999	99	小到中	含硫化合物及不饱和烃会降低渗透效率
聚合物膜扩散法	不同气体通过薄膜的扩散速率不同	氨吹扫气	92~98	85	小到大	He、CO_2 和 H_2O 也可能透过薄膜

1. 变压吸附法的原理及特点

变压吸附法由美国联碳公司发明，并在 20 世纪 70 年代后，逐渐发展成为主要的气体分离技术。变压吸附法纯化氢气的基本原理是利用固体材料对于气体具有选择吸附性，同时该固体材料对于气体的吸附量随压力的变化而改变，故可以周期性地改变工作压力，实现气体吸附与解吸附，从而实现气体的分离与提纯。变压吸附法的基本过程如下：首先在相对较高的压力条件下，将混合气体通入吸附床，混合气体中易被吸附的组分被吸附在吸附剂上，而不易被吸附的组分则从流气床口流出；随后通过抽真空、降压、置换冲洗盒等方法使前面吸附有气体的吸附剂解吸再生；最后将解吸剂置于不易吸附的气体杂质组分中加压，使吸附剂达到吸附压力，以便进行下一次吸附。若采用两个或更多的吸附床系统，可以设定吸附床交替升压和降压，使不同床的吸附剂交替吸附及再生，从而实现气体的持续分离。变压吸附法的优点是工艺流程较为简单、能耗较低、产品纯度较高、吸附剂使用周期较长、装置可靠性高。变压吸附法的最大缺点是产品回收率过低，一般只有 75% 左右。为了进一步提高氢气回收率，目前对于变压吸附的研究方向包括变压吸附与选择性扩散膜联用等。

2. 低温分离法的原理及特点

低温分离法的基本原理是利用氢气与其他气体组分的沸点不同。在恒压下逐步降低混合气体的温度，随着温度的降低，沸点高的杂质气体会先冷凝，而由于氢气的沸点较低，不会先冷凝，从而实现氢与其他气体的分离。此法可以得到纯度为 90%~98% 的氢气。低温分离法提纯氢气是 20 世纪 50 年代以前主要的工业方法，应用于合成氨和煤的加氢液化等领域。使用低温分离法提纯氢气之前需要进行预处理，首先除去混合气体中 CO_2、H_2S、H_2O 等杂质气体，该法适用于氢含量较低的混合气体（如石化废气）。该方法的优势在于氢气的回收率较高。劣势在于工艺流程需要使用气体压缩机及冷却设备，导致提纯能耗较高，同时在温度控制等方面尚存在着一些问题，一般适用于大规模生产。

3. 催化脱氧法的原理及特点

催化脱氧法常用在电解水制氢的纯化中，其基本原理是在有催化剂的条件下，H_2 与杂质气体发生化学反应来实现提纯。根据催化剂的不同，传统的催化脱氧法可以分为以下两种：一是采用贵金属催化剂，利用 H_2 和 O_2 反应首先生成水，随后使用分子筛吸水后得到氢气；二是采用 Cu、Mn、Ag 等金属作为还原剂，再利用金属的氧化还原反应去除氧。催化脱氧法可以除去的杂质气体主要有 O_2、CO_2 和 H_2O。催化脱氧法的基本反应原理如下：

$$2H_2+O_2 \xrightarrow{\text{催化剂}} 2H_2O \tag{5-15}$$

$$H_2+CO_2 \xrightarrow{\text{催化剂}} H_2O+CO \tag{5-16}$$

催化脱氧法的优点在于纯化原理及操作简单、设备成本也相对较低；其缺点是去除杂质气体会产生 H_2O 和 CO，导致化学反应催化剂易失活。

4. 金属氢化物分离法的原理及特点

某些合金材料在一定的温度和压力下，将与 H_2 发生可逆反应，生成金属氢化物。该类金属氢化物也被称为储氢合金，根据可逆反应的性质，储氢合金在降温升压时可以吸收氢，而在升温减压时可以释放氢。因此储氢合金也可以被用来纯化氢气。该分离氢气的过程可以描述为：当氢分子接触到储氢合金时，在催化剂的作用下，氢分子首先分解成为氢原子，随后氢原子向合金内部扩散，由于氢原子体积较小，最后固定在合金晶格内的间隙中；当对合金进行加热时，氢原子被晶格释放后结合成为氢气分子，且纯度可达 99.9999%。根据金属氢化物吸附气体的不同，可以将其分为金属氢化物回收材料和金属氢化物纯化材料。金属氢化物回收材料在高压下吸收混合气体中的氢，随后在低压下又将氢释放达到纯化的目的；而金属氢化物纯化材料是利用其表面活性高的性质，直接吸附混合气体中的杂质气体。金属氢化物纯化法的优点是产出氢纯度高、操作简单、能耗低；其缺点在于合金材料易与杂质气体发生反应，引起纯化材料失活，同时该方法对于氢处理量相对较小，适用于中小规模纯化。

5. 金属膜扩散法的原理及特点

Thomas Graham 于 1866 年首先发现在一定温度下，钯几乎阻挡了其他所有气体，只允许氢气透过这一现象。随后就有研究人员利用钯的这一性质，将其用于纯化/制备高纯度氢（>99.9999%）。但在纯化氢气的使用过程中发现，经过多次升温冷却循环，纯钯发生起皱、开裂等现象，并产生了氢脆。到了 1956 年，Hunter 研制出了一种 Pd-Ag 合金膜，使用该膜能够有效缓解氢脆问题，同时还可提高氢的透过率，该膜使金属膜扩散透氢技术得到了实用性的突破。

金属膜扩散法的优点为产出氢气纯度高、氢气回收率高、几乎没有氢气损耗、钯合金膜抗杂质气体的毒化能力强等优点；但其缺点为生产成本高，同时其透氢速率过低，导致产量小，因此限制了其大规模工业应用。

6. 聚合物膜扩散法的原理及特点

1965 年，杜邦公司就使用了聚合物膜来分离氢气，但是由于聚合物膜的一些缺陷，并没有在工业中广泛应用。直到 1979 年，孟山都公司研制出了中空纤维膜分离器，聚合物膜才被广泛用于工业中纯化氢气。聚合物膜扩散法纯化氢气的原理是基于在一定压力下，不同气体通过聚合物膜的扩散速率不同，从而实现分离氢气的目的。聚合物膜扩散法的优点为操作简单、适用范围较广、氢气回收率较高；但其缺点是回收压力较低。聚合物膜分离法一般可以与变压吸附法或低温分离法联合使用，从而产生最好的效果。

氢气纯化的方法较多，具体选择时应根据实际需求及情况量体裁衣。如混合气体成分、氢浓度大小、目标氢纯度、回收率、产量等均是氢气纯化需考量的因素。目前工业上大规模纯化氢气普遍采用变压吸附法与低温分离法，而其余的方法只适用于中小规模的生产。

5.3 氢气存储

氢产业的发展离不开安全有效的氢能存储技术。氢的相图如图 5-9 所示，图中 T_t 为氢的三相点（$T_t = 13.803K$，$P_t = 0.0704bar^{\ominus}$），$T_b$ 是沸点（$T_b = 20.268K$，$P_b = 1bar$），T_c 是临界点，（$T_c = 32.976K$，$P_c = 12.928bar$）。氢的三相共存温度为 13.803K，在 1bar 的压强下，氢的沸点为 20K，因此，在常温常压下，氢为气态。标准状态下，氢的密度为 $0.089kg/m^3$，存储能量含量约为 600MJ（约合 166.65kWh）、重量约为 5kg 的氢气，需要 $60m^3$ 的容积，而存储同样能量含量的汽油，所需容积仅为 $0.019m^3$。可见，通过增加氢的密度进一步减小氢的存储体积是增加其存储效率的重要手段。从原理上来说，减小氢分子间的键合作用从而减小分子间斥力，可以实现氢密度的增加。实际中可以通过增压、在临界温度以下降温等方法实现氢密度增加的目的，相应的储氢方式也可分为高压气态储氢、低温液态储氢和固态储氢三种类型。

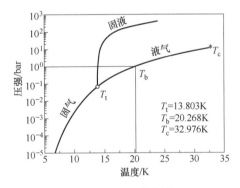

图 5-9　p-H_2 的相图

5.3.1　高压气态储氢原理

5.3.1.1　氢气高压存储原理

当温度不太低、压强不太大的情况下，可以忽略氢气的分子势能，将其看作理想气体，则温度、压强、气体量可以通过理想气体状态方程式（5-17）表示。

　$\ominus$　$1bar = 10^5 Pa$。

$$pV = nRT \tag{5-17}$$

式中，p 为气体压强；V 为气体体积；n 为气体的物质的量；R 为气体常数（$R = 8.314\text{J}/(\text{K} \cdot \text{mol})$）；$T$ 为热力学温度。由式（5-17）可以看出，理想状态时，氢气的体积密度与压强成正比。故在该情况下，可以通过增压来实现氢气密度的增加。

然而，由于实际分子间是有相互作用力的，随着温度的降低和压强的升高，氢气逐渐偏离理想气体的性质，此时需考虑分子势能，式（5-17）不再适用，理想气体状态方程可以修正为

$$p = \frac{nRT}{V-nb} - \frac{an^2}{V^2} \tag{5-18}$$

式中，a 为偶极相互作用力或称斥力常数（$a = 2.476 \times 10^{-2}\,\text{m}^6\text{Pa}/\text{mol}^2$）；$b$ 为氢气分子所占体积（$b = 2.661 \times 10^{-5}\,\text{m}^3/\text{mol}$）。压缩因子 Z 如式（5-19）所示，用于表示真实气体与理想气体在热力学上的偏差。

$$Z = \frac{pV}{nRT} \tag{5-19}$$

将美国国家标准与技术研究院材料性能数据库中氢气的性质数据代入方程进行拟合，可得到简化的氢气状态方程为

$$Z = \frac{pV}{RT} = \frac{1+\alpha p}{T} \tag{5-20}$$

式中，$\alpha = 1.9155 \times 10^{-6}\text{K}/\text{Pa}$。在温度区间为 $173\text{K} < T < 393\text{K}$ 范围内，拟合的最大相对误差为 3.80%；在温度区间为 $253\text{K} < T < 393\text{K}$ 范围内，拟合的最大相对误差为 1.10%。

5.3.1.2 高压氢气的存储容器

氢气被压缩后，通常使用圆柱形的高压气罐或气瓶灌装使用。该类容器通常为细长状，且容器壁较厚。由于压力容器封头多是通过冲压成型，当储氢瓶直径较小时，球形的封头不易成型，故通常使用平底封头；当容器直径达到 1m 以上时常用球形封头；更大型的高压容器则倾向于使用多层球形封头。该类容器通常使用"自紧式"金属密封圈密封，其特点是氢气压力总是趋向于增加密封性。国外常用 20MPa 高压氢气瓶存储高压氢气，我国常用的则是 15MPa 高压氢气瓶。近年来研发的复合高压储氢容器能使储氢密度达到 $36\text{kg}/\text{m}^3$，几乎达到液态氢在沸点温度时的储氢密度的一半，该容器承受的最大压力能够达到 80MPa。高压容器的壁厚越厚，其所能承受的压力越大，但是随着壁厚的增加，容器质量迅速增加，故储氢罐的质量储氢密度随着壁厚及压力的升高而下降。高压储氢罐的壁厚和超压满足下式关系：

$$\frac{d_w}{d_0} = \frac{\Delta p}{(2\sigma_V + \Delta p)} \tag{5-21}$$

式中，d_w 为壁厚；d_0 为氢气罐外径；Δp 为超压；σ_V 为材料抗拉强度。

储氢罐的性能与材料的性质息息相关，组成材料的抗拉强度不同，高压储氢罐的储氢压力也不相同。如铝质储氢罐可达到 50MPa，不锈钢储氢罐可达到 1100MPa，新型复合材料的抗拉强度比不锈钢的更高，且材料密度仅为不锈钢的一半。此外，还可以对高压储氢罐进行增强，目的在于提高容器单位质量的储氢能力。高压储氢容器技术的发展先后经历了金属储氢容器、金属内衬环向缠绕复合储氢容器、金属内衬环向加纵向缠绕复合储氢容器、螺旋缠

绕容器以及全复合塑料内衬储氢容器等阶段，下面对上述部分储氢容器进行简单介绍。

1. 金属储氢容器

常见的金属储氢钢瓶的实物如图 5-10 所示。用于氢气存储的金属材料需要有一定的抗氢脆能力，如奥氏体不锈钢、铜、铝等。最常用的金属高压储氢罐是由奥氏体不锈钢组成的，常用牌号如 AISI316、304，以及 AIS316L、304L。常温时，铜和铝不会产生氢脆，也常被选作为金属储氢罐材料。但是如高强钢、钛及钛合金、镍基合金等均会产生严重的氢脆，故不能用于制作该类储氢容器。金属储氢容器具有易加工、成本低的优点。但由于金属密度较大，导致传统金属容器的单位质量储氢密度比较低。同时，一味地增加容器的壁厚来增加储氢能力不仅会增加容器的制造难度，其单位质量储氢密度也会进一步变低。

图 5-10　15MPa 钢瓶实物图

2. 纤维缠绕金属内衬复合材料高压储氢容器

纤维缠绕金属内衬复合材料高压储氢容器的结构如图 5-11 所示，其内衬是金属材料，内衬外部被纤维材料缠绕，固化后形成复合增强结构，它是一种金属与非金属材料相复合的高压容器。在该高压容器中，金属材料和非金属材料分别起不同的作用。金属内衬只用作存储氢气，并不承担压力载荷，故要求金属材料需要有较强的抗氢渗透能力和抗疲劳能力，为了减小容器自重及使用成本，金属内衬多使用铝合金材料，典型牌号如 6061；而纤维材料主要起承受外载荷的作用，故可使用不同的纤维缠绕方式提高承载能力。纤维缠绕的方式有环向和纵向缠绕两种。第二代高压储氢容器通过在铝内衬外侧使用环向缠绕纤维材料的方式将其承载能力提高了一倍，但该储氢罐的使用压力一般不超过20MPa。为了进一步提升高压复合储氢罐的承压能力和质量储氢密度，第三代高压储氢容器的纤维缠绕方式采用了环向和纵向相结合的方式。

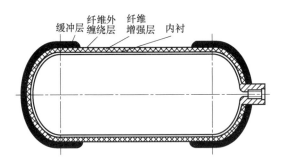

图 5-11　轻质高压储氢容器的结构

缠绕层的纤维材料有碳纤维、芳纶纤维、玻璃纤维等。T700 是日本东丽公司生产的碳纤维材料，具有优良的力学性质，其抗拉强度达到 4900MPa，弹性模量达到 240GPa，延伸率为 2.0%，密度仅为 1.78g/cm³。环氧树脂是一种热固性的高分子材料，常被用于制造各种纤维增强复合材料（FRC），尤其适合用于碳纤维复合材料的基体相，其具有固化收缩率低（仅 1%~3%）、固化压力低、基本无挥发成分的特点。当环氧树脂和碳纤维形成复合材料后，其不仅具有环氧树脂耐化学腐蚀、电绝缘的性能，还具有碳纤维优良的力学性能。

图 5-11 所示的即为纤维增强复合材料。

为了提高纤维缠绕金属内衬复合材料高压储氢容器的运输及使用安全,在容器的最外侧会设计一个缓冲层,如图 5-11 所示。该缓冲层有效避免了容器在运输、装卸过程中由于振动、冲击造成的容器功能和形态损伤。缓冲层有全面缓冲保护层和部分缓冲保护层两种,图 5-11 中为部分缓冲保护层。缓冲层作为储氢容器的最外部材料,应具有耐冲击和振动性能好、压缩蠕变和永久变形小、材料性能对于温度和湿度的敏感性小、制造及安装作业容易等特点。

纤维缠绕金属内衬复合材料高压储氢容器的储氢密度根据材料的选择、储氢量和压力设计等不同而变化。如常温下,压力设计为 70MPa、体积容量为 25L 的碳纤维增强铝内衬高压储氢容器的质量储氢密度为 5.0%。

3. 全复合塑料储氢容器

由于金属的密度大,金属储氢容器的单位质量储氢密度较低,影响了其运输经济性。为了减轻储氢容器的自重,提高单位质量储氢密度,同时降低成本,使用塑料代替金属的第四代全复合塑料高压储氢容器应运而生。塑料内衬材料一般为高密度聚乙烯(HDPE),HDPE 的密度为 $0.941 \sim 0.96 g/cm^3$,强度为 11.2MPa,冲击韧性和断裂韧性较好,延伸率可达到 700%,使用温度范围较宽。如果将 HDPE 添加密封胶、进行氟化或磺化等表面处理,还可进一步提高其气密性。20 世纪 90 年代初,布伦瑞克公司就成功地研发出了该产品,但这种复合塑料高压容器的制造难度较大,目前可靠性仍相对较低。

目前商业化车载储氢瓶的最高工作压力为 70MPa,该技术参数也是国内外研究者的攻关目标。目前,如美国 Quantum 公司、通用汽车和 Impco 公司,加拿大 Dyneteck 公司,日本汽车研究所和丰田公司已掌握了 70MPa 复合储氢罐技术。具有代表性的是日本丰田公司的 Mirai 燃料电池车,该车于 2015 年上市,其配备的 70MPa 储氢罐采用了三层复合材料内衬。其中最内层是密封塑料内衬,中间层是碳纤维强化树脂,表层是玻璃纤维强化树脂层。据报道,我国中材科技公司已完成 70MPa 储氢瓶的技术储备,该储氢瓶的结构是基于铝内衬碳纤维复合材料。

4. 金属内衬和塑料内衬复合材料高压储氢容器的比较

金属内衬和塑料内衬复合材料高压储氢容器的区别仅仅在于内衬材料不同。塑料内衬复合材料高压储氢容器的开发目的不仅是为了进一步降低容器自重,还意图使用成本更低的塑料来代替金属内衬。金属储氢容器的发展时间较长,其实用性经历了历史的考验,稳定性较高。塑料内衬容器的储氢效果与高分子材料的先进性密切相关,而高分子学科于 20 世纪 20 年代才逐渐兴起,高分子材料目前仍处于蓬勃发展时期。故当前时期内,金属内衬和塑料内衬复合材料高压储氢容器各有优劣,也各有自己的适用范围。金属内衬以铝合金为例,塑料内衬以高密度聚乙烯为例,两种内衬材料的优劣势对比见表 5-5。

表 5-5 铝内衬和塑料内衬复合材料高压储氢容器的优劣势对比

	铝 内 衬	塑 料 内 衬
优势	(1) 结构无缝隙,可防止渗透 (2) 在很大的温度范围内都稳定,可耐气体泄压时的高温降 (3) 抗损伤能力强	(1) 成本比金属内衬低 (2) 高压循环寿命长 (3) 塑料内衬较金属内衬的耐腐蚀性好

（续）

	铝 内 衬	塑料内衬
劣势	(1) 铝内衬成本较高 (2) 研发新规格内衬的周期过长	(1) 接头处易发生氢气泄漏 (2) 抗外力能力较金属内衬低 (3) 有气体渗透的可能性 (4) 内衬与复合材料黏结不牢，容易脱落 (5) 塑料内衬对温度敏感 (6) 塑料内衬刚度低

可见金属内衬和塑料内衬的优劣势各不相同，故仍需根据具体的使用条件来选择金属内衬还是塑料内衬的复合材料储氢容器。

5.3.2 低温液态储氢原理

5.3.2.1 氢气液化的原理

1. 正-仲氢转化

氢分子（H_2）由两个氢原子构成，每个氢原子各有一个原子核，原子核都存在自旋，故氢分子中的两个原子核自旋方向有一致和相反两种情况。当氢分子的两个原子核自旋方向一致时，将其称为正氢，当氢分子的两个原子核自旋方向相反时，将其称为仲氢，正氢和仲氢是氢分子的异性体。在平衡状态时，正氢和仲氢的相对比例仅与温度有关。例如在温度为 300K 的平衡态，正氢约占 75%，仲氢约占 25%，该状态的氢称为正常氢；当温度下降到液氮温度（77K）下的平衡态时，仲氢含量上升到约 48%；当温度再下降到液氢沸点温度（20.3K）以下（1atm）时，仲氢含量上升到约 99.8%。可以看出，从正常氢到液态氢的过程中，氢分子会发生正氢到仲氢的转变。正氢向仲氢的转变是一个放热过程，其放出的热量和所处环境温度有关，一般来说，所处的环境温度越低，其转化反应放出的热量越多。如 300K 时，转化反应放出的热量为 270kJ/kg；77K 时，转化反应放出的热量升高到 519kJ/kg；特别是当温度低于 77K 时，转化反应放出的热量是一个常数，为 523kJ/kg。由于在液氢沸点温度时（20.3K），正氢向仲氢转化所放出的热量大于液氢的蒸发潜热 452kJ/kg，此时若液氢中仍然有正氢分子，其发生转化放出的热量会导致液氢蒸发。因此，在氢气液化的过程中，人们希望增加正氢向仲氢转化的速度及数目，尽快使液氢中的正氢分子达到最少。然而，正氢向仲氢的自发转化是一个受激发的过程，转化反应速率非常低，该转化速率与温度相关，如在 77K 时，转化时间超过 1 年；而当温度升高到 923K、压力达到 0.006MPa 时，转化时间可缩短为 10min。使用正确的催化剂，如表面活性剂、金属钨和镍、顺磁性氧化物、氧化铬等，可以有效增加正氢向仲氢转化的过程。例如，使用高表面活性的木炭，将常态氢（n-H_2）吸附，随后在平衡态（e-H_2）时解吸附，正氢向仲氢的转化过程仅需几分钟便可以完成。

2. Joule-Thomson 效应和 Joule-Thomson 系数

如图 5-12 所示，在等焓条件下，当高压气流被强制通过一个多孔塞、狭缝或者小管口后，由于气体体积膨胀后压力减小，因此产生气体温度变化的现象。该现象被称作 Joule-Thomson 效应。

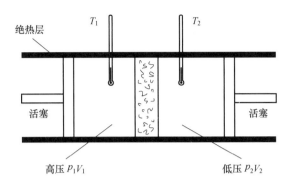

图 5-12　Joule-Thomson 效应示意图

当气体通过节流阀后，温度可能升高也可能降低。在常温常压下，大多数气体通过节流阀后温度会下降，称为制冷效应；但是在常温常压下，氢、氦等少数气体经节流膨胀后温度反而升高，产生致热效应。因此，在常温常压下，不能利用 Joule-Thomson 效应对氢气进行冷却液化。从微观上来看，气体温度与气体分子热运动有关，包含以下两种情况：一方面，由于气体分子间存在引力，在气体膨胀后，分子间的平均距离被拉大，故气体的势能上升，又由于节流膨胀是一个等焓的过程，系统总能量守恒，故势能增加会导致分子动能下降，分子动能下降意味着分子热运动放缓，导致其温度下降；另一方面，由于气体膨胀后分子之间的平均距离上升，故单位时间内气体分子的平均碰撞次数会减少，分子动能上升，分子动能上升意味着分子热运动加剧，导致气体温度上升。节流膨胀时，上述两种情况均会发生，当前者影响比较明显时，气体温度下降；而当后者影响比较明显时，气体温度上升。

将等焓条件下温度随压力的变化率定义为 Joule-Thomson 系数（μ）（见式（5-22）），可以用 Joule-Thomson 系数（μ）来表征 Joule-Thomson 效应，即

$$\mu = \left(\frac{\partial T}{\partial p} \right)_H \tag{5-22}$$

对于不同气体，在不同压力和温度下，μ 值可为正，也可为负。

3. Joule-Thomson 转化曲线和转化温度

对于理想气体而言，忽略其分子间作用力，故在等焓的条件下，其绝热膨胀既不会升温也不会降温，μ 始终为 0。而对于真实气体（相对理想气体而言），在压强-温度图中将 Joule-Thomson 系数为 0 的点连接起来形成温度转化曲线，该曲线上 μ 等于 0。正常氢（n-H$_2$）的理论温度转化曲线及实际温度转化曲线如图 5-13 所示。温度转化曲线的实线及虚线上各点的 Joule-Thomson 系数 $\mu = 0$。根据节流膨胀的原理，膨胀后的压力总是减小的，即 $\Delta p < 0$，若想通过节流膨胀使氢气降温（即 $\Delta T < 0$），需要在 Joule-Thomson 系数 $\mu > 0$ 的区间内实现。而图 5-13 中，曲线内部是 $\mu > 0$ 的区域，故在该区域内可以实现节流制冷。

4. 氢气液化的方法

在氢气的转化温度以下，节流膨胀是获得液态氢气的有效方法，这里介绍三种氢气液化的方法，其中林德法（Linde process）是利用液氮提供冷源；氦气布雷顿法（Helium Brayton cycle）使用的冷源是由液氮和氦气膨胀透平后产生的冷量两部分组成；克劳德法（Claude process）使用的冷源是由液氮和氢气膨胀透平后产生的冷量两部分组成。氢气液化工艺

中常用到压缩机、热交换器、膨胀透平机、节流阀等。

林德法液化氢气被认为是最基本、最简单的液化工艺,其过程如图 5-14a 所示。由于该系统依赖 Joule-Thomson 效应进行液化,通常需要先将氢气压缩。同时为了使氢气进行 Joule-Thomson 膨胀时能够降温,需要将初始温度降到氢气转变温度(1bar,200K)以下。因此,林德法使用液氮(温度约为77K)作为冷源,在热交换器中对压缩氢气进行降温,从而使 Joule-Thomson 膨胀能够顺利进行,当部分氢气液化后,没有液化的冷氢气再返回到热交换

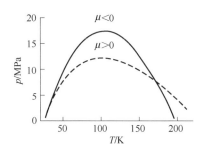

**图 5-13 正常氢(n-H₂)的实际温度转化
曲线(实线)及理论计算
的转化曲线(虚线)**

器中进行循环。在实际中,往往需要将温度降至 50~70K,压力达到 10~15MPa,氢气的液化率才比较理想(24%~25%)。因此,林德法具有装置简单,但效率较低的特点,目前只有实验室小规模使用。

氦气布雷顿法的工艺流程如图 5-14b 所示。压缩氦气首先经过液氮预冷后进行膨胀透平,氦气透平后产生了大量冷量,该冷源在换热器中用于对氢气进行降温。而氢气首先经过液氮的预冷却,随后进入换热器中获取氦气透平的冷源而进一步冷却。此时氢气温度已经足够低,再进行 Joule-Thomson 膨胀进行液化。该工艺中,氦主要用作制冷剂,液氮预冷用于减少压缩机的工作量。

克劳德法的工艺流程如图 5-14c 所示。氢气被压缩后经液氮预冷,随后进入几个热交换器,在热交换器之间具有透平膨胀机,一部分氢气经过膨胀透平后,产生很大的冷量,该冷量用于冷却其他氢气。当氢气的温度足够低时,进行 Joule-Thomson 膨胀液化。在此工艺中,液氮用于预冷,可提高液化率。透平膨胀机虽然能产生足够的冷量,但一般不用它进行冷凝,因为液化物质可能会损坏透平膨胀机的叶片。克劳德法所需动力较林德法和氦气布雷顿法低,故其经济性比较好。此外在克劳德法中,氢本身是制冷剂,故其在循环过程中保有量大。目前大规模生产液氢常用克劳德法。

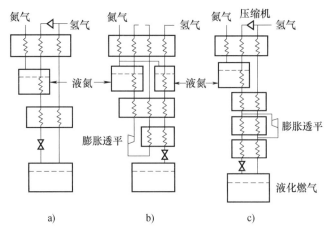

图 5-14 氢气的循环液化方法

5. 3. 2. 2 液氢存储技术

液态氢体积密度约为 71kg/m³，约是汽油密度的 1/10，远大于气态氢的密度（0.089kg/m³），故液态氢的质量储氢效率（氢的存储质量/包括容器的整体质量，40%）大于其他的储氢形式，但由于液氢的沸点比较低（20.3 K）、潜热低（31.4 kJ/L，443 kJ/kg），故液氢非常容易蒸发，当液氢气化时，储罐内的压力升高，随后储罐的减压阀自动开启，导致氢气泄漏，带来安全隐患。因此如何做好系统的绝热来避免液氢的气化是液氢存储的关键问题。

1. 液氢储罐的结构设计

液氢蒸发损失量与储罐表面积和容积的比值（S/V）有关，S/V 越大，则蒸发量越大。故希望用于液氢存储的储罐为球形和圆柱形，且容积要大，以此减小蒸发损失。由于球形储罐的应力分布较为均匀，因此可以有更高的机械强度，但球形储罐的加工较为困难，造价也比较高。目前常用圆柱形的液氢储罐，其 S/V 值比球形储罐大 10% 左右，结构如图 5-15 所示。考虑到液氢的公路运输，圆柱形储罐的设计直径一般不超过 2.44m。19 世纪 60 年代中期，美国国家航空航天局（NASA）建造了当时世界上最大的球形液氢储罐，其容积达到 3200m³，储罐外径约 21m，液氢蒸发的损失量约为 2006.3L/天。

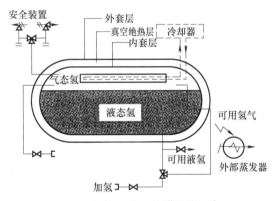

图 5-15 圆柱形液氢储罐结构示意图

例 5-2 忽略容器的壁厚，试问同样容积的球形和立方体储罐，哪种储罐的蒸发损失量小。若对于绝热真空球形储罐来说，当容积为 50m³ 时，蒸发损失为 0.4%。试求容积为 1000m³ 和 19000m³ 时，蒸发损失约为多少。

解： 设球形储罐的半径为 r，立方体储罐的边长为 a，根据题意有

$$\frac{4}{3}\pi r^3 = a^3 = V$$

球形储罐的蒸发量 A_1 为

$$A_1 = k\frac{4\pi r^2}{V}$$

立方体储罐的蒸发量 A_2 为

$$A_2 = k\frac{6a^2}{V}$$

则有

$$\frac{A_1}{A_2} = \frac{2\pi r^2}{3a^2} < 1$$

因此，球形储罐的蒸发损失量小。

由于蒸发损失量与容器表面积和容积的比值（S/V）成正比，容积为 1000m^3 和 19000m^3 时，蒸发损失大约为 0.15% 和 0.055%。

在对流的作用下，温度相对较高的液氢集中于储罐上部，而温度相对较低的集中于储罐下部，出现"层化"现象。此时储罐上部的蒸气压增大，而储罐下部的蒸气压几乎无变化，导致整个罐体所承受的压力不均匀，存在安全隐患。一般有两种方法消除"层化"现象：一是在储罐内部安装一个导热性好的材料，消除上下层的温差；二是采用如磁力冷冻装置，将热量导出罐体，使液氢处于过冷状态。

2. 液氢设备的绝热技术

液氢的沸点非常低，约为 21K（-252℃），气化潜热也很小，只需很少热量就会引起液氢蒸发，因此液氢的存储对于存储容器的绝热性能要求很高。目前主要有常规外绝热、高真空绝热、真空粉末绝热、高真空多层绝热和低温冷屏绝热五种绝热形式。对应于热量传递的三种方式，即传导、对流及热辐射，目前应用于液氢设备上的绝热材料可分为两类：一类材料主要为了避免热传导及热对流，如多层（30~100 层）绝热材料、Al/聚酯薄膜/泡沫复合层材料、酚醛泡沫、玻璃板等；另一类材料主要用于屏蔽热辐射，如在薄铝板上沉积金属层（Al、Au 等）。

（1）常规外绝热

常规外绝热的基本原理是将密度低、热导率小的材料覆盖在储罐表面达到绝热效果。通常使用的绝热材料有纤维类、粉末类和泡沫类，如矿渣棉、苯乙烯发泡材料、聚氨酯发泡材料等。由于液氢储罐温度低，绝热层外部的水分易在绝热层上凝结，因此绝热层厚度的设计需要保证外层不会凝结水的要求，必要时还需要加入水汽阻挡层。这种绝热技术多用于大型固定储罐。典型的应用案例是航天飞机的液氢外储箱。该液氢储箱外层覆盖了厚度约为 2.5cm 的三聚氰胺刚性发泡塑料。该绝热层具有承受热负荷和机械负荷的作用，使用要求很高，在航天飞机上升时，高速气流经过绝热层表面，该绝热层需要承受加热强度可达到 90~110kW/m^2。同时，绝热层还要承受上升过程中剧烈的振动和由铝储箱冷收缩引起的机械应力。

（2）高真空绝热

高真空绝热的基本原理是通过在绝热夹层空间抽高真空，减少对流与传导换热。一般要求真空度达到 10^{-3}Pa 以下。其特点是绝热效果好、结构简单、热容小。但获得较高的真空度和长时间保持该真空度都比较困难，故仅适用于小型绝热要求高的液氢储罐。

（3）真空粉末绝热

真空粉末绝热的基本原理是在真空夹层中填充热导率小的材料，以减少传导换热。绝热性能与真空度、粉末材料的性质、添加剂的种类和数量等多个因素有关。真空粉末绝热的性能要好于高真空绝热，适用于大、中型液氢储罐。

真空粉末材料的结构与性质对于真空粉末绝热性能有着很大的影响。珠光砂是常用的真空粉末材料，其粒度大小及分布影响热导率，当粒度为 1300μm 时，其热导率为 23W/(cm·K)，而当粒度减小到 750μm 时，热导率减小到 11W/(cm·K)。中空玻璃微球直径为 15 ~ 150μm，由于其具有中空结构，热导率仅有珠光砂的 20% ~ 60%，但是该材料成本较高，脆性大，适用于小型液氢储罐。此外真空粉末绝热性能还与添加剂有关，在真空粉末绝热系统中仍存在热辐射传热现象，因此可在绝热粉末中加入添加剂来增强绝热性能，如在珠光砂中加入铝粉或铝屑、将中空玻璃微球浸镀铝等都是有效减少热辐射的方法。

（4）高真空多层绝热

高真空多层绝热的基本原理是在高真空绝热的基础上，采用多层反射屏减少辐射传热，进而实现高效绝热。高真空多层绝热具有最佳的绝热性能，也称为超绝热。真空多层绝热夹层的真空度为 10^{-4}Pa 以上。由于辐射传热随层数增加而下降，但层间的传导传热随单位厚度的层数增加而增加。故为了使高真空多层绝热具有最小的热导率，需对层数进行优化设计。

（5）低温冷屏绝热

低温冷屏绝热基本原理是在真空夹层中设置冷屏。冷屏使用液氮或低温液体蒸发的冷蒸气进行冷却。

5.3.3　固态储氢原理

根据固态储氢的机理不同，可以分为物理吸附储氢和化学吸附储氢两类。

5.3.3.1　物理吸附储氢

1. 物理吸附储氢的基本原理

物理吸附基于吸附材料和氢分子之间弱的范德华力，氢分子之间的相互作用能约为 1 ~ 10kJ/mol。由于吸附能较小，氢物理吸附过程是可逆的。但若需要更大的储氢容量，则需要 77K 左右的低温。

2. 物理吸附储氢材料

（1）碳材料储氢

碳材料吸附储氢是以碳材料作为储氢介质，根据吸附理论发展起来的储氢技术。碳材料的特点是其吸放氢性能及稳定性好，且制备相对容易。碳材料吸附储氢是目前的研究热点，我国也将纳米碳材料高效储氢列为重点研究项目。根据碳材料的形态结构不同，目前主要用活性炭、碳纤维和碳纳米管（CNT）3 种材料进行储氢。

1）活性炭吸附储氢：活性炭是一种具有高比表面积的无定形炭，内部丰富的孔隙结构使其对气体及溶液中的无机或有机物质及胶体颗粒等都有良好的吸附能力。活性炭具有独特的吸附表面结构及表面化学性能，使其在吸附方面具有一定的优势。此外，活性炭材料还具有化学性质稳定（耐酸碱、耐高温）、机械强度高、可再生使用的特点，已经广泛地应用于航天、电子、化工、能源、环保、药物精制、军事化学防护等领域。我国于 20 世纪 50 年代初开始生产活性炭，最初主要作为固体吸附剂，应用在化工、医药等领域。

在活性炭的微观结构中，分布着很多形状和尺寸不同的孔，根据孔径不同，可以分为微孔（孔径<2nm）、中孔（孔径为 2 ~ 50nm）、大孔（孔径>50nm）。大孔和中孔主要控制吸附速度，其中大孔是氢分子到达吸附点的通道；中孔则会在氢浓度较高时发生毛细凝聚。微孔由纤维毛细管壁构成，使得材料的比表面积增大，进而提高吸附量。研究表明，最佳吸附氢的孔尺寸是吸附两层氢的尺寸，约为 0.6nm。活性炭储氢的条件一般是在中低温（77～273K）、中高压（1～10Pa）下实施。

2）碳纤维吸附储氢：碳纤维是一种含碳量在95%以上的纤维材料。它不仅耐高温、抗摩擦、耐腐蚀，还具有很高的强度和模量，在国防及民用方面具有广泛的应用。碳纤维是有机纤维（如片状石墨微晶等）沿轴向方向堆砌，经碳化及石墨化处理而得到的微晶石墨材料。其不仅具有碳材料的本征特性，又兼备纺织纤维的柔软可加工性，质量比金属铝轻，但强度却高于钢铁，是一种名副其实的"外柔内刚"型增强纤维材料。

碳纤维的微观表面是分子级细孔，而内部是中空的，管直径大约为 10nm，比表面积很大，当 H_2 从碳纤维表面进入内部时可以在这些孔中凝聚，因此具有超级储氢能力。

3）碳纳米管吸附储氢：碳纳米管的微观结构如图 5-16 所示，它是一种一维量子材料，其径向尺寸为纳米量级，轴向尺寸却为微米量级，轴向尺寸与径向尺寸的比值很大，碳纳米管的两端基本上都封口。该管的管壁是由六边形排列的碳原子构成单元层，随后该单元层进行数层到数十层的叠加以组成管壁。层与层之间的距离恒定，约为 0.34nm，碳纳米管的直径一般为 2～20nm。由于碳纳米管的微观结构在一个维度方面较大，因此被视为是一种一维纳米材料。

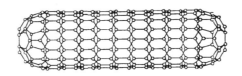

图 5-16　碳纳米管的微观结构示意图

（2）金属-有机骨架材料储氢

金属-有机骨架（MOF）材料是一种微孔网络结构的配位聚合物，它由金属离子与含氧、氮等的多齿有机配体自组合形成。目前 MOF 材料的配体主要以含羧基有机阴离子配体为主，或与含氮杂环有机中性配体共同使用。MOF 材料多数具有好的化学稳定性及高的孔隙率。人们可以通过修饰有机配体，达到调控聚合物的孔道尺寸的目的。正是由于 MOF 材料的比表面积大、孔隙率高、孔结构可控、化学性质稳定的特点，其作为固态储氢材料的潜力也被挖掘出来。然而，MOF 储氢目前还处于研究阶段，距实际应用还有一定的问题待解决。

5.3.3.2　化学吸附储氢

1. 化学吸附储氢的基本原理

化学吸附储氢的过程为金属首先通过物理作用将氢分子吸附在表面，然后被吸附氢原子逐个扩散进入金属晶胞中（通常进入晶胞的间隙位置），进入晶胞中的氢原子通过和金属原子键合形成固溶体或有序的氢化物结构，以此实现氢的存储。这种方法的缺点是必须拆分或重组氢分子与吸附材料形成的化学键，使得化学储氢脱氢过程需要移除或提供热量。

2. 化学吸附储氢材料

（1）金属单质

镁（Mg）是较为常见的金属单质储氢材料。金属镁不仅具有价格低、质量轻、储氢无污染的特点，还由于其是我国优势矿产资源（储量、产量、出口量均居世界首位），是被我国研究人员寄予厚望的金属储氢单质材料。镁氢化合物（MgH_2）的质量储氢密度达到 7.6%，体积储氢密度达到 110g/L，能量密度为 9MJ/kg，具有商业化储氢的应用潜力。金属镁储氢的优势在于其吸氢过程极易发生，吸氢后形成稳定的化合物 MgH_2，并放出大量的热；但是其缺点在于放氢温度高，放氢动力学差，在 1atm 下，MgH_2 的放氢过程通常要在 350℃ 以上才能完成。

金属钛也可以与氢形成稳定化合物，该化合物为 TiH_2，是一种暗灰色粉末或结晶。TiH_2 的晶体结构与 CaF_2 类似，属于立方晶系。TiH_2 的放氢条件很苛刻，其在 400℃ 下缓慢分解，若要实现完全脱氢，需要在真空环境中加热到 600~800℃。由于 TiH_2 的放氢性能不理想，故多将金属 Ti 与其他金属，如 Fe、Cr、Mn 等过渡金属进行合金化后作为储氢材料。

（2）合金

储氢合金能够在一定的温度和压力条件下，吸收氢气生成金属氢化物，若将其加热，金属氢化物又能够分解，将氢气放出。目前常见的储氢合金有镁系 A_2B 型、TiFe 系 AB 型、Zr 系 AB_2 型 Laves 相合金等。

镁系 A_2B 型储氢合金的典型代表是 Mg_2Ni，其理论储氢容量可达到 3.6%，且价格较稀土系 AB_5 型和 AB_2 型 Laves 合金具有优势。Mg_2Ni 合金的主要问题是采用熔炼法制备时，由于 Mg 和 Ni 的熔点相差过大（分别为 649℃ 和 1455℃），不易控制其形成。因此，人们往往采用不同的方法制备 Mg_2Ni 合金以改善其储氢性能。

AB 型储氢合金的典型代表为 TiFe 合金。TiFe 合金储氢材料的优点为：TiFe 合金活化后，在室温下能可逆地吸放氢，吸氢量的理论值约为 1.86%，且形成氢化物后仅需几个标准大气压即可分解，很接近工业应用；同时由于 Fe 和 Ti 的价格便宜，使用成本低，受到工业应用的青睐。但 TiFe 合金储氢目前也面临一些问题，例如，TiFe 合金需要活化后才能达到其最佳储氢效能，但是其活化较为困难，往往需要多次的活化过程；TiFe 合金在 CO、CO_2 等气体杂质的存在下易中毒，因此对于 H_2 的纯度有一定的要求，这些问题在一定程度上影响了此类合金的实际应用。

Zr 系 AB_2 二元合金中，A 原子和 B 原子的半径之比接近 1.2，因而形成密堆排列的 Laves 相结构，故该类合金也被称之为 AB_2 型 Laves 相合金。在合金中 A 原子和 B 原子相间排列，其晶体结构具有很高的对称性及致密度。Ti-Cr 基储氢合金形成的典型氢化物组成为 $TiCr_2H_{3.6}$，质量储氢密度接近 2.5%，若使该合金达到最高吸氢量，其相应的氢化物组成为 $TiCr_2H_{5.3}$，此时质量储氢密度可达 3.6%。另一种 Zr-Fe 基储氢合金具有吸氢压力极高的特点，如 $ZrFe_2$ 在 6MPa 下的吸氢量仅为 0.07%，曾一度被认为是非吸氢材料，直到后来发现 $ZrFe_2$ 合金在 373K、1080MPa 氢压的条件下才能开始吸氢，且该合金在该温度下的平台氢压高达 340MPa。此类储氢合金有望在降低平台氢压后用于复合储氢系统。

5.4　氢储能应用

5.4.1　燃料电池

燃料电池被誉为是最安全、高效、理想的氢能利用方式。其工作的基本原理是电解水制氢的逆反应，反应产物环境友好，反应过程直接产生电能，由于电能的转化不受卡诺循环限制，故其转化效率高。

1. 基本反应

氢燃料电池发电原理如图 5-17 所示。氢燃料电池发电是氢气的氧化反应，该反应通过燃料电池将化学能转化成电能。在燃料电池阳极发生的反应如式（5-23），原料氢分子在催化剂的作用下反应生成电子和能够扩散通过电解质（或电解质膜）的质子，反应生成的电子在外电路做功后回到阴极，而反应生成的质子则通过电解质（或电解质膜）到达阴极。

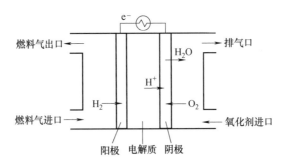

图 5-17 氢燃料电池工作原理

阳极：燃料 H_2 发生氧化反应，放出电子，即

$$H_2 \rightarrow 2H^+ + 2e^- \tag{5-23}$$

在燃料电池阴极发生的反应如式（5-24），该反应是原料氧气的还原反应。氧气分子在催化剂的作用下与阳极穿透过来的质子以及从外电路传导过来的电子结合生成水，该反应是一个放热反应。

阴极：释放的电子通过外电路到达燃料电池的另一极，并和穿过电解质的质子一起将 O_2 还原成水，即

$$\frac{1}{2}O_2 + 2e^- + 2H^+ \rightarrow H_2O \tag{5-24}$$

总反应

$$H_2 + \frac{1}{2}O_2 \rightarrow H_2O \tag{5-25}$$

普通电池如铅酸电池、锂电池等是储能装置，可以先将电能存储起来，待需要电能时再释放；而氢燃料电池是一种发电装置，其将化学能直接转化为电能，转化没有热过程，不受卡诺循环的限制，能量转换率可达 60% ~ 80%。此外，燃料电池发电过程污染少、噪声小，还可以根据使用需求选择系统的大小，使用灵活性高。

2. 反应热

氢燃烧是一个放热过程，而式（5-25）与氢燃烧的化学反应式相同，意味着该反应会放出热量，即

$$H_2 + \frac{1}{2}O_2 \rightarrow H_2O + 热 \tag{5-26}$$

放出的热量可以通过化学反应焓进行计算。由于反应热（或焓）是化学反应产物与反应物生成热之间的差值，则对于式（5-26）而言，其化学反应焓可表示为

$$\Delta H = (H_f)_{H_2O} - (H_f)_{H_2} - \frac{1}{2}(H_f)_{O_2} \tag{5-27}$$

在 25℃时, 形成液态水的热量为-286kJ/mol, 且由于稳定单质的标准生成焓为 0, 则

$$\Delta H = (H_f)_{H_2O} - (H_f)_{H_2} - \frac{1}{2}(H_f)_{O_2} = -286kJ/mol \tag{5-28}$$

故式 (5-26) 可表示为 (仅在 25℃时有效)

$$H_2 + \frac{1}{2}O_2 \longrightarrow H_2O + 286kJ/mol \tag{5-29}$$

燃料电池从氢中可以提取的最大能量 (即输入最大能量) 用氢的发热值表示。但是由于化学反应产生了熵的变化, 燃料电池并不能将所有输入能量转换成电能。化学反应熵的变化可以表示为

$$\Delta S = (S_f)_{H_2O} - (S_f)_{H_2} - \frac{1}{2}(S_f)_{O_2} \tag{5-30}$$

表 5-6 是在 25℃、1atm 下, 燃料电池反应物和产物形成的焓与熵, 将表 5-6 所示数值代入式 (5-30) 中, 可计算得到不能转换成电能的能量约为 48.7kJ/mol, 其余约 237.3kJ/mol 的能量可以转换成电能。

表 5-6 燃料电池反应物和产物形成的焓与熵 (在 25℃、1atm 下)

	$H_f/(kJ/mol)$	$S_f/[kJ/(mol \cdot K)]$
H_2	0	0.13066
O_2	0	0.20517
$H_2O(l)$	-286.02	0.06996
$H_2O(g)$	-241.98	0.18884

3. 理论电动势

一般情况下, 电功可以用电荷与电动势表示为

$$W_{el} = qE \tag{5-31}$$

式中, W_{el} 为电功 (J/mol); q 为电荷 (C/mol); E 为电动势 (V)。

每消耗 1mol 氢时, 可以由反应方程式 (5-23) ~ 式 (5-25) 计算燃料电池反应中转移的总电荷量:

$$q = nN_{Avg}q_{el} \tag{5-32}$$

式中, n 为每个氢分子的电子数 (等于 2); N_{Avg} 为阿伏伽德罗常数 (6.02×10^{23} 个/mol); q_{el} 为 1 个电子的电荷量 (1.6×10^{-19} C)。

因此, 可得在 25℃时, 氢氧燃料电池的理论电动势为 1.23V。

例 5-3 已知 25℃时, $H_2O(l)$ 的标准摩尔生成焓和标准摩尔生成吉布斯函数分别为-286kJ/mol 和-237.3kJ/mol。计算在氢氧燃料电池中进行下列反应时, 电池的电动势。

$$H_2(g, 100kPa) + \frac{1}{2}O_2(g, 100kPa) = H_2O(l)$$

解：燃料电池中产生的最大电能对应于吉布斯自由能，即

$$W_{el} = qE = -\Delta G$$

由式（5-31）可得，燃料电池的理论电动势为

$$E = \frac{-\Delta G}{nN_{Avg}q_{el}} = \frac{237300\text{J/mol}}{2 \times 6.02 \times 10^{23} \times 1.6 \times 10^{-19}\text{As/mol}} \approx 1.23\text{V}$$

4. 理论效率

可以用输出能量与输入能量之比来定义燃料电池的能量转换效率。其中输出能量指的是经燃料电池反应所产生的电能，而输入能量为氢的焓，即氢的高热值。假定所有的吉布斯自由能均能转化为电能，则燃料电池的最大可能效率为

$$\eta = \frac{\Delta G}{\Delta H} = \frac{237.34}{286.02} = 83\% \tag{5-33}$$

若定义 N_{Avg} 与 q_{el} 的乘积为法拉第常数 F，则式（5-33）也可写成

$$\eta = \frac{-\Delta G}{-\Delta H} = \frac{\dfrac{-\Delta G}{nF}}{\dfrac{-\Delta H}{nF}} = \frac{1.23}{1.482} = 83\% \tag{5-34}$$

式中，$\dfrac{-\Delta G}{nF} = 1.23\text{V}$ 是电池的理论电动势；$\dfrac{-\Delta H}{nF} = 1.482\text{V}$ 是对应于氢的高热值时的电动势或热平衡电动势。

上述燃料电池的能量转换效率是将氢的高热值作为输入能量计算得到的。然而，由于通常对于内燃机效率的计算是基于燃料的低热值，因此也可以用氢的低热值来计算燃料电池的理论效率最大值，以此来与内燃机的性能做比较。若以氢的低热值作为能量输入，燃料电池的效率将表示为

$$\eta = \frac{\Delta G}{\Delta H_{LHV}} = \frac{228.74}{241.98} = 94.5\% \tag{5-35}$$

需注意，在表示能量转换装置的效率时，利用低热值和高热值均恰当，但需要指出所利用的是哪一种热值。

5. 工作温度

一般情况下，工作温度越高，燃料电池的电动势越大，但对于不同类型的燃料电池，都有一个最佳工作温度。常见燃料电池的最佳工作温度在80℃左右，在该工作温度以上，可能会使燃料电池的性能下降。尽管如此，PEM燃料电池并不需要加热到工作温度才能工作，它甚至可以在低于0℃的条件下工作，只是该条件下不能达到其最大额定功率。诸多汽车生产厂家已开展温度低至-30℃时燃料电池的适应和冷启动能力的研究工作，以验证燃料电池汽车在如北方冬季环境下使用的可能性。

电解质膜决定了燃料电池的工作温度上限。常见PEM燃料电池的工作温度不超过90℃，这是因为普遍使用的全氟磺酸离子聚合物膜（PFSA膜）的玻璃化转变温度在100℃左右。不同类型的膜（如磷酸掺杂的聚苯并咪唑（PBI）膜）允许在140℃或者更高的温度下工作。

然而，作为电化学反应的副产物，燃料电池还会产生热量。为了使燃料电池在合适的温度条件下工作，需要将多余的热量排出系统。热量排出一般使用表面传导、对流耗散及外加循环系统冷却的方法。

6. 燃料电池的特点

燃料电池是一项具有前景的能源技术，与传统能量转换技术相比，其具有以下特点：

1）效率高于热电装置。热电装置利用燃烧热发电，受到卡诺循环的限制，其发电效率极度依赖温差。而燃料电池是化学能直接转化为电能，不受卡诺循环限制，且在相对低的温度下也有更高的发电效率。因此燃料电池受到汽车领域的青睐。

2）发电规模可调。在热发电过程中，为了减少散热损失提高发电效率，其发电规模往往很大，因而多用于集中式发电。但燃料电池不是热发电，小型化也能具有高效率，因此其发电规模可大可小，应用场景灵活，包括家用电源、非集中式发电等。

3）低排放或零排放。纯氢型燃料电池的排放仅为反应产物水及未参加反应的空气，可以实现零排放。该特点使其在当前能源背景下具有独特的优势。

4）构成模块化。燃料电池的电池组由电池模块层组成，因此可以通过改变层组数和模块数来满足不同的发电容量。构成模块化的特点使燃料电池进行发电容量设计与实施时较为容易。但是若模块组成过多，如模块数量达到上万个，其连续运行的可靠性及控制技术还待验证。

5）工作无噪声。燃料电池属于静止型发电装置。除鼓风机及泵外，基本没有移动部件，因此其振动及噪声较小。该特点使其在便携式电源、备用电源、潜艇等领域具有应用潜力。

即使燃料电池有上述诸多特性，但目前仍存在一些问题，如使用成本高、性能有缺陷（如水管理、氢渗透）、使用寿命待提高等。因此，促进燃料电池的市场化应用还需从燃料电池材料、部件与系统三个方面进行协同创新与改进。

5.4.2 典型应用案例

1. 案例一

作为全球首款量产的氢燃料电池轿车，丰田公司的 Mirai（中文名：未来）自 2014 年亮相以来就一直备受关注。Mirai 汽车是一款以搭载燃料电池系统为核心的三厢电动轿车，采用了丰田汽车公司最新的燃料电池技术及混合动力电驱动力系统，其以高压氢气作为动力能源，除了能实现静音零排放行驶外，具有很好的加速性能和稳定的操控性。Mirai 搭载的燃料电池系统使其即使在−30℃室外停车也能进行冷启动，启动 35s 和 70s 后，燃料电池输出功率可以分别达到 60% 和 100%；在日本机动车燃油排放标准 JC08 的工况下，Mirai 的氢储量可以支持 700km 续驶里程。

Mirai 轿车的动力系统技术方案及相关参数如图 5-18 所示，该系统由燃料电池堆栈、动力电池（辅助电源）、2 个 70MPa 的高压储氢罐、驱动电机、动力控制单元和燃料电池升压器 6 大部件组成。作为行业最高水平的代表，Mirai 采用了诸多燃料电池的核心技术，如使用薄膜钛双极板电堆代替碳双极板电堆、使用 PtCo 催化剂以减少 Pt 的用量、进一步减小质子交换膜的厚度、采用 3D 网络流场、配备特殊的高压储氢罐加固方式等，使 Mirai 的动力系统集成获得了优异的综合性能。同时其高压氢的安全性和加注设备具有独立的安全标准，安全性较好。

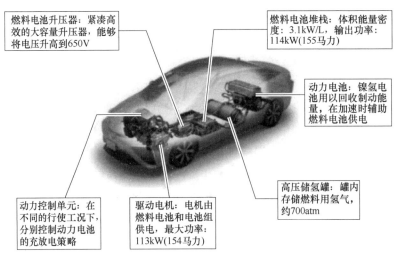

燃料电池升压器：紧凑高效的大容量升压器，能够将电压升高到650V

燃料电池堆栈：体积能量密度：3.1kW/L，输出功率：114kW(155马力)

动力电池：镍氢电池用以回收制动能量，在加速时辅助燃料电池供电

动力控制单元：在不同的行使工况下，分别控制动力电池的充放电策略

驱动电机：电机由燃料电池和电池组供电，最大功率：113kW(154马力)

高压储氢罐：罐内存储燃料用氢气，约700atm

图 5-18　燃料电池汽车 Mirai 的动力系统技术方案及参数

同样是电动汽车的翘楚，Tesla 锂离子电池汽车 Model 3 与 Mirai 的性能参数对比见表 5-7。与 2019 款 Tesla Model 3 相比，Mirai 的重量比 Model 3 大 14%左右，续驶里程比 Model 3 长约 9%，且由于氢燃料电池的能量密度高于锂离子电池，故燃料电池汽车在续驶能力方面还有潜力可挖掘。Mirai 百公里消耗 H_2 约为 1kg，而 Model 3 百公里耗电约 13kWh，从目前市场价格来计算，Mirai 的使用经济性尚不如 Model 3，但随着氢能汽车及加氢站的普及，氢能汽车的使用经济性有望下降。Mirai 及 Model 3 最大的差异在于燃料的补给时间，Mirai 完成氢气加注的时间在 3min 内，而 Model 3 完成充电的时间需要 8h 以上，即便使用快充也至少需要 4h。因此，从续驶能力和燃料补给速度两方面来看，燃料电池汽车具有优势，有望在未来成为新能源汽车的主流。

表 5-7　燃料电池汽车 Mirai 和锂离子电动汽车 Tesla Model 3 的主要参数对比

	Mirai	Tesla Model 3
外观尺寸（长/mm×宽/mm×高/mm）	4890×1815×1535	4694×1850×1443
整备质量/kg	1850	1611
最高车速/(km/h)	175	225
0~100km/h 加速时间/s	9.6	5.6
常规加氢（充电）时间/min	3	>480
续驶里程数/km	502	460
发动机功率/kW	114	175
储氢量（电池容量）	5kg H_2（相当于约 80kWh）	60kWh

2. 案例二

如图 5-19 所示，青海大学梅生伟教授团队在青海大学校内开展了光伏电解水制氢-储氢-

氢能综合利用的示范研究。系统制出的氢气通过燃料电池,将燃料电池产生的电能和热能供给人居环境使用;当人居环境负荷较低时,电解制出的氢气经过缓冲罐增压并存储至储氢瓶组;当有车辆需要加氢时,氢气经过高压管道输送至加氢机对车辆进行加注。该示范系统实现了清洁能源的综合利用,即系统的能量输入仅为太阳能和水,输出包括冷、热、电、燃料,输出能量可以满足人居、交通的使用,且整个过程没有任何污染及碳排放。

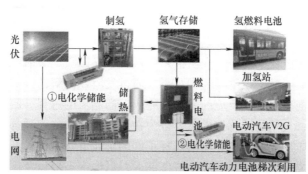

a) 系统设计组成图

b) 光伏制氢热电联供系统实物图

图 5-19　位于青海大学内的光伏电解水制氢-储氢-氢能综合利用的示范系统

上述系统的电能来源为校内 50kW 的多功能光伏电站;制氢单元的制氢能力为 $3Nm^3/h$,单位制氢直流电耗低至 $4.28kWh/Nm^3$,氢气纯度达到 99.999%,系统在 50%~110% 功率波动范围内,工作压力、工作温度、单位氢气直流电耗、氢气纯度等指标均稳定;燃料电池功率为 2kW,人居环境的负荷种类为照明、取暖及直流电机;储氢瓶组压力为 45MPa,加注压力为 35MPa,制氢加氢规模 ≥15kg(每三天)。

5.5　总结与展望

本章介绍了氢储能的基本概念、作用、特点、类别。在氢的上游制备中介绍了氢的制备及纯化原理;在氢的中游储运中介绍了氢气的存储原理;最后在下游应用中介绍了氢能在交通及储能方面的利用案例。

氢能具有储量丰富,燃烧热值高,可存储,可转化形式广的优点。氢的热值高于所有化石、化工和生物燃料。与电、热的大规模存储相比,氢能可以以高压气态、低温液态和金属氢化物的形式存储,以此适应不同的储运及应用环境要求。与化石燃料只能通过燃烧利用的方式不同，氢能可以通过燃烧、催化产热、化学产热、电化学产电等不同的转化方式进行应用，具有多转换性的特点。

氢气的制备可以分为化石能源重整制氢、电解水制氢、新型制氢三类技术。化石能源重整制氢是目前制氢的主流技术，可分为煤气化制氢、天然气水蒸气重整制氢、重油制氢。煤气化制氢以煤或煤焦为原料、以水蒸气作为气化剂，在高温高压下进行化学反应将原料中的可燃部分转化为氢气，它是一个煤炭的热化学加工过程；天然气中的主要成分为甲烷（CH_4），常采用水蒸气与甲烷反应，先生成合成气，再经化学转化与分离，制备氢气；重油制氢以重质油为原料，碳氢化合物通过与氧气、水蒸气反应生成氢气和碳氧化合物；电解水制氢的基本原理为通过电化学反应，在阴极产生氢气，在阳极产生氧气。新型制氢技术包括生物制氢及光催化制氢两类，生物制氢中，可以通过发酵或热解的方式制备氢气，而光催化制氢是利用光子能量推动水分解反应的发生，完成电离制氢的过程。制备出氢气后，还需将其进行纯化才能使用，氢气的纯化技术主要分为物理法、化学法、膜分离法三类，各分离方法的特点不同，根据应用场景及使用需求选择不同的纯化方法。

氢能的中游储运方式可分为氢的高压气态储运、低温液态储运及固态储运三类。高压储运是先将氢气加压，随后装在高压容器中，使用牵引卡车或船舶进行输送，该储运方法在技术上较为成熟。液氢的质量储氢效率比高压气态储氢高，适宜存储空间和质量有限的运载场合，但液氢容易蒸发，需在储运时做好绝热。固态储氢性能与材料息息相关，根据固态储氢的机理不同，可以分为物理吸附储氢和化学吸附储氢两类，常见储氢材料包括碳材料、金属-有机骨架材料、金属单质、合金等。由于盐穴储氢具有低的渗透率、良好的蠕变、低的垫气量等特点，是储氢的新途径之一。近年来如英国（Teesside 盐穴）、美国（Clemens 盐穴、Moss Bluff 盐穴）已开展了盐穴储氢的相关应用，中盐集团联合青海大学梅生伟教授团队在国内也开展了相关的研究。

氢能应用具有多转换性的特点，应用的主要方式有直接燃烧、通过燃料电池转化为电能和化学反应。目前，关于氢能应用的新兴技术也如雨后春笋般涌现出来，如中国科学院大连化学物理研究所的李灿院士团队利用太阳能产生的电能用于电解水产生"绿色"氢能，并将二氧化碳加氢转化为"绿色"甲醇等液体燃料，科学家们把这种太阳能变成液体燃料的过程，形象地称为"液态阳光"，液态太阳燃料合成提供了一条减排二氧化碳，以及新能源到绿色液体燃料生产的全新途径。近年来提出天然气混氢输送成为了氢能应用的新方案。该应用方案提出不新建庞杂的氢气输送管道，而是将氢气混入现有的天然气管道设施中进行运输，不仅可以减少对天然气的使用量，还可以避免高成本的管道建设，是解决氢气规模化运输的新思路。此外，对于氢能的综合利用，还可以全方位的考虑，如青海大学梅生伟教授团队提出在青海省龙羊峡水库开展光-水-氢-渔协同能源生态系统，将电解制氢过程中的副产品氧气应用于冷水鱼养殖中，这样氢能不仅可以作为光伏及水电的储能系统，还可以为水产养殖业提供相应的资源，一举多得。

习　题

5-1　试根据氢原子的基态能级，计算每摩尔氢原子的电离能。

5-2　简述氢能的特点。

5-3　简述氢储能的作用。

5-4 简述氢储能的主要环节及其特点。

5-5 试问挑战者号航天飞机上使用氢的物理状态，并简述该状态起什么作用。

5-6 在天然气水蒸气重整制氢中，在 400K、800K、1200K 温度下，试分别判断制备合成气的反应能否自发进行（不同温度下标准吉布斯自由能见表 5-8）。

表 5-8 不同温度下标准吉布斯自由能

类别	ΔG_f^0（400K）/（kJ/mol）	ΔG_f^0（800K）/（kJ/mol）	ΔG_f^0（1200K）/（kJ/mol）
CO	−146.4	−182.5	−217.8
H_2O	−224.0	−203.6	−181.6
CH_4	−42	−2.1	41.6

5-7 TiO_2 是常用的光催化制氢材料，已知 TiO_2 的带隙为 3.2eV，试求太阳光谱中 TiO_2 的光波长吸收限，并提出一种可以拓宽其吸收限的方法。

5-8 在变压吸附纯化氢气的过程中，假设吸附剂的热导率较小，吸附热和解吸热引起的床层温度的变化不大，可以将其看成是等温过程。试设计至少 2 种吸附-解吸工艺。

5-9 试问化学吸附与物理吸附之间的区别。

5-10 在高压气态储氢中，若储氢罐的瓶压是 20MPa，体积为 50L，试计算其在 300K 时，可以存储的氢气的质量为多少 kg。

5-11 不同气体的 Joule-Thomson 系数如图 5-20 所示，试问在多少温度下，可以通过节流膨胀对氢气降温，并分析原因。

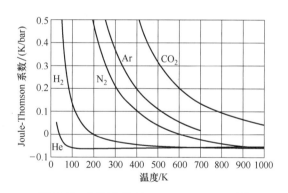

图 5-20 不同气体的 Joule-Thomson 系数

5-12 根据固态材料储氢的原理，可分为物理吸附储氢材料和化学吸附储氢材料，试问每一类中的固态储氢材料都有哪些。

参 考 文 献

［1］ J Zhang，P Chen，B Yuan，et al. Real-Space Identification of Intermolecular Bonding with Atomic Force Microscopy［J］. Science 2013，342：611-614.

［2］ 华志刚. 储能关键技术及商业运营模式［M］. 北京：中国电力出版社，2019.

［3］ 毛宗强，毛志明，余皓，等. 制氢工艺与技术［M］. 北京：化学工业出版社，2019.

［4］ 王艳艳，徐丽，李星国. 氢气储能与开发利用［M］. 北京：化学工业出版社，2017.

［5］ 肖楠林，叶一鸣，胡小飞，等. 常用氢气纯化方法的比较［J］. 产业与科技论坛，2018，18：66-69.

［6］ 蔡昊源. 电解水制氢方式的原理及研究进展［J］. 环境与发展，2020，32（5）：119-121.

［7］ Tapan Bose，Pierre Malbrunot，Pierre Bénard，et al. 图说氢能［M］. 肖金生，蔡永华，叶锋，等译. 北京：机械工业出版社，2017.

［8］ Yuda Yürüm. Hydrogen Energy System：Production and Utilization of Hydrogen and Future Aspects［M］. Berlin：Springer，1994.

［9］ Robert A. Huggins. Energy Storage［M］. Berlin：Springer，2010.

［10］ Aline Léon. Hydrogen Technology：Mobile and Portable Applications［M］. Berlin：Springer，2008.

［11］ Frano Barbir. PEM 燃料电池：理论与实践［M］. 李东红，连晓峰，等译. 北京：机械工业出版社，2016.

［12］ Bent Sørensen. 氢与燃料电池——新兴的技术及其应用［M］. 隋升，郭雪岩，李平，等译. 北京：机械工业出版社，2019.

［13］ 衣宝廉，等. 燃料电池的燃料电池车发展历程及技术现状［M］. 北京：科学出版社，2018.

［14］ 俞红梅，邵志刚，侯明，等. 电解水制氢技术研究进展与发展建议［J］. 中国工程科学，2021，23（2）：146-152.

［15］ 毛宗强，等. 氢安全［M］. 北京：化学工业出版社，2020.

［16］ 吴朝玲，李永涛，李媛，等. 氢气储存和运输［M］. 北京：化学工业出版社，2020.

［17］ Gabriele Zini，Paolo Tartarini. 太阳能制氢的能量转换、储存及利用系统——氢经济时代的科学和技术［M］. 李朝升，译. 北京：机械工业出版社，2015.

［18］ 章俊良，蒋峰景. 燃料电池——原理·关键材料和技术［M］. 上海：上海交通大学出版社，2014.

［19］ Bei Gou，Woon Ki Na，Bill Diong. 燃料电池模拟、控制和应用［M］. 刘通，译. 北京：机械工业出版社，2011.

［20］ 李彩彩. 基于镍、钴、钼纳米结构的合成及其电解水性能研究［D］. 武汉：华中科技大学，2018.

［21］ 李树钧，吕家欢. 重油制氢［J］. 石油炼制与化工，1981（10）：32-41.

［22］ 本间琢也，上松宏吉. 绿色的革命：漫话燃料电池［M］. 乌日娜，译. 北京：科学出版社，2011.

［23］ 毛宗强. 氢能——21 世纪的绿色能源［M］. 北京：化学工业出版社，2005.

［24］ ［日］氢能协会. 氢能技术［M］. 宋永臣，宁亚东，金东旭，等译. 北京：科学出版社，2009.

［25］ Aziz Muhammad. Liquid Hydrogen：A Review on Liquefaction，Storage，Transportation，and Safety［J］. energies 2021，14（18）：5917.

［26］ 汪洋. 高效便捷的氢能［M］. 兰州：甘肃科学技术出版社，2014.

［27］ Roger E Lo，符锡理. 液氢的贮存、输送、检测和安全［J］. 国外航天运载与导弹技术，1986（4）：28-41.

［28］ 李永恒，陈洁，刘城市，等. 氢气制备技术的研究进展［J］. 电镀与精饰，2019，41（10）：22-27.

［29］ 张全国，尤希凤，张军合. 生物制氢技术研究现状及其进展［J］. 生物质化学工程，2006（1）：27-31.

［30］ 吕维强. 石墨烯的电化学储氢性能及其理论计算［D］. 哈尔滨：哈尔滨工业大学，2009.

［31］ 潘昌盛. Zr 基金属氢化物的氢气纯化及回收性能研究［D］. 北京：北京有色金属研究总院，2015.

［32］ 郑传祥. 复合材料压力容器［M］. 北京：化学工业出版社，2006.

［33］ 谭琦. 碳镁储氢材料控制性制备及放氢动力学的研究［D］. 青岛：山东科技大学，2009.

［34］ 刘美琴，李奠础，乔建芬，等. 氢能利用与碳质材料吸附储氢技术［J］. 化工时刊，2013，27（11）：35-38.

［35］ 曹殿学. 燃料电池系统［M］. 北京：北京航空航天大学出版社，2009.

主要符号表

拉丁字母符号	
p	气体压强 [Pa]
V	体积 [m³]
n	物质的量 [mol]
R	气体常数 [8.314J/(K·mol)]
d_w	高压储氢罐壁厚 [m]
d_0	储氢罐外径 [m]
S	表面积 [m²]
H_f	焓 [kJ/mol]
S_f	熵 [kJ/(mol·K)]
h	普朗克常数 $6.62607015×10^{-34}$ J·s
希腊字母符号	
σ_V	抗拉强度 [Pa]
μ	Joule-Thomson 系数 [K/Pa]
η	燃料电池效率
ε	超电动势 [V]
ε_c	阴极活化势垒 [V]
ε_a	阳极活化势垒 [V]
ν	电磁波频率 [Hz]

第6章 储热技术

能源是人类生存的命脉，也是社会发展的动力。如图 6-1 所示，自然界中可直接利用的能源主要有风能、水能、燃料化学能、太阳能、地热能、生物质能以及核能等，其中除了风能和水能可以机械能的形式直接被利用，太阳能可通过光电效应直接转化为电能被使用，化学能中的氢能可通过燃料电池直接转化为电能以外，其他一次能源的利用均需经历热能的转化。从图中还可看出，热能的利用形式主要有两种：一是直接利用，即将热能直接用于加热物体，如供暖、烹饪、熔炼等；二是间接利用，最典型的形式为热能先转化为机械能，而后再转化为电能。据统计，世界上以热能形式被利用的一次能源占总一次能源的 85% 以上，因此，热能的利用对世界发展有着重要意义。

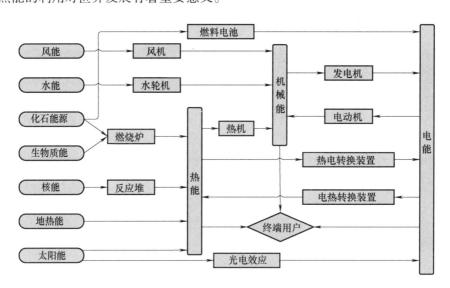

图 6-1 一次能源的利用过程

人类最早对热能的利用来源于火。希腊神话中为人类取得火种的普罗米修斯被视为英雄。在山西风陵渡西侯度村出土的距今 180 余万年的旧石器时代遗址中，考古人员发现了若干烧骨，这是人类历史上最早关于使用火的记录。在人类发展漫长的历史中，火或者说热能的使用，通常都用于取暖、烹饪、熔炼工具等，而在这些时期，人类的动力来源通常还是来自于人力、畜力、水力、风力等自然动力。直到 18 世纪，人类才首次开始研究热能和动力之间转换的理论及实践工程，其中英国工程师瓦特发明的蒸汽机是这一时期所有发明中的集大成者。瓦特蒸汽机的成功昭示着人类步入了蒸汽时代，以英国为代表的西方国家也开始了第一次工业革命，自此至今，利用热能来驱动的各种动力装置一直在人类发展中扮演了举足轻重的角色。

当今世界正处于新能源逐步替代传统化石能源的关键时期，对于一个需要供给或输出热能的系统，新能源的波动对该系统供给或输出热能的稳定性及可靠性有着极大的影响，在此背景下，储热技术应运而生并在近几十年取得了长足的发展。本章内容将围绕储热技术展开，6.1 节介绍储热技术概述并引出三种主要的储热技术，6.2 节介绍系统学习储热技术所需的基础理论，6.3~6.5 节分别介绍三类储热技术的工作原理、工作特性及典型应用案例。

6.1 储热技术概述

6.1.1 基本概念

储热技术是以储热材料为媒介将太阳能光热、地热、工业余热、低品位废热等热能加以存储并在需要时释放，力图解决由于时间、空间或强度上的热能供给与需求间不匹配所带来的问题，最大限度地提高整个系统的能源利用率而逐渐发展起来的一种技术。

早在 1896 年，美国托莱多市的工程师 Homer T. Yaryan 就为其所在的区域供热站安装了一个储热罐。一个典型的储热系统如图 6-2 所示，在充热阶段（通常是能量供大于求时），热源将热量充入由储热介质构成的储热装置中；在放热阶段（通常是能量供小于求时），热量被储热装置释放并提供给用户。

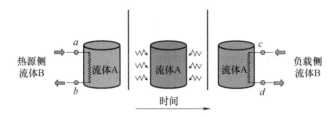

图 6-2 典型储热系统的示意图

6.1.2 储热技术的分类

储热技术的分类方法有很多，如根据温度可分为中低温储热和高温储热，而根据原理可分为显热储热、潜热储热以及热化学储热，本章将采取后一种分类方法对三种储热技术进行介绍，如图 6-3 所示。

6.1.2.1 显热储热

显热储热是指储热介质的温度随着热能的存储和释放而升降且介质不发生相变的储热技术。在显热储热中，存储的热能的值（Q_s）与储热介质总质量（m），介质定压比热容（c_p），以及储热前后的介质的温差（ΔT）有关，即

$$Q_s = mc_p\Delta T = V\rho c_p\Delta T \tag{6-1}$$

式中，V 和 ρ 分别为储热介质的体积和密度。

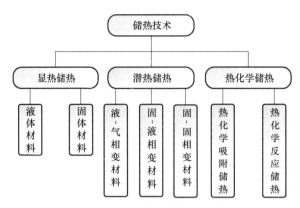

图 6-3　本章采用的储热技术分类方法

式（6-1）中，和储热介质所选用的材料直接相关的物理量为密度和定压比热容，因此这两者的乘积是选择显热储热材料时的重要参数。

6.1.2.2　潜热储热

和显热储热技术相比，潜热储热技术最大的不同在于储热介质在经历热能的存储和释放时介质将发生相变。在潜热储热技术中，相变通常发生在等温或近似等温的条件下，且通常为液相和固相的相互转化。以熔化过程为例，当储热介质吸热时将由固态变为液态。由于大量潜热的存在，潜热储热的储热密度要高于显热储热。

用于潜热储热技术的材料被称为相变材料，与显热储热不同，相变材料在储热时将经历三个阶段的变化：

1）从起始温度（$T_{initial}$）升温到熔化温度（T_{melt}），材料保持固相，这一过程存储显热。

2）在熔化温度（T_{melt}）下完成相变，材料由固相变为液相，这一过程存储潜热。

3）从熔化温度（T_{melt}）升温到终温（T_{final}），材料保持液相，这一过程继续存储显热。

上述三个过程由数学公式可描述为

$$Q_L = m(c_{p,s}(T_{melt}-T_{initial}) + c_{p,l}(T_{final}-T_{melt}) + h_l) \tag{6-2}$$

式中，Q_L 为整个过程的储热量（kJ）；$c_{p,s}$ 和 $c_{p,l}$ 分别为相变材料在固相和液相时，温度变化范围内的平均定压比热容 [kJ/(kg·K)]；h_l 为相变温度下相变材料的潜热，潜热可理解为物质在相变过程中比焓的变化，因此与比焓有着相同的量纲，单位为 kJ/kg。式（6-2）同样可用于描述液相-气相的相变过程。

6.1.2.3　热化学储热

热化学储热是近年来兴起的一种新的储能技术，该技术利用可逆的化学吸附或化学反应进行热量的存储与释放。相比于显热储热和潜热储热，其储热密度更大，储热时间更长。由于热量以化学能的形式存储，因此存储过程中几乎无热量损失，是一种极具潜力的热量存储方式。

热化学储热中，储热材料发生热化学反应的通式可表示为

$$C_1C_2 + Q_C \Longleftrightarrow C_1 + C_2 \tag{6-3}$$

上述过程在化学中被称为吸热反应，在吸热反应中，反应物（C_1C_2）由于热能（Q_C）的输入而分解为 C_1 和 C_2，该反应的逆反应即为放热反应。

例 6-1 将 25℃、1kg 水在标准大气压（101kPa）下定压加热到 150℃，试问在此过程中水共经历了哪几种状态？一共吸收了多少热量？

解： 根据水的物性表可查得水在标准大气压下的汽化温度为 100℃，因此在题目给定的过程中，水共经历 25~100℃ 的液态、100℃ 的饱和态以及 100~150℃ 的气态这三种状态。同样由物性表可查出，25~100℃ 液态水以及 100~150℃ 气态水的平均定压比热容分别为 4.21kJ/（kg·K）和 2.03kJ/（kg·K），而水在相变过程中的潜热为 2256.7kJ/kg，根据式（6-2），水吸收的总热量为

$$Q_L = 1 \times (4.21 \times (100-25) + 2.03 \times (150-100) + 2256.7)kJ = 2673.95kJ$$

6.1.2.4 三种储热技术的简要对比

显热储热、潜热储热和热化学储热所采用的材料、优劣势、技术成熟度以及研究重点都各有不同，表 6-1 从不同角度详细对比了上述三种储热技术，在后续的 6.3 ~ 6.5 节中，我们将逐一详细介绍这三种储热技术。

表 6-1 三种储热技术对比

	显热储热	潜热储热	热化学储热
储热材料	水、导热油、碎石、鹅卵石、土壤等	有机材料、无机材料	碳酸盐、氨水、金属氢化物、金属氧化物等
优势	环境友好 原材料价格低 系统相对简单，易于控制 可靠性佳	储热密度高于显热储热 可提供恒温的热能	储能密度最高 系统紧凑 热损可忽略
劣势	储热密度低 用于区域供热时占地空间大 存在自放热以及热损现象 投建成本高昂 受限于地质条件	相变材料费用高昂 热稳定性差 材料会出现结晶现象 材料会出现腐蚀现象	充放热过程较难控制 循环稳定性差
技术成熟度	高，已用于大规模示范电站	中，处于实验室示范到商业示范过渡阶段	低，处于机理分析、结构测试和实验室验证阶段
未来研究重点	储热系统运行参数优化 储热损失控制	新型相变材料开发 相变材料换热特性改进	储放热过程控制 储放热介质选择 结构优化

6.2 储热技术理论基础

6.2.1 热力学基础

本书 3.2 节介绍了用于分析压缩空气储能系统的一些基本热力学理论（包括热力学第一、第二定律以及理想气体热力过程等），由于储热系统与压缩空气储能系统之间原理及

运行模式的差异性，上述热力学理论无法直接应用于储热系统的热力学分析，本节将在3.2节的基础上从质量平衡、能量平衡、熵平衡以及㶲平衡四个角度介绍分析储热系统性能所需的热力学基础。

6.2.1.1 质量平衡

根据质量守恒定律，对于某开口系统，考虑动态工况时的质量平衡方程可表示为

$$\sum \dot{m}_{in} - \sum \dot{m}_{out} = \frac{dm_{sys}}{dt} \tag{6-4}$$

式中，$\dot{m}_{in}$、$\dot{m}_{out}$ 分别表示流进、流出系统的质量流量；m_{sys} 为系统内工质质量。

例 6-2 图6-4所示为一个用于回收、存储建筑废水的储罐，罐体总容积为 $2500m^3$。假设储罐内废水的初始体积为 $1000m^3$，在泵的作用下，废水以 $1.2m^3/min$ 的体积流量排入储罐，同时又以 $0.5m/s$ 的流速从直径为 $0.1m$ 的管道中排出，试求 $24h$ 以后储罐内废水的容积（水的密度始终为 $1000kg/m^3$）。

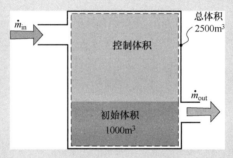

图 6-4 例 6-2 示意图

解： 令 $\dot{V}$ 表示体积流量，则将式（6-4）差分后可得

$$(\rho \dot{V})_{in} - (\rho \dot{V})_{out} = \frac{\left[(\rho V)_{final} - (\rho V)_{initial} \right]}{\Delta t}$$

由题目已知水的密度恒定，则上式可变为

$$V_{final} = (\dot{V}_{in} - \dot{V}_{out})\Delta t + V_{initial} = \left[\left(\frac{1.2}{60} \right) - \left(0.5 \times \pi \frac{0.1^2}{4} \right) \right] \times (24 \times 3600) m^3 + 1000 m^3 = 2389 m^3$$

6.2.1.2 能量平衡

3.2节给出了闭口系统和开口系统在稳态时的能量平衡方程，本节将介绍这两类系统在动态下的能量平衡方程。

1. 闭口系统

由于闭口系统没有工质流入、流出，因此其动态能量平衡方程为

$$\frac{d}{dt}(U) + \frac{d}{dt}(KE) + \frac{d}{dt}(PE) = (\dot{W}_{in} - \dot{W}_{out}) + (\dot{Q}_{in} - \dot{Q}_{out}) \tag{6-5}$$

式中，U、KE、PE 分别为系统的内能、动能及势能；$(\dot{W}_{in} - \dot{W}_{out})$ 与 $(\dot{Q}_{in} - \dot{Q}_{out})$ 分别代表系统与环境之间交换的功与热。

例 6-3 图 6-5 所示为世界上最古老的储热设备之一，该设备由岩石或砖块堆积而成，在白天日照充足时，该设备被置于露天环境吸收和存储太阳能；在夜间，该设备通过释放白天存储的热量为室内供暖。假设该设备由岩石组成，岩石质量为 200kg，比热容为 $2\text{kJ}/(\text{kg}\cdot\text{K})$，在白天吸热时，由于热损不可忽视，该设备能够吸收 40% 的太阳能，太阳辐照度 $I_{\text{solar}}=450\text{W/m}^2$，有效辐照面积和辐照时间分别为 5m^2 和 8h，岩石起始温度为 $T_{\text{initial}}=15℃$，试求 8h 太阳辐照后岩石的温度 T_{final}。

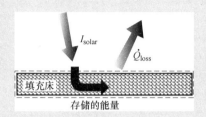

图 6-5 例 6-3 示意图

解：由题可知，该储热设备在吸收太阳能的过程中动能、势能均无变化，利用关系式 $mcT=U$，基于式（6-4）得

$$\frac{\text{d}}{\text{d}t}(mcT)=0.4(I_{\text{solar}}A)$$

将上式差分后可得

$$mc(T_{\text{final}}-T_{\text{initial}})=0.4(I_{\text{solar}}A)\times(8\times3600)$$

最后可求得

$$T_{\text{final}}=\frac{0.4\times(450\times5)}{200\times2000}\times(8\times3600)℃+15℃=79.8℃$$

2. 开口系统

开口系统考虑了工质及其携带能量的流进、流出，动态能量平衡方程为

$$\frac{\text{d}E_{\text{sys}}}{\text{d}t}=[\dot{W}_{\text{in}}-\dot{W}_{\text{out}}]+[\dot{Q}_{\text{in}}-\dot{Q}_{\text{out}}]+\sum\left[\dot{m}\left(h+\frac{v^2}{2}+gz\right)\right]_{\text{in}}-$$

$$\sum\left[\dot{m}\left(h+\frac{V^2}{2}+gz\right)\right]_{\text{out}} \tag{6-6}$$

式中，E_{sys} 为开口系统的总能；h、v、z 分别为工质的比焓、流速、相对高度；g 为重力加速度。

6.2.1.3 熵平衡

3.2 节在介绍热力学第二定律时引入了熵（S）及比熵（s）的概念，熵用于衡量热力过程不可逆程度或系统内的无序程度。当工质为理想气体时，根据式（3-22），一个热力过程的比熵的变化可表示为

$$s_2-s_1=\int_{T_1}^{T_2}c_{\text{v}}(T)\frac{\text{d}T}{T}+R\ln\frac{v_2}{v_1}$$

$$s_2 - s_1 = \int_{T_1}^{T_2} c_p(T) \frac{\mathrm{d}T}{T} - R\ln\frac{p_2}{p_1} \tag{6-7}$$

当工质为不可压缩介质时，其定压比热容、定容比热容相等，式（6-7）可简化为

$$s_2 - s_1 = c\ln\frac{T_2}{T_1} \tag{6-8}$$

相变材料发生熔化、沸腾等温相变过程时，比熵的变化为

$$s_2 - s_1 = \frac{h_{sf}}{T_{melting}}$$

$$s_2 - s_1 = \frac{h_{fg}}{T_{boiling}} \tag{6-9}$$

式中，h_{sf}、h_{fg} 分别为固-液相变潜热和液-气相变潜热。

对于一个开口系统，熵平衡方程可写为

$$\frac{\mathrm{d}S_{sys}}{\mathrm{d}t} = \sum_i \frac{\dot{Q}_i}{T_{b,i}} + \sum (\dot{m}s)_{in} - \sum (\dot{m}s)_{out} + \dot{S}_{gen} \tag{6-10}$$

式中，等式左边代表系统内总熵的变化，等式右边第一项代表系统和外界环境各种热量交换造成的熵的变化，$T_{b,i}$ 为系统和环境之间不同边界的温度，等式右边第二、第三项代表流进、流出系统的质熵流，$\dot{S}_{gen}$ 代表系统内各种不可逆变化造成的熵产。

例 6-4　图 6-6 所示为一个宽 3.5m、高 6m、厚 35cm 的墙，在稳态条件下，墙的内、外壁面温度分别为 25℃ 和 0℃，如果穿越墙壁的热功率为 1000W，求此过程中的熵产。

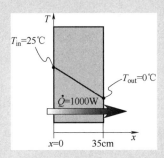

图 6-6　例 6-4 示意图

解： 在稳态、无质熵流流进、流出墙体的情况下，式（6-10）变为

$$0 = \left(\frac{\dot{Q}}{T_{in}}\right) - \left(\frac{\dot{Q}}{T_{out}}\right) + \dot{S}_{gen} = \left(\frac{1000}{298}\right) - \left(\frac{1000}{273}\right) + \dot{S}_{gen}$$

故可解得

$$\dot{S}_{gen} = 0.307 \text{W/K}$$

6.2.1.4　㶲平衡

在 3.2 节介绍了㶲（Ex）和比㶲（ex）的概念，对于一个开口系统，㶲平衡方程可表示为

$$\frac{\mathrm{d}Ex_{\mathrm{sys}}}{\mathrm{d}t} = \underbrace{\sum \dot{Ex}_{\mathrm{heat}}}_{\substack{\text{与外界交换热量}\\\text{产生}}} + \underbrace{\sum \dot{Ex}_{\mathrm{work}}}_{\substack{\text{与外界交换功}\\\text{产生}}} + \underbrace{\sum \left[\dot{m}ex_{\mathrm{flow}}\right]_{\mathrm{in}} - \sum \left[\dot{m}ex_{\mathrm{flow}}\right]_{\mathrm{out}}}_{\text{工质流进、流出产生的㶲变化}} - \underbrace{\dot{Ex}_{\mathrm{dest}}}_{\substack{\text{不可逆过程造成}\\\text{的㶲损}}} \qquad (6\text{-}11)$$

式中的各项进一步可表示为

$$Ex_{\mathrm{sys}} = (U-U_0) + P_0(V-V_0) - T_0(S-S_0) + \frac{1}{2}mV^2 + mgz \qquad (6\text{-}12)$$

$$\dot{Ex}_{\mathrm{heat}} = \left(1 - \frac{T_0}{T}\right)\dot{Q} \qquad (6\text{-}13)$$

$$\dot{Ex}_{\mathrm{work}} = \dot{W} \qquad (6\text{-}14)$$

$$ex_{\mathrm{flow,in}} = (h_{\mathrm{in}} - h_0) - T_0(s_{\mathrm{in}} - s_0) + \frac{1}{2}V_{\mathrm{in}}^2 + gz_{\mathrm{in}} \qquad (6\text{-}15)$$

$$ex_{\mathrm{flow,out}} = (h_{\mathrm{out}} - h_0) - T_0(s_{\mathrm{out}} - s_0) + \frac{1}{2}V_{\mathrm{out}}^2 + gz_{\mathrm{out}} \qquad (6\text{-}16)$$

$$\dot{Ex}_{\mathrm{dest}} = T_0 \dot{S}_{\mathrm{gen}} \qquad (6\text{-}17)$$

式中，各字母表示的含义与前文中一致，下标 0 代表参考状态下的值（通常取环境状态）。

例 6-5 图 6-7 所示为某种充热装置，假设该装置为两层结构，第一层由电加热后再将热量传递给第二层，第一层和第二层温度分别为 140℃ 和 100℃，装置在运行时处于稳态且和外界环境绝热，电功率及传递的热功率均为 1kW，求第一层和第二层的㶲损与整个装置的㶲损。

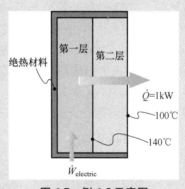

图 6-7 例 6-5 示意图

解： 由题意可知，该充热装置无工质进出，处于稳态。根据该设备的能量交换过程及式（6-12）~式（6-17），对于第一层结构，可列出㶲平衡方程

$$0 = \dot{W}_{\mathrm{electric}} - \left(1 - \frac{T_0}{T}\right)\dot{Q} - \dot{Ex}_{\mathrm{dest,layer1}} = 1000 - \left(1 - \frac{300}{413}\right)1000 - \dot{Ex}_{\mathrm{dest,layer1}}$$

故可求得

$$\dot{Ex}_{\mathrm{dest,layer1}} = 726.4\mathrm{W}$$

对于第二层结构，可列出㶲平衡方程

$$0 = \left(1 - \frac{300}{413}\right)1000 - \left(1 - \frac{300}{373}\right)1000 - \dot{Ex}_{\mathrm{dest,layer2}}$$

故可求得

$$\dot{E}x_{\mathrm{dest,layer2}} = 77.9\mathrm{W}$$

对整个系统，可列出㶲平衡方程

$$0 = 1000 - \left(1 - \frac{300}{373}\right)1000 - \dot{E}x_{\mathrm{dest,system}}$$

故有

$$\dot{E}x_{\mathrm{dest,system}} = 804.3\mathrm{W} = \dot{E}x_{\mathrm{dest,layer1}} + \dot{E}x_{\mathrm{dest,layer2}}$$

6.2.2 传热学基础

热能也称为内能，在前述章节中已有介绍。热能的品位由温度区分。热量在工程热力学中被定义为：在质量不变的热力系统中，除做功以外与边界传递的能量统称为热量。在本章中，热量的定义又将回归为传热学的经典定义：两物体之间由温差驱动所传递的热能，而这一热能传递过程被称为传热。热量仍用 Q 表示，单位为 J 或 kJ；单位时间内的传热量被称为传热速率，用 $\dot{Q}$ 表示，单位为 W；单位面积内的传热速率被定义为热流密度，用 q 表示，单位为 $\mathrm{W/m}^2$。

如图 6-8 所示，根据传热模式的不同，传热过程可分为三种：热传导、热对流以及热辐射。当在一个静态介质内或多个相互接触但不存在相互运动的介质之间存在温度梯度时（$T_1 \neq T_2$），不论介质的相态如何，介质中都会发生传热现象，这一过程被称为热传导；热对流是指由于流体的宏观运动，从而使流体各部分之间发生相对位移，冷热流体相互掺混所引起热量传递的过程。热对流仅发生在流体中，由于流体内部本身也存在温差，因此热对流的同时必然伴有热传导；若两个介质不互相接触（不存在可进行热传导和热对流的介质），而由于所有具有一定温度的物质都会以电磁波的形式向外发射能量，此时两个介质之间发生的传热过程被称为热辐射。下面我们逐一详细介绍这三种传热过程。

a) 热传导　　　　b) 热对流　　　　c) 热辐射

图 6-8　三种不同的传热模式

6.2.2.1 热传导

某介质内发生热传导的宏观原因是温差的存在。从微观角度看，热传导是由于大量分子、原子或电子的互相撞击，使能量从物体温度较高部分传至温度较低部分的过程。

热传导过程可由傅里叶定律描述：在均匀单一介质内，传热速率正比于垂直于该截面方向上的温度变化率和截面积，而热量传递的方向则与温度升高的方向相反。傅里叶定律是一个基于实验结果的经验公式。

图 6-9 所示为一个厚度为 L、两表面温度分别为 T_1、T_2 的平板。在平板的 x 处有一厚度为 dx 的微元，微元两端的温差为 dT。根据傅里叶定律，可对该微元列出如下方程

$$\dot{Q}_{\mathrm{cond}} = -kA\frac{\mathrm{d}T}{\mathrm{d}x} \tag{6-18}$$

式中，k 为导热率，是指当温度垂直向下梯度为 1K/m（或 1℃/m）时，单位时间内通过单位水平截面积所传递的热量 [W/(m·K) 或 W/(m·℃)]。

将式（6-18）沿 0 到 L 积分可得

$$\dot{Q}_{\mathrm{cond}} = -k\frac{A}{L}(T_2-T_1) = k\frac{A}{L}(T_1-T_2) \tag{6-19}$$

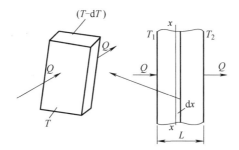

图 6-9　平板热传导

除了平板外，圆柱体和球体导热也可以利用式（6-18）进行计算，得到结果为

$$\dot{Q}_{\mathrm{cond,cylinder}} = 2\pi kL_{\mathrm{cylinder}}\frac{T_1-T_2}{\ln r_2/r_1} \tag{6-20}$$

$$\dot{Q}_{\mathrm{cond,sphere}} = 4\pi k\frac{T_1-T_2}{1/r_1-1/r_2} \tag{6-21}$$

式中，下标 cylinder 和 sphere 分别表示圆柱体和球体，r_1 和 r_2 分别表示圆柱体和球体中靠近圆心和远离圆心的位置。

除了导热率，热扩散系数和吸热系数对于评估储热材料的性能也非常重要。热扩散系数用于度量材料传导热能的能力与其存储热能能力的相对大小，单位为 m²/s，用 α 表示，其计算公式如式（6-22）所示。α 越大，说明该材料对其热环境的改变反应越快。吸热系数表征一个物体与外界交换热量的能力，单位为 J/(m²·K·s$^{1/2}$)，用 β 表示，其计算公式如式（6-23）所示。β 越大，表示在没有热源的情况下，当物体与外界环境的初始温差一定时，在相同的时间内，从外界转移到自身（或者从自身转移到外界）的热量越多。

$$\alpha = \frac{k}{\rho c_{\mathrm{p}}} \tag{6-22}$$

$$\beta = \sqrt{k\rho c_{\mathrm{p}}} \tag{6-23}$$

式中，c_{p} 为材料的定压比热容 [kJ/(kg·K)]；ρ 为材料的密度（kg/m³）。

　　例 6-6　如图 6-10 所示，某个工业炉的壁面厚度为 0.15m、导热率为 1.7W/(m·K)，在稳态条件下测得内外壁面温度分别为 1400K 和 1150K，若壁面宽、高分别为 1.2m、0.5m，求该壁面的热损失率。

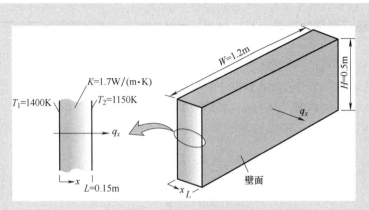

图 6-10   例 6-6 示意图

解： 根据式（6-19）及题目中所给条件，可求得壁面热损失率为

$$\dot{Q}_{\text{cond}} = 1.7 \times \frac{1.2 \times 0.5}{0.15} \times (1400 - 1150)\,\text{W} = 1700\,\text{W}$$

6.2.2.2　热对流及对流换热

前文介绍了热对流的宏观概念，然而在传热学中，更多的是研究当一种流体流过某一固体壁面，且两者存在温差时，发生的传热过程，这一过程是流体热对流和热传导的综合过程，被称为对流换热。图 6-11a 所示为一个典型的对流换热过程。从微观角度看，对流换热是借分子随机运动（热传导）和边界层中流体的整体运动（热对流）维持的。边界层的概念可由图 6-11b 说明，从速度梯度变化的角度看，流体与壁面之间的相互作用使得沿壁面垂直方向流体将形成一个区域。该区域内流体的速度由壁面的零值发展为某一定值（u_∞），被称为水力边界层或速度边界层。类似地，从温度梯度变化的角度看，在沿壁面垂直方向同样会形成一个区域，该区域内流体的温度由壁面的 T_s 发展为 T_∞，这一区域被称为温度边界层。关于边界层更详细的介绍可参考流体力学教材。

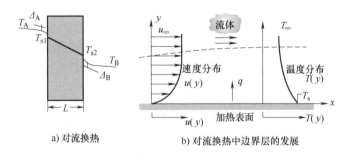

a) 对流换热　　　　b) 对流换热中边界层的发展

图 6-11　对流换热及其对流换热中边界层的发展

图 6-11 中，在壁面处（$y=0$），流体完全静止，此时热传导起主要作用；随着 y 逐渐增大，热对流对对流换热过程的作用权重逐渐增强而热传导的作用权重逐渐减弱。

如图 6-12 所示，对流换热根据过程中流体的相态变化可分为无相变换热和有相变换热，无相变换热可进一步细分为强制对流换热和自然对流换热，而有相变换热可进一步细分为凝结换热和沸腾换热。

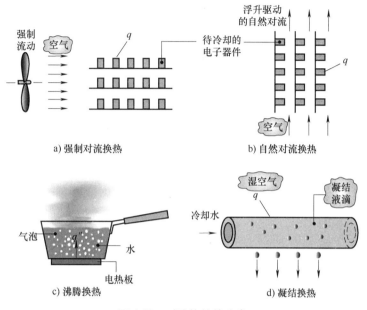

图 6-12   对流换热的分类

（1）强制对流换热

强制对流换热是指流体在泵、风机或自然风力等外力作用下产生宏观流动引起的传热过程。根据流体和壁面之间的相对位置，强制对流又分为管内强制对流和外部强制对流两种情况：前者如换热器管侧换热过程、轮机叶片流道内的冷却过程等；后者如换热器壳侧换热过程、外掠平板换热过程等。

（2）自然对流换热

自然对流换热是指参与换热的流体由于各部分温度不均匀而形成密度差，从而在重力场或其他力场中产生浮升力所引起的对流换热现象。自然对流换热按周围空间大小的不同，有大空间和有限空间内自然对流换热两类。前者在加热（或冷却）表面的四周并不存在其他足以阻碍流体流动的物体，流动可充分展开。而有限空间的自然对流，流体的上浮和下沉受到空间的限制，换热的计算方式与大空间自然对流不同。流体的受热和冷却同时存在，并相互影响，流动情况变得非常复杂。

（3）凝结换热

当蒸汽与低于饱和温度的壁面接触时，会将汽化潜热释放给固体壁面，并在壁面上形成凝结液的过程，被称为凝结换热。根据凝结液与壁面浸润能力的不同，凝结换热可分为两种：膜状凝结和珠状凝结。膜状凝结是指凝结液体能很好地湿润壁面，并在壁面上均匀铺展成膜的凝结形式；而当凝结液体不能很好地湿润壁面，凝结液体在壁面上形成一个个小液珠的凝结形式，被称为珠状凝结。

（4）沸腾换热

当液体的对流换热过程中伴随有由液相变为气相，即在液相内部产生气泡或气膜的过程，则此对流换热过程被称为沸腾换热。液体沸腾的情形分为两种：一种将加热壁面浸润在无强制对流的液体中，液体受热沸腾，液体内存在由温差引起的自然对流和气泡扰动引起的液体运动，这一情形被称为大容积沸腾；另一种是液体在管内流动时受热沸腾，产生的气泡不能自由浮升，而是随液体一起流动，这一情形被称为管内沸腾。

上述各类型对流传热过程，具体机理与复杂程度各有不同，1701年牛顿总结出一组简单有效且可概括所有对流传热过程的公式：

$$\dot{Q}_{conv} = hA(T_w - T_f) \tag{6-24}$$

$$\dot{Q}_{conv} = hA(T_f - T_w) \tag{6-25}$$

式（6-24）和式（6-25）分别用于流体被加热和被冷却时，其中 A 为对流换热面积（m^2）；T_w 和 T_f 分别为壁面温度和流体温度（℃或K）；h 为对流换热系数 [W/($m^2 \cdot$ ℃) 或 W/($m^2 \cdot$ K)]，其物理意义为单位温差作用下通过单位面积的热量。整个对流传热研究的核心工作之一就是利用理论分析或者实验测试的方法确定不同类型对流传热过程中 h 的值。

例 6-7 如图 6-13 所示，一根长为 2m、直径为 3mm 的导线处于温度为 15℃ 的环境中，在稳态下，测得该导线的电流、电压、温度分别为 1.5A、60V、152℃，假设导线由于电阻产生的热量仅通过对流换热的方式被散向环境，求导线与环境空气之间的对流换热系数。

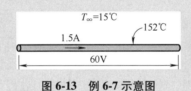

图 6-13　例 6-7 示意图

解： 在稳态下，导线的热损率等于导线的产热率，即

$$\dot{Q}_{conv} = VI = 60 \times 1.5W = 90W$$

在题目给定导线尺寸、温差的前提下，对流换热系数可由式（6-24）求得

$$h = \frac{\dot{Q}_{conv}}{A(T_w - T_f)} = \frac{90}{\pi \times 0.003 \times 2 \times (152 - 15)} = 34.9W/(m^2 \cdot ℃)$$

6.2.2.3　热辐射

热辐射是指物体由于具有温度而辐射电磁波的现象。一切温度高于绝对零度的物体都能产生热辐射，温度越高，辐射出的总能量就越大，短波成分也越多。热辐射的光谱是连续谱，波长覆盖范围理论上可从 0 直至 ∞，一般的热辐射主要靠波长较长的可见光和红外线传播。由于电磁波的传播无需任何介质，所以热辐射是在真空中唯一的传热方式。假设有两个温度不同的物体被放置于互相可以接收辐射能的位置，那么温度较低的物体吸收到的辐射能将大于其放射出的辐射能，这一过程中其温度升高，内能增加，相应地，温度较高的物体在这一过程中温度将降低而内能减少。

当物体发出的辐射能被另一物体接收时，总辐射能的一部分被吸收，一部分被反射，一部分穿透该物体后继续传播，我们将吸收、反射、穿透部分与总辐射能的比值分别称为吸收率、反射率和穿透率。在实际应用中，大部分固体和液体的穿透率几乎为零，可忽略不计。吸收率为 1 的物体，即可完全吸收总辐射能的物体，我们称之为黑体。与热辐射过程有关的另一个重要参数为发射率，其定义为物体在一定温度下辐射的能量与同一温度下黑体辐射能量之比，通常用 ε 表示。由此我们可以知道，黑体的吸收率和发射率均为 1。

物体热辐射的具体计算由斯特藩-玻尔兹曼定律描述。该定律最初是斯特藩由实验总结得出，后来玻尔兹曼进一步将其拓展到理论层面：对于一个热力学温度为 T_s、表面积为 A_s、发射率为 ε_s 的物体，其通过热辐射散发出的功率为

$$\dot{Q}_{emit} = A_s \varepsilon_s \sigma T_s^4 \tag{6-26}$$

式中，σ 为玻尔兹曼常数，其数值与单位为 $5.669 \times 10^{-8} \mathrm{W/(m^2 \cdot K^4)}$。

如图 6-14 所示，一个物体与其周围环境之间的净辐换热量的计算是热辐射研究中经常需要处理的问题。假设周围环境温度为 T_{surr}，且物体表面的吸收率与发射率相等（灰表面），则净辐换热量 $\dot{Q}_{rad}$ 为

$$\dot{Q}_{rad} = \varepsilon_s \sigma A_s (T_s^4 - T_{surr}^4) \tag{6-27}$$

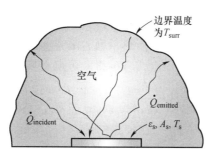

图 6-14　物体与环境之间的辐射换热

例 6-8　假设某住宅中由天花板、底板以及墙壁所组成的内表面在夏季温度为 25℃，在冬季为 10℃，试求室内人体与环境之间在夏季和冬季的净辐换热量（假设人体外露表面积为 $1.4 \mathrm{m^2}$、发射率为 0.95、温度为 30℃）。

解： 由题目已知条件及式（6-27）可知，夏季和冬季的净辐换热量分别为

$$\dot{Q}_{rad,summer} = \varepsilon_s \sigma A_s (T_s^4 - T_{surr,summer}^4) = 0.95 \times 5.669 \times 10^{-8} \times 1.4 \times (303^4 - 298^4) \mathrm{W} = 40.9 \mathrm{W}$$

$$\dot{Q}_{rad,winter} = \varepsilon_s \sigma A_s (T_s^4 - T_{surr,winter}^4) = 0.95 \times 5.669 \times 10^{-8} \times 1.4 \times (303^4 - 283^4) \mathrm{W} = 152 \mathrm{W}$$

应注意，在计算辐射换热时，应统一使用热力学温标下的温度值。

6.2.2.4　热阻与总换热系数

上述内容分别介绍了三种基本的传热模式。然而在实际工程应用中，传热过程通常都由多种传热模式复合构成。我们知道传热是由温差所驱动的，如果将温差类比于电压，传热速率类比于电流，则可将电路中相应的研究方法应用于传热过程中以简化其计算和分析。图 6-15 所示为一个由对流传热和热传导复合而成的传热过程。根据上述思想，该过程可等效为图中所示的热网络。

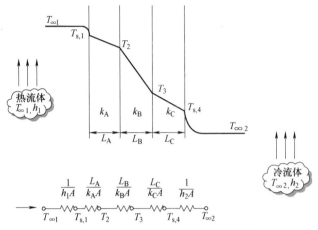

图 6-15　复合换热过程及其等效热网络

借鉴电路中电流、电压和电阻之间的关系，可得

$$\dot{Q} = \frac{T_{\infty 1} - T_{\infty 2}}{\left(\dfrac{1}{h_1 A}\right) + \left(\dfrac{L_A}{k_A A}\right) + \left(\dfrac{L_B}{k_B A}\right) + \left(\dfrac{L_C}{k_C A}\right) + \left(\dfrac{1}{h_2 A}\right)} \qquad (6\text{-}28)$$

式中，h_1 和 h_2 分别为热端和冷端的对流换热系数，A 为壁面面积，L_A、L_B、L_C 和 k_A、k_B、k_C 分别为三段壁面的长度和导热系数。由式（6-28）可定义热阻 R 和总换热系数 U 为

$$R = \left(\frac{1}{h_1 A}\right) + \left(\frac{L_A}{k_A A}\right) + \left(\frac{L_B}{k_B A}\right) + \left(\frac{L_C}{k_C A}\right) + \left(\frac{1}{h_2 A}\right) \qquad (6\text{-}29)$$

$$U = \frac{1}{R} \qquad (6\text{-}30)$$

6.3　显热储热

在三大储热技术中，显热储热技术由于系统结构、工艺流程、涉及储热材料都相对较为简单，因此在解决能量供需平衡、节约一次能源消耗这两大问题中都发挥了重要作用。显热储热技术有悠久的应用历史，并在近年来得到了广泛发展。显热储热技术的雏形萌发于我们祖先对长期居住经验的总结。用于建造古代建筑的石材就是最初的显热储热材料，这些材料的热物理性质使得建筑物内的温度通常比外部环境更加宜居。目前发展出的一切显热储热技术的物理原理本质上和古代建筑都是相同的。然而，随着材料科学的迅速发展，显热储热技术的性能和应用场景也在不断被拓展。

6.3.1　显热储热材料及选择

显热储热系统的性能优劣很大程度上取决于材料的选取及材料本身的物性。显热储热材料主要可以分为两种类型：液体储热材料和固体储热材料。

6.3.1.1　液体材料

相比于固体，液体用于显热储热技术最大的优势在于其既可以作为储热材料，也可以作为传热介质。液体储热材料中最常用的是水和导热油。表 6-2 列出了一些常见的液体显热储热材料及其在标准大气压下的物性。对于一些极高温度的应用场景，如核反应堆中的储热系统，通常使用钠等液态金属作为储热材料。这些液态金属最大的优点是具有很高的热稳定性和导热率，但是在极高温条件下，液态金属也易与水、空气等发生反应。因此，存储液态金属的容器需要特殊的设计和加工。考虑到这一特殊性，本节中涉及的液体材料及其应用还是以水、导热油、熔盐等为主。

表 6-2　常见的液体显热储热材料及其物性

材　　料	$T/℃$	ρ /(kg/m^3)	c_p /$[kJ/(kg \cdot K)]$	k /$[W/(m \cdot K)]$	$10^6 \times \alpha$ /(m^2/s)	$10^{-3} \times \beta$ /$[J/(m^2 \cdot K \cdot s^{1/2})]$
水	20	998	4.183	0.598	0.142	1.58
硅油（AK250）	25	970	1.465	0.168	0.118	0.49
变压器油	60	842	2.09	0.122	0.069	0.46
熔盐 KNO_3-$NaNO_3$	230	1950	1.57	0.5	0.16	1.24
液态石蜡	20	900	2.13	0.26	0.14	0.71
钠	100	927	1.385	85.84	66.85	10.5

6.3.1.2　固体材料

与液体材料相比，固体材料有着更高的工作温度和更宽的工作温度范围。同时，固体材料存储容器的设计制造也更加简单。鹅卵石、岩石、土壤等材料在自然界中大量存在且价格便宜，因此经常被用于显热储热系统。大部分岩石、土壤均适用于中低温系统，而岩石中的花岗岩、玄武岩、石英岩等有着较高的热稳定性，因此可用于高温系统。除了天然石材，人工合成的各类陶瓷制品也常用于显热储热系统。陶瓷砖是建筑物内最常见的储热材料，其充放热过程可缓冲外部天气变化对室内环境的影响；同时，耐火砖、碳酸盐类陶瓷可用于高温储热系统。与上述非金属固体材料相比，金属固体材料最大的优势在于其较高的导热率和热稳定性。但由于成本限制，金属固体材料通常只用于需要快速充放热的系统，比如由铝或铜制成的散热器被用于电子器件热管理中。除了上述材料，热扩散率极高的石墨具有成为高性能储热材料的潜力，澳大利亚已有将石墨用于储热系统的案例。表 6-3 列出了上述材料在 20℃时的主要物性。

由于固体材料无法作为传热介质，因此在以固体为储热材料的显热储热系统中，在储、放热时还需要另外的流体传热介质与固体材料交换热量，如水、空气、导热油、熔融盐等。传热介质和固体材料换热通常有两种模式：传热介质直接接触储热材料的直接接触式和传热介质与储热材料由一个换热器隔开的间接接触式。

表 6-3　常见的固体显热储热材料及其物性

材料	$T/℃$	ρ /(kg/m^3)	c_p /$[kJ/(kg \cdot K)]$	k /$[W/(m \cdot K)]$	$10^6 \times \alpha$ /(m^2/s)	$10^{-3} \times \beta$ /$[J/(m^2 \cdot K \cdot s^{1/2})]$
铝	20	2700	0.945	238.4	93.3	24.66
铜	20	8300	0.419	372	107	35.97

（续）

材料	$T/℃$	ρ /（kg/m³）	c_p /[kJ/（kg·K）]	k /[W/（m·K）]	$10^6×\alpha$ /（m²/s）	$10^{-3}×\beta$ /[J/（m²·K·s^{1/2}）]
铁	20	7850	0.465	59.3	16.3	14.7
铅	20	11340	0.131	35.25	23.6	7.24
砖	20	1800	0.84	0.5	0.33	0.87
混凝土	20	2200	0.72	1.45	0.94	1.52
花岗岩	20	2750	0.89	2.9	1.18	2.67
石墨	20	2200	0.61	155	120	14.41
石灰岩	20	2500	0.74	2.2	1.19	2.02
砂岩	20	2200	0.71	1.8	1.15	1.68
炉渣	20	2700	0.84	0.57	0.25	1.13
氯化钠	20	2165	0.86	6.5	3.5	3.5
黏土	20	1450	0.88	1.28	1	1.28
砾质土	20	2040	1.84	0.59	0.16	1.49

6.3.1.3 显热储热材料的选择

了解材料物性并进一步制定合适的选择方案是实现显热储热技术工程化应用最重要的一步。随着材料科学及其交叉学科的飞速发展，材料的种类每年都在大幅增加。这虽然丰富了储热材料的选择空间，但是也增加了选择符合特定需求的材料的复杂程度。此外，如何在具备工程可行性和经济性的前提下将所选的材料应用于实际也是必须要解决的问题。具体来说，一个合适的显热储热材料的选择及应用方案的主要步骤如下：

第1步：根据实际的工程应用情况，兼顾能量的供需平衡及环境友好度确定储热系统的设计条件。

第2步：将设计条件转换为材料的技术参数。

第3步：在材料库中初选出满足技术要求的材料。可按照以下基本原则对材料进行初选：

① 单位体积材料具有高比热容和高密度；

② 在工作温度范围内具有高导热率；

③ 固体成块材料应具备高填充密度，固体散粒材料应具备高堆积密度；

④ 在长期、频繁的储放热循环中具有可靠性和稳定性；

⑤ 生产与加工过程中耗能低；

⑥ 化学稳定性佳，长时间不分解；

⑦ 无毒，非易燃易爆，对存储容器及传热介质无腐蚀性；

⑧ 当用于建筑采暖时具有高机械稳定性；

⑨ 低热膨胀系数；

⑩ 低成本，环境友好。

第4步：根据物性，对满足技术要求的材料进行分类和分级。针对此步骤，常用的方法是制作图表以展现材料热物理性质之间的相互依赖关系，同时还应预测所选取的材料在显热储热系统中的长期工作时的性能。

第 5 步：基于对已选材料的分级结果，兼顾实际工程应用的可行性，选出最优材料。

第 6 步：将已选定材料的显热储热系统和实际应用系统相结合，并以成本最小化、性能最大化为目标优化整个系统的运行策略。

第 7 步：记录和存储本次备选材料及其物性，以便下次用于类似的实际工程。

6.3.2 典型显热储热技术的工作特性

显热储热技术的成功应用，为实现能源的规模化时空转移和高效利用成功开辟了一条新的道路。从储热时长来看，显热储热技术可分为两类：短期储热和长期储热。短期显热储热技术中存储的热能通常用于平衡短时间内的能量供需。大多数短期显热储热系统通常在白天收集太阳能等新能源，并将其存储在储热材料中，于夜间或新能源不足的白天放热。储热材料通常根据负荷短期的波动、设计要求、现场位置及成本因素进行选择。长期显热储热通常以季节为节点进行热能的存储和释放。夏热冬用是最典型的长期显热储热系统运行模式，太阳能、地热能是最常见的两种热源。

从前述可知，显热储热材料可分为液体和固体两大类，前者最典型的应用场景为水箱储热，后者为填充床储热，本节将详细介绍这两类显热储热系统的工作特性。

6.3.2.1 水箱储热

如图 6-16 所示，太阳能集热-储热供暖系统的主要流程为：传热介质首先在集热器中吸收太阳能，然后再输送到储热容器中进行存储。当夜间或阴天需要热能时，再由负载工质流入储热容器中吸收热能。由于水具有高的比热容和良好的对流传热特性，既可作为储热工质，又可作为传热工质，因此水是该系统最常见的储热材料之一。

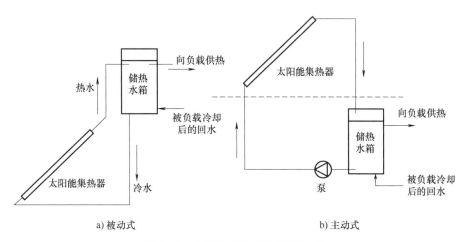

a) 被动式　　　　　　　　　b) 主动式

图 6-16 太阳能集热-储热供暖系统

太阳能集热-储热供暖系统可分为被动式和主动式两种。被动式是指传热介质不需要额外的动力设备输送，通过虹吸等现象自行流入储热系统进行放热，如图 6-16a 所示；而主动式系统与之相反，需要泵等耗费能源的动力设备输送传热介质，如图 6-16b 所示。

储热水箱是太阳能集热-储热供暖系统中的核心储热设备，通常由钢、铝、钢筋混凝土和玻璃纤维等材料制成。为防止由水箱罐体本身引发的热损失，水箱通常采用矿棉、玻璃棉或聚氨酯泡沫等绝热材料保温。水箱模型可分为完全混合模型和分层模型，下面将逐一介绍这两种模型。

1. 完全混合模型

如图 6-17 所示，水箱完全混合模型最重要的假设为水箱内的水温度（T_{WT}）均匀相等。令水箱内水的总质量和定压比热容之积为$(mc_p)_{WT}$，太阳能集热器为水箱提供的实时热功率为$\dot{Q}_{col}$，负载端带走的实时热功率为$\dot{Q}_{load}$，水箱与温度为T_{surr}的环境之间的总换热系数和换热面积之积为$(UA)_{WT}$，则根据 6.2 节中的能量平衡方程及传热学理论，可对水箱列出以下方程：

$$(mc_p)_{WT}\frac{dT_{WT}}{dt}=\dot{Q}_{col}-\dot{Q}_{load}-(UA)_{WT}(T_{WT}-T_{surr}) \tag{6-31}$$

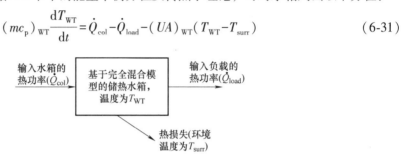

图 6-17　水箱完全混合模型

上述方程可由欧拉法等数值方法轻易求解。

例 6-9　某完全混合的水箱内水的质量为 1500kg，比热容为 4.19kJ/(kg·℃)，水箱与温度为 20℃的环境间的总换热系数与换热面积之积为 11.1W/℃。在储热系统开始运行的 1h，水箱内的水温度为 45℃，在系统启动后的 12h 内太阳能集热器输入水箱的热功率及水箱提供给负载的热功率见表 6-4，试求 12h 水箱的温度。

表 6-4　例 6-9 初始条件（非斜体）及求解结果（斜体）

时间/h	$\dot{Q}_{col}$/kW	$\dot{Q}_{load}$/kW	T_{WT}/℃	T_{WT}^{+}/℃
1	0	3.33	45	42.9
2	0	3.33	42.9	40.9
3	0	3.06	40.9	39
4	0	3.06	39	37.1
5	0	3.61	37.1	35
6	0	3.89	35	32.6
7	0	5	32.6	29.7
8	0	5.83	29.7	26.3
9	5.83	5.56	26.3	26.4
10	11.39	5.56	26.4	29.7
11	16.67	5	29.7	36.3
12	20.83	4.44	36.3	45.6

解： 利用显式欧拉法求解式（6-31）可得

$$T_{WT}^+ = T_{WT} + \frac{\Delta t}{(mc_p)_{WT}}[\dot{Q}_{col} - \dot{Q}_{load} - (UA)_{WT}(T_{WT} - T_{surr})]$$

式中，$\Delta t = 3600s$。根据上式求得的 12h 的 T_{WT} 及 T_{WT}^+ 被列于表 6-4 中（斜体字部分）。

2. 分层模型

在实际工程中，当水静置于水箱中时，由于散热会使得密度大的冷流体在重力作用下居于水箱底层，而密度小的高温流体居于水箱上层。从提高系统性能的角度，水箱内的温度分层有两个优点：一是避免了冷热流体的掺混，当负载工质从水箱上层吸收热能时提高了热能利用的品位；二是由于集热器进口温度和效率呈负相关，所以集热器进口与水箱下层低温处相连可提高整个系统效率。

为了进一步了解水箱内的分层情况，我们在完全混合模型的基础上介绍水箱分层模型。水箱分层模型的建立通常有两种方法：第一种为数值传热学方法，通过求解二维或三维 Navier-Stocks 方程详细研究水体储热过程中的温度分层机理；第二种为依据水体温度分层规律对水体区域采用多节点模型。该模型虽无法详细了解水体内部的分层机理，但是计算速度快、网格划分简单。本节将介绍多节点模型。

水箱内温度分层的程度由水箱的结构、尺寸、工质进出口的位置、工质进出口的流速等多种因素综合决定。多节点模型建立的前提是一种假设，这种假设描述了一股水在流入水箱后是如何分布到各个节点的。如图 6-18 所示，以一个拥有 5 个节点的水箱模型为例，水箱内各节点温度（$T_{WT,1}$，$T_{WT,2}$，…，$T_{WT,5}$）从顶部到底部逐级下降。假设来自太阳能集热器的水工质的出口温度（$T_{col,out}$）为 52℃。一系列理论及实验研究发现，太阳能集热器出口水工质将流入温度最接近但略低于 $T_{col,out}$ 的节点，即节点 3，对于负载侧流入水箱的水工质对水箱分层的影响也遵循此规律。

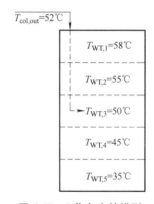

图 6-18 5 节点水箱模型

基于上述假设，在分别定义供热侧和负载侧的两个控制函数后，就可建立多节点模型对水箱内部的分层进行计算。

假设水箱共有 N 个节点，则对于太阳能集热器供热侧，可定义控制函数为

$$F_i^{col} = \begin{cases} 1 & \text{若 } i=1 \text{ 且 } T_{col,out} > T_{WT,1} \\ 1 & \text{若 } T_{WT,i-1} \geq T_{col,out} > T_{WT,i} \\ 0 & \text{若 } i=0 \text{ 或 } i=N+1 \\ 0 & \text{其他情况} \end{cases} \tag{6-32}$$

值得注意的是，为了保证控制函数的通用性，需要假设一个远高于 $T_{col,out}$ 的 $T_{WT,0}$。此外，当太阳能集热器运行时，所有节点中有且只有一个节点的控制函数不为 0，如图 6-19 所示。当 $N=3$ 时，假设 $T_{WT,1}$、$T_{WT,2}$、$T_{WT,3}$ 的温度分别为 45℃、35℃、25℃，则当 $T_{col,out}$ 在 35℃ 和 45℃ 时，F_1^{col}、F_2^{col}、F_3^{col} 的值分别为 0、1、0。

类似地，对于负载侧，假设由负载流入水箱的水工质温度为 $T_{load,out}$，可建立控制函数为

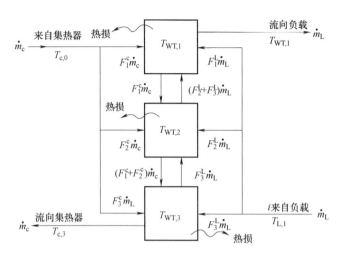

图 6-19　包含供热侧和负载侧的 3 节点水箱模型

$$F_i^{load} = \begin{cases} 1 & 若\, i=N\, 且\, T_{load,out} > T_{WT,N} \\ 1 & 若\, T_{WT,i-1} \geqslant T_{load,out} > T_{WT,i} \\ 0 & 若\, i=0\, 或\, i=N+1 \\ 0 & 其他情况 \end{cases} \tag{6-33}$$

假设太阳能集热器供热侧流入、流出水箱的流量为 $\dot{m}_{col}$，而负载侧流入、流出水箱的流量为 $\dot{m}_{load}$，定义 $\dot{m}_{m,i}$ 为在 $\dot{m}_{col}$、$\dot{m}_{load}$ 共同作用下节点 i 和节点 $i-1$ 之间的净流量，则有

$$\dot{m}_{m,i} = \begin{cases} 0 & 若\, i=1 \\ \dot{m}_{col} \sum_{j=1}^{i-1} F_j^{col} - \dot{m}_{load} \sum_{j=i+1}^{N} F_j^{load} & 若\, 1 < i \leqslant N \\ 0 & 若\, i=N+1 \end{cases} \tag{6-34}$$

此时对于节点 i，可列出下述能量方程求解其温度：

$$m_{WT,i} \frac{dT_{WT,i}}{dt} = \left(\frac{UA}{c_p}\right)_{WT,i} (T_{surr} - T_{WT,i}) + F_j^{col} \dot{m}_{col} (T_{col,out} - T_{WT,i}) + F_j^{load} \dot{m}_{load} (T_{load,out} - T_{WT,i}) +$$

$$\begin{cases} \dot{m}_{m,i}(T_{WT,i-1} - T_{WT,i}) & 若\, \dot{m}_{m,i} > 0 \\ \dot{m}_{m,i}(T_{WT,i-1} - T_{WT,i}) & 若\, \dot{m}_{m,i+1} < 0 \end{cases} \tag{6-35}$$

本节中的水箱模型的应用并不局限于工质和运行模式。在聚光式太阳能热发电技术中，通常采用导热油或熔盐作为储热工质，运行模式也分为单罐系统运行和双罐系统运行，这些储热系统本质上都可以由本节介绍的模型进行描述。

6.3.2.2　填充床储热

利用松散堆积颗粒的热容来存储热量的设备被称为填充床储热单元。工质（通常为空气）在流经填充床时输入或带走热量以完成储热和放热。岩石由于和空气之间的换热系数高、材料及其容器成本低廉、空气流经岩石填充床的压降低、热损失小等优点，成为填充床储热单元最常用的材料。

一个典型的填充床储热单元如图 6-20 所示，容器及容器的支撑设备、空气的流进、流出通道是其最关键的组成部分。在运行时，高温空气从某一方向流入并流出储热单元完成储热，低温空气从相反的方向流入并流出完成放热。由此可以看出，与水箱储热相比，填充床储热的一大特点是无法同时实现储热和放热过程。

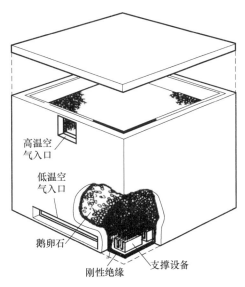

图 6-20　典型的填充床储热单元

由于岩石和空气之间的高对流换热系数，使得填充床储热单元有着极为明显的温度分层现象，这一优势可由图 6-21 所示的一种理想工况说明。假设在充热过程中，入口空气的温度始终为恒定值。由于岩石颗粒与空气之间的高对流换热系数以及充分的换热面积，使得空气在刚流入填充床时就可释放大量的热量，这导致距离空气入口较近的岩石颗粒很快升温，而距离出口较近的岩石颗粒将在很长时间仍保持起始温度值。图 6-21 中，位于出口处的岩石颗粒在充热过程进行 5h 后才逐渐开始升温。类似地，在放热过程中，填充床可保证在前 5h 内，低温空气都将被加热至某一稳定的高温后流向负载。

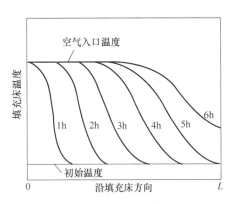

图 6-21　空气入口温度恒定时填充床的温度分布

填充床储热单元的数学模型最早由 Schumann 于 1929 年建立，后续的建模研究都以此为基础展开。为了在保留主要物理过程的同时简化计算，该模型的建立基于如下假设：流体在填充床内的流动为径向不考虑流速、浓度梯度的一维活塞流；忽略颗粒内部的温度梯度，忽略储热单元与环境之间的换热。当流体沿 x 方向流动时，可针对流体和堆积床分别建立以下能量平衡方程：

$$(\rho c_{\mathrm{p}})_{\mathrm{f}}\boldsymbol{\epsilon}\frac{\partial T_{\mathrm{f}}}{\partial t}=-\frac{(\dot{m}c_{\mathrm{p}})_{\mathrm{f}}\partial T_{\mathrm{f}}}{A}\frac{}{\partial x}+h_{\mathrm{v}}(T_{\mathrm{b}}-T_{\mathrm{f}}) \tag{6-36}$$

$$(\rho c_{\mathrm{p}})_{\mathrm{b}}(1-\boldsymbol{\epsilon})\frac{\partial T_{\mathrm{b}}}{\partial t}=h_{\mathrm{v}}(T_{\mathrm{f}}-T_{\mathrm{b}}) \tag{6-37}$$

式中，下标 f 和 b 分别表示流体和堆积床；h_{v} 为体积对流换热系数 $[\mathrm{W}/(\mathrm{m}^3\cdot\mathrm{^\circ\!C})]$；$\boldsymbol{\epsilon}$ 为填充床的空隙率。

当流体为空气时，由于其密度很低，因此式（6-36）中等式左边可以忽略，再引入换热器中的传热单元数的概念以及无量纲方法，上述方程可化简为

$$\frac{\partial T_{\mathrm{f}}}{\partial (x/L)}=NTU(T_{\mathrm{b}}-T_{\mathrm{f}}) \tag{6-38}$$

$$\frac{\partial T_{\mathrm{b}}}{\partial \theta}=NTU(T_{\mathrm{f}}-T_{\mathrm{b}}) \tag{6-39}$$

式中，L 为填充床长度；NTU 和 θ 分别为传热单元数和无量纲时间，即

$$NTU=\frac{h_{\mathrm{v}}AL}{(\dot{m}c_{\mathrm{p}})_{\mathrm{f}}} \tag{6-40}$$

$$\theta=\frac{t\ (\dot{m}c_{\mathrm{p}})_{\mathrm{f}}}{(\rho c_{\mathrm{p}})_{\mathrm{b}}(1-\boldsymbol{\epsilon})AL} \tag{6-41}$$

式（6-38）和式（6-39）仍然需要数值方法求解。如图 6-22 所示，假设填充床被分为 N 段，每段的长度为 $\Delta x=L/N$，每个 Δx 内填充床的温度均匀。

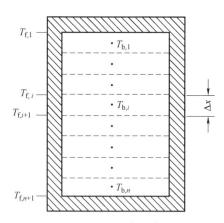

图 6-22 用于数值计算的填充床模型

借鉴换热器计算的思路，将第 i 段填充床视为空气进、出口温度分别为 $T_{\mathrm{f},i}$、$T_{\mathrm{f},i+1}$ 且与填充床发生换热的微型换热器，可得出温度与传热单元数的指数关系为

$$\frac{T_{\mathrm{f},i+1}-T_{\mathrm{b},i}}{T_{\mathrm{f},i}-T_{\mathrm{b},i}}=\mathrm{e}^{NTU/N} \tag{6-42}$$

令 $\eta=1-\mathrm{e}^{-NTU/N}$，则第 i 段 Δx 内的能量平衡方程可被重新写为

$$(\dot{m}c_p)_f(T_{f,i}-T_{f,i+1})=(\dot{m}c_p)_f(T_{f,i}-T_{b,i})\eta \tag{6-43}$$

而式（6-39）可改写为

$$\frac{\mathrm{d}T_{b,i}}{\mathrm{d}\theta}=\eta N(T_{f,i}-T_{b,i}) \tag{6-44}$$

在已知初始温度及空气入口温度、流量时，式（6-43）和式（6-44）可方便地从第 1 段堆积床开始逐级计算填充床和空气的温度。

从 NTU 的表达式可看出，由于 $h_v A$ 较大而 $(\dot{m}c_p)_f$ 较小，因此 NTU 数值通常都较大。有学者研究了用于太阳能热利用系统的堆积床储热单元在不同 NTU 时的性能，结果发现当 NTU 大于 25 直至正无穷时，系统性能都不再发生变化。而当 $NTU=10$ 时，系统性能衰减到 NTU 大于 25 时的 95% 左右。因此，若假设 NTU 在大于 10 时的值均为正无穷，在此极端条件下，空气温度与堆积床温度完全一致，式（6-38）和式（6-39）可进一步简化为

$$\frac{\partial T}{\partial\theta}=-L\frac{\partial T}{\partial\theta} \tag{6-45}$$

前述模型均忽略了颗粒内的温度梯度，也有学者通过引入一个修正的 NTU 来计算考虑颗粒内温度梯度时的情形，即

$$NTU_c=\frac{NTU}{1+5/Bi} \tag{6-46}$$

式中，$Bi=hR/k$，h 为流体与颗粒的对流换热系数，R 为颗粒的当量球体半径，k 为颗粒的导热系数。当 $Bi<0.1$ 时，可忽略颗粒内部的温度梯度影响。

例 6-10　某堆积床储热单元的主要参数如下：沿流体流向的长度为 1.8m，截面积为 14.8m²，空气流速、密度、比热容分别为 0.053m/s、1.004kg/m³、1.01kJ/(kg·℃)，颗粒当量球体直径为 12.5mm，空隙率为 0.47，颗粒密度、比热容和导热率分别为 1350kg/m³、0.9kJ/(kg·℃)、0.85W/(℃·m)，颗粒单位体积的表面积为 255m²/m³，体积对流换热系数为 2030W/(m³·℃)。试求该堆积床储热单元的 Bi 和 NTU，在此基础上分析颗粒温度梯度对填充床性能的影响，并判断该填充床模型是否可用无穷大 NTU 进行简化。

解：根据题中所给条件，可求得颗粒与空气之间的对流换热系数为

$$h=\frac{h_v}{255}=\frac{2030}{255}\mathrm{W}/(\mathrm{m}^2\cdot℃)=7.96\mathrm{W}/(\mathrm{m}^2\cdot℃)$$

进而可求得 Bi 为

$$Bi=\frac{hR}{k}=\frac{7.96\times0.0125/2}{0.85}=0.059<0.1$$

因此颗粒温度梯度对填充床性能的影响可忽略，故有

$$NTU=\frac{h_v AL}{(\dot{m}c_p)_f}=\frac{2030\times14.8\times1.80}{0.053\times14.8\times1.004\times1010}=68>10$$

因此填充床模型可用无穷大 NTU 进行简化。

6.3.3 显热储热工程应用实例

西班牙 Andasol 槽式光热电站是欧洲第一个商业化的光热发电站，其位于西班牙阳光资源丰富的 Andalusia 的 Guadix 附近。Andasol 槽式光热电站共由三个 50MW 装机容量的项目组成，Andasol- Ⅰ 电站开建于 2006 年 7 月，2009 年 3 月实现并网投运。Andasol- Ⅱ 电站开建于 2007 年 2 月，2009 年中期建成。Andasol-Ⅲ电站则开建于 2008 年 8 月，2011 年 9 月建成投运。Andasol 系列电站的基本信息总结于表 6-5。

表 6-5　Andasol 系列电站基本信息

类别	Andasol- Ⅰ	Andasol- Ⅱ	Andasol-Ⅲ
集热器	Flagsol SKL-ET150	Flagsol SKL-ET150	Flagsol SKL-ET150
反射镜	Flagbeg RP3	Flagbeg RP3	Rioglass
采光面积	$510120m^2$	$510120m^2$	$510120m^2$
集热管	Schott（PTR70）	Schott（PTR70）	Schott（PTR70）
导热油	Dowtherm A	Dowtherm A	Dowtherm A
储热	7.5h 双罐熔盐储热	7.5h 双罐熔盐储热	7.5h 双罐熔盐储热
汽轮机	Siemens SST700	Siemens SST700	MAN
燃气补燃比例	12%	12%	12%

Andasol 槽式电站的重要意义在于，该系列电站是全球首个配置了大规模熔盐储热系统的商业化光热电站。通过增加 7.5h 的储热系统，电站的年发电小时数大大增加，容量因子（实际发电量与最大可发电量之间的比率）达到了 38.8%。此后很多槽式电站的储热容量设置都和 Andasol 一样为 7.5h。图 6-23 为 Andasol 电站的俯视图和储热系统的局部放大图。

a) Andasol电站俯视图　　　　　　　b) 双罐熔盐储热系统

图 6-23　Andasol 电站

除了工程应用外，许多研究人员也围绕 Andasol 电站在建模、优化等方面开展了相关研究。德国达姆施塔特工业大学能源研究所的科研人员搭建了 Andasol 电站全系统模型，并详细验证了模型在强烈云遮下的准确性及储热系统的作用。图 6-24a 所示为全系统模型中的储热系统子模型；图 6-24b 所示为 Andasol 电站提供的某个强烈云遮扰动工况下的太阳法向直接辐照度（Direct Normal Irradiance，DNI）实测值，DNI 的波动可理解为云遮；图 6-24c 所示为在该云遮工况下电站发电功率的模型仿真值和实测值。结合图 6-24b、c 可以看出储热系统对电站的重要作用，比如在 17：00 ~ 19：00 之间，DNI 几乎为零，即整个电站完全被云覆盖，但此时由于储热系统放热，电站在该时段仍然能保证 30MW 以上的发电功率。

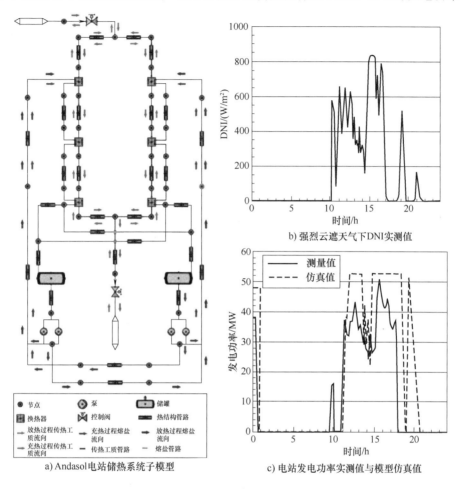

a) Andasol电站储热系统子模型

b) 强烈云遮天气下DNI实测值

c) 电站发电功率实测值与模型仿真值

图 6-24　Andasol 电站储热系统

6.4　潜热储热技术

显热储热技术虽然由于原理及结构简单已经在许多实际工程中成功应用，但如下两个原因也制约了它的进一步发展：首先，显热储热系统通过储热材料温度的升高与降低来实现热能的存储与释放，这导致系统的储热密度受制于材料的密度、占地空间、比热容以及升降温区间；其次，较大的工作温度区间也增加了储热系统控制运行的复杂性。随着新能源的装机容量急剧增加，储热系统的稳定性及可靠性也亟需提高。在此背景下，潜热储热技术应运而生。

潜热储热技术的核心在于采用了相变材料，这是一类利用在某一特定温度下发生物理相态变化以实现能量的存储和释放的储能材料，如图 6-3 所示，相变材料一般有固-液、液-气和固-固三种相变形式。目前固-液相变储能材料的研究和应用最为广泛，本节后续部分如不特殊指出，则相变一词都特指固-液相变。固-液相变的发生机理可被简要概括为：当环境温度高于相变温度时，材料由固态转变为液态并吸收热量；而当环境温度低于相变温度时，材料由液态转变为固态释放热量，从而维持环境温度在适宜水平。由于利用了相变材料巨大的潜热值以及相变时温度恒定的特点，潜热储热技术成功解决了显热储热技术储热密度低、向负载供热温度不稳定两大难题，该技术自被提出以来就一直是储热领域研究的热点。除了储热系统，潜热储热技术也同样用于热管理中。热管理是指将热能在合适的时机被吸收和释放以保证关键设备保持温度恒定，不会因超温而损坏。与储热系统不同，在热管理技术中，热能并无再利用的价值。

由于潜热储热技术的核心为相变材料，本节将首先详细围绕相变材料的储热原理、分类及选择、封装技术、强化换热进行阐述，最后介绍潜热储热技术目前的几类典型应用。

6.4.1 相变材料储热原理

6.4.1.1 基本原理

相变材料是在给定的工作温度范围内可经历固-液相变的材料，储热、放热的相变过程通常称为熔融-凝固循环。当一种物质从固态转变为液态时，它从周围环境中吸收能量，同时温度保持恒定或接近恒定。被吸收的能量将增加原子或分子的能量，加强了它们的振动状态。在熔融温度下，原子键松动，材料从固体转变为液体。凝固是熔融的逆过程，在这一过程中，材料将能量释放到周围环境中，分子失去能量的同时排列成固相。一次完整的熔融-凝固循环中相变材料内分子的变化如图 6-25 所示。

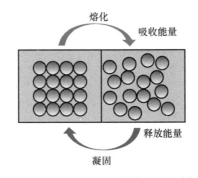

图 6-25　相变材料内的分子在一次熔融-凝固循环中的变化

潜热能够在充热、放热时保持恒定温度的这一优势可由生活中常见的冰块融化过程来解释：为了融化冰块，可以把它放在室温下加热，或者用吹风机加热，或者直接用火加热，但是不管给它提供多少热流，在融化过程完成之前，冰块的温度都不会升高。与熔化潜热对应的是汽化潜热，它表征了材料从液体到气体的相变时吸收的热量。结合熔化、汽化及前述的显热概念，现在可以描述某物质在连续加热时从过冷固体一直变为过热气体的过程：物质首先吸收显热并升温至熔点，在熔点时温度开始保持不变，此时物质吸收熔化潜热从固态逐渐转变为液态，液态物质进一步吸收显热升温直至沸点。一旦达到沸点，液体又将在恒温下通过吸收汽化潜热转变为蒸汽（这一过程称为沸腾，其逆过程被称为冷凝）。在此次相变完成、物质完全变为气态后，任何进一步的加热都只能以显热的形式作用于物质，物质将变为过热气体。上述过程如图 6-26 所示。

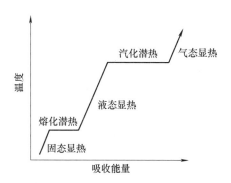

图6-26 物质在吸热过程中从过冷固相到过热气相的温度变化曲线

从图6-26中可以看出，汽化潜热的值实际上明显高于熔化潜热，但考虑到物质从液体到蒸汽的转变中密度将发生巨大变化，这使得汽化潜热难以适用于追求占地面积小、可灵活调度热能的储热系统。当然，汽化潜热在热力发电等重要技术中也发挥了重要的作用，但本章将集中讨论材料的熔化潜热在储热技术中的应用。熔化-凝固循环吸收或释放的能量的大小取决于材料的熔化潜热。从式（6-2）我们已经了解到，熔化潜热的量纲与比熵相同，即J/g 或 kJ/kg。除了潜热值的大小，材料熔化的速率也很重要，其与热源和物质之间的温差有关。

6.4.1.2　结晶与过冷

许多液体在凝固时会结晶，形成固态的晶体。结晶的过程是一阶的热力学相态变化，在液态固态共存期间，系统的平衡温度不变，等于凝固点。结晶主要包括两个现象：成核和晶体生长。成核是指分子开始聚集形成晶核，在纳米尺度以某种周期的形式排列，其排列方式决定了晶体结构。晶体生长就是晶体持续变大，晶核周围的物质通过扩散在晶核表面吸附，最终长成具有一定几何形状的晶体。

过冷是指液体低于熔点而没有凝固的现象。由于匀相核化结晶活化能的存在，纯液体的结晶一般会在略低于熔点时开始。晶核形成的同时，新相和液体之间的相界面也会形成，此过程会消耗能量，所消耗能量的大小依其表面能而定。假如要形成的晶核太小，其产生的能量无法形成界面，就不会开始成核。因此必须要温度够低，才能产生稳定的晶核，相变材料才会开始凝固。容器表面形状不规则、材料中含有固体或气体杂质，以及成核剂分布不均匀等情况均有可能产生非匀相核化结晶，其中一些相界面的破坏会释出能量，使得过冷点接近或等于熔点。

对于相变材料来说，晶体生长率低、过冷度大会带来潜热难以完全利用的问题。因此，对于某些过冷度大的相变材料，如后面介绍的水合盐，可使用成核剂使其过冷点接近于熔点。

6.4.2　相变材料

6.4.2.1　材料的分类

相变材料的种类非常多，其分类方法也有很多，主流的分类方法如图6-27所示，分别有相变分类法、化学分类法、封装分类法和温度分类法。本节首先将按照化学性质，将相变材料分类为有机材料、无机材料和共晶材料分别介绍，并在介绍过程中指出其适用温度的范围；而在介绍相变材料的封装技术时，按照宏观封装、微型封装以及纳米封装的分类方式进行介绍。

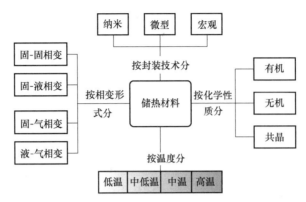

图 6-27 相变材料的分类方法

6.4.2.2 有机材料

有机物中可用作相变材料的有很多，以石蜡族（C_nH_{2n+2}）和脂肪酸族（$CH_3(CH_2)_{2n}COOH$）为主。如图 6-28 所示，石蜡和脂肪酸具有相似的物理特性，即表面呈现出白色，外观柔软且有蜡质。石蜡是相变材料用于电子设备热管理研究中的热点，这是由于该材料熔点的温度范围在 35~70℃之间，这一范围的熔点与最高结温在 85℃左右的电子设备非常匹配。表征不同石蜡在液相和固相的热性能，使其能够在系统中高效使用是目前关于石蜡用于电子设备热管理的研究热点。特别是当材料处于液相时，要精确辨识出不同石蜡的热性能参数仍然是一大挑战。脂肪酸的熔点比石蜡低，因此更适合用于人居环境相关的储热。例如，目前有很多脂肪酸相变复合材料被用于制作带有储热功能的建筑材料，以降低室内空气调节系统的运行成本。

图 6-28 石蜡（左）和脂肪酸（右）

对于有机相变材料来说，其相变发生在一个平缓的温度范围内。因此，其熔点不是一个特定的值而是一个温度范围，这一范围被称作"糊状区"。通过差示扫描量热法绘制的有机相变材料瞬态加热曲线可以清楚地描述这一过程。图 6-29 所示为石蜡在差示扫描量热法下的曲线，由图可知，糊状区开始于 319K 左右，结束于 340K 左右，在整个熔化过程中糊状区范围约为 20K。

如前所述，有机相变材料最重要的优点是其熔点与电子设备热管理和建筑系统储热相匹配。此外，有机物也有很高的潜热，使它们能够以较小的质量存储大量的热量。普通石蜡的

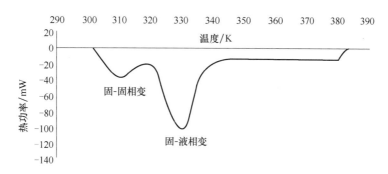

图 6-29 石蜡在差示扫描量热法下的曲线

潜热约为 200~300kJ/kg，脂肪酸的潜热约为 100~200kJ/kg。同时，有机相变材料在频繁的相变循环中可保持物理和化学性能的稳定且不会分解。此外，有机物与多种材料相容，不会腐蚀或侵蚀用于制作容器的材料。虽然有机物中的碳氢化合物易燃，但其闪点接近 200℃，远远超出其应用场景所需的工作范围，故其安全性良好。

有机相变材料的主要缺点是其导热率极低，这降低了它们的储热效率及传热速率。以熔化过程为例，低导热率造成的高热阻会阻止热量有效被相变材料吸收并使其均匀熔化。这将进一步导致靠近热源处形成过热液体层，在远离热源处仍然处于固体层。为了改善这一不足，许多研究工作都集中在嵌入式高导热结构来提高有机相变材料的导热率。表 6-6 列出了几种常见的有机相变材料的主要物性。

表 6-6 常见有机相变材料的主要物性

材　　料	类型	熔点/℃	潜热/(kJ/kg)	ρ/(kg/m³)	c_p/[kJ/(kg·K)]	k/[W/(m·K)]
正十八烷	石蜡	29	244	814（固） 724（液）	2150（固） 2180（液）	0.358（固） 0.152（液）
正二十一烷	石蜡	41	294.9	773（液）	2386（液）	0.145（液）
正二十三烷	石蜡	48.4	302.5	777.6（液）	2181（液）	0.124（液）
正二十四烷	石蜡	51.5	207.7	773.6（液）	2924（液）	0.137（液）
IGI 1230A	调和石蜡	54.2	278.2	880（固） 770（液）	2800（液）	0.25（固） 0.135（液）
油酸	脂肪酸	13	75.5	871（液）	1744（液）	0.103（液）
癸酸	脂肪酸	32	153	1004（固） 878（液）	1950（固） 1720（液）	0.153（液）
月桂酸	脂肪酸	44	178	1007（固） 965（液）	1760（固） 2270（液）	0.147（液）
棕榈酸	脂肪酸	64	185	989（固） 850（液）	2200（固） 2480（液）	0.162（液）
硬脂酸	脂肪酸	69	202	965（固） 848（液）	2830（固） 2380（液）	0.172（液）

6.4.2.3 无机材料

无机相变材料包括无机盐、水合盐以及液态金属。由于温度范围及应用场景完全不同，本节中的无机材料特指无机盐和水合盐，液态金属将单独成为一小节进行介绍。

水合盐是无机盐（氧化物、碳酸盐、硫酸盐、硝酸盐和卤化物）与水分子按特定比例组合形成的化合物，其命名方式为无机盐·nH_2O。可用于相变材料的盐及水合盐包括 $MgCl_2 \cdot 6H_2O$、$CaCl_2 \cdot 6H_2O$、$Na_2SO_4 \cdot 10H_2O$（芒硝）、$NaNO_3$、KNO_3、KOH、$MgCl_2$ 和 $NaCl$。水合盐晶体结构中的水分为配位水和结构水两种。当水分子配位于阳离子周围时称为配位水，而当水分子填充于结构空隙中时被称为结构水。结构水和配位水并不一定同时出现于水合盐中，一种无机盐是否容易与水分子变为水合盐取决于其晶体结构的开放性。图 6-30a 显示了 $CaCl_2$ 的晶体结构，与图 6-30b 所示的 $NaCl$ 相比，它的开放性很容易与 H_2O 配位变成 $CaCl_2 \cdot 6H_2O$。无机盐和水合盐具有相似的性质，它们都呈现出一种清晰的晶体结构。典型的盐和水合盐的物理样品如图 6-31 所示。

a) $CaCl_2$的晶体结构   b) NaCl的晶体结构

图 6-30　晶体结构

a) NaCl样品   b) $MgCl_2 \cdot 6H_2O$样品

图 6-31　典型的盐和水合盐的物理样品

无机盐和水合盐的熔点在 $10 \sim 900℃$ 之间，覆盖范围很广。当为某个低温应用场景选择相变材料时，如果无机材料与有机材料（石蜡和脂肪酸）的熔点有所重叠，通常优先选用有机材料。因此，无机材料通常应用在 $100℃$ 以上应用场景中，比如将太阳能转换为高品位热能的聚光式太阳能热发电技术中都选择无机材料作为储热材料。如 6.3.3 节所介绍的，目前，已投运的光热电站均利用高比热容的熔盐构成其显热储热系统。然而，为了进一步增加储热密度、缩小储热系统占地空间，目前也有大量研究致力于将无机材料用于潜热储热系统。除了工作温度的差异，和有机材料相比，无机材料的另一个不同是其相变发生于某个具体的熔点而非糊状区。此外，无机材料的潜热与有机材料相当，而导热率高于有机材料且有进一步提高的空间。最后，无机材料的密度也比有机材料高，当无机材料从液体转变为固体时，其密度变化也较小，这增加了容器在运行时的机械稳定性。

虽然有上述种种优点，然而除了必须要求高熔点的应用场景外，无机材料通常并非相变材料的第一选择。这是由于它存在如下缺点：

首先，水合盐最重要的问题是它们表现出强烈的不稳定性，在充热过程中，水合盐可能脱水而导致材料本身的分解。此外，所有的盐在高频次的储热、放热循环中都表现出易于分解的趋势，这大大影响了储热系统的使用寿命。

其次，虽然大部分盐及水合盐并非易燃，但却具有腐蚀性，这增加了其存储容器的设计难度及制造成本。

最后，无机材料有着较高的过冷度，它们不会在凝固点开始相变，而是需要在成核开始之前首先达到某一低于凝固点的过冷度。这将使得无机材料在充热阶段熔化后，在放热阶段难以固化，从而难以进行下一次充放热循环。这一不足一定程度上可以使用成核剂解决。例如，当以 NaCl 为成核剂时，$CaCl_2 \cdot 6H_2O$ 在凝固点时的结晶速率大大提高。此外，在 $CaCl_2 \cdot 6H_2O$ 中加入 NaCl 还有助于消除凝固过程中的相分离，使得 $CaCl_2 \cdot 6H_2O$ 在 1000 次以内的充放热循环的过冷度都有所降低。

几种常见的无机盐及水合盐相变材料的主要物性见表 6-7。

表 6-7　常见无机盐与水合盐相变储热材料的主要物性

化学式	名称	峰值熔点/℃	潜热/(kJ/kg)	$\rho/(kg/m^3)$	$k/[W/(m \cdot K)]$
$MgCl_2 \cdot 6H_2O$	六水氯化镁	117	168.6	1569（固） 1450（液）	0.694（固） 0.579（液）
$CaCl_2 \cdot 6H_2O$	六水氯化钙	29	170~192	1802（固） 1562（液）	1.008（固） 0.561（液）
$NaSO_4 \cdot 10H_2O$	芒硝	32	251	1485（固）	0.544
$NaNO_3$	硝酸钠	307	172	2260（固）	0.5
KNO_3	硝酸钾	333	266	2110（固）	0.5
$MgCl_2$	氯化镁	714	452	2140（固）	—
NaCl	氯化钠	802	492	2160（固）	5.0

6.4.2.4　金属及合金材料

由于潜热相对较低，因此金属及合金材料在所有相变材料中最不常被使用。然而，这类材料种类繁多，其熔点包含非常广的温度范围，因此在某些需要储热的场景下仍有着很好的应用前景。将金属及合金材料当作相变材料最早源于人们在工业中对液态金属的需求。例如，低熔点的铅过去常常被作为铸造子弹的材料。在各项技术蓬勃发展的今天，具备许多优良性能的金属及合金被推向了需要利用相变潜热技术的应用场景。

相比于其他相变材料，金属及合金材料中的优势主要有以下三点：

1）金属及合金材料的熔点覆盖温度范围极广，比如在低温范围内铯和镓的熔点分别只有 28.65℃ 和 29.8℃，这些材料在温暖的环境中就会熔化；而在高温范围内，镁和铝的熔点分别可达 648℃ 和 661℃。此外可以通过混合不同比例、不同熔点的金属以制作出满足特定需求熔点的合金。

2）金属及合金材料即使在高温下仍具备物理和化学性能稳定性。由于无机盐及水合盐在高温下有着强烈的不稳定性，因此也有学者考虑利用高熔点的金属代替盐类无机材料成为用于太阳能热发电技术的新型储热材料。

3）金属与合金材料在任何温度下都能保证很高的导热率，比如铝的导热率高达 237W/(m·K)，其他有些低熔点的金属与合金材料导热率也都在 8~40W/(m·K) 的范围内，远远高于其他相变材料。已有学者研究镓作为智能手机热管理中的相变材料的可能性，镓极高的导热率使得它与环境之间的传热热阻极小，因此大大提高了热管理中充放热的速率。

如前所述，金属及合金作为相变材料时最大的问题在于其潜热值较低，在低温范围内，其潜热值比其他相变材料要低一个数量级。比如铯和镓的潜热分别为 16.4kJ/kg 和 80.1kJ/kg，而与它们熔点相近的十八烷的潜热可达 244kJ/kg。而对于熔点在高温范围的金属及合金材料，其低潜热值劣势不再明显，一般在 300～500kJ/kg，与具有相近熔点的水合盐潜热值相当。

几种常见的金属及合金相变材料的主要物性见表 6-8。

表 6-8　常见金属及合金相变材料的主要物性

材料	熔点/℃	潜热/(kJ/kg)	$\rho/(kg/m^3)$	$c_p/[kJ/(kg \cdot K)]$	$k/[W/(m \cdot K)]$
铯	28.65	16.4	1796	0.236	17.4
镓	29.8	80.1	5907	0.237	29.4
铟	156.8	28.59	7030	0.23	36.4
锡	232	60.5	730	0.221	15.08
铋	271.4	53.3	979	0.122	8.1
锌	419	112	7140	0.39（固） 0.48（液）	116
镁	648	365	1740	1.27（固） 1.37（液）	156
铝	661	388	2700	0.9（固） 0.9（液）	237

6.4.2.5　共晶材料

共晶相变材料是指两种具有相似或相同熔点、凝固点的相变材料的组合，可分为有机-有机类、无机-无机类以及有机-无机类三种。共晶相变材料的优势主要有三点：首先，由于组成共晶材料的各材料相变温度十分接近，故此类材料的熔化和凝固不会出现结晶不均匀的偏析现象；其次，共晶相变材料具有高导热率及高密度；最后，可以根据配制构成共晶材料的成分的百分比来获得具有预期相变温度的材料。

有机、无机以及共晶三类相变材料的简要性质及对比见表 6-9。

表 6-9　三类相变材料的对比

有 机 材 料	无 机 材 料	共 晶 材 料
（1）无过冷	（1）潜热高	
（2）熔点覆盖范围宽	（2）导热率高	
（3）化学和物理稳定性好	（3）相变时密度变化小	（1）熔点高
（4）潜热高	（4）不可燃	（2）储热密度高
（5）一致共融	（5）存在过冷	（3）成本高
（6）可燃	（6）有腐蚀性	（4）物性参数不全
（7）导热率低	（7）无法一致共融	
（8）储热密度低	（8）储热密度高	

6.4.2.6　材料的选择

在介绍显热和潜热储热技术的章节中，我们虽然也提到了材料的选择依据，但是没有形成一个完整的评估标准。对于一个潜热储热系统来说，系统和能源供需侧的容量匹配、系统的运行特性、系统的优化上限都取决于相变材料。评价一种相变材料是否适合于某个实际工程，需要综合考虑其导热率、潜热、相变温度、热稳定性、循环稳定性、凝固点、熔点等性质以及经济学和环境方面的特性，上述特性的评价标准被归纳于表 6-10。

表 6-10 相变材料主要物性参数的评价和选择标准

热物理特性	（1）相变温度应符合具体工程应用的温度范围 （2）单位体积的潜热量高，以节省存储空间 （3）导热率高，以缩短充、放热过程所需的时间 （4）比热容高，以便除了潜热以外的显热部分也能够被使用 （5）相变时的体积变化率低，相变所需的压力低，以保障相变材料存储容器的安全性 （6）相变材料为一致熔融化合物，以保证材料在不同相态时其成分完全一致 （7）循环稳定性好，以保证材料在长时间运行过程中频繁相变时性能稳定
动力学特性	高晶体生长率，低过冷度，使得相变材料在达到熔点时即可将潜热提出
化学特性	（1）与存储容器所使用的材料化学兼容，且不会相互腐蚀 （2）在长期、频繁的相变过程中不会发生降解 （3）无毒，非易燃易爆，以保证安全
经济学特性	低成本，高效益，易于获得
环境特性	（1）对环境影响小，无污染 （2）具备可回收潜质

表 6-10 给出了实际工程中相变储热材料评估和遴选的指标。在目前潜热储热技术成熟度还有待提高的背景下，通常利用实验测试相变材料的属性来评估相变材料，表 6-11 给出了对相变材料进行热分析的常用实验技术。

表 6-11 相变材料的热分析测试技术

热分析法	定　义	测量参数	应用范围
差热分析 （DTA）法	程序控温条件下，测量在升温、降温或恒温过程中样品和参比物之间的温度差	温度	熔化及结晶转变、二级相变、氧化还原反应、裂解反应等的分析研究，主要用于定性分析
差示扫描量热 （DSC）法	程序控温条件下，直接测量样品在升温、降温或恒温过程中所吸收或释放出的能量	热量	分析研究范围与 DTA 法大致相同，但能定量测定多种热力学和动力学参数，如比热容、反应热、潜热、反应速度和高聚物结晶度等
热重 （TG）法	程序控温条件下，测量在升温、降温或恒温过程中样品质量的变化	质量	熔点、沸点测定，热分解反应过程分析与脱水量测定等；生成挥发性物质的固相反应分析，固体与气体反应分析等
动态热机械分析 （DMA）法	程序控温条件下，测量材料的力学性质随温度、时间、频率或应力等改变而发生的变化量	力学性质	阻尼特性、固化、胶化、玻璃化等转变分析；模量、黏度测定等

（续）

热分析法	定　义	测量参数	应用范围
热机械分析（TMA）法	程序控温条件下，测量在升温、降温或恒温过程中样品尺寸发生的变化	尺寸、体积	膨胀系数、体积变化、相变温度、应力-应变关系测定，重结晶效应分析等

例 6-11　图 6-32 所示为一个典型的差示扫描量热仪结构示意图，它是在程序控制温度条件下，测量输入给样品和参比物的功率差与温度关系的一种热分析方法。实验过程中记录的信息是保持样品和参比样品的温度相同时，两者的热量之差：假设该量热仪将用于测量某个相变材料的相变过程，试根据材料相变的实际物理过程简要绘制测试结果的热流差-温度曲线。

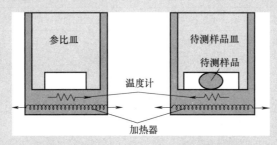

图 6-32　典型的差示扫描量热仪结构示意图

解：利用差示扫描量热仪绘制的热功率-温度曲线如图 6-33 所示，在相变材料的凝固阶段，由于材料本身会在此过程中释放潜热，因此相变材料与参比样品之间会产生热流差，此时曲线出现放热峰；而在相变材料的熔化阶段，由于材料在此阶段会吸收潜热，因此相变材料与参比样品之间同样会产生热流差，此时曲线将出现吸热峰。

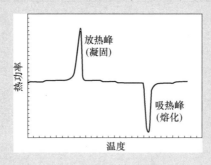

图 6-33　利用差示扫描量热仪测量的某相变材料的热功率-温度曲线

6.4.3　相变材料的封装与强化换热

6.4.3.1　相变材料的封装

从有机物到无机物，从建筑材料到新能源发电，相变材料有许多不同的类型、温度范围及应用场景。然而，相变材料工作时间内将由固态转变为液态，这一过程会带来两大技术难题：一是相变是一个非稳态过程，如何尽可能实现熔化过程的可控是提高系统可靠性的重要前提；二是在熔化过程中，大部分相变材料的体积将有 15%～20%的变化，因此封装存储相变材料的容器必须能在上述体积变化范围内保证系统的可靠运行。

上述两大技术难点可从相变材料的封装技术着手解决。本节将讨论三种常用的相变材料封装技术，即需要外部封装容器的宏胶囊法、微胶囊法和不需要外部封装容器的定形制备法。这几种方法的目标都是将相变材料完全包含在某种胶囊或外壳内，这种外壳可以像盒子一样简单，也可以像化学聚合物一样复杂。

1. 宏胶囊法

所谓胶囊法封装技术是指在固-液相变储热材料表面包覆一层性能稳定的外壳或者膜以防止其泄漏。在充放热进行时，胶囊内的相变材料发生相变，而其胶囊的外壳或膜保持为固态，因此由胶囊封装的相变材料在宏观上表现为固态。根据胶囊尺寸的不同，粒径在 1mm 以上的称为宏胶囊，粒径小于 1μm 的称为纳胶囊，粒径为 1～1000μm 的称为微胶囊。其中，微胶囊和纳胶囊也统称为微胶囊。

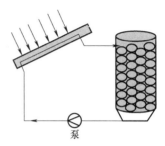

图 6-34　球形封装容器用于填充床储热系统

宏胶囊法将相变材料封装于一个长方体、圆柱体或尺寸较大的球体中，图 6-34 所示为其用于太阳能储热技术中的球形宏胶囊结构。由于胶囊颗粒尺寸较大，因此该方法是相变材料封装技术中工艺最简易的一种。采用宏胶囊法时的容器需要注意三个问题：首先是容器材料应具备高导热率；其次是容器材料与相变材料应有良好的化学兼容性；三是由于相变材料在固态和液态存在一定的密度差，容器应当具备良好的密封性。采用垫圈、密封剂等都可提高容器的密封性。

2. 微胶囊法

与结构简单、尺寸大的宏胶囊法不同，微胶囊法以聚合物为外壳，以相变材料为核，如图 6-35 所示。外壳与封装在内的相变材料芯共同构成一个微型颗粒，这些颗粒被称为单核微胶囊。微胶囊可分为微米级和纳米级。对于微米级，其直径通常为 1～1000μm；对于纳米级，颗粒直径通常为 10～500nm。比起大尺寸的宏胶囊法，小尺寸的微胶囊法最主要的优势是能够轻易地将这些颗粒嵌入到其他材料中。例如在建筑领域，微胶囊颗粒可混杂于混凝土等材料，使其具备更好的储热性能。除了固体材料，这些颗粒也可以放置于液体中，使液体成为具有额外储热能力的传热流体。此外，微胶囊颗粒会大大增加换热面积，从而增加传热速率，缩短相变时间。

图 6-35　封装于微胶囊中的相变材料颗粒

利用物理方法、化学方法以及物理化学法都可制备微米级微胶囊。化学法包括各类聚合法、锐孔-凝固浴法和化学镀法等；物理法包括空气悬浮法、喷雾干燥法、喷雾冷冻法、喷雾冷却法、真空蒸发沉积法、超临界流体法和静电结合法等；物理化学法包括水相分离法（凝聚法）、油相分离法、干燥浴法（复相乳液法）、熔化分散冷凝法、粉末床法和囊芯交换法等。其中，起源于食品和制药行业的聚合法是制备微胶囊的主流技术。目前，更小尺寸的纳米级微胶囊也可以由类似的聚合法制备。纳米级微胶囊目前主要应用于传热流体中，其具体优势有两点：首先，微胶囊的储热能力和高导热率可进一步增强传热流体的性能；其次，比起尺寸较大、会增加传热流体黏性的微米级微胶囊，纳米级微胶囊对传热流体的流动性能影响很小，既不会增加泵的耗功，也不会在流经泵、阀门等设备时被损坏。

3. 定形相变材料

不管是宏胶囊法还是微胶囊法，都需要一些材料构成外壳来包裹内部的相变材料芯。这些方法虽然在一定程度上克服了材料相变时的体积收缩、流动和泄漏问题，但是胶囊法的选材、制备、封装等工序复杂，外壳的存在对相变材料的热性能也有一定程度的影响。为此，一些学者提出了定形相变材料的概念，其在相变过程中也能保持形状不变。定形相变材料最大的特点是在熔化时不会明显地转变为液态，其体积自然也不会有太大改变。相应地，其凝固时体积变化也依然很小。

定形相变材料是由液态相变材料和液态聚合物混合而成的，且所选聚合物的熔点应当远高于相变材料的熔点。石蜡和高密度聚乙烯就是一种很好的组合，后者的熔点在130℃左右，远高于石蜡的55~60℃。将液态相变材料和液态聚合物混合后形成的材料冷却，得到的即为定形相变材料。定形相变材料在实际应用中应在高于相变材料熔点而低于聚合物熔点的温度范围内使用。在充热阶段，当定形相变材料被加热到相变材料熔点之上时，相变材料开始熔化，而仍保持固态的聚合物的作用开始显现。在合理的内部结构设计下，聚合物可以为液态相变材料提供一种类似于支架的作用。充热过程中，聚合物内部会通过毛细作用使液相相变材料在其微孔结构中保持固定，导致外部观察不到熔化。放热过程中，聚合物的内部结构也使得相变材料在凝固时不会产生气隙空间。

定形相变材料的优点在于它在不需要额外封装外壳的前提下，仍能保证相变的完成。此外，由于不需要外壳，定形相变材料可被制备成比胶囊材料更多的形状，以适应各类需求。定形相变材料最大的问题是聚合物的掺混会导致整个材料储热密度降低。因此，如何在保持优良的储、换热性能的前提下尽量减小聚合物的掺混份额是目前定形相变材料研究的重点。

6.4.3.2 相变材料的强化换热

如前所述，传热速率是决定一个潜热储热系统性能的关键。传热速率是由传热温差、相变材料导热率以及换热面积决定的。对于某个具体的应用场景，其热源、负载、环境温度以及相变材料的熔点都是确定的，因此增大换热面积和提高材料导热率就成为潜热储热系统强化换热两个主要的研究方向。下面将逐一介绍上述两种强化换热的方法。

1. 利用肋板增加换热面积

在6.4.3.1节中我们提到，球状的宏胶囊材料和微胶囊材料可以显著增加换热面积。除此之外，如图6-36所示，通过在相变材料中插入肋板以扩展换热面积也是较为成熟的强化换热手段。由于自然对流对熔化过程中的换热效果影响显著，而肋板的加入不可避免地会影响到自然对流过程，因此相变材料强化换热中一个重要的研究领域是分析如何通过改变肋板间距、数目、厚度、肋板插入相变材料的深度等关键参数，使得肋板对自然对流的抑制程度最低、换热面积最大，从而优化强化换热效果。相较于熔化过程，凝固过程主要以热传导为主，自然对流作用微弱，甚至可以忽略，因此肋板对强化传热的作用更加明显。

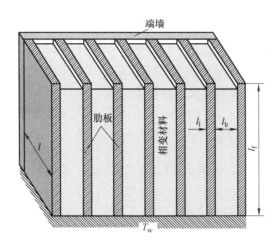

图 6-36　用于扩展相变材料换热面积的肋板

2. 填充高导热率材料

扩展换热面积虽然被证实有效可行，但仍需复杂的设计与加工，因此有许多学者提出了通过改变相变材料自身的导热率来强化换热。这种技术主要是通过向相变材料中填充高导热材料来实现，主要的填充方式有三种：将相变材料注入到高导热率的多孔材料中、在相变材料中添加高导热材料颗粒、在相变材料中添加固定形状的金属材料。

例 6-12　在潜热储热技术中，球形胶囊是相变材料的一种常见的封装方式。假设某个潜热储热系统，采用导热率为 $0.2W/(m \cdot K)$ 的聚氯乙烯作为原料被制备成内直径为 10cm、壁厚为 2mm 的球形胶囊，胶囊内封装了密度为 $772kg/m^3$、相变潜热为 200kJ/kg、熔点为 30℃ 的石蜡作为相变材料。在充热过程中，测得胶囊内、外壁面温度分别为 30℃ 和 40℃，环境温度保持在 25℃，试求：（1）充热过程中的换热速率；（2）石蜡完全熔化所需的时间；（3）充热过程中球形胶囊内的㶲损。

解：

（1）根据式（6-21）可知，充热过程中的换热速率为

$$\dot{Q}_{charge} = 4\pi \times 0.2 \times \frac{40-30}{1/0.05 - 1/0.052} W = 32.66W$$

（2）根据式（6-4）和式（6-5）可得

$$\frac{dmh_{sf}}{dt} = \frac{dV\rho h_{sf}}{dt} = \dot{Q}_{charge}$$

将上式差分并代入题中所给的材料物性、球体尺寸后可求得石蜡完全融化所需的时间为

$$\Delta t_{melting} = 2474s$$

（3）由式（6-11）和式（6-13）可知，对于球形胶囊建立的㶲平衡方程为

$$\sum \dot{E}x_{heat} - \dot{E}x_{dest} = 0$$

即

$$\left(1-\frac{\dot{T}_0}{T_{\text{outer}}}\right)\dot{Q}_{\text{charge}}-\left(1-\frac{\dot{T}_0}{T_{\text{inner}}}\right)\dot{Q}_{\text{charge}}-\dot{Ex}_{\text{dest}}=0$$

最终可求得充热过程中球形胶囊内的㶲损（$\dot{Ex}_{\text{dest}}$）为 1.026W。

6.4.4 潜热储热技术的应用

对潜热储热技术的研究可以追溯到 20 世纪 70 年代，美国国家航空航天局（NASA）对相变材料应用产生了兴趣，并将其用在一些月球飞行器和太空实验室中。1977 年 NASA 简报《相变热控制和储能设备的设计手册》是最早的相变材料参考文献之一，至今仍被广泛引用和使用。

在 20 世纪七八十年代，人们还对相变材料在太阳能系统中的应用产生了兴趣，并开始致力于将相变材料应用于大型太阳能发电站的储热系统和小型家用热水系统等。在各种建筑材料（如墙板和地板）中嵌入相变材料的概念也于 20 世纪七八十年代兴起，其目的是为了建造具有较低热负荷和冷负荷的房屋和办公环境以提高能源效率。此外，对相变材料的基础研究如深入分析熔化和冷凝过程、热传导和自然对流对相变过程的影响等也由此开始。

随着 20 世纪八九十年代计算机性能的提升，集成电路开始产生大量的热量，相变材料在高性能军用和商业电子产品热管理的应用开始出现。近年来，相变材料在军用和民用纺织材料中也得到了应用。本小节将介绍 5 个基于相变材料的潜热储热技术的典型应用场景，不同于显热储热，潜热储热技术的商业应用程度还不成熟，因此本小节更加着重介绍各应用场景在科研方面的成果和发现。

6.4.4.1 电子设备热管理

在过去的 50 年里，电子产品设计一直遵循"摩尔定律"，处理能力大约每两年提高一倍。电子产品处理能力的指数级增长、电子封装尺寸的显著减小虽然给电子领域带来了巨大发展，但也为热工工程师带来一个巨大的挑战，即电子设备中的散热越来越困难。为保证电子设备的可靠性，大多数封装的芯片要求在 85℃ 以下工作，这就要求在稳态和瞬态工作中产生的热量都必须散发到环境中。

对于笔记本电脑和台式机等普通家用计算机，热负荷通常可以使用与风扇相连的散热器来耗散，唯一的要求是机箱中有足够的空间来容纳散热器。对于热负荷更高的高性能计算机，风扇无法满足在有限机箱空间约束下的散热要求，需要采用含有泵、管道和换热器的液体冷却系统。对于目前占据消费市场主要份额的便携式电子设备（如平板电脑、智能手机等），其热管理方案受到其追求紧凑、轻便外形的制约，难以使用风机或液体冷却系统散热。

幸运的是，大多数便携式电子产品都有着开/关机的工作状态及不同负荷的运行时间，这使得使用相变材料进行热管理成为可能。许多平板电脑和智能手机在一天大部分时间内都处于低功耗待机模式，而用户随机进行的操作会使它们处于高负荷运行状态。对于此类设备，相变材料可以用来吸收高负荷运行时的热量，然后在关机或者低功耗待机模式时散发存储的热量。当高负荷运行模式开始时，设备产生的热量使得环境温度升高，由温差驱动的传热将促使相变材料吸热并熔化。由于潜热的存在，设备可在高负荷运行状态下仍保持恒温。在对电子设备热管理进行设计时，一个重要的原则是相变材料熔化-凝固循环时长应与设备运行时间间隔相匹配（可能为 10～30min）。相变材料一旦完全熔化，就必须马上凝固并将热量释放到环境中，为下一次吸热做准备。假设没有热管理系统，设备在高负荷运行时将一直升温，直到产热量和设备温度与外部环境之间散热相等。此时设备可处于一种稳态超温运行模式，但过高的设备温度将严重损害其性能。因此，相变材料的应用是为了尽可能延迟稳态超温运行的出现。假设当相变材料完全熔化时，电子设备仍在运行，那么相变材料将由潜热储热变为显热储热，设备温度将进一步上升直到稳态超温运行，上述过程如图 6-37 所示。

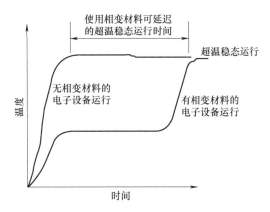

图 6-37　相变材料对设备稳态超温运行的延迟作用

基于相变材料的热管理系统在各类电子设备中有着广泛的应用前景：一方面，其相变过程可以降低设备在变负荷运行时的升温和波动；另一方面，无需辅助机械设备的特点也使得采用该技术的电子设备的运行可靠性大大提高。

6.4.4.2　建筑储热

在 6.3 节中我们指出，早期人类设计出的具有显热储热作用的建筑物是后来一切显热储热技术的雏形。随着相变材料技术的日渐成熟，潜热储热技术也逐渐被用于建筑储热领域。相比于显热储热技术，潜热储热技术有着更高的储热密度，这也就意味着在给定的体积内能存储更多的热量。此外，在炎热的天气，采用显热储热技术的建筑在太阳的持续照射下室内温度会进一步升高，而采用潜热储热技术能将人居环境维持在一个恒定的温度。如果相变材料的相变温度与室内宜居温度相匹配，则将大幅降低建筑的暖通空调能耗。潜热储热技术对于位于沙漠这类昼夜温差大的环境中的建筑尤其有效。

如图 6-38 所示，基于相变材料的石膏板是建筑潜热储热领域的重点研究对象。在大多数情况下，通常采用熔点在 20～30℃ 范围内的相变材料，而将相变材料和石膏板混合的设计方法根据不同的应用场景而定，其中一些典型场景将在下面详细介绍。最后，目前市面上几种商用的相变材料石膏板中，绝大部分都采用德国巴斯夫公司提供的封装相变材料，其熔点为 23℃。

综上所述，在建筑材料中嵌入相变材料是一种降低建筑耗能的有效方法。根据不同的应用场景和建筑材料，相变材料可采用直接浸入法、宏胶囊法或微胶囊法嵌入建筑材料中。在

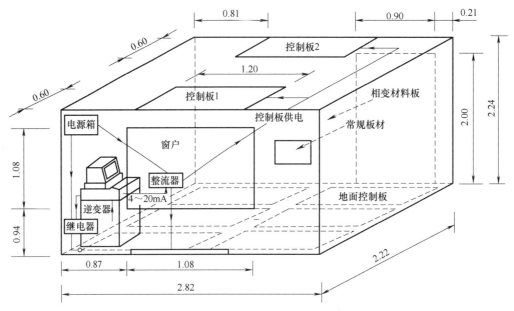

图 6-38　全室内相变材料储热实验（单位：m）

前人大量的科研基础之上，目前已经有几种商业的相变建筑材料可以使用，然而阻碍相变建筑材料进一步发展的主要障碍是其成本和大规模化的可行性。未来通过优化熔化温度范围可以有效减少相变材料由于气温导致的完全液化或完全固化的天数，甚至可以完全避免。

6.4.4.3　聚光式太阳能热发电系统储热

在 6.3.3 节中，我们介绍了显热储热系统和聚光式太阳能热发电系统的结合可以有效将天气晴朗时过剩的热能存储并将其用于云遮时或夜间。然而我们也认识到，普遍采用熔盐的显热储热系统也存在占地面积大、温度波动大等问题。针对上述问题，研究人员对潜热储热技术和聚光式太阳能热发电系统的结合展开了一系列研究工作，结果显示，对于大规模聚光式太阳能热发电系统，相变材料储热系统可以显著提高其经济性。适用于太阳能热发电系统的相变材料熔点约为 300~800℃，在这一温区通常选用无机盐作为相变材料。鉴于其较低的导热率，可采用嵌入式热管、微胶囊封装等强化换热技术。

6.4.4.4　填充床储热

除了直接将相变材料盛放于罐体外，储热材料还有一类常用的堆积模式，即填充床储热系统。这类系统采用装有相变材料的宏胶囊，将其紧密堆积在罐体内部。如图 6-39 所示，在充热过程中，高温传热流体将流经储罐并与封装了固态相变材料的宏胶囊球体进行热交换，此时球体内部的相变材料吸热并熔化；在放热过程中，低温负载流体流过填充床系统吸热，球体内的液态相变材料放热并凝固。填充床系统的优点是具有高热交换接触面积且可以在一个单罐中实现充放热，与双罐系统相比显著降低了成本。此外，宏胶囊封装后的相变材料也增加了系统的可靠性。

填充床最初也应用于显热储热技术，通常采用混凝土、岩石等具有高比热容的储热材料。如果使用相变材料代替显热储热材料，在同等储热容量需求下就可以获得更高的储热密度以降低成本。

图 6-39 基于宏胶囊封装相变材料的填充床储热系统

6.4.4.5 换热器储热

在潜热储热技术中，相变材料可被用于换热器以提高系统性能。以聚光式太阳能热发电系统为例，传热介质在流经集热场吸热升温后，无论是流向储热系统还是发电系统，都要在换热器中放热。若将合适的相变材料用于换热器，可进一步提高太阳能的利用率。

如图 6-40 所示，对于最常用的管壳式换热器，将相变材料置于壳侧还是管侧取决于传热介质的流道。此外，和其他储热系统一样，相变材料的选择也基于其熔点和传热介质之间的匹配度，例如熔盐可用于高温废热回收，而石蜡可用于低温家用供暖系统。

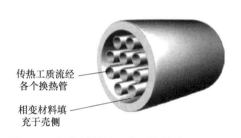

传热工质流经各个换热管

相变材料填充于壳侧

图 6-40 相变材料位于壳侧的管壳式换热器

相关研究显示，相变材料不仅可以用于换热器中，而且有充分的研究依据证实了其充放热速率都可以通过一系列强化换热技术被优化。

例 6-13 某双层楼房的屋顶面积为 117m^2，四周墙壁的总面积为 223m^2。为了清洁采暖，该楼房的屋顶和墙壁都采用水合盐作为相变储热材料存储由太阳能集热器吸收的太阳能。为了进一步增强采暖效果，屋顶和墙壁分别覆盖了厚度为 0.15m 和 0.025m 的保温材料。已知保温材料的导热率为 $0.025\text{W}/(\text{m}\cdot\text{℃})$，集热器 24h 内吸收的太阳能平均值为 $4500\text{kJ}/\text{m}^2$，水合盐潜热为 $337\text{kJ}/\text{kg}$，单位面积太阳能集热器的价格为 75 元$/\text{m}^2$，单位质量的水合盐价格为 3 元$/\text{kg}$，假设屋顶及墙壁的温度维持在 21℃ 而外界温度为 -12℃，求所需的太阳能集热器的价格及水合盐的价格。

解： 由式（6-19）可得，屋顶和墙壁透过保温材料向环境的热损分别为

$$\dot{Q}_{\text{loss,roof}} = k\frac{A_{\text{roof}}}{L_{\text{roof}}}(T_{\text{roof}} - T_{\text{amb}}) = 643.5\text{W}$$

$$\dot{Q}_{loss,wall}=k\frac{A_{wall}}{L_{wall}}(T_{wall}-T_{amb})=7359\,W$$

则一个全天内，为补偿上述热损，所需的水合盐质量为

$$m_{PCM}=\frac{(\dot{Q}_{loss,roof}+\dot{Q}_{loss,wall})\times24\times3600}{h_{PCM}}=2051\,kg$$

故可求得水合盐的耗费为

$$C_{PCM}=m_{PCM}\times3\,元/kg=6153\,元$$

水合盐中的潜热实际上是由太阳能集热器提供，因此所需的太阳能集热器面积为

$$A_{collector}=\frac{(\dot{Q}_{loss,roof}+\dot{Q}_{loss,wall})\times24\times3600}{Q_{collector}}=154\,m^2$$

故可求得太阳能集热器的耗费为

$$C_{collector}=A_{collector}\times75\,元/m^2=11550\,元$$

6.5　热化学储热技术

热化学储热体系的研究现在仍然处于初级阶段，大部分的研究只是在实验室或中试装置上进行，距离工程应用还有较大的距离。根据储热方式的不同，热化学储热技术可以分为热化学吸附储热和热化学反应储热两种。

6.5.1　热化学吸附储热

热化学吸附储热是指吸附质分子与固体表面原子形成吸附化学键过程中所伴随的能量存储。热化学吸附储热体系的储热密度大，约为相变潜热储热技术的2~5倍，具有高效储热和变温储热的优点。吸附储热过程对热源品质要求不高，因而可以广泛应用于分布式冷热联供系统以及低品位余热废热收集等应用场景。

图6-41为热化学吸附储热的能量存储和释放过程。充热阶段，反应物从外界吸收热量，吸附质和被吸收物分离形成离解物，离解物可在室温下分别单独存储。在放热阶段，吸附质和被吸收物结合在一起，形成原始反应物，在此过程中释放出大量的热量可以被利用。

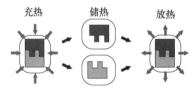

充热　　储热　　放热

图6-41　热化学吸附储热的充热及放热过程

一般结晶水合物体系都属于热化学吸附储热类型，如 $MgSO_4\cdot7H_2O$、$CaSO_4\cdot2H_2O$、$Na_2S\cdot5H_2O$ 等。另外，还有一些以 H_2O 和 NH_3 作为吸附质分子的吸附工质对也属于这种类

型，如 $LiBr/NH_3$、NH_3/H_2O、$CaCl_2/NH_3$ 等。结晶水合物体系的特点是反应温度低、对热源品质要求不高，因而引起了广泛的关注。

此外，$NaOH$、$LiCl$ 和 $LiBr$ 等溶液在吸收及蒸发水分的过程中，也能存储和释放大量的热。$NaOH$ 体系最大的优点是价格便宜，仅为 $MgSO_4 \cdot 7H_2O$ 体系的 5.1%，但储热密度达 $250kWh/m^3$，因此 $NaOH$ 体系具有更高的性价比。但 $NaOH$ 溶液的强腐蚀性限制了其进一步的大规模应用。除了 H_2O 作为吸附质，研究人员也提出了一系列基于 NH_3 吸附质的储热体系，如 $CaCl_2/NH_3$、$BaCl_2/NH_3$ 和 $MnCl_2/NH_3$ 等，但以 NH_3 作为吸附质的储热体系需要解决 NH_3 的泄漏问题，以避免其对环境的污染。

与液体吸附质相比，固体吸附材料具有较低的储热密度，但其具有更优良的传热传质速率。沸石和硅胶等固体吸附材料具有较大的孔径，可产生更高的表面积，进而可提高其储热能力。目前常见的固体吸附材料有天然沸石、磷酸铝和磷酸硅铝等。

6.5.2　热化学反应储热

热化学反应储热利用可逆化学反应，将热能转化成化学能，并存储于反应介质中。当需要使用时，通过逆向热化学反应或者燃烧的形式将存储的化学能以反应热的形式释放出来加以应用。热化学储热的能量存储和释放过程如图 6-42 所示。反应物 C 吸收外界热能发生反应生成产物 A 和 B，所吸收的热能就以化学能的形式存储在产物中。产物 A 和 B 被分开存储，这样就能实现热能的长期存储。当需要热能时，产物 A 和 B 重新接触发生逆反应重新生成 C，如此则可实现热能的再利用过程。

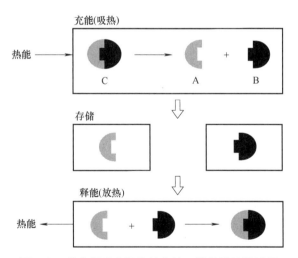

图 6-42　热化学反应储热的充热、储热及放热过程

和其他储热方式相比，热化学反应储热具有以下优点：

1）热化学反应储热通过化学键的破裂和重组实现能量的"热能-化学能-热能"转换，其体积和质量储热密度均远高于显热储热或相变储热。例如，$Ca(OH)_2/CaO$ 的单位体积储热量是 $Na_2SO_4 \cdot 10H_2O$ 相变储热的 17.3 倍。

2）反应产物以化学能形式可在环境温度下长期存储且基本没有热损失，并且可以实现长距离运输。

3）热化学储热采用化学反应实现能量的存储和转换，能够得到高品位的热能，可广泛应用于新能源的存储，特别是太阳能热发电中热能的存储。

通常，建立一个热化学反应储热体系的第一步就是选择合适的化学反应以及研究该反应体系的化学特性，如可逆性、反应速度、操作条件（温度和压力）以及反应的动力学性质等。理想的化学反应储热材料应该具有以下特征：

1）具有合适的反应温度和高反应焓，储热密度高。

2）反应要具有良好的可逆性，无副反应和不良副产物。

3）正反应和逆反应都要有合适的反应速率，满足热能快速存储和释放的要求。

4）反应物和产物无毒、无腐蚀性、不易燃易爆，且对环境无害。

5）反应产物容易分离且可以长期稳定存储，能够满足长距离输运的要求。

6）优良的经济性。

基于上述选择条件，研究人员做了大量的工作并提出了一些合适的热化学反应储热体系，其中典型的有金属氧化物、金属氢化物、氢氧化物、碳酸盐、氨基、甲烷重整等体系，表6-12汇总了上述体系的反应通式及特点。

表6-12 典型热化学反应储热体系汇总

储热体系	反 应 通 式	典 型 介 质	特　　点
金属氧化物	$M_xO_{y+z}(s) \rightleftharpoons M_xO_y(s) + \dfrac{z}{2}O_2(g)$	BaO、Co_3O_4、Mn_2O_3、CuO、Fe_2O_3、Mn_3O_4 和 V_2O_5	优势：操作温度范围宽、无腐蚀性、不需气体存储 劣势：成本高、储热密度低、可逆性欠佳
金属氢化物	$MH_n(s) + \Delta H_r \rightleftharpoons M(s) + \dfrac{n}{2}H_2(g)$	MgH_2、TiH_2、CaH_2	优势：储热密度大 劣势：平衡压力高，安全性低
氢氧化物	$M(OH)_2(s) + \Delta H_r \rightleftharpoons MO(s) + H_2O(g)$	$Ca(OH)_2$ 和 $Mg(OH)_2$	优势：成本低、无毒 劣势：导热率低，存在烧结现象
碳酸盐	$MCO_3(s) + \Delta H_r \rightleftharpoons MO(s) + CO_2(g)$	$CaCO_3$、$SrCO_3$、$MgCO_3$、$BaCO_3$ 和 $PbCO_3$	优势：成本低、工作温度高、储热密度大、工作压力低、无毒 劣势：稳定性欠佳
氨基	$2NH_3(g) + \Delta H_r \rightleftharpoons N_2(s) + 3H_2(g)$	NH_3	优势：可逆性好、稳定性佳、便于输送、经济性高、技术成熟度高 劣势：安全性低、反应条件苛刻、系统运维成本高
甲烷重整	$CH_4(g) + H_2O(l) + \Delta H_r \rightleftharpoons$ $CO(g) + 3H_2(g)$（基于H_2O的重整） $CH_4(g) + CO_2(g) + \Delta H_r \rightleftharpoons$ $2CO(g) + 2H_2(g)$（基于CO_2重整）	CH_4	优势：反应热高、储热密度高 劣势：积碳易造成催化剂失活

6.5.3 热化学储热的应用

6.5.3.1 热化学吸附储热的应用

热化学吸附储热系统可以在较宽的温度范围内存储长期/中期/短期应用的热量，以应用于制冷和供热场景中。德国巴伐利亚州应用能源研究所提出了一个应用于办公建筑的热化学吸附储热系统，如图 6-43 所示。在夜间的充热过程中，空气被余热加热到 130℃ 左右并存储在吸附材料沸石中。在白天时段，沸石中存储的能量释放出来以满足建筑物的用热需求。同时，该系统还可以用于建筑物的制冷需求。此外，结晶水合物体系也属于热化学吸附储热，其在供热领域也有着比较广泛的应用。$MgSO_4$ 是一种很有前途的紧凑型储热材料，其还可以与沸石、硅胶或 $MgCl_2$ 组成复合材料，以提高材料的储热密度和性能。

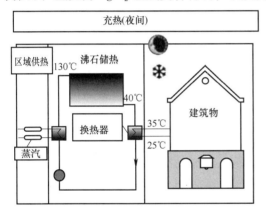

图 6-43 用于区域供热和制冷的热化学吸附储热系统

6.5.3.2 热化学反应储热的应用

由于热化学反应储热具有较多的储热体系，且不同体系各有特点，因此热化学反应储热的应用范围较热化学吸附储热更广，根据其应用场景的温度范围不同，大致可分为制冷和冷却应用、中温热应用以及高温热应用三种。

1. 制冷和冷却应用

碳酸盐体系和金属氢化物体系可用于制冷和冷却，以金属氢化物为例，基于金属氢化物的冷却系统可以分为热驱动和压缩机驱动。热驱动的金属氢化物冷却系统如图 6-44 所示，其由两个填充有不同金属氢化物合金的反应器组成，氢在这些合金之间循环交换。在该系统中，两个金属氢化物反应器含有温度相同但压力不同的氢，系统在三个温度水平（$T_h > T_m > T_1$）和两个压力水平（$P_h > P_1$）之间运行。该冷却系统由两个半循环组成，在第一个半循环中，热输入（Q_h）在高温 T_h 下提供给反应器 1，从

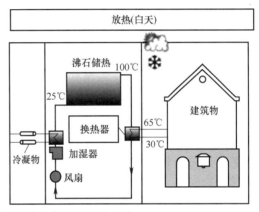

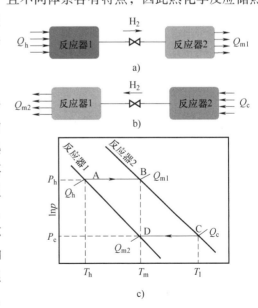

图 6-44 热驱动的金属氢化物冷却系统

而解吸氢气。反应器 2 吸收来自反应器 1 的氢气，并在介质温度 T_m 下释放吸收热（Q_m1）。在第二个半循环中，反应器 2 通过吸收温度 T_c 下的热量（Q_c）来解吸氢气，在此过程中产生冷却效果。然后氢气流入反应器 1，在那里被吸收并在介质温度 T_m 下释放吸收热（Q_m2）。该系统为单级单效系统，即每两个半循环产生一次冷却，可以实现 $-20\sim10\,^\circ\!\mathrm{C}$ 的冷却温度。

压缩机驱动的金属氢化物冷却系统如图 6-45 所示，其可以产生连续的冷却效果。在此系统中，压缩机连接在两个反应器之间，这两个反应器中填充了相同的金属氢化物合金。系统初始状态时，反应器 A 充入氢气，反应器 B 则是氢气耗尽的状态。在前半个循环中，反应器 A 和反应器 B 分别与压缩机的入口和出口相连，反应器 A 在低温下解吸氢气，从而产生制冷效果。从反应器 A 中连续解吸的氢气被压缩并供应给反应器 B。反应器 B 内，金属和氢气发生反应，向环境释放出热量。在后半个循环中，反应器的作用是相反的，即反应器 B 产生制冷效果而反应器 A 向环境释放热量。在实际系统中，还需要逆流阀、风门机构、鼓风机和控制系统来实现连续制冷效果。此外，该系统经过简单的改造后还可以用作热泵进行供热。

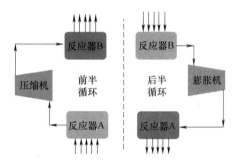

图 6-45　压缩机驱动的金属氢化物冷却系统

2. 中温热应用

热化学储热在中温范围内主要用于太阳能和余热的存储。此处以 $Mg(OH)_2/MgO$ 为例，介绍氢氧化物储热体系在余热回收中的应用。如图 6-46 所示，在储热模式下，约 $350\,^\circ\!\mathrm{C}$ 废热被供应到 $Mg(OH)_2$ 容器中进行反应，生成 MgO 和水蒸气。释放的水蒸气被冷凝后在水箱里存储，MgO 被送至 MgO 容器中存储。放热模式下，约 $110\,^\circ\!\mathrm{C}$ 的热量把水蒸发到气态，然后与 MgO 反应生成 $Mg(OH)_2$，在此过程中，可以释放出大量的热量，温度约为 $140\,^\circ\!\mathrm{C}$。

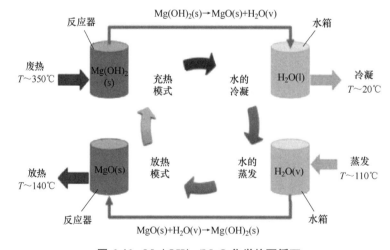

图 6-46　$Mg(OH)_2/MgO$ 化学热泵循环

3. 高温热应用

热化学反应储热诸多体系中，碳酸盐、金属氢化物、氨基、甲烷重整等体系中有不少介质均可适用于高温范围。考虑到当前的能源及环境问题，这些介质主要应用于太阳能储热技术中。此处以碳酸盐储热体系为例介绍此类应用。

如表 6-12，碳酸盐因其较高的工作温度、较高的体积密度、较低的工作压力以及无毒和无腐蚀性的化学性质而成为非常有吸引力的热能存储材料。基于碳酸盐的热化学储热体系有两种应用方式，第一种是使用碳酸盐（如 $CaO/CaCO_3$ 和 $PbO/PbCO_3$）的化学热泵，第二种是将碳酸盐热化学反应储热体系集成到光热发电装置中。

图 6-47 为一种 $CaO/PbO/CO_2$ 化学热泵的示意图。该系统由 CaO 和 PbO 反应器组成，热泵的运行包括储热模式和放热模式。系统开始运行时，$CaCO_3$ 和 PbO 被装入各自反应器中。在储热模式下，CaO 反应器从温度为 T_{d1} 的热源接收热量（Q_{d1}）。随后，$CaCO_3$ 脱碳生成 CaO 和 CO_2。在 PbO 反应器中，CO_2 在一定压力（P_{c2}）下与 PbO 反应，碳化放热在 T_{c2} 下回收，生成 $PbCO_3$。在放热模式下，PbO 反应

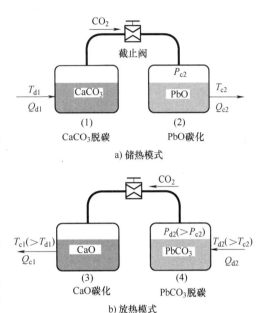

a) 储热模式

b) 放热模式

图 6-47　$CaO/PbO/CO_2$ 化学热泵示意图

器中 $PbCO_3$ 的脱碳反应在温度 T_{d2} 下进行（$T_{d2}>T_{c2}$），在压力 P_{d2} 下（$P_{d2}>P_{c2}$）形成的 CO_2 被引入 CaO 反应器。随后，CaO 的碳化继续进行，在温度 T_{c1} 下（$T_{c1}>T_{d1}$）在反应器中放热产生热量（Q_{c1}）。该热泵能够存储约 860℃ 的热量，并在亚大气压下将其转化为 880℃ 以上的热量。

图 6-48 为一种典型的基于 $CaCO_3/CaO$ 热化学储热的聚光式太阳能发电系统的示意图。该系统由定日镜场、太阳能煅烧炉、碳化反应器、CaO 储罐、$CaCO_3$ 储罐、CO_2 储罐和 CO_2 涡轮机组成。该流程中，利用太阳能集热在煅烧炉中煅烧 $CaCO_3$ 物料，回收 CaO 和 CO_2 的显

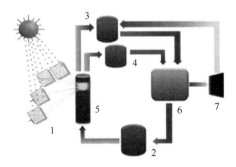

图 6-48　基于 $CaCO_3/CaO$ 热化学储热的聚光式太阳能发电系统

1—定日镜场　2—$CaCO_3$ 储罐　3—CO_2 储罐　4—CaO 储罐

5—太阳能煅烧炉　6—碳化反应器　7—CO_2 涡轮机

热，并将产物独立存储，其中 CO_2 在冷却后被压缩并存储在一个储罐中。放热过程中，CaO 和 CO_2 被输送到碳化反应器中，热量通过碳化反应释放出来。碳化反应器是一个加压流化床反应器，该反应的目的是在尽可能高的温度下使用纯 CO_2，以最大限度地提高热电转换效率。碳化反应产生的热量由过量的 CO_2 气体输送到涡轮机产生电力，而流出的 CO_2 气体则被输送至 CO_2 储罐，碳化和煅烧循环完成。

碳酸盐热化学储热体系存在的主要问题就是 CO_2 的存储问题。通常采用三种技术来存储 CO_2 气体，分别是将 CO_2 压缩后存储、用其他金属氧化物与 CO_2 反应生产碳酸盐存储、将 CO_2 吸附在合适的吸附剂（如沸石或活性炭中）中存储。

6.6 储热系统的热力学评价方法

储热技术之所以能够成为实现能源削峰填谷的最有潜力的技术之一，因为该技术能够在降低温室气体排放的条件下很好地平衡供需两侧的能源。从提高能量利用率和品位的角度看，若要设计出一个性能良好的储热系统必须具备两个要素：一是要结合实际工况选用性质最优的储热材料，二是要尽量降低其自身的热损失和能量迁移过程中的不可逆性。从工程热力学的角度来讲，就是储热系统必须具备高热力学效率和高㶲效率。为了定性、定量地判断一个储热系统是否具备上述要素，必须建立一套完备的系统性能评价方法。

有关能量分析和㶲分析的热力学基础在 3.2.1 节和 6.2.1 节中已有详细介绍。前者基于热力学第一定律，表征能量在数量上的增益或损失；后者基于热力学第二定律，表征能量品位的高低和过程的可逆性。与本书中其他储能技术一样，在评价储热系统的性能时，也要围绕能量和㶲的概念定义各个效率，本节主要介绍这两类效率的计算方法。

图 6-49 所示为一个典型的储热系统，储热罐中的工质为 A，热源侧与负载侧的流体 B 通过与 A 进行换热来传递热量。

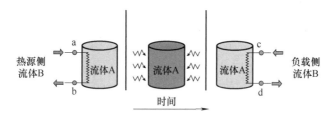

图 6-49 典型的储热系统示意图

由于储热罐和外界只有热量的交换而无质量交换，因此可被视为一个闭口热力系统，根据式（6-5）有

$$Q_C - Q_D - Q_L = \Delta E_{ST} \tag{6-47}$$

式中，下标 C、D 分别表示充热过程和放热过程，L 表示储热罐对环境的散热，E_{ST} 为储罐的总能。

若将充、放热量由传热工质 B 的焓变代替，则式（6-47）可改写为

$$\underbrace{(H_b - H_a)}_{Q_C} - \left[\underbrace{(H_c - H_d)}_{Q_D} + Q_L \right] = \Delta E_{ST} \tag{6-48}$$

假设充热时间为t_C，放热时间为t_D，充热过程工质 B 的质量流量和定压比热容分别为$\dot{m}_a$、c_a，放热过程工质 B 的质量流量和定压比热容分别为$\dot{m}_b$、c_b，则热量、焓变之间的关系可进一步表示为

$$Q_C = \int_{t=0}^{t_C} \dot{m}_a c_a (T_b(t) - T_a(t)) \, dt \tag{6-49}$$

$$Q_D = \int_{t=0}^{t_D} \dot{m}_c c_c (T_c(t) - T_d(t)) \, dt \tag{6-50}$$

假设充、放热过程工质 B 的进出口温度、质量流量稳定不变，则式（6-49）和式（6-50）可简化为

$$Q_C = H_b - H_a = m_a c_a (T_b - T_a) \tag{6-51}$$

$$Q_D = H_c - H_d = m_c c_c (T_c - T_d) \tag{6-52}$$

忽略储热罐内工质 A 的动能及势能，则有

$$\Delta E_{ST} = m_{ST}(u_{ST,f} - u_{ST,i}) = m_{ST}\bar{c}_{ST}(\bar{T}_{ST,f} - \bar{T}_{ST,i}) \tag{6-53}$$

$$\bar{T} = \frac{T_{top} + T_{bottom}}{2} \tag{6-54}$$

式中，下标 f、i 表示充热过程或放热过程的起始时刻和终了时刻，top、bottom 表示储热罐顶部和底部。

基于上述各式，若定义某一个系统的热力学第一定律效率 η 为

$$\eta = \frac{能量的收益}{能量的投入} \tag{6-55}$$

则可求得上述储热系统在一个充放热循环内的第一定律总效率（$\eta_{overall}$）、充热效率（η_C）、静置效率（η_{ST}）、放热效率（η_D）分别为

$$\eta_{overall} = \frac{Q_D}{Q_C} \tag{6-56}$$

$$\eta_C = \frac{\Delta E_{ST,C}}{H_b - H_a} \tag{6-57}$$

$$\eta_{ST} = \frac{\Delta E_{ST,C} - Q_L}{\Delta E_{ST,C}} \tag{6-58}$$

$$\eta_D = \frac{H_c - H_d}{\Delta E_{ST,D}} \tag{6-59}$$

热力系统的热力学第一定律效率评价的是能量的"数量"，而第二定律效率评价的是能量的"质量"，根据式（6-12），对闭口系统的储热罐列出㶲平衡方程有

$$Ex_C - Ex_D - Ex_L - Ex_{Dest} = \Delta Ex_{ST} \tag{6-60}$$

式中，Ex 表示㶲，各下标含义与热力学第一定律效率中各公式相同。

进一步将 Ex_C 和 Ex_D 与工质 B 的物性参数变化结合，可得

$$Ex_C = (H_b - H_a) - T_o(S_b - S_a) \tag{6-61}$$

$$Ex_D = (H_c - H_d) - T_o(S_c - S_d) \tag{6-62}$$

结合式（6-7）和式（6-15），式（6-61）和式（6-62）可进一步化为

$$Ex_C = m_a c_a \left\{ (T_b - T_a) - T_o \ln\left(\frac{T_b}{T_a}\right) \right\} \tag{6-63}$$

$$Ex_D = m_c c_c \left\{ (T_c - T_d) - T_o \ln\left(\frac{T_c}{T_d}\right) \right\} \tag{6-64}$$

对于储热罐与环境的热量交换所产生的热量㶲 Ex_L，可表示为

$$Ex_L = \left[1 - \frac{T_o}{T_s} \right] Q_L \tag{6-65}$$

式中，T_s 为储热罐与环境交界处的温度。

储热罐本身的㶲变化 ΔEx_{ST} 可表示为

$$\Delta Ex_{ST} = m_{St} \bar{c}_{ST} \left[(\bar{T}_{ST,f} - \bar{T}_{ST,i}) - T_o \ln\left(\frac{\bar{T}_{ST,f}}{\bar{T}_{ST,f}}\right) \right] \tag{6-66}$$

类似地，定义某一个系统的热力学第二定律效率 ψ 为

$$\psi = \frac{\text{㶲的收益}}{\text{㶲的投入}} \tag{6-67}$$

则可求得上述储热系统在一个充放热循环内的第二定律总效率（$\psi_{overall}$）、充热效率（ψ_C）、静置效率（ψ_{ST}）、放热效率（ψ_D）分别为

$$\psi_{overall} = \frac{Ex_D}{Ex_C} \tag{6-68}$$

$$\psi_C = \frac{\Delta Ex_{ST,C}}{Ex_C} \tag{6-69}$$

$$\psi_{ST} = \frac{\Delta E_{ST,C} - Ex_L}{\Delta Ex_{ST,C}} \tag{6-70}$$

$$\psi_D = \frac{Ex_D}{\Delta Ex_{ST,D}} \tag{6-71}$$

例 6-14 假设有两个显热储热系统，两系统的热源侧和负载侧均采用水作为传热介质。在热源侧，系统 1 中水的进、出口温度分别为 80℃ 和 30℃，整个充热过程所需水的总质量为 500kg，系统 2 中水的参数与系统 1 完全一致；在负载侧，系统 1 中水的进、出口温度分别为 30℃ 和 35℃，整个放热过程所需水的总质量为 4500kg，而系统 2 中水的进、出口温度分别为 30℃ 和 75℃，整个放热过程所需水的总质量为 500kg。假设水的比热容保持在 4.186kJ/(kg·℃)，环境温度为 30℃，试求两系统的第一定律效率和第二定律效率。

解： 对于系统 1，充热过程中储热系统吸收的总热量（$Q_{C,1}$）和㶲（$Ex_{C,1}$）分别为

$$Q_{C,1} = (mc)_{HTF,C,1}(T_{in} - T_{out})_{HTF,C,1} = 500 \times 4.186 \times (80 - 30) = 104650 \text{kJ}$$

$$Ex_{C,1} = (mc)_{HTF,C,1}\left\{ (T_{in} - T_{out}) - T_o \ln\left(\frac{T_{in}}{T_{out}}\right) \right\}_{HTF,C,1}$$

$$= 500 \times 4.186 \times \left\{ (353 - 303) - 298 \times \ln\left(\frac{353}{303}\right) \right\} = 9386.89 \text{kJ}$$

放热过程中负载吸收的总热量（$Q_{D,1}$）和㶲（$Ex_{D,1}$）分别为

$$Q_{D,1} = (mc)_{HTF,D,1}(T_{out}-T_{in})_{HTF,D,1} = 4500 \times 4.186 \times (35-30) = 94185\,kJ$$

$$Ex_{D,1} = (mc)_{HTF,D,1}\left\{(T_{in}-T_{out})-T_o\ln\left(\frac{T_{in}}{T_{out}}\right)\right\}_{HTF,D,1}$$

$$= 4500 \times 4.186 \times \left\{(308-303)-298\times\ln\left(\frac{308}{303}\right)\right\} = 2310.18\,kJ$$

类似地，对于系统 2，$Q_{C,2}$、$Ex_{C,2}$、$Q_{D,2}$、$Ex_{D,2}$ 分别为

$$Q_{C,2} = Q_{C,1} = 104650\,kJ$$

$$Ex_{C,2} = Ex_{C,1} = 9386.89\,kJ$$

$$Q_{D,2} = (mc)_{HTF,D,2}(T_{out}-T_{in})_{HTF,D,2} = 500 \times 4.186 \times (75-30) = 94,185\,kJ$$

$$Ex_{D,2} = (mc)_{HTF,D,2}\left\{(T_{in}-T_{out})-T_o\ln\left(\frac{T_{in}}{T_{out}}\right)\right\}_{HTF,D,2}$$

$$= 500 \times 4.186 \times \left\{(348-303)-298\times\ln\left(\frac{348}{303}\right)\right\} = 7819.53\,kJ$$

则系统 1 的第一定律、第二定律效率分别为

$$\eta_{overall,1} = \frac{Q_{D,1}}{Q_{C,1}} = 90\%$$

$$\psi_{overall,1} = \frac{Ex_{D,1}}{Ex_{C,1}} = 25\%$$

系统 2 的第一定律、第二定律效率分别为

$$\eta_{overall,2} = \frac{Q_{D,2}}{Q_{C,2}} = 90\%$$

$$\psi_{overall,2} = \frac{Ex_{D,2}}{Ex_{C,2}} = 83\%$$

由上述结果可知，在两系统的第一定律效率完全相同的情况下，第二定律效率却有着极大的差异。因此，对于一个储热系统，不论是额定参数的设计还是运行策略的优化，只有兼顾两种效率下的评价结果，才能保证其具备优良的性能。

6.7 总结与展望

热能是不同品位能源之间转换的重要枢纽，在新能源装机容量急剧扩张的今天，发展出能够实现热能的规模化时空转移和高效利用的储热技术尤为重要。本章内容围绕储热技术展开。

首先，本章介绍了储热技术的基本概念及发展储热技术的重要意义。按照储热原理的不同，逐一介绍了显热储热、潜热储热以及热化学储热的主要特点，并从材料、优劣势、技术成熟度和未来研究重点四个角度简要概括和对比了上述三类储热技术。

储热系统的热源及负载都涉及热能和其他形式能源的转化，而储热系统本身的充、放热都为动态的热能传输过程。为了精确描述上述过程，本章介绍了学习储热技术所需的热力学基础和传热学基础。其中热力学基础由质量平衡、能量平衡、熵平衡以及㶲平衡四部分内容构成，而传热学基础主要介绍了热传导、热对流以及热辐射这三种主要的传热方式。

在显热储热技术方面，本章首先介绍了常用的液体材料和固体材料，并进一步概括了遴选材料的基本步骤；其次选取了两种典型显热储热系统——基于液体材料的水箱储热系统和基于固体材料的填充床储热系统，通过介绍这两种系统的建模及求解方法阐述了典型显热储热系统的工作特性；最后以西班牙 Andasol 电站为例介绍了显热储热技术的实际工程应用情况。

在潜热储热技术方面，本章围绕该技术的核心——固-液相变材料展开。首先通过介绍固-液相变材料在熔化-凝固循环的物理过程阐明了材料储热的原理；随后将材料细分为有机、无机、金属、合金以及共晶五种，并逐一介绍其物性特点及适用场景；由于相变材料庞杂的种类和广泛的应用范围，本章又进一步从热物理、动力学、化学特性、经济学和环境五个维度概括了材料的选择标准；为了提高潜热储热系统中相变材料的性能，本章依次介绍了相变材料宏胶囊法、微胶囊法及定形相变材料等主流封装技术以及增大换热面积和提高材料导热率这两种主流强化传热技术；最后，本章介绍了潜热储热技术在电子设备热管理、建筑储热、聚光式太阳能发电、填充床储热以及换热器储热等领域中的研究及应用现状。

在热化学储热技术方面，本章将该技术分为吸附储热和反应储热两大类，并从基本原理和典型应用两个方面对上述两类储热技术进行了介绍。

最后，本章搭建了典型储热系统的热力学模型，通过定义充热过程、静置过程、放热过程以及全循环的热力学第一定律效率及第二定律效率建立了储热系统的热力学评价方法。

作为旨在解决目前能源与环境问题的诸多储能技术之一，储热技术的最终方向必然是迈向大规模、低成本的工程应用。从这一角度看，由于运行原理简单、储热材料成本低廉又具备良好储换热性能，目前显热储热的技术成熟度和商业化应用程度都远比相变储热和热化学储热高。然而，较低且不恒定的充放热温度和较低的储热密度限制了显热储热技术的进一步应用。在未来，显热储热技术发展的重要方向在于开发具备更高运行温度、更大储热密度的新材料，比如基于氯盐和碳酸盐的新型熔融盐技术，基于铝土矿颗粒的新型固体颗粒储热技术等。

由于利用了材料的潜热，相较于显热储热，相变储热有着更加稳定的充放热温度和更高的储热密度。然而由于相变过程涉及更复杂的物理过程，相变储热也有着亟待突破的瓶颈。在未来，相变储热技术主要将向两个方面发展：一是从基础研究的角度进一步探明分子结晶及能量转变等物理过程的机理，从而开发出可克服如过冷、相分离等目前相变材料面临的主要问题的新技术；二是将目前仅限于实验和科学研究规模的技术推向工程应用，如微胶囊、定形相变材料等新型封装技术和一系列新型强化传热技术。

热化学储热最大的优势在于其极高的储热密度，因此不仅可实现长时间、大空间的热能存储，还能够使热能始终保持在高品位。然而，由于工艺复杂等问题，热化学储能技术目前仍只能局限于实验研究的规模。在未来，热化学技术迈向技术成熟的工程化应用需要突破三个主要的瓶颈：一是化学反应与传热的匹配问题，二是储热过程中系统运行参数和系统设计参数的控制问题，三是如何提高充放热时的稳定性。

习   题

6-1 根据物理原理的不同，储热技术可以分为哪几类？

6-2 与显热储热技术相比，潜热储热技术最大的优势是什么？

6-3 当液体显热储热材料静置于储罐中时，会出现温度分层现象，试简要说明温度分层产生的原因及其用于储热系统时的优点。

6-4 晶体生长率低、过冷度大会使得存储于相变材料的潜热难以充分利用，简要说明其原理。

6-5 在相变材料的封装过程中，要求气隙空间产生于远离热源的位置，试分析其原因。

6-6 加入肋板为何会对相变材料起到强化换热的作用？在熔化过程和凝固过程中，肋板的作用有何差异？

6-7 请分别写出金属氧化物储热体系、金属氢化物储热体系、氢氧化物储热体系的反应通式。

6-8 某冷却系统中的工质泵以 50% 的效率耗电 2kW 使得工质在管路中流动，假设工质为水，流入泵时的温度为 10℃ 且流量保持在 1.5kg/s，管道及泵与外界环境无热交换，试求泵的出口温度。

6-9 将例 6-3 中的岩石材料换为相同质量、相同初始温度的相变储热材料，计算相同太阳辐照度、有效辐照时间和面积条件下，相变材料的终温。其中相变材料的熔化温度为 30℃，相变潜热为 200kJ/kg，比热容为 2kJ/(kg·K)。

6-10 图 6-50 所示为某种充热装置，该装置通过底部的电加热设备向顶部的陶瓷储热材料充热。假设充热达到稳态时电加热设备温度为 1000K，而陶瓷上表面温度为 500K，试求该过程中的㶲流变化。

6-11 图 6-51 所示为一块背面绝热、正面吸收太阳辐照的金属平板，该平板正面吸收率为 0.6，太阳辐照度为 700W/m²，环境温度为 25℃，平板和空气之间的对流换热系数为 50W/(m²·K)。试求在仅考虑对流换热的情况下，达到稳态时平板的温度。

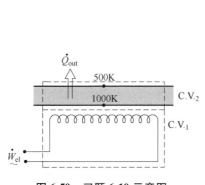

图 6-50 习题 6-10 示意图

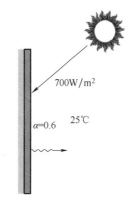

图 6-51 习题 6-11 示意图

6-12 请基于例 6-10 已知条件及计算结果，假设堆积床空气入口温度为 25~65℃ 范围内以 16h 为周期的正弦函数，堆积床起始温度为 25℃，忽略堆积床与环境之间的换热，计算 16h 内堆积床出口空气温度的变化趋势。

6-13 保持例 6-12 中其他参数不变，试分析球形胶囊内外壁面温度差从 0℃ 变到 20℃ 时，石蜡完全熔化所需的时间和充热过程中球形胶囊内的㶲损的变化趋势。

参 考 文 献

［1］ 沈维道，童钧耕. 工程热力学 ［M］. 5 版. 北京：高等教育出版社，2016.

［2］ AYDIN D, CASEY S P, RIFFAT S. The latest advancements on thermochemical heat storage systems ［J］. Renewable and Sustainable Energy Reviews, 2015, 41: 356-367.

［3］ XU J, WANG R Z, LI Y. A review of available technologies for seasonal thermal energy storage ［J］. Solar energy, 2014, 103: 610-638.

［4］ Incropera F P, 等. 传热和传质基本原理（原著第六版）［M］. 葛新石，叶宏，译. 北京：化学工业出版社，2007.

［5］ 丁祖荣. 工程流体力学 ［M］. 北京：机械工业出版社，2013.

［6］ 杨世铭，陶文铨. 传热学 ［M］. 4 版. 北京：高等教育出版社，2006.

［7］ BAUER T, STEINMANN W D, LAING D, et al. Thermal energy storage materials and systems ［J］. Annual Review of Heat Transfer, 2012, 15: 131-177.

［8］ DUFFIE J A, BECKMAN W A. Solar engineering of thermal processes ［M］. New Jersey: John Wiley & Sons Inc., 2006.

［9］ GUO H, XU Y, ZHANG Y, et al. Off-design performance and operation strategy of expansion process in compressed air energy systems ［J］. International Journal of Energy Research, 2019, 43 (1): 475-490.

［10］ AL-MALIKI W A K, ALOBAID F, STARKLOFF R, et al. Investigation on the dynamic behaviour of a parabolic trough power plant during strongly cloudy days ［J］. Applied Thermal Engineering, 2016, 99: 114-132.

［11］ FLEISCHER A S. Thermal energy storage using phase change materials: fundamentals and applications ［M］. Berlin: Springer, 2015.

［12］ 张仁元. 相变材料与相变储能技术 ［M］. 北京：科学出版社，2009.

［13］ ELIAS C N, STATHOPOULOS V N. A comprehensive review of recent advances in materials aspects of phase change materials in thermal energy storage ［J］. Energy Procedia, 2019, 161: 385-394.

［14］ O'CONNOR W E, WARZOHA R, WEIGAND R, et al. Thermal property prediction and measurement of organic phase change materials in the liquid phase near the melting point ［J］. Applied energy, 2014, 132: 496-506.

［15］ JOUHARA H, ŻABNIEŃSKA-GÓRA A, KHORDEHGAH N, et al. Latent thermal energy storage technologies and applications: A review ［J］. International Journal of Thermofluids, 2020, 5: 100039.

［16］ KUZNIK F, DAVID D, JOHANNES K, et al. A review on phase change materials integrated in building walls ［J］. Renewable and Sustainable Energy Reviews, 2011, 15 (1): 379-391.

［17］ SOLÉ A, MIRÓ L, BARRENECHE C, et al. Review of the T-history method to determine thermophysical properties of phase change materials (PCM) ［J］. Renewable and Sustainable Energy Reviews, 2013, 26: 425-436.

［18］ 黄志高. 储能原理与技术 ［M］. 北京：中国水利水电出版社，2018.

［19］ ZHENG Y, ZHAO W, SABOL J C, et al. Encapsulated phase change materials for energy storage-characterization by calorimetry ［J］. Solar Energy, 2013, 87: 117-126.

[20] ESAKKIMUTHU S, HASSABOU A H, PALANIAPPAN C, et al. Experimental investigation on phase change material based thermal storage system for solar air heating applications [J]. Solar Energy, 2013, 88: 144-153.

[21] QIU X, LI W, SONG G, et al. Fabrication and characterization of microencapsulated n-octadecane with different crosslinked methylmethacrylate-based polymer shells [J]. Solar Energy Materials and Solar Cells, 2012, 98: 283-293.

[22] SHATIKIAN V, ZISKIND G, LETAN R. Numerical investigation of a PCM-based heat sink with internal fins [J]. International journal of heat and mass transfer, 2005, 48 (17): 3689-3706.

[23] 杨佳霖. 潜热蓄热相变过程换热强化研究 [D]. 北京：华北电力大学, 2016.

[24] MESALHY O, LAFDI K, ELGAFY A, et al. Numerical study for enhancing the thermal conductivity of phase change material (PCM) storage using high thermal conductivity porous matrix [J]. Energy Conversion and Management, 2005, 46 (6): 847-867.

[25] VELRAJ R, SEENIRAJ R V, HAFNER B, et al. Heat transfer enhancement in a latent heat storage system [J]. Solar energy, 1999, 65 (3): 171-180.

[26] ATHIENITIS A K, LIU C, HAWES D, et al. Investigation of the thermal performance of a passive solar testroom with wall latent heat storage [J]. Building and environment, 1997, 32 (5): 405-410.

[27] LEE Y T, HONG S W, CHUNG J D. Effects of capsule conduction and capsule outside convection on the thermal storage performance of encapsulated thermal storage tanks [J]. Solar energy, 2014, 110: 56-63.

[28] LAMMAK K, WONGSUWAN W, KIATSIRIROJ T. Investigation of modular chemical energy storage performance [C]. Hua Hin, Thailand: Proceedings of the Joint International Conference on Energy and Environment, 2004.

[29] 吴娟. 热化学储能体系 Ca(OH)$_2$/CaO+H$_2$O 的性能研究 [D]. 广州：华南理工大学, 2015.

[30] BOGDANOVIĆ B, HOFMANN H, NEUY A, et al. Ni-doped versus undoped Mg-MgH$_2$ materials for high temperature heat or hydrogen storage [J]. Journal of alloys and compounds, 1999, 292 (1-2): 57-71.

[31] ZONDAG H A, KALBASENKA A, VAN ESSEN M, et al. First studies in reactor concepts for Thermochemical Storage [C]. Lisbon: 1st International Conference on Solar Heating, Cooling and Buildings, 2008.

[32] QIN F, CHEN J, LU M, et al. Development of a metal hydride refrigeration system as an exhaust gas-driven automobile air conditioner [J]. Renewable Energy, 2007, 32 (12): 2034-2052.

[33] MUTHUKUMAR P, PATIL M S, RAJU N N, et al. Parametric investigations on compressor-driven metal hydride based cooling system [J]. Applied Thermal Engineering, 2016, 97: 87-99.

[34] MASTRONARDO E, BONACCORSI L, KATO Y, et al. Efficiency improvement of heat storage materials for MgO/H$_2$O/Mg(OH)$_2$ chemical heat pumps [J]. Applied Energy, 2016, 162: 31-39.

[35] XU D, LIU Q, LEI J, et al. Performance of a combined cooling heating and power system with mid-and-low temperature solar thermal energy and methanol decomposition integration [J]. Energy Conversion and Management, 2015, 102: 17-25.

[36] ASWIN N, DUTTA P, MURTHY S S. Screening of metal hydride pairs for closed thermal energy storage systems [J]. Applied Thermal Engineering, 2016, 109: 949-957.

[37] BENITEZ-GUERRERO M, VALVERDE J M, SANCHEZ-JIMENEZ P E, et al. Calcium-Looping performance of mechanically modified Al$_2$O$_3$-CaO composites for energy storage and CO$_2$ capture [J]. Chemical Engineering Journal, 2018, 334: 2343-2355.

[38] AKIKUR R K, ULLAH K R, PING H W, et al. Application of solar energy and reversible solid oxide fuel cell in a co-generation system [J]. International Journal of Innovation, Management and Technology, 2014,

5（2）：134.

[39] DUNN R, LOVEGROVE K, BURGESS G. A review of ammonia-based thermochemical energy storage for concentrating solar power [J]. Proceedings of the IEEE, 2011, 100（2）：391-400.

[40] AGRAFIOTIS C, VON STORCH H, ROEB M, et al. Solar thermal reforming of methane feedstocks for hydrogen and syngas production——a review [J]. Renewable and Sustainable Energy Reviews, 2014, 29：656-682.

[41] WONG B, BROWN L, BUCKINGHAM R, et al. Sulfur dioxide disproportionation for sulfur based thermochemical energy storage [J]. Solar Energy, 2015, 118：134-144.

[42] BROWN D R, DIRKS J A, DROST M K, et al. An assessment methodology for thermal energy storage evaluation [R]. Pacific Northwest Laboratory, 1987.

[43] DINCER I, EZAN M A. Heat storage：a unique solution for energy systems [M]. Berlin：Springer, 2018.

主要符号表

拉丁字母符号	
A	面积 [m^2]
Bi	毕渥数
E	总能 [kJ]
C	费用 [元]
c_p	定压比热容 [kJ/(kg·K)]
c_v	定容比热容 [kJ/(kg·K)]
Ex/ex	㶲 [kJ]/比㶲 [kJ/kg]
$\dot{E}_x$	㶲损 [kJ/s]
F	控制函数
g	重力加速度 [m/s^2]
H	焓 [kJ]
h	比焓或潜热 [kJ/kg]，对流换热系数 [W/(m^2·K)]
I	辐照 [W/m^2]
k	导热率 [W/(m·K)]
KE	动能 [kJ]
L	长度 [m]
$m/\dot{m}$	质量 [kg]/质量流量 [kg/s]
NTU	传热单元数
PE	势能 [kJ]
q	热流密度 [W/m^2]
Q	热能 [kJ]
$\dot{Q}$	传热速率 [W]
r	半径 [m]

（续）

拉丁字母符号	
R	气体常数 $[kJ/(K \cdot kg)]$，热阻 $[K/W]$
S/s	熵 $[kJ/K]$/比熵 $[kJ/(K \cdot kg)]$
$\dot{S}$	熵产 $[kJ/(K \cdot s)]$
t	时间 $[s]$
T	温度 $[K]$ 或 $[℃]$
u	比内能 $[kJ/kg]$
U	内能 $[kJ]$，总换热系数 $[W/K]$
v	流速 $[m/s]$
V	体积 $[m^3]$
$\dot{W}$	功 $[W]$
z	相对高度 $[m]$
希腊字母符号	
α	热扩散系数 $[m^2/s]$
β	吸热系数 $[J/(m^2 \cdot K \cdot s^{1/2})]$
ε	发射率，空隙率
δ	玻尔兹曼常数 $[W/(m^2 \cdot K^4)]$
η	热力学第一定律效率
θ	无量纲时间
ρ	密度 $[kg/m^3]$
ψ	热力学第二定律效率
上/下标	
0	参照点
b	填充床
boiling	沸腾
bottom	底部
c	化学能
col	太阳能集热器
cond	导热
cylinder	圆柱
C	充热

（续）

上/下标	
dest	损失
D	放热
emit	热辐射
f	流体
final	结束
heat	热
in	入口
initial	起始
l	液相
load	负载
loss	损失
lg	液-气相变
L	散热
melt	熔化
out	出口
overall	总的
PCM	相变材料
s	固相
sl	固-液相变
sphere	球体
surr	环境
solar	太阳
sys	系统
ST	存储
top	顶部
w	壁面
work	功
WT	水箱

第7章 飞轮、超导与超级电容器

储能的种类包括机械类储能、电气类储能、电化学类储能、热储能和氢储能等，每种储能由于自身的工作原理不同而具有不同的特点。其中，以飞轮储能、超导储能和超级电容器储能为代表的储能技术具有响应速度较快（通常在秒至分钟级别）的共同特点，能够在较短时间内输出更大能量。因此在对短时间内要求实现不间断和高品质的供电需求时，可以采用这类储能技术，这对于弥补其他储能如抽水蓄能等响应速度相对较慢的不足具有重要作用。

本章将主要对飞轮储能、超导储能和超级电容器储能这三类快响应短时储能技术进行介绍。具体按照如下内容展开：7.1 节从飞轮储能的基本概念出发，对其系统构成、工作原理以及应用进行介绍；7.2 节从超导储能的概念和分类出发，重点介绍超导储能系统的构成、原理和应用；7.3 节对超级电容器的概念、构成等进行介绍，并通过典型场景介绍其应用前景；7.4 节对上述储能技术进行了总结和展望。

7.1 飞轮储能

7.1.1 飞轮储能概述

飞轮储能系统主要应用于包括航空航天、轨道交通等领域。飞轮起源于 200 多年前的瓦特蒸汽机时代，主要被用于减轻发动机运转过程中的速度波动，提高机器运转稳定性。

1973 年，石油危机席卷全球使西方国家认识到了能源供应的战略地位，飞轮的能量存储潜力也开始逐渐引起人们的重视，以美国能源研究与开发署为代表的多家机构率先展开了对飞轮储能技术的研究。①在航空航天领域，美国国家航空航天局（NASA）率先发掘飞轮储能在该领域的应用前景和潜力，重点研究航空航天应用的高比强度飞轮转子材料、磁轴承以及电动/发电两用高速电机等技术。此后，NASA 资助戈达德空间飞行中心研究航天飞轮储能技术，相关研究完成了地面测试和论证，并实现了关键技术在民用领域的工程转化和应用。②在车辆动力领域，美国于 20 世纪 70 年代提出车辆动力用超级飞轮储能计划，目前其已经实现了多种工程样机的示范应用。在此期间，英国、法国等国家也先后投入到对飞轮储能系统的研究中。目前，美国的飞轮储能技术已经步入产业化阶段，其率先在不间断供电应用领域实现商业化产品输出。近年来，基于飞轮储能的不间断电源市场依然具有稳定发展的态势。

国内对飞轮储能的研究开始于20世纪90年代，研究涵盖多个方面：①基础领域的研究包括复合材料飞轮、高速电机的设计、磁悬浮、轴系动力学、飞轮储能系统充放电控制策略等；②应用领域的研究包括轨道交通再生制动能量回收、电动车功率补充、动力调峰、钻机势能回收及电网调频等。1995年，国内首个飞轮储能技术研究室建成，该实验室由清华大学工程物理系率先挂牌成立。1997年，第一套飞轮储能系统在清华大学研制成功。2012年，清华大学研制出100kW电动/500kW发电的飞轮储能工程样机，并于五年后将钻机动力系统的性能提升至1MW/60MJ水平。除此之外，国内高校也相继开展了针对飞轮储能系统的基础研究。2007年，华中科技大学从提高电力系统稳定性出发，研究了基于飞轮储能的柔性功率调节器样机。2008年，北京航空航天大学面向航天应用领域研究了磁悬浮姿态控制和储能两用的飞轮系统。国内飞轮储能产业同样有着蓬勃发展的态势。2010年前后，一些技术装备企业开始基于飞轮储能系统推广示范性应用，如盾实磁能科技有限责任公司研制的大功率高速飞轮储能装置用于电气化轨道交通能量利用和提升牵引网电压的稳定性。总体来看，国内对飞轮储能系统的研究主要集中在理论研究和样机研制阶段，与投入实际工程应用之间还存在一定的距离。

随着对飞轮储能关键技术的不断探索和突破，飞轮储能的发展也迈上了新的台阶。在这一阶段，磁悬浮技术逐渐被引入到飞轮储能系统中，用于实现高速和超高速电机中的新型支撑系统。这一技术使得电机的机械损耗大大减少，由机械损耗导致的能量转换效率低、使用寿命折损严重的问题也得到了很大程度的改善。同时，飞轮转子极限转速的极大提高得益于对具有高比强度的复合材料如碳纤维材料的研制成功，由此使得线速度可达500~1000m/s，进而大幅提升了飞轮储能系统的储能密度。另外，随着对电机的研发技术不断发展和成熟，飞轮储能可以通过安装高功率双向电机来提高对飞轮转子的驱动能力；电力电子技术不断进步下的产物——变频调速技术在储能技术中的应用对飞轮储能的动能与电能之间的高效转化起到重要作用。

飞轮储能技术研发虽然由来已久，然而在储能基础研究和工程应用研究领域依然受到一定的关注，具有良好的发展前景。随着机电综合复合特性难题的攻克以及材料、轴承、电机、电力电子技术等的不断进步，飞轮储能技术也不断取得突破性进展。特别是新能源供给和消费的突出矛盾对飞轮储能技术提出了较强的需求，飞轮储能的发展方兴未艾。

7.1.1.1 飞轮储能的基本概念

飞轮储能系统通过机械能与电能之间的能量转换实现对能量的存储和释放。在需要存储能量时，由电机带动飞轮转子加速运转，将输入能量转化为机械能；当外部需要储能释放能量时，则飞轮转子减速使系统机械能减小。减小的这部分能量以向外供电的方式实现能量由机械能到动能的转变，进而完成能量的释放。

7.1.1.2 飞轮储能的分类

飞轮储能系统可以根据转子旋转速度、轴承类型、转子材料的选择和不同的应用场合进行分类，如图7-1所示。①从旋转速度角度，通常以轴系的旋转速度6000~10000r/min为界，将飞轮储能分为低速飞轮储能和高速飞轮储能两类。低速飞轮储能主要集中发挥其技术成熟、运行效率高和成本低廉的优势；高速飞轮储能系统则专注于对高能量密度和功率密度特点的发掘。②从构成飞轮储能的轴承结构来看，主要包括传统的机械轴承飞轮储能、永磁轴承飞轮储能、超导磁轴承飞轮储能和电磁轴承飞轮储能，以及集成以上优点的组合式轴承飞轮储能系统等。③从飞轮转子材料角度，可以将飞轮分为复合材料转子飞轮以及金属材料飞轮两大类。④从应用场景的来看，将飞轮储能产品分为能量型飞轮储能以及功率型飞轮储能等。

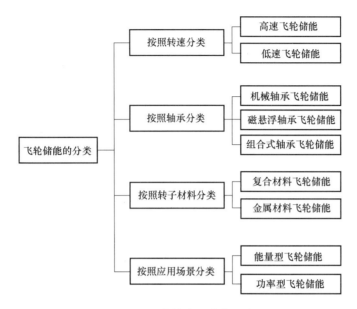

图 7-1　飞轮储能系统的分类

7.1.1.3　飞轮储能的技术特点

飞轮储能系统也称为飞轮电池，在电池行业中的发展前景好，同时在很多方面具有现代化学电池难以做到的较高性能。飞轮储能主要具有以下优点：

1）瞬时功率大。飞轮储能的瞬时功率较高，放电时间短，因而在瞬时（分秒级别）可以输出较大能量，在发射电磁炮和快速启动电动汽车等场景下可以利用飞轮储能的这一特点实现超短时加速。

2）运行损耗低。飞轮储能的能量转换效率可高达 90% 左右，有利于实现能量的高效转换和更低的热损耗。

3）循环寿命长。飞轮储能的使用寿命主要取决于储能系统中电子器件的寿命，一般可以达到 20 年，且不会受到过充放电的影响。

4）充电时间短。通过电机带动飞轮加速旋转可在数分钟内将飞轮电池充满。

5）对环境影响小。相比于化学电池，飞轮储能过程不涉及化学反应，对环境友好。

6）受温度影响小。对温度不敏感，运行较为稳定。

7）状态易于监测。飞轮储能的能量特性与机械运行状态具有直接相关性，可以通过转速等参数测量放电深度和剩余电量。

飞轮储能具有瞬时功率大、运行损耗低、循环寿命长等优势，是当前"碳达峰、碳中和"背景下最具有发展潜力的电力储能技术之一。随着现代电力电子技术、磁悬浮技术和新材料技术的发展，飞轮储能这一新兴储能将为解决能源短缺和环境污染问题贡献重要力量。

7.1.2　飞轮储能工作原理及其构成

7.1.2.1　飞轮储能的工作原理

飞轮储能系统的工作原理如图 7-2 所示。在工作过程中，飞轮储能可以通过切换为充电、放电和保持这三种工作状态实现能量的存入、释放和无动作存储。在充电模式下，外部输入来源为电能或机械能。以电能输入为主的充电方式经过电机、电力转换等环节加速飞轮的运转；以机械能输入为主的充电方式经过传动设备对飞轮进行提速，从而将能量转换为机械能。在放电模式下，当外部设备需要使用电能时，飞轮电池连接外部负载装置，发电机开始工作，向外供电。能量由机械能向电能转化，使飞轮减速直至转速下降到允许最低转速时，电机将不再向外界释放能量，在此过程中电机的角色为发电机。在能量保持模式下，飞轮系统依靠最小的能量输入以维持系统运行在最高工作转速状态。

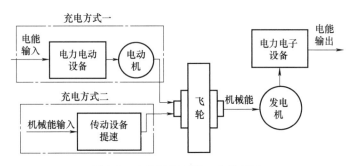

图 7-2　飞轮储能系统工作原理图

7.1.2.2　飞轮储能的基本构成

飞轮储能系统主要由飞轮转子、轴承系统、电机系统、电力电子变换器以及真空室构成，其结构组成如图 7-3 所示。

1）飞轮转子：飞轮转子是飞轮储能系统中能量存储的载体，通过转速的变化实现对机械能的存储和释放。

2）轴承系统：轴承的作用是支承转子安全稳定旋转，同时减小飞轮旋转过程中产生的摩擦阻力。

3）电机系统：飞轮储能系统能量存储和释放过程需要电机的配合，即在储能时需要电机作为电动机带动飞轮旋转，在释放能量时则作为发电机对外供电，从而实现能量在机械能和电能之间的转换。

4）电能变换器：考虑到电机需要的电压、电流制式与输入电能的制式可能有所不同（如输入电流为交流电，而电

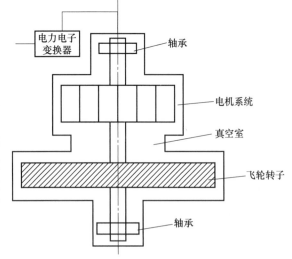

图 7-3　飞轮储能装置结构示意图

机是直流电机时），需要对输入的电能进行转化，如将交流转化为直流后供给磁阻电机等。

同时，在释放能量的过程中，需要依据负载的需求对输出的电能进行变频、整流等操作，而这些环节都需要电能变换器的参与，即利用电力电子技术实现在能量形式转换的同时，依据能量输出对象的实际需求确保能量的高质量传输。

5）真空室：真空室用于维持飞轮转子的真空环境，从而降低空气阻力带来的摩擦损耗，目的是实现能量的高效率存储和释放，并且对飞轮装置起到保护作用。

7.1.2.3 飞轮储能系统中的关键技术

飞轮储能性能的关键指标包括飞轮转子运转过程中的损耗、能量存储能力和能量转换效率。为了提高飞轮储能的整体效率，对飞轮材料与高速电机等的选择和设计至关重要。为了降低飞轮运转损耗并提高飞轮使用寿命，可以通过引入真空室降低飞轮与空气的摩擦损耗，通过对轴承的合理选择降低支撑磨损和提高使用寿命。

1. 飞轮转子的设计

飞轮旋转时存储的能量 E 可用下式表示为

$$E = \frac{1}{2} J \omega^2 \tag{7-1}$$

式中，J 为飞轮转动惯量（$kg \cdot m^2$）；ω 为飞轮的旋转角速度（rad/s）。

设飞轮储能的转子结构为实心圆盘，则转子存储的能量 E 可由下式计算：

$$E = \frac{1}{4} M r^2 \omega^2 = \frac{1}{4} M v^2 \tag{7-2}$$

式中，E 为飞轮储能系统的储能量（Wh）；M 是实心飞轮圆盘质量（kg）；r 是圆盘旋转半径（m）；v 是圆周线速度（m/s）。

由式（7-2）可知，飞轮转子储能量 E 的大小主要与转子质量、旋转半径和旋转角速度（或线速度）有关。由于 E 的大小与转子外缘线速度呈二次方关系，从提升效果和改进可行性两方面来看，提高转子转速比增大飞轮圆盘的质量更为有效。然而随着飞轮转速的提升，对转子材料的机械强度等性能的要求也更高。因此为了提高装置的储能密度，如何为飞轮选择或制造更高性能的材料是一项关键技术，同时也涉及对转子结构设计和制作工艺等的技术研究。

例 7-1 已知某飞轮储能系统其储能量 E_{out} 为 600Wh，转动惯量 $J = 2.19 kg \cdot m^2$，放电深度 $\lambda = 1 - \dfrac{\omega_{max}^2}{\omega_{min}^2} = 1 - \left(\dfrac{1}{3}\right)^2$，其中 ω_{max}、ω_{min} 分别为飞轮最高和最低角速度。设电机及变换电路效率 η_g 为 0.8，计算飞轮的最高转速及最大储能量。

解： 飞轮转子存储能量总量 ΔE 为

$$\Delta E = \frac{E_{out}}{\eta_g} = \frac{600}{0.8} Wh = 750 Wh \tag{7-3}$$

存储能量总量与角速度的关系为

$$\Delta E = \frac{1}{2} J \omega_{max}^2 - \frac{1}{2} J \omega_{min}^2 \tag{7-4}$$

用放电深度可表示为

$$\Delta E = \frac{1}{2} \lambda J \omega_{max}^2 \tag{7-5}$$

由此，可计算飞轮最高转速 n_{max} 为

$$\omega_{max} = \sqrt{E_{out} \frac{2}{\eta_g J \lambda}} = \sqrt{600 \times \frac{2}{0.8 \times 2.19 \times \frac{1}{9}}} \, rad/s = 1665.5 rad/s \tag{7-6}$$

$$n_{max} = \frac{60}{2\pi} \omega_{max} = 15900 r/min$$

故最大储能量 E_{max} 为

$$E_{max} = \frac{1}{2} J \omega_{max}^2 = \frac{1}{2} \times 2.19 \times (1665.5/3600)^2 \times 3600 Wh = 843.7 Wh \tag{7-7}$$

飞轮的转速决定了飞轮储能系统可以存储的最大能量，转子的最大转速越高，则其存储能量就越大。然而飞轮可以达到的最大转速又受到本身材料性能的限制，即转速过高可能引起转子出现裂缝等问题，从而造成安全事故。出于安全考虑，对飞轮转子的运行转速通常控制在一定的安全范围内，即转子存在最低转速（维持转动的最小速度）和最大转速，参数的具体选择与转子的结构和材料有关。单位质量飞轮转子所能存储的最大能量（即储能密度）e 可由下式计算：

$$e = \frac{E}{m} = \frac{2.72 K_s \sigma}{\rho} \tag{7-8}$$

式中，e 是储能密度（Wh/kg）；K_s 是与飞轮结构相关的系数，是反映飞轮形状和应力分布的函数；σ 表示飞轮材料的抗拉强度（Pa）；ρ 是飞轮材料的密度（kg/m³）。

由式（7-8）可知，对高比强度 $\left(\dfrac{\sigma}{\rho}\right)$ 材料的选择可以提高飞轮转子的最高转速。根据材料的不同可以将飞轮转子分为金属材料转子和复合材料转子，复合材料转子的引入正是源于复合材料在比强度和使用寿命方面的极佳表现，从而可以解决采用金属材料时转子重量和强度之间的矛盾。从比强度来看，复合材料非常适合作为制作飞轮转子的材料，常见的飞轮转子材料的相关参数见表 7-1。从表中数据可知，碳纤维的抗拉强度高、密度低，非常适合作为转子材料，同时碳纤维的易分解性也降低了发生事故导致飞轮解体时造成的危害。

表 7-1　常见飞轮转子材料的主要参数

飞轮转子材料	σ/GPa	$\rho/(kg/m^3)$	$e/(Wh/kg)$
铝合金	0.6	2800	32.6
高强度铝合金	1.3	2700	41.5
高强度钢	2.8	7800	56.8
E 玻璃纤维/树脂	3.5	2540	231.9
S 玻璃纤维/树脂	4.8	2520	320.6
碳纤维 T-300/树脂	3.5	1780	218.8
碳纤维 T-700/树脂	7	1780	662.0

由于复合材料具有各向异性，在不同方向上的抗拉强度不一致，因此复合材料转子在同一转速下，可能由于不同部位抗拉强度不同而导致转子出现裂痕甚至破裂。在实际研究和应用中，为了更大限度地发挥复合材料的优点，采用有缠绕的环形多层结构材料来制造飞轮转子成为一种折中方法。2011 年，美国波音公司基于多层缠绕的思路设计了一种新型飞轮转子。该转子采用了三层环向缠绕的圆环形飞轮结构，对各层进行分析后发现受力存在较大差异，因此在每一层采用了不同型号的碳纤维材料以承受不同的压力。实验结果显示，这种结构的飞轮能够有效提高抗拉强度，从而进一步提高自身的最大转速和使用寿命。2015 年，南伊利诺伊大学设计并制造了一种以环氧树脂为原材料的新型复合材料飞轮。实验中将玻璃纤维等现有的复合材料飞轮作为对照组，发现环氧树脂复合材料制成的飞轮在相同条件下能够存储更多的能量，且抗拉强度也更高。

除了对飞轮转子材料的选择，飞轮转子结构的设计和制造技术也较为重要。为使飞轮转子的极限转速更高，在选择飞轮转子材料时应选择强度较大的复合材料。同时，考虑到复合材料的各向异性对材料抗拉强度的不利影响，需要进一步优化转子的制造工艺。目前的飞轮转子多为圆环状，这主要是考虑到多层缠绕的制造工艺不适合用于制造结构过于复杂的飞轮。由式（7-8）可知，增大飞轮结构系数同样可以提高飞轮储能系统的储能密度，因此可以从设计飞轮转子的结构和形状角度进行考虑。目前除了较为传统的圆环形飞轮，国内外也进行了一些相关的尝试，如将结构改为纺锤形、伞形、车轮辐射状等。此外，在对飞轮转子进行装配的过程中，利用多环过盈装配的思想对于提高转子在径向方向的强度具有一定作用，也被广泛应用于实际工程设计中。

2. 轴承系统的设计

轴承系统具有减小运行过程中的摩擦和支撑作用，对轴承系统的设计和选择是除飞轮转子材料之外，影响飞轮运行转速和飞轮储能系统能量转换效率的另一重要因素。按照飞轮储能轴承系统的工作原理，目前主要包括机械轴承和磁悬浮轴承两大类。按有无磁力控制，磁悬浮轴承分为主动轴承和被动轴承。另外，伴随着超导体和永磁体的发现，磁悬浮轴承又被细分为永磁轴承、超导体磁轴承和电磁轴承。进一步，为实现各种轴承系统的优势互补，组合式轴承系统也应运而生。下面分别进行具体介绍。

（1）机械轴承

机械轴承（Locomotive Bearing）技术发展较为成熟，其分类也多种多样。例如，按照轴承承载负荷（力）的方向可以将其分为向心轴承和轴向轴承，根据滚动体的不同可以分为滚珠轴承和球轴承，按照摩擦力的不同则又分为滚动轴承和滑动轴承等。在飞轮储能系统中，主要的机械轴承为滚动和滑动轴承，其在系统中具有保护作用，而其他材料的轴承如陶瓷轴承则用于一些特殊的系统中。机械轴承的结构紧凑、易于安装和拆卸，由于发展较为成熟，已经具有适于规模化生产的标准尺寸，维修也较为方便。然而机械轴承在运行过程中摩擦力大，因而也带来了较大的运行损耗，当用于高速飞轮储能系统中时寿命折损问题较为突出。因此，机械轴承只适用于充放电时间短、运行速度较低的飞轮储能系统。

（2）被动磁轴承

在磁悬浮轴承中，没有磁力控制的一类轴承被称为被动磁轴承，其主要依靠磁场本身实现悬浮，不能实现对磁场强弱的调节。被动磁轴承包括永磁轴承和超导磁轴承两种形式。

1）永磁轴承（Permanent Magnetic Bearing）：永磁轴承利用永磁体同性相互排斥、异性相互吸引的原理实现定、转子之间的悬浮，通常由一对或多个永磁磁环在径向或轴向方向排列组成。由于依靠磁力实现悬浮而不存在机械接触，因此相比于机械轴承，永磁轴承的摩擦损耗更低。相比于主动磁轴承，永磁轴承无需外部电源供电，结构简单且功耗更小。恩绍（Earnshaw）定理证明了永磁体仅依靠电磁力不能达到静止稳定的悬浮状态，因此永磁轴承无法单独存在，需要至少在一个坐标方向提供外力控制才能实现，故常常与机械轴承、超导磁轴承等其他轴承配合使用。

2）超导磁轴承（Superconducting Magnetic Bearing）：迈斯纳（Meissner）效应揭示了超导磁轴承的工作原理——磁体和超导体相互靠近时，磁体的磁场使超导体产生超导电流。超导电流在超导体内部产生的与外部磁场大小相等、方向相反的感应磁场与磁体的磁场相互抵消，使超导体所处位置的磁感应强度为零，即所受磁力的合力为零，因而能够稳定在悬浮状态，如图7-4所示。超导磁轴承具有自稳性、摩擦损耗较低、使用寿命长等优势，然而由于定子由高温超导体材料制成，需要低温制冷机维持超导环境，从而增加了系统的体积，使用成本也有所增加。

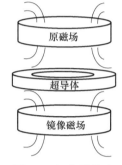

图 7-4　迈斯纳效应

（3）主动磁轴承

主动磁轴承（Active Magnetic Bearing）又被称为电磁轴承，其主要原理是利用电流控制磁场的大小进而实现对轴承的稳定悬浮控制。改变电磁铁中的电流可以对电磁铁产生的电磁力大小进行控制，同时利用传感器实时监控轴承的位置变化情况。通过引入闭环负反馈控制，将观测到的位置和电流信号传入控制系统中，实现对输入电流大小的及时调整，直至轴承与转轴之间能够稳定悬浮为止。主动磁轴承除了具有一般的磁轴承所具有的转子摩擦损耗较低、噪声小等优势外，还具有对磁场和悬浮状态的可控性特点。需要指出的是，对电磁铁的控制需要引入电流和偏置磁场等，由此造成了较大的功率损耗。同时，这也对散热器的性能提出了更高要求，整个轴承系统的结构相对更为复杂。

（4）组合式轴承

由于机械轴承是传统的轴承类型，其结构紧凑成本低廉，然而摩擦力大，运行损耗多，适用于短时间内存储和释放电能的飞轮储能系统；磁悬浮轴承则利用磁力实现转轴和轴承的无接触悬浮，其损耗低、稳定性强的特点较为突出，然而缺点是额外的辅助设备造成系统较高的复杂性和运行维护成本，如主动磁轴承的实现需要控制系统的引入、超导磁轴承则需要维持超导状态的低温环境等。因此，可以采用组合轴承的方式以达到优势互补的效果。

按照不同的组合方式可以将组合式轴承分为机械轴承与永磁轴承混合轴承、超导体与永磁体混合轴承、电磁与永磁体混合轴承等多种类型。在组合中可以依据轴承的特点和实际工程需要，将其中一种轴承作为主轴承，而另一种作为辅助轴承，也可以分别充当轴向和径向轴承的角色，从而兼顾两者的优势。如在电磁与永磁体混合轴承中，由永磁体产生的磁场作为电磁轴承的静态偏置磁场，从而减少线圈的发热。这对于降低系统的功率损耗具有一定效果，该混合磁轴承如图7-5所示。

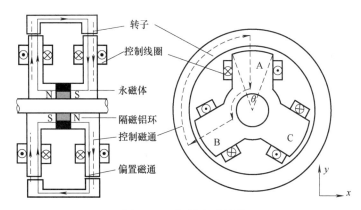

图 7-5 三极混合磁轴承

轴承系统对于飞轮储能系统的性能具有重要影响，国内外很多单位都在进行轴承技术的研究。随着研究的不断推进，开始出现了一些兼顾运行稳定性和摩擦、损耗指标的高性能轴承系统，这也促进了飞轮储能系统运行效率的提高。目前，随着磁轴承技术的持续发展，飞轮轴承支承主要集中在对磁轴承的研究上。2016 年，日本研制的大功率飞轮储能系统即装设了超导磁轴承。这套系统投入运营后，有效促进了光伏发电站的能量消纳。2018 年，中国科学院电工研究所采用超导体和电磁轴承混合的方式研制出了一台组合式轴承装置，超导体的引入提高了磁轴承悬浮的稳定性。另外，通过配备液氮环境改善了装置线圈发热的问题，并通过实验验证了此种结构的可行性和有效性。国内一些高校也在进行磁轴承的相关研究，如清华大学磁轴承技术研究室、西安交通大学机械工程学院轴承所等，在磁轴承基础研究与应用方面取得了重大进展。

3. 电机系统的设计

电机系统具有电动机和发电机的双重属性，是完成飞轮储能充电和放电过程中不可或缺的关键装置。在充电模式下，电动机带动飞轮转轴不断加速运转，直至达到最大转速；在放电模式下，飞轮转速随着发电机对外输出电能而不断降低。在整个过程中，电机的转速随着飞轮转子的能量存储和释放而不断波动。因此，为了实现飞轮储能系统的安全可靠运行，对电机具有转速调整范围大、最大转速高、运行损耗小等要求。此外，在电机的设计或选择中还需要考虑以下因素：

1）电机成本。电机经济成本的降低有利于飞轮储能技术的规模化应用。

2）空载损耗。为了实现储能的快速响应，飞轮储能系统在除了储能、释放能量的过程中需要开机外，还需要长时间运行在保持状态下。出于对节约能量和避免发热严重问题的考虑，要求电机的空载损耗足够低，且具有较长的使用寿命。

3）输出特性。要求飞轮储能和释放能量时能够实现快速响应，因此需要电机的转矩和输出功率足够大。

4）转换效率。在电机转速变化过程中，能量在电能和机械能等能量形式之间相互转换，因而要求电机应具有较高的能量转换效率。

5）调速范围。为了满足飞轮储能在不同场合的应用需求，其调速范围也应尽可能大。

目前飞轮储能系统中的主流电机包括异步电机、磁阻电机和永磁电机等。在实际应用中具有运行效率高、极限转速高、转速适应力强等特点。其中，①异步电机又称为感应电机，其转子和控制结构均较为简单，制造成本较低，运行效率较高。然而由于电机转速与旋转磁场的转速不同步（存在转差），其调速性能较差；同时，转差频率会在转子中产生较大的损耗（当转速提高时转差率增大会导致损耗加大，造成电机运行效率偏低），且转子的发热问题也对飞轮储能系统运行的安全性和可靠性提出了挑战。②磁阻电机的转子上没有绕组，其结构比异步电机更为简单，且具有较多可控参数，因此具有突出的四象限运行能力，调速性能优良。然而磁阻电机的双凸极结构和磁路饱和导致脉动转矩的产生，且传动系统的噪声也更大，额外装设的位置检测器也提高了系统的复杂性。③永磁电机具有结构简单、重量轻、损耗低、效率高的特点。相比于异步电动机，永磁电机不需要无功励磁电流，功率因数也较高。另外，永磁电机能够实现精确、较大范围的调速控制，因此在飞轮储能系统中也受到了青睐。表 7-2 为几种飞轮储能电机特性的对比情况。

表 7-2　几种飞轮储能电机特性对比

项目	异步电机	磁阻电机	永磁电机
功率	中大	中小	中小
比功率/（W/kg）	0.7	0.7	12
转子损耗	铜、铁	铁	无
旋转损耗	可去磁消除	可去磁消除	不可消除
效率（%）	93	93	95
控制	矢量	同步、矢量、开关、DSP	正弦、矢量、梯形、DSP
尺寸（W/L）	2	3	2
转矩脉动	中	高	中
速度	中	高	低
失磁	无	无	有
费用	低	低	高

4. 电能变换器控制技术

电能变换器可辅助电机实现能量在不同形式之间相互转换。在系统需要存储额外电能时，电能变换器根据电机的运行需要将外部的电能进行转换，当进行充电时先将交流电整流为直流电再向直流电机供电等，进而驱动电机带动飞轮加速旋转。当需要放电时，又通过电力电子技术对电能进行转换，以满足负载用电需求，如供给给城市轨道交通负载时，需要通过整流等环节实现直流电的供应。电能变换器对输入或输出的能量进行调整，从而配合飞轮储能系统实现从电能转换为机械能、机械能转换为电能的能量转换。

1）将电能转化为机械能。当对飞轮储能系统输入能量时，电力电子变换器对输入的电流进行调整，如通过 AC/DC 变换将能量供给电机，从而驱动电机使飞轮的转速增加，并确保飞轮安全和可靠运行。

2）将能量以机械能存储。飞轮以恒定不变的较高转速运行以存储动能，此阶段对应飞轮储能的能量保持模式。为了维持飞轮保持模式下具有较低的机械损耗，需要由电力电子设备为其提供低压。

3）将机械能转换为电能。此时是飞轮储能系统向外释放能量的过程，当能量通过电网供给负载时，需要通过电力电子变换器将释放的电能进行调整，使其与电网电压保持同步后回馈至电网进而供给负载。在此阶段，发电机由于输出电能，其电压和频率可能随着转速逐渐降低，为了保持输出平稳的电压，还需要升压电路进行辅助。在此过程中，电机作为发电机运行，电机的输出电压与频率随转速变化而不断变化。随着电能的持续输出，飞轮将逐渐减速，这会造成输出电压降低。因此，还需要升压电路保持输出电压平稳。

为实现飞轮储能系统的高效可靠运行，对电力电子变换器的性能也提出了较高的要求。在飞轮存储和释放能量的过程中，要求储能快速响应，且释放能量时应具有保证电能高质量输出的特点，这对于电力电子器件的关断、导通速度和电能转换精度要求较高；在电能保持模式下，则需要系统的损耗足够小，这对电力电子器件的导通损耗等指标具有一定的要求。充电、放电和保持环节的协同配合将实现飞轮储能系统的高性能工作状态。近年来，随着新型电力电子器件如 IGBT、IGCT 等的应用，电力电子技术在电力变换的应用研究方面取得了显著成效，这对于进一步提升飞轮储能的功率密度和响应速度具有重要促进作用。国外对飞轮储能电能变换器具有一定的研究成果，如美国 Beacon Power 公司研制出的脉宽调制型变换器可以应用于直流电流和三相交流变频电流变换的场合，并且在此基础上增加了对飞轮转速的自动控制和稳速稳压设备。国内的相关研究还较少，在改善电能质量、提高控制稳定性研究方面还具有较大的提升空间。

5. 真空室与冷却系统

在飞轮高速旋转的过程中，能量的损耗不仅包括机械摩擦损耗，还包括运行中的空气阻力摩擦损耗。为了尽可能减小空气阻力带来的风阻，通常需要将飞轮放入真空室内从而降低风阻，以保证设备的安全运行和减少事故的发生。因此，长时间稳定维持真空状态是真空室面临的主要技术问题，目前真空度最高可达到 10^{-5} Pa 量级。然而，真空度的提高又会带来另一个问题：真空室优越的密封性能不利于飞轮的散热，温度的上升将对材料的性能和系统运行效率产生不利影响。综上，如何在降低风阻和维持较高的散热性能之间达到平衡，是在研究真空及冷却系统时需要解决的问题。

随着研究的深入，人们发现氦气的导热性和风阻性能显著优于空气的性能。同时，氦气的应用技术相对成熟，选择氦气作为真空室的填充气体能够降低运行成本，同时维护也较为便捷，因此逐渐成为新的趋势。另外，也有一些研究从加快散热的角度解决真空室散热性能和降低风阻之间的矛盾。如 Beacon Power 公司利用热管对飞轮转子产生的热量进行疏散；Temporal Power 公司则通过对定子和转子加装冷却罐等装置实现了系统的散热。

7.1.3　飞轮储能应用

7.1.3.1　不间断高质量供电

随着终端设备电气化和微机化程度的提高，用户对高质量电能的需求不断增长，尤其在半导体材料制备、精密仪器加工以及数据中心等应用场合对电能质量要求更加严格，几十毫秒的失电情况都可能造成设备损坏和经济损失。用户侧负荷的非线性以及新能源出力的间歇性和随机性对电网电压质量具有不利影响，容易引起电网电压波形畸变、幅值不稳定以及三相不平衡等问题。为解决用户对高质量暂态电能（一般持续时间不超过 1min）的需求与电网电压调节压力之间的矛盾，动态不间断电源获得了快速发展，而这也正是目前瞬时放电功率大的飞轮储能技术应用最为成功和成熟的领域。若电力因故障中断持续 5s 左右，传统的备用柴油发电机需要 10s 左右才能为电力负荷供电，在此阶段可由飞轮储能不间断电源系统为负荷提供数十秒的高质量短时电力保障。飞轮储能不间断电源系统在国外具有成熟的产品应用，德国 Piller 公司、美国 Active Power 公司等相继推出了一系列飞轮储能不间断电源产品，目前已经在全球各大数据中心、电信运营商等用户中心得到了广泛应用，国内的研究则集中在高校且鲜有相对成熟的产品应用。

7.1.3.2 脉冲功率供电

脉冲功率技术是一项通过持续存储小功率能量，然后在短时间内实现能量以高功率密度向负载释放的技术，在国防科研行业如电磁炮发射和其他高技术领域具有重要研究意义。在对核聚变能的研究中，需要向磁场线圈供电以产生和维持磁约束实验环境，此实验对电源的功率要求较高，采用大型飞轮储能机组可实现大容量、短时的供电。基于飞轮储能的脉冲电源还可以应用于军用电磁发射，如 2017 年服役的美国福特级航空母舰，装设的电磁弹射系统（Electromagnetic Launch System）即采用组合阵列式飞轮储能电源，从而实现了高脉冲功率供电。

7.1.3.3 机车能量再生利用

城市轨道交通具有行车密度高、运行速度较高且频繁起动和制动的特点。城市轨道交通的牵引供电占城轨交通用电的 50% 以上，其中制动能量占据牵引供电系统的 20%～40%，所以对再生制动能量的回收对于提高能量利用率具有重要价值。传统的能量制动回收方案主要采取三种方式：①供给相邻机车吸收。这要求行车之间高度的配合，然而载流和行车具有一定的随机性，规划难度较大，难以实现高比例的能量回收。②车载电阻消耗。电阻消耗的方式虽然可以吸收多余的再生制动能量，限制接触网的电压升高，然而电阻发热严重，会使隧道内的温度升高，不仅造成严重的能量浪费，还会增加散热负荷，增加环控设备用电量并且车载电阻本身也会增加车辆负重。③车辆闸瓦发热消耗。这种方式同样会带来散热问题，增加散热负荷和负荷用电量。上述传统制动方案均存在巨大的制动能量浪费，对轨道交通而言，高效率再生制动能量回收的实现可以大幅节约电能，从而提高城轨供电效率。

采用高储能量、大功率的储能飞轮系统可以实现再生制动过程中的能量回收。在车辆起动时，飞轮储能输出的机械能转化为电能后，再通过供电实现电能到车辆动能的转换；在制动时（持续 15s 左右）通过再生制动将车辆动能转换成电能，并通过带动电机转动提高飞轮速度，从而实现飞轮系统的储能，达到能量回收的目的。2019 年北京房山线广阳城地铁站的飞轮储能制动回收方案试运行，再生能量的利用率高达 90%，实现了地铁制动能量回收的突破。

7.1.3.4 车辆动力电池

采用飞轮储能系统替代传统内燃机作为车辆动力电池的想法源于人们对能源日益短缺和环境污染问题的重视。20 世纪 50 年代，瑞士 Oerlikon 公司研制了一款飞轮电池动力驱动巴士（见图 7-6），电动车的飞轮电池储能量为 32MJ（直径 1.6m），单次最大行驶里程可达 1200m。在 20 世纪 70 年代，美国掀起了将飞轮作为辅助动力电池的研究热潮，并针对车用超级飞轮储能系统展开重点研究。由于飞轮储能具有功率密度大、响应速度快等优势，因此被主要应用于车辆起动和加速过程中，其飞轮转速多在 20000~40000r/min 之间。20 世纪 80 年代，英国相关机构也开展了飞轮储能在电动车辆中的辅助动力应用等研究，如英国 GKN 公司设计的一款车辆驱动飞轮储能系统，分别在公交车起动和制动环节中通过能量快速释放和回收实现对能量的高效利用。相比于传统的燃油车辆，在节约了大量的燃油的同时也实现了碳减排，满足人类对绿色、环保、节能的出行要求。

图 7-6　世界上第一辆飞轮储能电动车

7.1.3.5　电网辅助调频服务

电网的电力供应和需求需要在任意时刻达到平衡，否则将引起电网电压频率出现波动，影响用电设备和电力设施的安全稳定运行。因此，需要通过辅助服务消减发电和用电之间的偏差。常规的电网频率调节方式如抽水蓄能电站、火电站等功率调整方式无法实现对电网频率快速波动的及时响应。飞轮储能则具有充放电时间极快、功率密度大等优势，可以满足电网的调频需求。2011 年起，Beacon Power 公司在美国纽约和宾夕法尼亚两个地区分别装设了 20MW 的飞轮储能调频电站并投入运营，验证了飞轮储能系统快速响应的突出优势。2021 年，青海风光储能基地利用北京泓慧能源公司研制的 1MW 飞轮储能系统进行充放电测试，实验结果表明系统具有较为可靠和高效的性能，为投入实际应用奠定了基础。在新能源持续发展的未来，如何通过优化对飞轮储能系统的控制方式实现新能源的消纳和并网是需要进一步研究的重点。

7.1.4　飞轮储能发展前景

7.1.4.1　飞轮转子的性能改进

为进一步提高飞轮储能的能量和功率密度，根据式（7-2），可以通过增大飞轮转子的转速进而增大飞轮储能的能量。然而，材料的强度限制了飞轮转速的提升上限。因此，目前对飞轮转子性能的改进主要从飞轮转子材料的选择和结构设计两方面进行研究，其本质是一个高强度材料的应用力学问题。

复合材料因具有较高的比强度而成为飞轮转子材料的重点研究方向。然而由于复合材料具有各向异性，通过直接缠绕形成的飞轮在运转过程中可能由于受力和强度性能分布不均匀等问题发生断裂，这给复合材料在对飞轮转子的应用推广带来了挑战。目前主要有两种研究思路：一是对复合材料转子的缠绕；二是对加工工艺加以改善。综上，如何通过对复合材料的选择、加工以及结构设计与制造等一系列飞轮转子制造流程进行改进是提高飞轮储能运行效率的关键。

7.1.4.2 高速电机的研究

飞轮储能系统的电机要满足调速范围大、极限转速高、低摩擦损耗、运行成本低等要求，需要在现有电机的基础上进行深入优化与设计。通常电机的转速为数千 r/min，而转速在数万 r/min 的高速电机的尺寸、重量等优势显著，然而需要解决高频电磁损耗引起的散热问题，在真空条件下该问题则更为复杂。因此设计转速在 10000r/min、功率在 100kW 以上的高速电机是目前国内的研究重点，其关键在于对电机中转子采取更有效的冷却方法。

一方面，由于电机在高速旋转时转子受到的离心力很大，转速达到一定程度时，电机的转子将不能承受较大离心力。因此，在大功率高速飞轮储能系统的研究中，需要对转子的结构或材料进行改进，如采用更高强度的叠片材料等。另一方面，电机在高速运转过程中受到电机转子的损耗因素的影响，因此需要研究如何减小高速电机的损耗。综上，如何在提高电机转速的同时兼顾电机的散热、强度以及损耗性能是在研究高速电机的过程中需要平衡的问题。

7.1.4.3 新型磁轴承的发展

传统的滚动轴承、流体动压轴承等机械式轴承不能满足高转速和低损耗的运行要求。目前高速飞轮的先进支承方式主要有超导磁悬浮轴承、永磁轴承和电磁轴承以及组合式磁轴承系统。以高温超导磁轴承为例，由于超导体不需要外部电源提供稳定悬浮所需的磁场力，故其能耗较低，能够实现较高运行转速场合的应用，且使用寿命也相对较长。由于超导体，尤其是高温超导体的成本较高，如何在减少损耗以提高运行效率的同时降低运行成本是大容量飞轮储能轴承系统的主要发展方向之一。

7.1.4.4 模块化的运行技术

储能系统单元的模块化将实现多个飞轮储能系统的阵列运行，这相当于将飞轮储能系统进行并联以获得更大的储能规模。这对于进一步提高飞轮储能系统的储能量，拓宽其在大容量储能需求场合的应用市场具有重要意义。在飞轮储能模块化运行过程中，关键在于对系统实施高效的控制策略，从而提升系统有序响应的速度，并尽可能减小单一模块故障时对整体系统平稳运行的影响。综上，如何在模块化运行技术中提升飞轮储能系统的功率和放电时间是未来飞轮储能系统大型化的主要发展方向之一。

7.2 超导储能

7.2.1 超导储能概述

1971 年威斯康星大学研究出第一套超导储能装置，该装置包括一个超导电感和一个包含格里茨（Graetz）桥的三相 AC/DC 整流器，对超导储能技术的研究和开发也由此开始。随着电力电子技术的进步和超导材料的更新换代，超导储能开始投入实际电力工程应用。

1985 年，由九州大学开发设计的一台 100kJ 的超导储能装置被用于增强直流电网的稳定性。1995 年，美国空军引进一款超导储能装置，该装置在保护负载的同时提高了发电机的起动速度。2002 年开始，美国超导公司在输电线路上安装了 8 台 3MJ/8MVA 的超导储能装置以提高电网电压的稳定性，避免线路出现无功功率不足引起的电压大幅下降的问题。除此之外，日本、韩国等国家也在超导储能研究方面处于世界领先梯队中。2006 年，韩国电器研究院研制了 3MJ/750kVA 超导储能装置并成功完成测试试验，并在两年后成功设计组装测试了 600kJ 高温超导储能系统。2007 年，日本成功研制了用于平抑轧钢厂功率波动的 20MJ/10MVA 的超导储能系统。

国内对超导储能的研究起步较晚，然而也取得了较快的进展。1999 年，中国科学院电工研究所研制了一台容量等级为 25kJ 的小型超导储能设备。2005 年，华中科技大学超导电力研究中心成功研制出一台采用高温超导材料的直接冷却式储能装置。2015 年，中国科学研究院电工研究所研制的全球首座超导变电站在甘肃省白银市正式投入运行，该变电站装有 1MJ/0.5MVA 高温超导储能系统，对于提高电网供电可靠性、改善供电质量以及降低系统损耗等方面具有重要意义。

7.2.1.1　超导储能的基本概念

超导储能系统是通过超导体中的电磁能和电能之间的能量转换来实现能量存储和释放的储能装置。利用超导线圈将多余的能量以电磁能的形式存储起来，在需要时将电能返送提供给电源、电网或负荷，实现能量的有效利用。以超导储能和电网的交互为例，在电能供给大于需求时，将电网交流电经过整流等环节后变换为稳定的直流电流，再将此直流电存储到超导线圈中。超导线圈在超导状态下无电阻，因而可以实现能量的无损存储。在电网中的电能供不应求时，则再通过逆变将能量重新释放到电网中。

7.2.1.2　超导储能的分类

超导储能按照超导体的功能定位和临界温度的不同，有不同的分类：①根据超导体在超导储能系统中的功能定位，可以将其分为两大类：一类是飞轮储能系统，超导体在系统中作为提供悬浮磁场的轴承而存在；另一类则是超导磁储能系统，其中超导线圈是存储能量的核心部件，这一类也是狭义所指的超导储能。②根据超导体的临界温度不同，则可以将超导储能系统分为低温超导储能和高温超导储能系统。由于飞轮储能系统已在 7.1 节中进行了详细介绍，本节主要介绍超导磁储能系统（如无具体说明，本章所提到的超导储能系统均指超导磁储能系统）。

7.2.1.3　超导储能的特点

超导磁储能具有以下优点：

1）功率密度大。与一般的线圈相比，超导材料的电流密度更高，用于储能的超导线圈的工作电流可达数百安甚至上千安，其功率密度非常高。

2）响应速度快。由于超导体本身通过输入电能进行能量存储，无需经过电能-化学能或电能-机械能等能量转换过程，其电磁能到电能的转换过程非常便捷，因此其存储和释放能量的响应速度非常快（可达 ms 级）。在电力电子变换技术的辅助下，可与外部电网或负载实现瞬时大功率的电能交换。

3）使用寿命长。超导储能系统在运行过程中不涉及电化学反应，除了真空和制冷系统外没有机械接触带来的损耗，因而装置使用寿命长，循环利用次数高。

4）储能效率高。超导线圈运行在超导状态时电阻为零，因而不存在导体发热引起的热损耗，所以能在长时间内无损耗地存储能量，其储能效率超过 90%。

5）环境依赖小。相比于抽水蓄能等储能技术，超导储能对安装和使用环境的要求较低，且具有对环境影响小、便于维护等优势。

6）运行控制灵活。由于超导储能可以独立地在大范围内选取其储能与功率调制系统的容量，因此可将其建成大功率和大能量系统。利用电力电子技术可使超导磁储能装置独立地与系统进行四象限的功率交换，从而根据外部负载实际需求提供高质量的供电服务。

超导储能技术具有功率密度大、响应速度快、使用寿命长等优势，在快速响应和瞬时充放电场合具有重要发展前景。需要指出的是，超导体保持超导态的过程需要低温制冷环境，将消耗大量能量，因此超导体的制造成本较高。目前，超导体材料的制备工艺复杂、成本较高等问题依然是阻碍超导储能技术发展的一大瓶颈。

7.2.2 超导储能工作原理及其构成

7.2.2.1 超导储能的工作原理

超导储能装置工作时，需先在超导线圈内存储一定的能量，再通过控制变流器实现与外部能量源或负载的功率交换。超导储能系统中的超导线圈在超导态电阻为零，通入直流电流时不会产生焦耳热损耗。因此，为了提高能量转换效率，采用直流供电方式实现超导磁储能系统的能量存储。

超导线圈是实现超导储能系统能量存储的关键环节，设其存储的能量为 E，则

$$E = \frac{1}{2}LI^2 \tag{7-9}$$

式中，E 为电磁能（J）；L 为超导线圈电感（H）；I 为超导线圈电流（A）。

在超导磁储能装置中，超导线圈处于封闭的低温容器中。利用制冷剂将超导线圈冷却到临界温度以下，线圈达到超导状态。此时电阻为零的线圈相当于理想的电感元件，通过直流电源为其供电即可实现充电。超导磁储能的工作原理如图 7-7 所示，通过开关的闭合实现对线圈的充放电控制。与飞轮储能类似，超导磁储能同样有如下三种工作模式：

1）充电模式：开关 S_1 闭合、S_2 断开时，电源与超导线圈通过 S_1 形成闭合回路，从而为线圈充电，此时电能转换为电磁能。

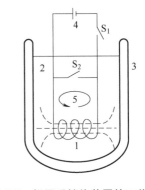

图 7-7 超导磁储能装置的工作原理
1—超导线圈 2—制冷剂 3—低温容器
4—电源 5—持续电流回路

2）能量保持模式：开关 S_1 断开、S_2 闭合时，超导线圈中的电流流经 S_2 后返回线圈，从而形成电流无衰减的储能保持状态。

3）放电模式：开关 S_2 断开，通过外接逆变器与负载等，从而实现对外放电，此时电磁能转换为电能。

7.2.2.2 超导储能的构成及关键技术

典型的超导储能系统构成如图 7-8 所示，主要包括超导线圈、变流器、失超保护系统、冷却系统、控制系统等。

1. 超导线圈

超导线圈因其通入电流后会形成磁场而又被称

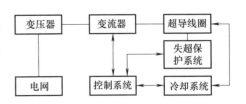

图 7-8 超导储能系统构成

作超导磁体，是超导储能系统中的核心部件。超导线圈电流密度大、几乎无损耗，因而由超导线圈构成的超导储能系统的储能密度在 $10^8 \mathrm{J/m^3}$ 量级。可根据应用场合选择不同形状的超导线圈，例如，螺管型线圈多用于大容量储能系统，环型线圈则多用于体积和容量较小的储能系统。超导材料的超导转变条件和电流密度等性能将直接影响超导线圈的运行效率。因此，超导材料的发展对于促进超导储能系统的升级具有重要意义。按照超导材料达到超导状态所需要的温度条件——临界转变温度，可以将其分为低温超导和高温超导材料。

（1）低温超导材料

在液氦温度条件下，临界转变温度 $T_C<30\mathrm{K}$ 的超导材料被称为低温超导材料。根据其组成可分为金属低温超导、合金低温超导和化合物低温超导等，如铌（Nb，$T_C=9.3\mathrm{K}$）、钛化铌合金（NbTi，$T_C>9\mathrm{K}$）、氮化铌（NbN，$T_C=16\mathrm{K}$）和镓化钒（$V_3\mathrm{Ga}$，$T_C=16.8\mathrm{K}$）等都是较为常见的低温超导材料。关于低温超导材料的研究由来已久，相关技术已较为成熟且部分实现商业化（主要集中在中小型超导储能系统的应用中）。然而在需要更高的磁场强度（20T 以上）的场合中，常规的低温超导材料需要在更低的温度下维持超导状态，且需要液氦环境，用于维持低温和装置转运的运行成本较为高昂，因此应用受到很大限制，寻找能够降低成本的超导材料成为实际应用中的迫切需求。

（2）高温超导材料

高温超导材料的温度运行条件相对宽松，与低温超导体相比，磁-热稳定性更高。目前最具应用前景的高温超导材料主要为 Bi 系（92K）和 Y 系（110K）两代：

1）第 1 代 Bi 系高温超导材料具有相对成熟的应用技术，然而由于具有较强的各向异性，使得 Bi 系材料在弱磁环境时的临界电流密度 J_C 明显下降，对高温超导材料的应用环境提出了较高要求；此外 Bi 系高温超导材料的原材料成本偏高，不利于应用的推广。

2）第 2 代 Y 系高温超导材料的开发逐渐成为世界各国的研究方向。Y 系材料与 Bi 系材料相比具有更高的电流密度，在大功率应用场合更具优势；此外 Y 系材料还具有交流损耗低、故障电流易检测、临界温度空间大等优点。我国上海超导科技股份有限公司、上海上创超导科技有限公司、苏州新材料研究所有限公司等高新技术企业在高温超导行业成果显著；上海交通大学超导团队与上海超导科技股份有限公司等在实用化超导材料关键技术的相关指标和工艺研发中取得多项重要进展，有力地推动了高温超导技术的快速发展。

2. 变流器

超导磁储能所采用的 AC/DC 变流器实现了超导线圈和外部交流电网之间的连接，是超导储能系统与电网之间功率交换的桥梁。变流器在运行中需要具有独立控制超导磁储能的能力，同时实现超导储能与电网的功率交换，对变流器的响应时间和运行效率提出了较高的要求。变流器采用由电力电子器件组成的开关电路，从电路拓扑结构角度来看，主要包括电压型和电流型两大类。

（1）电压型

电压型变流器的电路拓扑结构如图 7-9 所示，由一个电压源型变换器与电网连接，再接一个 DC/DC 斩波器而构成。斩波器通过控制开关的关断和导通对超导磁储能的运行工作状态进行直接调节。如开关 K_1、K_2 均闭合时，电容电压对超导线圈充电，此为超导储能的充电模式；K_1 闭合、K_2 断开时可以构成超导线圈-D_2-K_1 的闭合回路，从而使线圈中的电流在回路中几乎无损地流通，即进入能量保持模式，K_1 断开、K_2 闭合的情况也同理；当开关

K_1、K_2 均断开时，线圈通过二极管 D_1 和 D_2 向电容放电，线圈能量减少，对应超导储能系统的能量释放过程。三相电压源型变换器则通过调节电容两端的电压以及电网输出电压的幅值和相角对超导磁储能和电网的功率交换进行控制。

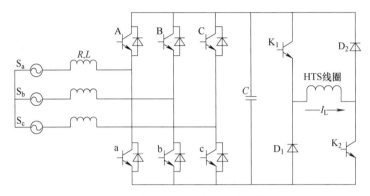

图 7-9　电压型变流器的电路拓扑图

（2）电流型

电流型变流器的电路拓扑结构如图 7-10 所示，超导线圈直接与电流型变流器直流侧连接，交流端与 AC 电网相连，比电压型变流器的结构更为简单。电流型变流器中的电容器具有缓冲和过滤高次谐波的作用。通过控制晶体管的导通与关断信号，超导电感的电流可在交流端产生可控三相 PWM 波。电流型变流器将电网输出电流的幅值和相角进行调节，从而实现功率的四象限交换。由于超导磁储能系统本身以电流的形式存储和释放能量，所以电流型变流器和 AC 电网之间的能量转换响应十分迅速。

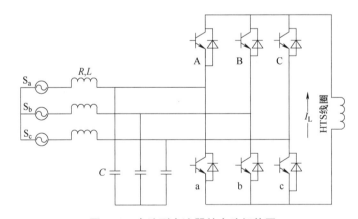

图 7-10　电流型变流器的电路拓扑图

出于对变流器结构和控制的考虑，在小容量超导储能系统中常采用电流型变流器；而在大型超导储能系统中，可以利用多重化技术将多个电流型变流器进行并联，或者采用结构更为复杂的电压型变流器。从整体来看，电流型变流器比电压型变流器具有更突出的技术和经济优势。

3. 失超保护系统

超导体的运行状态受到电流、磁场及温度等因素的影响，一旦不能满足超导条件，将会失去超导状态，即发生失超问题。失超会使超导体转化为常导体，因而失去优良特性。发生失超的导体部位会存在电阻特性。在有较大电流流过时，由于导体的焦耳热效应会使得局部温度过高。当相邻部位的温度也超过超导材料的临界温度时，就会导致整个导体都由于温度过高而失超。因此，当超导体局部发生失超而没有及时采取措施时，极有可能造成大范围内的失超后果。另外，失超发生时系统温度升高，这对超导材料和系统中一些对温度条件比较敏感的设备将造成不良后果，如出现设备损坏、绝缘层破坏，甚至冷却液气化造成系统体积膨胀进而发生破裂和爆炸等问题。因此，为了保证系统的安全稳定运行，及时采取一定的保护措施是非常有必要的。本节针对发生失超的主要原因进行分析，在此基础上对目前主要失超的检测和保护措施进行简要介绍。

（1）失超原因

由于超导材料具有各向异性，使得超导材料的局部性能可能存在缺陷，如临界温度较高等。因而在同样的条件下该部分材料可能发生失超，尺寸长度较大的超导材料更易出现此种情况。除了超导材料本身的缺陷，系统线路中的线路干扰和导线受磁场力作用下的运动等一些外部干扰也会引起失超的发生。此外，超导线圈中的电流突然升高时可能会破坏维持超导的电流条件，从而发生失超现象。

（2）失超检测

通过对系统中的环境变化，如温度、压力等因素进行测量，可以检测失超是否发生。目前的失超检测方法主要有以下几种：

1）温度测量：超导体发生失超时，零阻态会转变为一般状态，由于电流的焦耳热效应导致温度升高。因此，通过监测超导体各部位是否有明显的局部温度升高现象，可判断是否发生失超。温度测量这一方法快速简单，然而需在超导体的多个部位设置温度传感器。一方面对传感器在低温区的灵敏度要求较高，另一方面大量器件安装提高了技术难度与检测成本。此外，温度上升有时未必会引起超导体失超的发生，此情况还需要采取进一步的检测手段进行验证。

2）气压测量：超导体发生失超时超导线圈会发热，释放的热量被冷却液体吸收后气化，气体体积膨胀使得冷却系统中的气压增大，因此通过压力传感器检测压力的变化可判断是否发生失超。

3）电压测量：超导体发生失超时，导体线圈具有电阻，而不再是简单的具有纯电抗特性的电感线圈，通过测量线圈电压的变化可作为是否发生失超的判断依据。该方法与温度测量法类似，需在各个线圈上设置传感器，检测成本相应偏高。

4）桥式电路测量（见图 7-11）：在超导磁体的中心安装一个抽头，与两个电阻和一个电流计组成一个桥式电路。失超发生时，电流计偏转。桥式电路检测法安装和使用较简单，不需要电压传感器。需要指出的是，桥式电路的灵敏度非常高，易受噪声信号干扰。

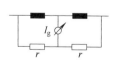

图 7-11　桥式电路测量

5）超声波信号测量：用超声波信号对冷却系统的输入输出状态进行检测，通过其传递函数的变化情况判断失超。

（3）失超保护

对超导磁体采取有效的保护措施以保证设备安全可靠运行，保护的主要目的是转移失超磁体中的电流，从而避免焦耳热在线路上的释放。主要保护手段有如下四种：

1）并联外部电阻保护（见图7-12）：将超导体与电阻 R 并联，当超导体处于正常状态下时其电阻为零，相当于电阻 R 被短路，通过电源与超导线圈构成闭合回路实现储能过程；当超导体发生失超时，将开关断开，由线圈与电阻 R 构成闭合回路，从而释放电能，电阻 R 越大，其放电速度也越快，避免了超导体本身温度过高问题的出现。

2）变压器保护（见图7-13）：由超导线圈作为一次线圈构成变压器。在正常状态下，一次线圈中的直流电流不会在二次线圈中感应出电流。当失超发生时，由于超导线圈（即一次线圈）具有电阻，因此变压器一次回路中电流减小。电流减小导致磁场变化，进而在二次线圈中产生感应电流，电阻 R_2 用于能量的消耗，从而实现对能量的转移消耗。

图 7-12　并联外部电阻保护　　　　　图 7-13　变压器保护

3）内部分段并联电阻保护（见图7-14）：引入一系列电阻与超导线圈进行分区并联，当其中的一部分线圈失超时，与该段并联的电阻会释放能量，使相邻段的超导线圈也发生失超，从而将能量释放。

4）并联二极管保护（见图7-15）：当失超发生时，二极管导通，超导线圈通过二极管续流，能量在线圈内部释放。

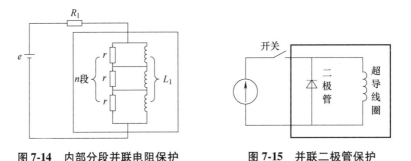

图 7-14　内部分段并联电阻保护　　　　图 7-15　并联二极管保护

4. 冷却系统

为了保证超导体稳定维持在超导态，无论是低温超导材料还是高温超导材料，都需要将其置于低温冷却环境中。超导磁体冷却系统和冷却流程如图7-16所示，其中由制冷机的一级冷头对电流引线和冷屏实施冷却，二级冷头则通过导冷板、导冷杆和导冷片对磁体进行传导冷却。

目前主要通过两种途径实现对超导磁储能装置中磁体的冷却，即液体冷却和直接（传导）冷却。液体冷却为一种传统的冷却途径，是将超导线圈整个浸泡在液氦、液氮等低温液体环境中，然而操作不够简便、需花费较高成本，不利于超导储能系统的应用。直接冷却则通过制冷机的热交换器和导冷装置与超导磁储能中的电流引线和磁体的直接接触实现，其管理和使用较为方便快捷，但是需要通过消耗额外能量维持制冷机的正常运转。此外，直接

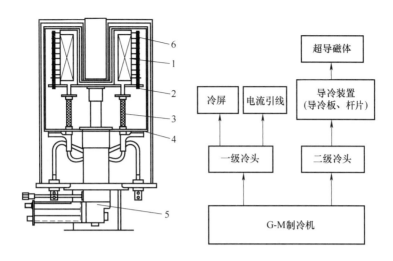

图 7-16　超导磁体冷却系统的组成及其冷链
1—磁体　2—导冷杆　3—电流引线　4—冷屏
5—制冷机　6—导冷片

冷却还存在涡流损耗、制冷机功率不足，以及传热效率受到导冷结构影响等难题。

5. 控制系统

超导磁储能系统的突出优势在于对功率快速交换的实现，同时还可以实现四象限范围内独立运行功率交换。因此，控制系统需保证其控制器设计与控制策略使得超导磁储能系统平稳接入电网，并根据需求改善电力系统性能，从而最大程度地发挥超导储能系统的突出优势。

与其他储能方式类似，目前的控制策略主要可分为以下几类：

1）基于物理模型的控制方式，例如经典 PID、变参数 PID、局部线性化、反馈线性化、变结构控制和自适应非线性控制等。

2）综合控制方式，包括模糊控制、人工神经网络控制、遗传算法和专家控制系统等。

基于物理模型的控制方式发展相对成熟，然而对系统模型的精确度要求较高；综合控制方式不需要非常精确的模型来实现智能控制，然而算法相对复杂，因此未广泛投入到实际应用中。

7.2.3　超导储能应用

7.2.3.1　平滑新能源出力

超导储能具有响应速度快、功率密度大的优势，可作为新能源与电网之间的"能量缓冲器"，在提高能量利用率时平滑新能源的出力。目前超导磁储能在平滑出力方面主要有单独控制、联合电池储能以及联合氢储能进行共同控制等方式。超导储能单独控制系统较为简单，然而如何解决低温高压绝缘问题是技术难点之一；将电池与其共同控制可发挥电池能量密度高与超导储能功率密度高的优势，从而降低系统成本；将氢能与其共同控制可利用液氢更高的制冷效率和稳定性提高冷却系统的性价比。

7.2.3.2 提高电力系统稳定性

超导储能具有快速响应的优势，可在由新能源并网引起系统短时功率不平衡的情况下弥补不平衡功率，也可维持微电网的暂态功率平衡。在由于系统保护触发切负荷操作下，失去大电网供电支持的微电网也可以通过超导储能系统的功率输送实现孤岛模式下的有功、无功平衡，从而确保对关键设备的可靠供电。

7.2.4 超导储能发展前景

7.2.4.1 大容量高温超导磁体

目前商业化高温超导带材的临界电流一般在百安量级，要实现电流高达千安级别的大容量高温超导磁体技术，可以将多个高温超导磁体进行并联。由于制造工艺的缺陷和材料之间的微小差异，不同超导材料的参数并不完全一致。这将导致并联时超导材料上电流分配不均而浪费部分的超导材料，还可能直接导致某些支路失超。此时，部分支路将分配更多的电流，进而引发链式失超的后果，最终导致超导磁体损坏。另外，高温超导带材导电性的各向异性明显，容易受到磁场的影响。因此，在设计与优化均流方法时，需重点考虑高温超导材料的磁场-电流特性，明确其电流分布情况。

7.2.4.2 超导磁储能低温高压绝缘

超导磁储能的功率大小由超导磁体端电压和电流的乘积得到，其输出功率与端电压成正比。输出功率越大，则端电压越高，电场强度也更大。一般采用浸泡冷却的方案对超导磁储能进行冷却操作，然而超导磁储能在充放电的过程中会产生交流损耗，温度升高可能导致制冷剂中产生气泡。由于气泡的介电常数和介电强度均较低，在高压产生的强电场下会使系统的绝缘结构发生变化，从而对绝缘性能产生重要影响。目前对低温高压绝缘方面的研究还较少，需要对此进行更深入的研究，以优化绝缘结构来减小对绝缘性能的不利影响。

7.2.4.3 超导储能在线监测与控制

在线监测技术可以对超导磁储能运行过程中的失超问题起到预警和保护作用。超导磁储能在运行状态下，高频高压方波脉冲电压存在于磁体两端，与之相比，临界失超状态下的超导磁体所发出的失超电压信号则显得比较微弱，如何将微弱的信号从高频高压方波脉冲信号中提取出来也成为失超预警与保护特别关注的问题。同时，超导磁体的工作特性会受到温度的影响，当超导磁储能工作时出现局部升温现象后，其临界电流将会降低。为了避免失超现象的出现，需要一定的控制手段将超导磁体的输出功率控制在安全范围之内，以保证系统安全可靠运行。

7.2.4.4 高效低温制冷系统

超导磁体必须工作在低温状态下才能保持超导状态，高效率的低温杜瓦瓶和制冷机等冷却设备是维持低温环境的关键。此外，如何降低低温制冷系统的损耗也是决定超导磁储能运行效率的重要因素，低温制冷系统的效率主要受低温杜瓦瓶的保温效果及制冷机的效率两个因素影响。在低温杜瓦瓶设计方面，鲜有基于超导磁储能的运行特性而进行的多层保温结构全局优化设计；在低温制冷机方面，对制冷机的设计和运行控制方面也存在较大的优化空间。

7.3　超级电容器

7.3.1　超级电容器概述

超级电容器又名电化学电容器，是一种主要依靠双电层和氧化还原赝电容电荷存储电能的新型储能装置。与传统的化学电源不同，超级电容器是一种介于传统电容器和充电电池之间的电源，既具有电容器快速充放电的特性，又具有电池的储能特性。

1954 年，世界上第一个双电层电容器诞生。该电容器主要由碳电极、水溶液电解质构成。上述超级电容器的设计在美国取得专利后便掀起了一股研究热潮并迅速发展起来。1968年，美国俄亥俄标准石油公司（Standard Oil Company of Ohio）采用了非水溶液作为电解液对超级电容器进行了改进，制造了高能量密度的双电层电容器。在此基础上，日本电气股份有限公司（NEC Corporation）于 1979 年将超级电容器技术与电动汽车电池起动系统相结合，开启了双电层电容器的大规模商业应用。同一时期，日本松下电器产业公司（Panasonic）也开始了对有机溶液电解质型超级电容器的研究。1980 年，日本对超级电容器的研究取得了新的进展，具有高功率密度的超级电容器逐渐开始占领世界双层电容器的市场。1992 年，美国 Maxwell 公司开始研发超级电容器，1995 年推出首款超级电容器产品，该产品在交通和新能源领域占有较高的市场份额。美国、俄罗斯和日本等国家对超级电容器的研究起步较早，并且技术发展日趋成熟，如美国 Maxwell 公司、俄罗斯 ESMA 公司等是超级电容器行业中具有代表性的企业。表 7-3 为近年来部分国家超级电容器的发展水平。

表 7-3　近年来部分国家超级电容器的发展水平

公　　司	现　有　技　术	电容器参数	能量密度/（Wh/kg）	功率密度/（W/kg）
美国 Maxwell	碳微粒电极 有机电解液	3V 800~2000F	3~4	200~400
	铝箔附着碳布电极 有机电解液	3V 130F	3	500
俄罗斯 ESMA	混合型（NiO/碳电极） KOH 电解液	1.7V 50000F	8~10	8~100
日本 Panasonic	碳微粒电极 有机电解液	3V 800~2000F	3~4	200~400
法国 Alcatel	碳微粒电极 有机电解液	2.8V 3600F	6	3000

国内对超级电容器的研究始于 20 世纪 90 年代末。在当时的相关政策支持下，我国高校、研究院所和相关企业加大了对超级电容器的研究力度。清华大学、上海交通大学、天津电源研究所、宁波中车新能源科技有限公司等单位均对超级电容器开展了深入研究，并取得了较为突出的成果。2006 年 8 月 28 日，上海 11 路公交线首次使用超级电容车，经过探索与研究，我国自主研发的超级电容公交车技术突飞猛进，目前已达到世界领先水平。2012 年起，超级电容公交车就已在上海、宁波、哈尔滨等市得到大力推广，同时远销白俄

罗斯、塞尔维亚等国家。浙江中车电车有限公司生产的超级电容车出口奥地利格拉茨，零排放超级电容车充分保护了当地环境，这对我国今后快速拓展超级电容公交车国际市场具有示范作用。

7.3.1.1 超级电容器的基本概念

在众多的储能元件中，超级电容器具有优良的脉冲充放电性能，功率密度高于蓄电池，能量密度又高于传统电容器。此外，超级电容器充放电效率高（大于90%），寿命超长（百万次以上），适用温度范围宽（-40~70℃）。超级电容器的这些性能特点吸引了众多科研人员的关注，也使得超级电容器在电力、工业、交通等领域，包括现今广泛应用的移动电子设备、电力系统的元器件和新能源汽车下一代能量存储系统等方面，实现了不少商业化的应用。

7.3.1.2 超级电容器的分类

根据储能的原理、结构和材料等的不同，超级电容器有多种不同的分类方式：①根据储能原理不同，可以将超级电容器分为双电层电容器和法拉第电容器两种。前者通过电极与电解液形成的双电层结构对电解液离子的吸附实现能量的存储，后者则通过氧化还原反应将正负离子分别聚集在电极周围实现储能。②从结构对称性角度，可以将超级电容器分为对称型和非对称型两种。对称型超级电容器的电极完全相同，且在电极上分别向同一个反应的两个不同方向进行，常见的对称型电容器包括碳电极双电层电容器以及贵金属氧化物型法拉第电容器等。当两个电极的材料不相同或者电极发生的反应不同时，则这种超级电容器被称为非对称型超级电容器。非对称型超级电容器的能量密度和功率密度性能均更好。③从溶液类型来看，可以将超级电容器分为水溶液和有机溶液这两种。水溶液型超级电容器，由于水溶液具有比其他溶液更低的电阻，因而用水溶液作为电解质时，其储能量和功率密度更高；超级电容器的最大可用电压由电解质的分解电压决定，有机溶液的分解电压更高，因此电压高和比能量大的优势更为突出。④从电极材料类型来看，可以将超级电容器分为碳电极材料电容器、贵金属氧化物电极电容器、导电聚合物电极电容器等。

7.3.1.3 超级电容器的特点

超级电容器作为新型的储能元件，与传统储能电池相比在许多方面具有明显的性能优势，表7-4对包括超级电容器在内的几种能量存储装置的性能进行了比较分析。

表7-4 能量存储装置的性能比较

性能	铅酸蓄电池	锂离子电池	燃料电池	超级电容器
充电时间/s	600~1000	1000~6000	3000~5000	0.1~30
能量密度/（Wh/kg）	30~45	130~150	200~300	5~80
功率密度/（W/kg）	150~400	100~200	250~350	100~30000
循环寿命/次	300~500	1000~1500	3000~5000	$10^5 \sim 10^6$
工作温度/℃	-10~50	-10~60	600~700	-50~70

由表7-4可以看出，超级电容器具有一些突出的性能特点，具体表现如下：

1）功率密度高。相比于蓄电池等其他传统电池，超级电容器的功率密度最高可达超

10^4W/kg 量级水平，这意味着超级电容器的瞬时放电量可以非常大。

2）充电用时短。超级电容器的充电时间在秒到分钟级别，非常适用于需要短时充电的场合，而普通蓄电池难以实现如此快的充电速度。

3）循环寿命长。双电层超级电容器充放电过程并不涉及化学反应过程，材料的损耗较低，因此其充放电循环最多可达百万次。

4）环境适应性强。超级电容器的充放电过程受到温度的影响较少，温度适应范围较宽。

5）环境污染小。超级电容器的构成材料不涉及重金属等对环境有害的化学原料，对环境造成的污染很小，是一种绿色环保的储能装置。

6）维护成本低。超级电容器的深度充放电次数较高，在标准范围内可以达到 1 万 ~ 50 万次充电，维修保养成本较低。

当然，超级电容器也存在一些不足，主要体现在：

1）能量密度低。在存储能量相同的情况下，超级电容器的能量密度仅为铅酸电池等的 20% 左右，而超级电容器在体积、质量和占地面积方面都比蓄电池大很多，因而带来了更大的运行成本。

2）端电压波动性强。在充放电过程中超级电容器端电压会不断变化，需要额外配置电力电子器件保证输出电压的稳定。

目前超级电容器的成本相对较高，难以作为大规模电力储能广泛应用。随着超级电容器的材料工艺水平不断提高，未来超级电容器的技术将不断成熟，制造成本也将逐渐降低，应用也会越来越广泛。

7.3.2　超级电容器工作原理

7.3.2.1　双电层电容器的工作原理

双电层电容器通过电极与电解液形成的界面双电层来存储电荷，从而实现能量的存储。在外加电场作用下，电极之间形成由正极指向负极的电势差，电解液中的阴阳离子在电场力作用下向具有相反极性的电极移动。当正极聚集大量阴离子、负极聚集大量阳离子时，在电极表面与电解液之间形成了两个集电层。双电层电容器的充放电过程是一种可逆的电化学反应过程，工作原理如图 7-17 所示，具体工作模式如下：

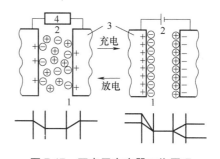

图 7-17　双电层电容器工作原理
1—双电层　2—电解液　3—电极板　4—负载

1）在双电层电容器充电过程中，正极电势提高而负极电势降低，界面上的电荷也相应地增加或减少。撤掉外电场后，电荷受到极板的吸引力，因此电解液中的阴阳离子不会离开双电层，从而可以维持两极板间电势差的稳定，实现电容器的充电过程。

2）在双电层电容器放电过程中，极板上的电子经过外部负载电路回到正极实现电荷中和，从而破坏了原来的双电层结构，使得极板电势差逐渐降低。此时，阴阳离子也重新回到电解液中，实现电容器的放电过程，放电持续至电势差降为零即结束。

设超级电容器的比电容为 $C(\mathrm{F/g})$，则

$$C=\frac{\varepsilon S}{\delta} \tag{7-10}$$

式中，ε 表示电解液的介电常数（F/m）；δ 表示双电层厚度（m）；S 表示电极比表面积（$\mathrm{m^2/g}$）。

由式（7-10）可知，提高电极比表面积或者减小电层厚度可以显著提升超级电容器的电容值。超级电容器多采用活性炭材料制作成多孔碳电极，由于活性炭材料比表面积较大（比表面积 S 不小于 $2000\mathrm{m^2/g}$），而且由于电解液与电极之间的距离相当接近，因此这种双电层结构的超级电容器的比容量可以提高到一般电容器电容值的 100 倍以上。

例 7-2　一个双电层电容器相对介电常数为 4，电极有效比表面积为 $3000\mathrm{m^2/g}$，等效距离为 $5\times10^{-10}\mathrm{m}$，计算其电容值。若其两端电压为 2.7V，计算该超级电容器存储的能量。

解：由式（7-10）可得

$$C=\frac{\varepsilon S}{\delta}=\frac{4\times8.85\times10^{-12}\times3000}{5\times10^{-10}}\mathrm{F}=212.4\mathrm{F} \tag{7-11}$$

可见超级电容器的电容值远高于传统物理电容器。

该超级电容器存储能量为

$$E=\frac{1}{2}CU^2=\frac{1}{2}\times212.4\times2.7^2\mathrm{J}=774.2\mathrm{J} \tag{7-12}$$

当然，双电层电容器也存在不足之处。充电过程中，电解液和电极材料的界面之间基本没有电荷移动，依靠静电吸附形成双电层结构，因此电压较小。如果要实现高电压输出，就必须像串联电池一样串联一系列电容器。

7.3.2.2　法拉第电容器的工作原理

法拉第电容器又被称为赝电容器。不同于双电层电容器，法拉第电容器通过化学反应实现储能。充电时，对电容器施加外电压，电解液中的离子迁移到电极表面，并通过氧化还原反应进入活性物质中，从而实现电荷的存储；放电时，活性物质体相中的离子又通过氧化还原的逆反应进行脱嵌而回到电解液中。同时，存储的电荷得到释放，在外电路形成电流回路。

法拉第电容器的充放电过程可以发生在活性物质体当中，因此具有较大的比电容值。充电时的工作原理如图 7-18 所示。

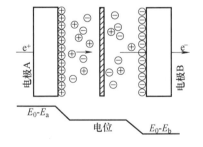

图 7-18　法拉第电容器工作原理

7.3.3　超级电容器应用

7.3.3.1　电气化交通领域

在能源危机与环境问题的双重危机下，新能源汽车已成为交通行业重要的技术变革之

一。在电气化水平不断提高的背景下，电动汽车在新能源汽车产业中的重要性越来越高。众所周知，电动汽车通常采用蓄电池作为动力源，这是与传统燃油汽车最大的区别。在不同形式的蓄电池中，锂离子电池又占大多数。虽然锂离子电池发展较快，然而其存在充放电时间过长、循环使用寿命较短等不足，难以满足长时间、大功率的供电需要。超级电容器在充放电效率、功率密度、循环使用寿命等方面则具有非常优异的性能。不可否认的是，虽然超级电容器的能量密度较低，然而其可以在汽车启动、加速工况下提供瞬时大功率。此外，超级电容器还可以用于车辆再生制动能量回收环节，提高轨道交通中的能量利用率。此外，考虑到超级电容器的能量密度较低，可以与锂离子电池等结合组成复合储能系统，通过优势互补实现对汽车的优化控制。

目前超级电容器在轨道交通领域中的应用相对较多，包括列车再生制动能量回收储能系统、内燃机辅助启动、混合动力动车机组等。目前已有直接采用超级电容器作为电动汽车唯一主电源的应用案例。2019 年上海久事公交集团在上海投入运营的快充高能量智能超级电容公交车（见图 7-19）即采用了此种技术，可使公交车在到站的几分钟内实现快速充电续航10km。此技术既能有效缓解城市车辆停放场地不足和供电紧张的问题，还可改善锂离子电池

图 7-19　超级电容公交车在上海投入运营

型纯电公交车充电时间过长的问题，对进一步推广超级电容器在轨道交通中的应用具有示范作用。

7.3.3.2　新能源电力系统领域

超级电容器作为一种储能元件，同样也可用于应对风电、光伏等新能源出力不确定性问题。超级电容器具有短时响应快、瞬时功率大的优势，在新能源出力出现波动时，通过对超级电容器快速充放电将电力系统的电压频率控制在标准之上，防止设备因此造成损毁或进一步扩大电网故障范围。需要指出的是，越来越多的脉冲负载投入运行，对电网的稳定性和供电质量带来了挑战。有研究针对这一问题设计了电能质量调节器（基于超级电容器储能系统），从而提升了带有脉冲型负载电网的电能质量。此外，超级电容器的使用寿命更长，对设备维护的频率较低。在用于新能源并网场合时，其运维成本比一般的蓄电池成本更低，有利于其推广应用。

7.3.4　超级电容器发展前景

7.3.4.1　新型高性能电极材料

电极材料导电性能好、造价便宜，是超级电容器中较为重要的组成部分，其性能直接影响超级电容器的整体储能性能。活性炭、石墨烯通常作为电极材料用于双电层电容器，碳基材料的电导率高、成本低廉、功率密度高，是材料研究中的热点之一，然而存在比电容小、能量密度低、可选择空间较小等不足。针对比电容低的主要解决办法包括灵活选用碳源和改进工艺路线等以实现表面形貌独特、孔隙均匀、分散性好的新型碳基材料制备；通过开发新型材料扩大比电容、选择合适的电解液扩大电势窗口等改善能量密度低的问题。利用复合材

料具有的优势灵活开发出不同的材料体系可扩展碳基材料的选择空间。

相比于双电层电容器，赝电容器材料的能量密度更高，因而其发展潜力同样不容小觑。常用的赝电容器材料包括过渡金属氧化物、导电聚合物等。过渡金属氧化物又称为过度金属氧化物，其分为单过渡金属氧化物以及双过渡金属氧化物。前者发生氧化还原反应时速率较快、比电容较高，在电极材料领域有较多应用，然而因其在反应中的价态有限，故可选择空间较小。双过渡金属氧化物包含 2 种金属离子，对不同组分的调控可以实现对电势窗口、电导率等电学性能的控制，然而材料利用率较低，且反应之间的相互影响较为复杂，合成反应参数也有待进一步调整。导电聚合物材料种类繁多、成本低、适合大规模生产，然而其电阻大、功率密度低、循环稳定性差，对性能的改进还存在一定提升的空间。如何在确保高比电容的前提下降低导电聚合物对电荷运输距离的限制，提高稳定性是未来针对导电聚合物研究的重要方向。

7.3.4.2 特殊功能超级电容器

随着研究的深入，对超级电容器的研究将不再局限于对单一组成部件的研究，而是进一步考虑不同功能需求情况、不同结构特性的超级电容器构造，如混合型超级电容器、固态超级电容器等。

混合型超级电容器通常以赝电容器电极材料为正极，双电层材料为负极，融合了双电层超级电容器、法拉第赝电容器的储能机理。混合型电容器工作时，正极通过赝电容器电极材料的氧化还原反应存储转化容量，负极通过双电层存储容量。混合型超级电容器由于其较高的比电容和能量密度成为近年来研究的重点。

超级电容器通常由电极、电解质、隔膜组成。电极负责提供氧化还原反应的活性材料或吸收电荷形成双电层，电解质充当电荷传输的媒介，隔膜防止两电极之间短路现象的发生。电解质一般对超级电容器的安全性起决定性作用。目前市场上广泛使用的是水系和有机系电解质，在弯曲或振动的情况下，容易渗透到其他电子部件中。此外，非中性溶液和易燃、有毒的有机溶剂存在爆炸和环境污染的隐患。因而，传统使用液态电解质的超级电容器需要复杂的封装，增加了设备的体积、质量和成本。固态电解质将电解质和隔膜浓缩到同一种材料中，避免泄漏的同时简化了封装过程。全固态超级电容器具有环境友好、稳定性高、轻便等优势，并且具有柔性、可穿戴性，拓宽了超级电容器的应用范围。

7.4 总结与展望

本章介绍了以飞轮储能、超导储能和超级电容器为代表的几种快速响应短时储能方式，对这几种储能的基本原理、特点、应用前景等进行了介绍。

1) 飞轮储能系统储能时，通过电动机带动飞轮旋转，将电能转化为动能进行快速存储，并在需要的时候将动能转换为电能实现能量释放。飞轮储能具有化学电池难以比拟的重要优势，如能量密度大、充电时间短等。飞轮储能装置由飞轮转子、轴承系统、电机系统、电能变换器以及真空室构成。飞轮储能的关键是减少损耗和储能，通过提高飞轮转速可实现储能量的提高，而其中飞轮转子的材料与高速电机选择或设计至关重要。电机系统需既能扮演电动机角色又可发挥发电机作用，在需要的时候可以分别运行在供电和用电牵引的状态下，从而实现飞轮储能的充、放电过程。目前主要的电机包括感应电机、永磁电机、磁阻电机等类型飞轮。轴承系统主要可以分为机械轴承、磁轴承和组合轴承三大类别。另外，飞轮储能中的能量转换环节即电能变换器，以及用于降低摩擦和损耗的真空室也是飞轮储能系统需要研究的关键技术。在应用层面，飞轮储能可以用于不间断电源系统、脉冲功率电源等领域。

2）超导磁储能（SMES）系统利用超导线圈通入电流转化为电磁能的形式存储能量，而在需要时又可以通过对开关的控制实现能量向外输出的装置。其优点在于储能效率极高、储能密度高等，主要缺点是超导材料价格较高。超导储能装置由超导线圈、失超保护系统、冷却系统、变流器、控制系统等组成。超导线圈为 SMES 系统的核心，其性能主要取决于超导材料。低温超导材料实际应用的空间比较有限，高温超导材料的发展进程直接影响超导电力技术的应用前景。超导储能常用的变流器包括电压型变流器和电流型变流器。失超是 SMES 系统中的特殊现象，发生失超时对超导体的寿命有较大损害甚至可能威胁人身安全。可以通过温升检测、压力检测、桥式电路检测等方式对失超现象进行检测，并对其采取一定的失超保护措施。直接（传导）冷却和液体冷却是 SMES 装置中最主要的两种磁体冷却方法。SMES 的控制系统可以控制储能装置与电网有功和无功的交换。SMES 系统在电力系统中具有稳定系统频率和电压的作用。

3）超级电容器既不同于传统的化学电源，又与普通电容器具有一定差别，是一种介于传统电容器与电池之间、具有特殊性能的储能装置，通过电极与电解液形成的界面双电层来存储电荷，从而实现能量的存储。超级电容器在充放电效率、功率密度、循环使用寿命等方面具有非常优异的性能。超级电容器按照储能原理分为双电层电容器和法拉第电容器，前者通过电极与电解液形成的双电层结构对电解液离子的吸附实现能量的存储，后者则通过氧化还原反应将正负离子分别聚集在电极周围实现储能。在交通行业，超级电容器可以在汽车启动、加速工况下提供瞬时大功率，也可用于车辆再生制动能量回收环节，从而提高轨道交通中的能量利用率，还可以与锂离子电池等结合通过优势互补实现对汽车的优化控制。在新能源电力系统行业，超级电容器可应对新能源出力不确定性，也可用于提升带有脉冲型负载电网的电能质量。

习 题

7-1 简述飞轮储能的构成并说明各组成部件的作用。

7-2 什么是失超？产生失超现象的原因有哪些？失超对系统有哪些影响？应该采取哪些措施？

7-3 超级电容器的"超级"体现在哪里？

7-4 双电层电容器与赝电容器在电荷储能上的差别和各自的特点是什么？

7-5 如何提高飞轮储能系统的储能量？

7-6 将例 7-2 中超级电容器的电极有效比表面积减少为 $2000 \mathrm{m}^2/\mathrm{g}$，等效距离增大为 $3 \times 10^{-9} \mathrm{m}$，其他量不变，试求其电容值和存储的能量。

7-7 若一个直径为 10m 的飞轮，其质量为 100t，转速为 6000r/min，试求理论上飞轮储能可存储的能量。

参 考 文 献

[1] 汤双清. 飞轮电池磁悬浮支承系统理论及应用研究 [D]. 武汉：华中科技大学，2004.

［2］ 戴兴建，魏鲲鹏，张小章，等.飞轮储能技术研究五十年评述［J］.储能科学与技术，2018，7（5）：765-782.

［3］ 喻奇.飞轮储能技术在城市轨道交通的应用［J］.电气化铁道，2020，31（2）：53-57.

［4］ 戴兴建，张小章，姜新建，等.清华大学飞轮储能技术研究概况［J］.储能科学与技术，2012，1（1）：64-68.

［5］ 朱煜秋，汤延祺.飞轮储能关键技术及应用发展趋势［J］.机械设计与制造，2017（1）：265-268.

［6］ 薛飞宇，梁双印.飞轮储能核心技术发展现状与展望［J］.节能，2020，39（11）：119-122.

［7］ 李东岳.复合材料飞轮转子结构强度及模态分析［D］.青岛：青岛科技大学，2018.

［8］ 张维煜，朱煜秋.飞轮储能关键技术及其发展现状［J］.电工技术学报.2011，26（7）：141-146.

［9］ 于雅莉.储能飞轮动发一体机电磁关键问题及温度场的研究［D］.哈尔滨：哈尔滨工程大学，2012.

［10］ 李文超，沈祖培.复合材料飞轮结构与储能密度［J］.太阳能学报，2001，22（1）：96-101.

［11］ 赵皓宇.电磁轴承高速电机转子系统分析及解耦控制［D］.杭州：浙江大学，2018.

［12］ 施阳，周凯，严卫生，等.主动磁悬浮轴承控制技术综述［J］.机械科学与技术，1998（4）：68-70+88.

［13］ 杨作兴，赵雷，赵鸿宾.电磁轴承动刚度的自动测量［J］.机械工程学报，2001，37（3）：25-29.

［14］ 刘淑琴，虞烈，谢友柏.电磁轴承驱动级电压与电流对转速和控制精度影响的研究［J］.机械工程学报，1999（3）：102-105.

［15］ 曾励，朱晃秋，曾学明，等.永磁偏置的混合磁悬浮轴承的研究［J］.中国机械工程，1999（4）：35-37+4.

［16］ 李俊，徐德民.主动磁悬浮轴承的非线性反演自适应控制［J］.机械科学与技术，1998（5）：106-108.

［17］ 牛艳召.220kV高温超导电缆暂态特性及失超检测研究［D］.北京：华北电力大学，2012.

［18］ 汪希平，陈学军.陀螺效应对电磁轴承系统设计的影响［J］.机械工程学报，2001（4）：48-52.

［19］ 张建诚，陈志业，杨以涵.飞轮储能技术在电力系统中的应用［J］.电力情报，1997（3）：6-9.

［20］ 杨志轶.飞轮电池储能关键技术研究［D］.合肥：合肥工业大学，2002.

［21］ 戴兴建，邓占峰，刘刚，等.大容量先进飞轮储能电源技术发展状况［J］.电工技术学报，2011，26（7）：133-140.

［22］ PENA-ALZOLA R, SEBASTIAN R, QUESADA J, et al. Review of flywheel based energy storage systems［C］//International Conference on Power Engineering, Energy and Electrical Drives. IEEE, 2011: 1-6.

［23］ 张宾宾.磁悬浮开关磁阻电机温度场分析及优化设计［D］.镇江：江苏大学，2019.

［24］ 朱俊星，姜新建，黄立培.基于飞轮储能的动态电压恢复器补偿策略的研究［J］.电工电能新技术，2009，28（1）：46-50.

［25］ 刘文军，贾东强，曾昊旻，等.飞轮储能系统的发展与工程应用现状［J］.微特电机，2021，49（12）：52-58.

［26］ 金建勋.高温超导储能原理与应用［M］.北京：科学出版社，2011.

［27］ 墨柯.超导储能技术及产业发展简介［J］.新材料产业，2013（9）：61-65.

［28］ 金之俭，洪智勇，赵跃，等.二代高温超导材料的应用技术与发展综述［J］.上海交通大学学报，2018，52（10）：1155-1165.

［29］ 侯炳林，朱学武.高温超导储能应用研究的新进展［J］.低温与超导，2005（3）：46-50+54.

［30］ 李君.电流型超导储能变流器关键技术研究［D］.杭州：浙江大学，2005.

［31］ 肖立业.超导电力技术的现状和发展趋势［J］.电网技术，2004（9）：33-37+41.

［32］ 王屹.超导储能系统的若干关键技术研究［D］.成都：西南交通大学，2011.

［33］ 曾晓旭.基于电流源型功率调节器的超导储能系统控制策略研究［D］.杭州：浙江大学，2019.

[34]　喻小艳, 李敬东, 唐跃进, 等. 超导磁储能系统的失超检测及保护综述 [J]. 高压电器, 2003 (5):
　　　47-49.

[35]　余江, 曾建平. 超导电力设备失超对电力系统的影响 [J]. 电力自动化设备, 2002, 22 (4): 10-13.

[36]　樊宇. 超导电力系统的过电流失超保护研究 [D]. 武汉: 华中科技大学, 2007.

[37]　郭文勇, 蔡富裕, 赵闯, 等. 超导储能技术在可再生能源中的应用与展望 [J]. 电力系统自动化,
　　　2019, 43 (8): 2-14.

[38]　魏孔贞, 孙红英. 超导磁储能技术在微电网中的应用 [J]. 仪表技术, 2021 (4): 19-22+50.

[39]　汪亚霖, 文方. 超级电容充电策略研究 [J]. 机械工程与自动化, 2012 (5): 170-171.

[40]　余丽丽, 朱俊杰, 赵景泰. 超级电容器的现状及发展趋势 [J]. 自然杂志, 2015, 37 (3): 188-196.

[41]　黄晓斌, 张熊, 韦统振, 等. 超级电容器的发展及应用现状 [J]. 电工电能新技术, 2017, 36
　　　(11): 63-70.

[42]　李雪. 基于 PVA/KOH 凝胶电解质的全固态超级电容特性分析及 KI 添加剂对其影响研究 [D]. 北
　　　京: 华北电力大学, 2019.

[43]　王海飞. 电动汽车电池组的监测和均衡设计 [D]. 南京: 南京航空航天大学, 2013.

[44]　何明平. 新型导电聚合物复合材料的制备及其电化学性能研究 [D]. 福州: 福州大学, 2013.

[45]　赵禹程. 高性能锰/钴基氧族化合物超级电容器电极材料研究 [D]. 北京: 清华大学, 2018.

[46]　李月. 超级电容储能系统的研究 [D]. 北京: 北京交通大学, 2015.

[47]　齐丽晶, 胥佳颖. 超级电容的发展与应用 [J]. 大学物理实验, 2019, 32 (5): 36-40.

[48]　邓谊柏, 黄家尧, 陈挺, 等. 城市轨道交通超级电容技术 [J]. 都市快轨交通, 2021, 34 (6): 24-31.

[49]　上海市人民政府办公厅. 新型智能超级电容公交车来了! 首批 10 辆今起投运 [EB/OL] (2019-09-27)
　　　[2021-11-24]. https://baijiahao.baidu.com/s?id=1645837792901517984&wfr=spider&for=pc.

[50]　孙谊. 碳基超级电容器单体性能相关理论与应用技术研究 [D]. 北京: 北京交通大学, 2013.

[51]　曹广华, 高佶, 高洁, 等. 超级电容的原理及应用 [J]. 自动化技术与应用, 2016, 35 (5):
　　　131-135.

[52]　王萌, 黄细霞, 孙程. 面向脉冲负载的基于超级电容储能 UPQC 设计及控制策略研究 [J/OL]. 电源学
　　　报, 2022: 1-17. (2022-02-14) [2022-02-22]. http://kns.cnki.net/kcms/detail/12.1420.TM.20220211.
　　　1652.008.html.

[53]　韩翀, 李艳, 余江, 等. 超导电力磁储能系统研究进展 (一)——超导储能装置 [J]. 电力系统自动
　　　化, 2001 (12): 63-68.

[54]　肖谧, 宿玉鹏, 杜伯学. 超级电容器研究进展 [J]. 电子元件与材料, 2019, 38 (9): 1-12.

[55]　余运佳, 惠东. 小型超导储能产品装置 [J]. 低温与超导, 1996 (4): 44-50.

主要符号表

拉丁字母符号	
J	转动惯量 [kg·m^2]
M	质量 [kg]
v	线速度 [m/s]
r	半径 [m]
e	储能密度 [Wh/kg]
E、ΔE	能量 [Wh]

（续）

拉丁字母符号	
K_s	飞轮结构系数
L	电感［H］
I	电流［A］
S	面积［m^2］
希腊字母符号	
ω	旋转角速度［rad/s］
η	能量转化效率
λ	放电深度
n	转速［r/min］
σ	材料抗拉强度［Pa］
ρ	材料密度［kg/m^3］
ε	介电常数［F/m］
δ	电层厚度［m］

第8章 储能电站运行控制

近10年来，由于储能集成技术的快速发展和进步，储能电站规模逐步从兆瓦级向着十兆瓦级、百兆瓦级，甚至吉瓦级跨越式发展。若将大规模的储能电站投入到实际应用中，必须根据具体的应用需求和储能电站的工作状态，采用合适的控制方式保障储能系统稳定工作。

本章将以电池储能系统为例，具体描述储能系统组成方式、运行控制方式等内容。首先，对储能系统集成运行的基本概念、原理及影响因素进行介绍；其次，结合储能电站在电力系统的典型应用场景（包括平抑新能源波动、跟踪计划出力、削峰填谷、辅助自动发电控制（AGC）调频等），对储能电站运行的控制方式进行阐述；最后，介绍了部分国内有代表性的示范工程，以加深对储能电站的整体理解。

8.1 储能电站运行概述

8.1.1 电池储能集成技术

8.1.1.1 电池成组技术

储能电池单体是组成大规模电池储能系统的基本单元。电池成组技术将电池单体通过不同成组方式组合成比电池单体能量等级更高的电池模组，是大容量储能系统的核心技术之一，其结构如图8-1所示。

储能电池模组主要有直接串联、先串后并和先并后串这三种成组方式，如图8-2所示。其中，直接串联的成组方式电路结构简单，便于安装及管理，但需要采用的单体电池容量大、数量多，且单一电池的损坏将直接影响整个系统的正常使用。先串后并的成组方式有利于系统的模块化设计，但需要对每一块单体电池进行监测，且不利于电池组的整体均衡管理，在大规模储能系统应用中会增大电池管理成本。先并后串的成组方式可以保证电池在工作时趋于均衡，但会

a) 电池单体

b) 电池模组

图8-1 电池单体及模组

使电池组的失效率增大，且易于在并联电池组内产生环流，导致电池组不一致性增大。

由上可知，储能电池模组的成组方式各有利弊，串联和并联电池的数量需要根据具体的

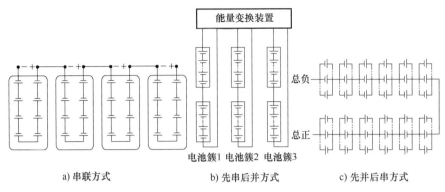

a) 串联方式　　　　　　　b) 先串后并方式　　　　　　　c) 先并后串方式

图 8-2　电池模组成组方式

应用需求进行选择。例如，在对储能电站的运行电压等级要求较高时，需增加串联储能电池的个数；在对储能电站的容量要求较高时，需增加并联储能电池的个数。此外，电池的功率（功率大小主要由电压决定）和容量通常是不可兼顾的，在实际设计中需要在两者之间做出权衡。

目前，电池的大容量成组技术还存在以下三个问题有待解决：

1）电池成组系统复杂程度高，可靠性低。

2）储能系统剩余能量难以准确估计。

3）电池单体的一致性不足，造成大规模电池成组寿命降低。

针对这些问题，一些厂商已经开始了相关的研究，并提出了相应的解决措施。比如，采用均衡电路解决电池成组复杂造成的系统可靠性不足问题；利用等效电路和数据驱动法提高储能系统的能量状态估计精度；设计相应的能量均衡策略减少电池单体的差异。此外，国内储能领域标准化委员会正在积极开展储能系统标准的制定工作，为上述问题提供标准化的解决措施。

8.1.1.2　电池模组集成技术

将各个电池单体成组为电池模组后，还需要进一步将这些电池模组集成为储能电站，如图 8-3 所示。根据实际要求，电池模组通过串并联的方式进行组合后与功率变换系统（PCS）连接，将直流电变换为交流电，再通过升压变压器提高电压等级，经汇流后连接至高压母线上。其中，电池模组间的组合方式与电池单体成组方式类似，此处不再赘述。

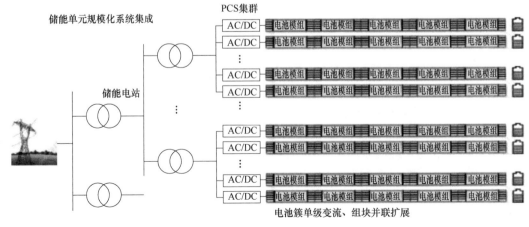

图 8-3　储能电站集成技术

为了便于理解，以下将结合图 8-4 所示的某储能电站对储能电池模组的集成方式为例进行介绍。该储能电站的容量为 1MW，由 4 个 250kW 电池单元并联组成。每个电池单元还可以进行三个层级的细分：每个电池单元由 20 个电池包串联而成（即采用 1 并 20 串的连接方式），如图 8-5a 所示；每个电池包由 2 个电池模组串联而成；每个电池模组由 12 个电池单体通过 2 并 6 串的方式构成，如图 8-5b 所示。这些电池单体在电路上实现耦合连接，并通过电池管理系统（BMS）和监控系统进行监测和控制。

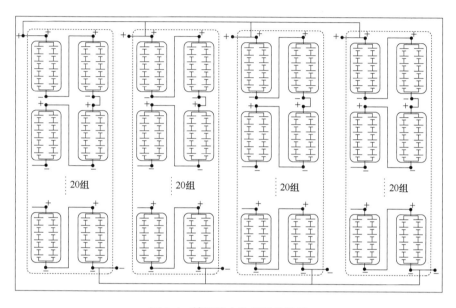

图 8-4　某储能电站拓扑结构图

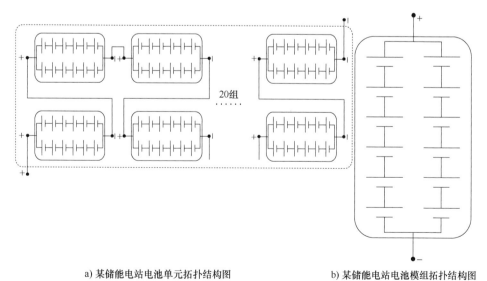

a) 某储能电站电池单元拓扑结构图　　　　　b) 某储能电站电池模组拓扑结构图

图 8-5　某储能电站的电池集成示意图

例 8-1　对于某一储能电站，规划功率为 250kW，电压等级为 768V。采用额定电压为 3.2V、额定电流为 65A、额定容量为 130Ah 的单体电池进行集成。考虑到经济、环境、安全等因素，先将 8 个单体电池组合为电池模组，试计算电池模组和储能电站的电流、电压、功率并推导它们之间的连接方式。

解：

对于每个电池模组：

由题意得，每 8 个电池单体串联后构成一个电池模组，则电池模组的额定电压为 3.2V×8=25.6V；电池模组的额定功率为 25.6V×65A÷1000≈1.66kW；电池模组的额定容量为 3.2V×130Ah×8÷1000≈3.33kWh。

对于集成后的储能系统：

由 250kW÷1.66kW≈150，可知该储能系统由 150 个电池模组组成；由 768V÷25.6V=30，可知有 30 个电池模组是串联关系；又由于一共有 150 个电池模组，故由 150÷30=5可知，该储能电站由 5 个电池单元并联组成。

例 8-2　对于某储能电站，其放电深度（DOD）为 90%，衰减率为 10%，充放电效率为 93%。（1）若其实际输出功率、能量为 10MW/20MWh，试计算其设计容量。（2）若一个电池单元的额定容量为 358.4kWh，额定电压为 640V；一个电池模组的额定电压为 64V，额定容量为 17.92kWh，试计算所需电池单元的数量（保留整数），并设计电池单元中模组的排列方式。

解：

（1）需要配置储能的容量为 20kWh÷0.93÷0.9÷(1-0.1)×10³≈26550kWh。

（2）需要电池单元的数量为 26550kWh÷358.4kWh≈74；电池模组的数量为 358.4kWh÷17.92kWh=20，即每个电池单元由 20 个模组构成。又因为每个电池单元的额定电压为 640V，每个电池模组的额定电压为 64V，640V÷64V=10，易知每个电池单元中的模组采用 2 并 10 串的方式（即 10 个 64V 电池模组串联，两组 10 个串联的电池模组并联）。

8.1.2　大规模储能系统运行的影响因素

1）电池本体技术成熟度。由第 4 章可知，电化学储能类型主要包括铅酸电池、锂离子电池、液流电池和钠硫电池。这些电池本体的技术成熟度存在一定的差别，会对集成后的储能系统运行情况产生影响。例如，液流电池本体的能量密度相对较低，导致集成以后形成的储能电站的能量密度也会偏低，这限制了液流电池在大型发电厂、特高压交流输电、轨道交通等高能量密度场景的应用。

2）控制方式。将大规模的储能电站投入到实际应用中，需要采用相应的储能系统控制方式满足其应用要求。比如，为了平抑新能源出力波动，可以采用微分控制方法对储能系统的出力情况进行控制；为了实现储能的削峰填谷功能，可以采用恒功率充放电控制、功率差充放电控制等方式对储能系统的充放电情况进行控制。

3）安全风险。由于近年来储能电池运行事故频发，储能的安全问题已成为大规模储能系统运行的重要制约。在运行过程中，电池选型、设计不合理将导致电池过热，过度充电可能引发电池短路并导致发热失控；电池连接松动、系统内部温度管理不当也会引发热滥用，严重时可能会出现爆炸、火灾事故并造成人员伤亡。

4）经济效益。在市场环境下，储能电站运行的重要目标就是获取经济效益。从这个角度而言，经济效益也会对储能电站的运行情况产生重要影响，这个问题主要在第 9 章进行探讨。

8.2　储能电站运行控制方式

储能电站的运行控制方式与其应用场景密切相关。在新型电力系统的建设过程中，储能电站主要起到平抑新能源出力波动、跟踪新能源计划出力、为电网提供 AGC 调频服务、削峰填谷等作用。因此，以下主要结合这几个应用场景对储能电站的运行控制方式进行介绍。

8.2.1　典型应用场景下储能电站的运行控制方式

8.2.1.1　平抑新能源出力波动

风电场、光伏电站等新能源发电站的出力具有较大的波动性，其并网发电后会引发电网失稳，供电不平衡等一系列问题。为了平抑新能源出力的波动，可以在电网侧配置一定容量的储能系统，通过储能系统的充放电调节，减小新能源的出力波动影响。在实际应用过程中，可分为以下三种情况进行控制：

1）当新能源实际出力大于预测出力且偏差超过电网可接受的限值时，由储能系统吸收多余的功率。

2）当新能源实际出力小于预测出力且偏差超过电网可接受的限值时，由储能系统补充功率不足部分。

3）当新能源实际功率偏差处于电网可接受的范围时，储能系统处于备用状态。

具体地，可利用下述公式进行描述：

$$P_t(i) = P_{bess}(i) + P_{new}(i) \tag{8-1}$$

$$\Delta P_{lm}(i) = P_{new}(i) - P_t(i-1) \tag{8-2}$$

$$P_{lm}^{bess}(i) = \begin{cases} Fl_{lm} - \Delta P_{lm}(i), & \Delta P_{lm}(i) > Fl_{lm} \\ -Fl_{lm} - \Delta P_{lm}(i), & \Delta P_{lm}(i) < -Fl_{lm} \\ 0, & -Fl_{lm} \leq \Delta P_{lm}(i) \leq Fl_{lm} \end{cases} \tag{8-3}$$

式中，$i = 2, 3, 4, \cdots, 1440$ 表示分钟数；P_t 为新能源与储能联合出力；P_{bess} 为储能出力；P_{new} 为新能源出力；ΔP_{lm} 为新能源出力和联合出力的差，表征 1min 的波动；Fl_{lm} 为允许 1min 功率波动的最大值；P_{lm}^{bess} 为平抑 1min 波动所需储能的出力。

8.2.1.2　跟踪计划出力

在电力系统的运行调度过程中，电力调度中心需要为各个发电厂制定日发电计划。新能源场站的出力具有随机间歇性，需要加配储能电站，并通过跟踪控制补偿新能源场站实际功率与发电计划的差值，以满足运行调度要求，具体的控制原理如图 8-6 所示。

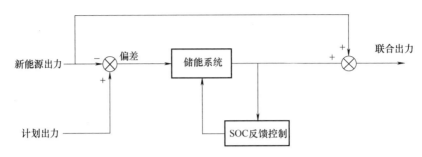

图 8-6　跟踪计划出力控制原理图

可以根据国家电网公司企业标准 Q/GDW 1995—2013 和 Q/GDW 588—2011 计算新能源出力与计划出力之间的偏差。具体地，采用合格率 QR 和均方根误差 RMSE 描述新能源出力与计划出力的偏差，即

$$QR = \frac{1}{n} \sum_{i=1}^{n} B_i \times 100\% \tag{8-4}$$

$$B_i = \begin{cases} 1, & \left| \dfrac{P_{out}(i) - P_{sche}(i)}{CAP} \right| < 25\% \\[4mm] 0, & \left| \dfrac{P_{out}(i) - P_{sche}(i)}{CAP} \right| \geqslant 25\% \end{cases} \tag{8-5}$$

$$RMSE = \sqrt{\frac{1}{n} \sum_{i=1}^{n} \left(\frac{P_{out}(i) - P_{sche}(i)}{CAP} \right)^2} \tag{8-6}$$

式中，P_{sche} 为计划出力；P_{out} 为实际出力；CAP 为新能源电站装机容量。

若新能源出力与计划出力之间的偏差小于某一设定值（如式（8-5）定义的 25%），则可认为该新能源出力是合格的，否则需要通过储能系统对其进行补偿，以满足跟踪计划出力的要求，如图 8-7 所示。

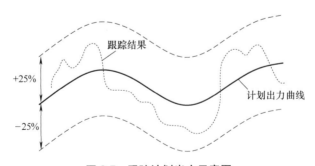

图 8-7　跟踪计划出力示意图

考虑到储能在补偿新能源出力的过程中需要双向调节，其 SOC（荷电状态）宜保持在 50% 左右，以同时应对双向调节的需求。

在 SOC 较高时，应使新能源和储能的联合出力在计划出力曲线的偏差范围内尽量对储能进行放电；反之，在 SOC 较低时，应使新能源和储能的联合出力在计划出力曲线的偏差范围内尽量对储能进行充电。综合新能源出力偏差及储能的 SOC 情况如下式所示：

$$P'_{sche} = P_{sche}(i) + \left[\frac{SOC(i-1) - SOC_{min}}{0.5(SOC_{max} - SOC_{min})} - 1\right] \cdot \lambda \Delta P + \frac{dSOC(i-1)}{dSOC_{max}} \cdot \gamma \Delta P \tag{8-7}$$

式中，$SOC(i-1)$ 为 $i-1$ 时刻的 SOC 值；$dSOC(i-1)$ 为 $i-1$ 时刻 SOC 的变化率；ΔP 为实际出力和计划出力之间允许的最大偏差；λ 和 γ 为 $SOC(i-1)$ 和 $dSOC(i-1)$ 对跟踪目标值的影响系数，且 $\gamma + \lambda = 1$；P'_{sche} 为考虑 SOC 状态之后的跟踪目标值。

确定 $P'_{sche}(i)$ 之后即可得到储能电站的出力为

$$P_{bess}(i) = P'_{sche}(i) - P_{new}(i) \tag{8-8}$$

8.2.1.3　削峰填谷

削峰填谷是储能在电力系统的一个重要应用场景；在电力负荷处于低谷期时，电网向储能系统充电；在电力负荷处于高峰期时，储能系统向电网放电。为了实现储能在削峰填谷中的充放电功能，一般采用恒功率充放电和功率差充放电两种控制方式。

1. 恒功率充放电控制方式

在恒功率充放电控制方式下，储能电站先根据历史负荷曲线制定出相应的充放电规则，无论实际负荷如何变化，均按照该规则以恒定功率的方式进行充放电。

以下结合图 8-8 对恒功率充放电控制方式的基本步骤进行说明。

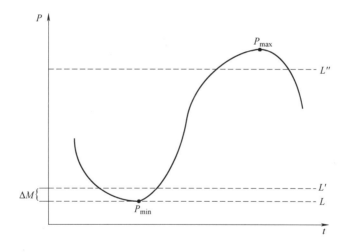

图 8-8　恒功率充放电控制策略下的削峰填谷原理

1）由储能电站容量 E 和恒定充放电功率 P 计算出最大的充放电时间为

$$T = E/P \tag{8-9}$$

2）根据所预测的日负荷曲线确定负荷低谷点，并在该点处做出水平线 L。从负荷低谷点出发，以一个较小的步长 ΔM 将水平线 L 向上移动，此时水平线 L 会与预测曲线交于两点，实时测量两点之间的距离。将测出的两点距离与充放电时间 T 相比：若相等，则说明该区域为储能电站较为合理的充电区域；若不等，则将 L 继续以步长 ΔM 向上移动，直至两者距离相等，由此确定出储能电站的充电时间段。

3）以与步骤2）类似的方式确定储能电站的放电时间段。需注意，若电网负荷曲线存在多个负荷高峰期或低谷期，水平线会与负荷曲线相交于多个点，并形成多个充放电时间段，此时需要判断这几个时间段之和是否等于充放电时间 T。

2. 功率差充放电控制方式

以下结合图 8-9 对功率差充放电控制的原理进行说明。

首先制定储能放电的基准线 P_1 和充电的基准线 P_2。当实际负荷大于 P_1 时，储能按实际负荷与 P_1 的差值进行放电，以起到削峰的效果（比如，对于实际负荷 1，其超过 P_1，则储能按 ΔP_{BESS-1} 放电）。类似地，实际负荷小于 P_2 时，储能按 P_2 与实际负荷的差值进行充电，以起到填谷的作用（比如，对于实际负荷 4，其小于 P_2，则储能按 ΔP_{BESS-4} 充电）。当实际负荷处于 P_1 和 P_2 之间，则储能不动作。通过这种方式，可能将负荷的峰谷限制在 P_1 和 P_2 之间。

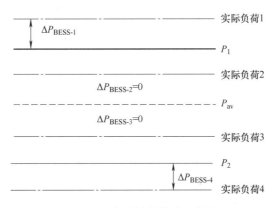

图 8-9　功率差控制策略示意图

从图 8-9 可见，P_1 越小，P_2 越大，则削峰填谷的效果越好。但是 P_1 过小、P_2 过大则可能导致储能的容量越限。为此，可按照下列公式确定 P_1 和 P_2 的值：

$$\sum_{t=t_{j-1}}^{t_j} (P_2 - P_c)\Delta t = E_c < E \tag{8-10}$$

$$\sum_{t=t_{k-1}}^{t_k} (P_d - P_1)\Delta t = E_d < E \tag{8-11}$$

$$E_c - E_d < \varepsilon \tag{8-12}$$

式中，E_c、E_d 分别为储能电站在负荷低谷和高峰时段的持续充、放电能量；E 为储能电站的最大能量容量；ε 为储能电站的充放电平衡系数，其值无限接近 0；Δt 代表单位时间；P_d、P_c 分别为高峰、低谷时间段内的负荷功率，即 $P_d \in [P_1, P_{max}]$，$P_c \in [P_{min}, P_2]$；P_{max}、P_{min} 分别为负荷的峰、谷值。

8.2.1.4　调频控制

传统的调频任务主要由水电、火电等机组承担，但是这些机组的响应速度通常为分钟级，难以快速响应 AGC 曲线。相对而言，电化学、飞轮等储能系统的响应速度为毫秒级，可以弥补火电机组响应速度的不足。因此，传统发电机组与储能联合调频成为一种较为理想的方式，这可以通过下式进行描述：

$$P_{\mathrm{L}} = P_{\mathrm{G}} + P_{\mathrm{battery}} \tag{8-13}$$

式中，P_{L} 是联合调频的输出总功率；P_{G} 是火电机组的输出功率；P_{battery} 是电池储能系统的输出功率。

以下结合图 8-10 和图 8-11 对储能辅助传统机组参与系统一次调频、二次调频的原理进行详细说明。

传统机组参与电网一次调频的特性曲线如图 8-10a 所示，初始运行点 O 为发电机频率特性曲线与负荷频率特性曲线的交点。若发电机在 O 点运行时负荷突增 ΔP_{L0}，则发电机及负荷频率调节特性共同作用使系统到达新运行点 O''，此时系统频率由 f 下降到 f''。在一次调频过程中，传统机组和负荷的功率调节作用可描述为

$$\Delta P_{\mathrm{L0}} = -(K_{\mathrm{G}} + K_{\mathrm{L}})(f_0'' - f_0) \tag{8-14}$$

式中，K_{G} 为同步发电机的单位调节功率；K_{L} 为负荷的单位调节功率。

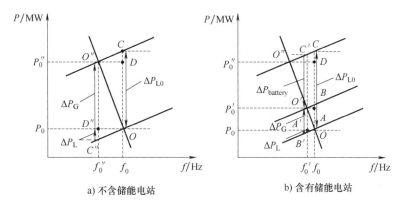

a) 不含储能电站　　　　b) 含有储能电站

图 8-10　一次调频原理

储能电站辅助传统机组参与电网一次调频的过程如图 8-10b 所示，$C'O'$ 为储能电站调频出力，$A'O'$ 为传统机组调频出力，$B'A'$ 为负荷的自身调节功率。储能电站、传统机组以及综合负荷的共同作用使得系统达到新的稳定运行点，系统频率由 f_0 下降到 f_0'。储能电站、传统机组以及综合负荷的功率调节效应可通过下列公式进行描述：

$$\Delta P_{\mathrm{L0}} = -(K_{\mathrm{battery}} + K_{\mathrm{G}} + K_{\mathrm{L}})(f_0' - f_0) \tag{8-15}$$

$$K_{\mathrm{battery}} = -\frac{\Delta P_{\mathrm{battery}}}{\Delta f} \tag{8-16}$$

$$\Delta P_{\mathrm{battery}} = -(K_{\mathrm{m}} \cdot \Delta f + D \cdot \Delta \omega) \tag{8-17}$$

式中，Δf 为系统频率测量值与参考值的偏差；$\Delta \omega$ 为转速变化量；D 为阻尼系数；$\Delta P_{\mathrm{battery}}$ 为储能系统调频出力；K_{battery} 为单位调节功率，由储能电站的正向静态频率特性、系统的频率偏差量与储能电站的调差系数共同决定。

储能电站辅助传统机组参与电网二次调频过程中如图 8-11b 所示。从中可以看出，储能电站在电网二次调频中起的作用与传统发电机类似，即通过人为调节储能出力的方式将系统恢复至初始运行状态，实现对频率的无差调节。主要不同之处在于，储能的调节速度更快，调节功率更加平滑，这有利提高二次调频的速度和精度。

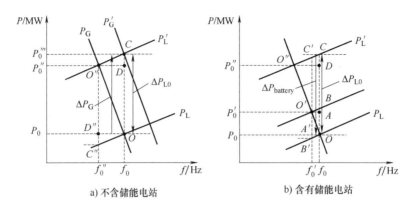

a) 不含储能电站   b) 含有储能电站

图 8-11 二次调频原理

8.2.2 多储能单元的功率分配策略

在不同的典型应用场景中，为提高储能电站的利用效率，需要在储能电站内部多个储能单元之间进行合理的功率分配。以下将对储能单元的功率分配策略进行介绍。

在对储能电站内部的各个储能单元进行功率分配时，需要考虑每个储能单元的电池 SOC、待充放电功率等因素的影响。根据这些因素的不同，主要可以分为以下几种情况：

（1）各储能单元的 SOC 相等和额定功率相同

在各储能单元的 SOC 相等和额定功率相同的情况下，可以采用均分法对每个储能单元的充放电功率进行分配，如下式所示：

$$P_{E_k} = \frac{P_T}{n}, \quad k = 1, 2, \cdots, n \tag{8-18}$$

式中，P_{E_k} 为第 k 个储能单元的充放电功率；P_T 为储能电站的充放电功率；n 为储能单元的个数。

（2）各储能单元的 SOC 相等，额定功率不同

在各储能单元的额定功率不同时，可以采用比例法对每个储能单元的充放电功率进行分配，如下式所示：

$$P_{E_k} = \frac{P_{N_k}}{P_{N_1} + P_{N_2} + \cdots + P_{N_n}} P_T, \quad k = 1, 2, \cdots, n \tag{8-19}$$

式中，P_{E_k} 为第 k 个储能系统分配的功率；P_{N_k} 为第 k 个储能单元的额定功率。

（3）各储能单元的 SOC 不同

在各储能单元的 SOC 不同时，应以 SOC 为约束条件进行功率分配。一般可以将每个储能单元的 SOC 划分为五个区间，再根据它们的充放电特性曲线及 SOC 值，确定每个区间内的充放电功率。将储能单元 SOC 的上、下限值分别记为 SOC_{max}、SOC_{min}，储能单元 SOC 的高、低限值分别记为 SOC_{high}、SOC_{low}，有

1）SOC 越上限区：$SOC \geq SOC_{max}$ 时，限制该储能单元充电，允许其正常放电。

2）SOC 高限值区：$SOC_{high} \leq SOC < SOC_{max}$ 时，储能单元应以少充多放为原则进行运行，尽量减缓 SOC 的增加。

3）SOC 正常工作区：$SOC_{low} \leqslant SOC < SOC_{high}$ 时，储能单元可正常充放电。

4）SOC 低限值区：$SOC_{min} \leqslant SOC < SOC_{low}$ 时，储能单元应以少放多充为原则进行运行，尽量减缓 SOC 的下降。

5）SOC 越下限区：$SOC < SOC_{min}$ 时，限制储能单元放电，允许其正常充电。

在上述原则下，可进一步按照下列公式确定每个储能单元的具体充放电功率：

$$P_{C_{kj}} = \alpha P_{N_k} \tag{8-20}$$

$$P_{D_{ki}} = \beta P_{N_k} \tag{8-21}$$

$$\sum_{k=1}^{n} P_{C_{ki}} = P_{TC_i} \tag{8-22}$$

$$\sum_{k=1}^{n} P_{D_{ki}} = P_{TD_i} \tag{8-23}$$

$$\sum P_{C_{ki}} T_C = \sum P_{D_{ki}} T_D \leqslant S_{N_k} \tag{8-24}$$

式中，S_{N_k} 为第 k 个储能单元的额定容量；$P_{C_{ki}}$ 为第 k 个储能单元在第 i 时刻的充电功率；$P_{D_{ki}}$ 为第 k 个储能单元在第 i 时刻的放电功率；P_{TC_i} 为储能电站在第 i 时刻的总充电功率；P_{TD_i} 为储能电站在第 i 时刻的总放电功率；T_C 为第 k 个储能单元的充电时间；T_D 为第 k 个储能单元的放电时间；α 为储能单元的充电调节系数；β 为储能单元的放电调节系数。

8.3　储能电站运行示范工程

8.3.1　张北风光储输示范工程

张北风光储输示范工程是财政部、科技部、国家能源局和国家电网公司联合推出的"金太阳示范工程"的首个重点项目，是迄今为止世界上规模最大的集风力发电、光伏发电、储能系统、智能输电于一体的新能源示范电站之一。项目规划建设 500MW 风电场、100MW 光伏发电站和相应容量的储能电站。一期建设 100MW 风电场、40MW 光伏发电站和 20MW 储能系统，配套建设一座 220kV 智能变电站。工程总架构如图 8-12 所示。其中，风电机组、光伏阵列和储能系统分别经过升压变压器接到 35kV 母线，再经过 220kV 智能变电站接入电网。

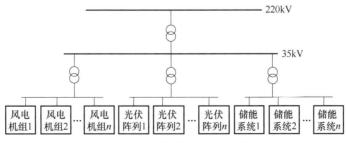

图 8-12　风光储总架构示意图

8.3.1.1　储能系统概况

张北风光储输示范工程一期规划储能装机容量为 20MW/95MWh，包括磷酸铁锂电池储能 14MW/63MWh、液流电池储能 2MW/8MWh 和一定容量的钠硫电池储能等，是目前世界上较具代表性的大规模多类型化学储能电站之一。其中，14MW 磷酸铁锂电池储能包括 274568 万节电池单体，分为 9 个储能单元安装于占地 8869m² 的 3 座厂房内。

按照磷酸铁锂电池类型的应用场景划分，这 9 个储能单元又可分为能量型和功率型两种类型。其中，能量型磷酸铁锂电池共有 5 个单元，每个单元的额定功率为 2MW，最大充放电功率为 3MW，总存储电量已达到 52MWh。为了在全站失电时提供紧急后备电源，将其中的 4MW×4h 的能量型磷酸铁锂电池设计为孤岛运行模式，在全站失电情况下可带动其他风、光、储发电单元启动供电。

功率型磷酸铁锂电池共有 4 个单元，每个单元额定功率为 1MW，最大充放电功率为 2MW，总存储电量为 11MWh。功率型储能的充放电容量相对较小，但电池功率大，适用于瞬间大功率输入、输出等场景。

8.3.1.2 储能系统的接线方式

储能系统的一次部分由储能电池、PCS 及变压器组成，接入方案如图 8-13 所示。磷酸铁锂电池储能、液流电池储能和钠硫电池储能分别经过各自的 PCS 完成 DC/AC 变换，然后升压至 35kV 实现多种储能的汇集，最后由 220kV 大河变电站接入电网。

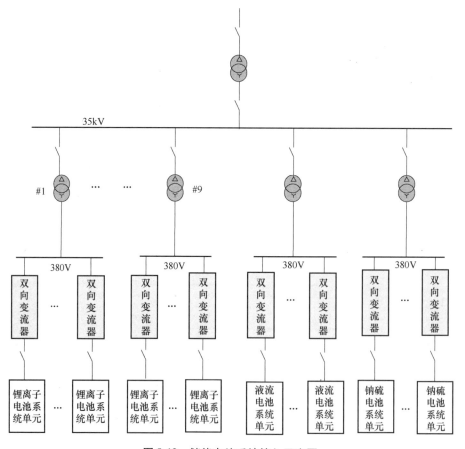

图 8-13 储能电站系统接入示意图

8.3.1.3 储能系统的集成方式

（1）磷酸铁锂电池储能的集成方式

以 2MW 的储能单元为例，对磷酸铁锂电池储能的集成方式进行说明，其拓扑如图 8-14 所示。该储能单元含有 14 个电池包，它们通过 2 并 7 串的方式集成后连接至直流汇流柜中，再通过 500kW 变流器接入变电站。

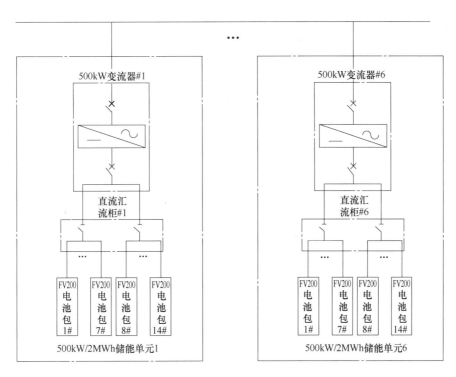

图 8-14　2MW 储能单元的拓扑

（2）液流电池储能的集成方式

液流电池储能系统的容量为 2MW，包含 10 个全钒液流电池单元，每个单元的功率为 200kW。每个单元通过 1 台 PCS 将直流变为交流，再采用 10 并 1 串的方式集成至 2MW，最后升压接入电网。

（3）钠硫电池储能的集成方式

钠硫电池储能系统的容量为 4MW，共包含 4 个钠硫电池单元。每个钠硫电池单元包括 20 个 50kW 的电池包，它们通过 2 并 10 串的方式集成至 1MW。与液流电池储能系统类似，每个单元通过 PCS 将直流变换为交流，再升压接入电网。

8.3.1.4 储能系统的控制方式

张北风光储输示范工程根据风电、光伏和储能系统的运行情况，设计了 6 种控制模式，具体如下：

模式 1：风电系统单独出力

在夜晚或云层遮挡时，光伏系统无出力。若此时风力发电出力可满足负荷需求且符合并网标准，为降低储能电站的寿命折损，储能电站不动作，由风电系统单独发电。

模式2：光伏系统单独出力

当风速处于风电机组正常运行风速范围之外时，风电机组处于停机状态。若此时光伏系统出力满足负荷需求且符合并网标准，与风电系统单独出力模式类似，为延长储能电站的使用寿命，储能电站不动作，由光伏系统单独发电。

模式3：风电、光伏系统联合出力

当风电和光伏系统都可出力，且单独出力不能满足负荷需求或并网标准时，可令风电和光伏系统联合出力。同样，若风电、光伏系统联合出力已满足负荷需求和并网标准，储能电站不需要动作。

模式4：风电、储能系统联合出力

模式4是模式1的补充。在该种模式下，光伏系统因处于夜晚或云层遮挡等情况而处于停机状态，而风电机组又不能单独满足负荷需求或并网标准，则需要储能电站进行充放电调节。

模式5：光伏、储能系统联合出力

模式5是模式2的补充。在风电系统无出力而光伏系统单独出力不能满足负荷需求或并网标准时，需要储能电站进行充放电调节。

模式6：风电、光伏、储能系统联合出力

模式6是模式3的补充。当风电和光伏系统皆可出力，但两者联合出力不能满足负荷需求或并网标准时，需要储能系统进行充放电调节。

8.3.2 辽宁卧牛石全钒液流电池储能示范工程

辽宁卧牛石全钒液流电池储能示范工程是辽宁卧牛石风电场的配套储能电站。卧牛石风电场的装机容量为50MW，按10%的比例配备了5MW的储能，共由5组1MW全钒液流储能单元组成，最大充放电时长为2h。储能电站的一次接线方案如图8-15所示。

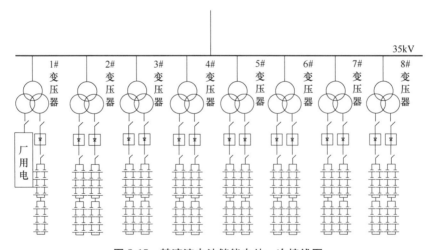

图8-15　某液流电池储能电站一次接线图

8.3.2.1 储能电站集成方式

该储能电站由1个352kW×2h和7个704kW×2h全钒液流电池单元组合而成，1个

352kW×2h 全钒液流电池单元又由 16 个全钒液流电池包通过 2 并 8 串的方式组成，如图 8-16 所示。每个全钒液流电池由 1 个正极电解液储罐、1 个负极电解液储罐和 8 个电池模组组合而成（8 个电池模组采用 4 串 2 并的成组方式）。

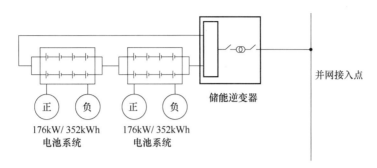

并网接入点

储能逆变器

176kW/ 352kWh
电池系统

176kW/ 352kWh
电池系统

图 8-16　某液流电池储能电站的电池成组示意图

8. 3. 2. 2　储能系统控制方式

辽宁卧牛石全钒液流电池储能示范工程提出了 4 种控制方案，对应于实现削峰填谷、跟踪计划出力、平滑风电功率输出、辅助调频 4 种场景，以下将进行介绍。

在削峰填谷的控制模式下，上层调度系统根据系统的负荷峰谷变化向储能电站下发功率调节指令。储能电站接到指令后，通过分配控制器将其下发至各电池单元中，这些电池单元再根据自身的剩余容量进行反馈控制，实现充放电操作，以达到削峰填谷的效果，如图 8-17 所示。

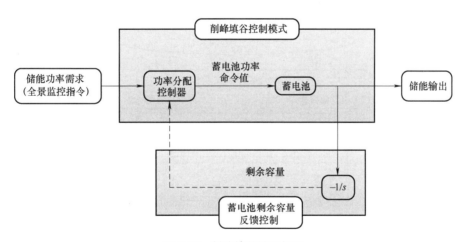

图 8-17　削峰填谷控制框图

辽宁卧牛石储能电站的跟踪计划出力、平滑风电功率输出和调频控制模式与削峰填谷模式类似。储能电站均将调度系统下发的指令传输至功率分配控制器中，再由功率分配控制器不断更新各储能电池单元的充放电功率，以满足调节需求。主要不同体现在输入指令环节。比如，在跟踪计划出力模式下，储能电站的输入指令为上层调度系统发电计划和风电实际输出的功率；在平滑风电功率输出模式下，储能电站的输入指令为风电实际输出功率；在调频控制模式下，储能电站的输入指令为系统的调频功率需求。

8.3.3 江苏镇江东部储能示范工程

江苏镇江东部储能示范工程是我国首个并网运行的百兆瓦级电池储能电站。该储能电站采用分布式配置的方式，在镇江东部的丹阳、扬中以及镇江新区的 8 个地点选址建设，单站容量范围在 5MW/10MWh 至 24MW/48MWh 之间，总容量为 101MW/202MWh。示范工程采用集中控制的方式，将 8 个储能电站整合起来，并接入江苏电网进行统一调控，为镇江电网提供调峰、调频、紧急备用等多种辅助服务。

8.3.3.1 储能系统运行方式

江苏镇江东部储能示范工程的运行控制架构如图 8-18 所示。按功能将储能分为 AGC 和调度计划两个功能模块，分别位于调度主站的 I 区和 II 区。调度主站 I 区的储能 AGC 功能模块首先收集接入 AGC 系统的储能点的可调功率及 SOC，然后实时计算这些储能点的调节功率，并将其返回至相应的储能点。调度主站 II 区的调度计划功能模块结合日负荷预测数据计算出未来 24h 的储能计划调度曲线，并下发至各储能点。此外，储能电站还安装了监控系统，以实时监测电池管理系统（BMS）和 PCS 的运行模式（并网、离网、并网转离网、离网转并网）、运行状态（正常运行、停机、通信中断）和重要参数（有功功率、无功功率、日充放电量、SOC 等），以提高控制效果。

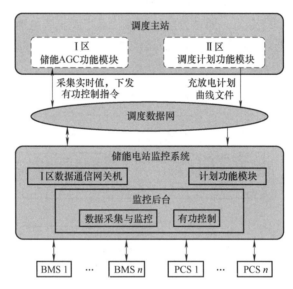

图 8-18 储能电站 AGC 功能控制架构

8.3.3.2 系统测试方式

为了确保调频效果，需要对储能电站的调节精度、响应时间以及调节时间等指标进行测试，具体步骤如下：

步骤 1：设储能系统的初始有功功率为 0，额定功率为 P_N，逐级调节有功功率的设定值至 $-0.25P_N$、$0.25P_N$、$-0.5P_N$、$0.5P_N$、$-0.75P_N$、$0.75P_N$、$-P_N$ 和 P_N，测量储能系统并网点时序功率（每个功率点测试时长为 30s）。

步骤 2：逐级调节有功功率的设定值至 $-P_N$、$0.75P_N$、$-0.75P_N$、$0.5P_N$、$-0.5P_N$、

$0.25P_N$、$-0.25P_N$ 和 0，测量储能系统并网点时序功率（每个功率点测试时长为 $30s$）。

步骤 3：根据每次有功功率变化后的第 2 个 15s，计算出这 15s 内的有功功率平均值。

步骤 4：计算步骤 1、2 各点的有功功率调节精度、响应时间和调节时间，其中有功功率调节精度按下式计算：

$$\Delta P\% = \frac{P_{set} - P_{meas}}{P_{set}} \times 100\% \qquad (8\text{-}25)$$

式中，P_{set} 为设定的有功功率值；P_{meas} 为每次有功功率变化后第 2 个 15s 内的功率平均值；$\Delta P\%$ 为有功功率调节精度。

在江苏镇江东部储能示范工程的某次实际测试过程中，储能电站跟踪 AGC 指令的曲线如图 8-19 所示。测试结果显示，储能系统的平均调节精度为 -1.03%；储能系统响应时间（调度主站发出指令到储能电站跟随指令至 10% 的时间）最长耗时 2.71s，最短耗时 0.59s，平均为 1.49s；调节时间（储能电站跟随指令由 10% 至 90% 的时间）最长耗时 2.76s，最短耗时 0.65s，平均为 1.622s。此结果表明，储能电站响应快速精准，其性能优于传统的调节电源。

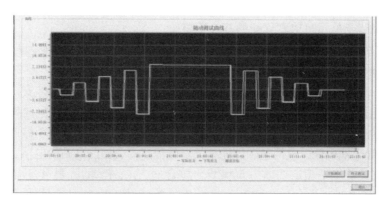

图 8-19 储能电站 AGC 控制测试曲线

8.4 总结与展望

本章主要介绍了储能电站的运行控制技术，包括储能电池成组技术、电池模组集成技术、典型应用场景下储能电站的控制方式、多储能单元间的功率分配方式和储能电站示范工程的应用案例。

首先，本章阐述了储能电池成组及电池模组集成技术的基本概念和原理。储能系统主要分为电池单体、电池模组、储能单元和储能电站 4 个等级（为便于应用，有时会在电池模组和储能单元之间再划分一个等级，称为电池包）。储能电池单体是储能电池的基本单元，电池单体通过成组技术构成电池模组，电池模组通过集成技术构成储能单元，储能单元又可进一步集成为储能电站。储能系统集成后可应用于对储能规模要求更高的场景。影响储能集成效果的因素包括电池本体技术成熟度、控制方式、安全风险、经济效益等。

其次，本章着重分析了平抑新能源出力波动、跟踪计划出力、削峰填谷和调频控制 4 种典型应用场景下的储能电站运行控制方式。在平抑新能源出力波动场景，主要根据新能源场站的实际功率与预测功率的偏差情况对储能系统的功率进行控制；在跟踪计划出力场景，主要通过储能电站补偿新能源场站实际功率与发电计划的差值；在削峰填谷场景，可以采用恒功率充放电和功率差充放电两种控制方式对储能系统在负荷高峰和低谷时的充放电状态进行控制；在调频控制场景，主要利用储能的快速响应特性，弥补火电机组难以快速响应 AGC 曲线的问题。为提高储能电站的利用效率，需要在储能电站内部多个储能单元之间进行合理的功率分配，并考虑每个储能单元的电池 SOC 和待充放电功率等因素的影响。

最后，本章介绍了 3 个国内较具代表性的储能电站集成运行示范工程，包括其储能系统的集成方式、运行控制方式和系统测试方式等，以加深读者对储能电站的系统认知。

8-1 简述电池成组、集成技术的基本概念。

8-2 简述储能平抑新能源出力波动、跟踪计划出力、削峰填谷和调频控制的基本原理。

8-3 列举多储能单元间功率分配的基本策略。

8-4 一台 120kVA 不间断电源共有 32 节 12V、238Ah 串联的蓄电池，若将其以 20% 的负载率放电 30min，试问不间断电源剩余容量占比。

8-5 假设某地区建设 26MW/52MWh 储能电站，考虑到经济、环境、安全等因素，采用电压为 3.2V、标称容量为 344Ah 的单体电池进行集成。已知 12 个单体电池串联组成电池模块，20 个电池模块串联组成电池包，4 个电池包并联组成储能单元，52 个储能单元并联构成储能电站。试推导电池模块、电池包、储能单元、电池室内、储能电站的电压、容量情况。

8-6 假设某储能电站额定功率为 500kW，包含 v_1、v_2、v_3 和 v_4 共 4 个储能单元。储能电站在某时段收到的调度指令为 200kW。试分别计算两种不同情况下储能单元分配的功率值：(1) 各储能单元的 SOC、额定功率均相同；(2) 各储能单元的 SOC 相同，额定功率不同，且已知 v_1 和 v_2 的额定功率分别为 75kW 和 175kW，v_4 分配的功率指令值为 20kW。

参 考 文 献

[1] 余勇，年珩. 电池储能系统集成技术与应用 [M]. 北京：机械工业出版社，2021.

[2] 李建林，房凯，黄际元，等. 电池储能系统调频技术 [M]. 北京：机械工业出版社，2018.

[3] 李建林，李蓓，惠东. 智能电网中的风光储关键技术 [M]. 北京：机械工业出版社，2013.

[4] 曹华锋. 微电网混合储能及多储能系统并列运行控制策略的研究 [D]. 沈阳：沈阳工程学院，2017.

[5] 薛宇石. 电池储能电站能量管理及协调控制策略研究 [D]. 北京：华北电力大学，2018.

[6] 魏洁茹. 微电网多元复合储能建模与协调控制策略研究 [D]. 南京：东南大学，2015.

[7] 毛琼一. 三相 UPS 逆变器数字控制及并联研究 [D]. 哈尔滨：哈尔滨理工大学，2017.

[8] 方八零. 混合可再生能源系统的多能互补及集成优化 [D]. 长沙：湖南大学，2017.

[9] 李相俊，王上行，惠东. 电池储能系统运行控制与应用方法综述及展望 [J]. 电网技术，2017，41 (10)：3315-3325.

[10] 陈世锋，陈北海，孙玉民，等. 新能源侧百兆瓦时级储能电站系统集成技术研究与应用 [J]. 电器与能效管理技术，2020 (10)：47-54.

［11］ 甘江华，吴道阳，陈世锋，等. 电网侧大规模预制舱式电池储能电站集成技术研究与应用［J］. 供用电，2018，35（9）：36-41，52.

［12］ 俞漂方，张孔林，蔡金锭. 基于提高供电能力的储能系统集成技术［J］. 电气开关，2016，54（5）：1-4.

［13］ 李建林，王上行，袁晓冬，等. 江苏电网侧电池储能电站建设运行的启示［J］. 电力系统自动化，2018，42（21）：1-9，103.

［14］ 靳文涛，李建林. 电池储能系统用于风电功率部分"削峰填谷"控制及容量配置［J］. 中国电力，2013，46（8）：16-21.

［15］ 李欣然，黄际元，陈远扬，等. 大规模储能电源参与电网调频研究综述［J］. 电力系统保护与控制，2016，44（7）：145-153.

［16］ 李华，王思民，高杰. 一种基于跟踪计划的风光储联合发电系统储能控制策略研究［J］. 电器与能效管理技术，2019（4）：71-78.

［17］ 白亚平，牛哲荟，赵佩宏，等. 集装箱式储能系统电池成组技术研究［J］. 河南科技，2020，39（29）：36-39.

［18］ 高明杰，惠东，高宗和，等. 国家风光储输示范工程介绍及其典型运行模式分析［J］. 电力系统自动化，2013，37（1）：59-64.

［19］ 李建林，杨水丽，高凯. 大规模储能系统辅助常规机组调频技术分析［J］. 电力建设，2015，36（5）：105-110.

［20］ 陆志刚，王科，刘怡，等. 深圳宝清锂电池储能电站关键技术及系统成套设计方法［J］. 电力系统自动化，2013，37（1）：65-69，127.

［21］ 薛金花，叶季蕾，张宇，等. 储能系统中电池成组技术及应用现状［J］. 电源技术，2013，37（11）：1944-1946.

［22］ 陈湘，朱国平，邹伦森，等. 大容量电池储能电站 PCS 关键技术设计分析［J］. 蓄电池，2019，56（5）：240-246.

［23］ 李建林，靳文涛，徐少华，等. 用户侧分布式储能系统接入方式及控制策略分析［J］. 储能科学与技术，2018，7（1）：80-89.

［24］ 丁明，陈忠，苏建徽，等. 可再生能源发电中的电池储能系统综述［J］. 电力系统自动化，2013，37（1）：19-25，102.

［25］ 叶季蕾. 储能的集中式/分布式应用［J］. 电气应用，2017，36（11）：15-16.

［26］ AMROUCHE S O，REKIOUA D，REKIOUA T，et al. Overview of energy storage in renewable energy systems［J］. International Journal of Hydrogen Energy，2017，41（45）：20914-20927.

［27］ SUN Y S，ZHAO Z X，YANG M，et al. Overview of Energy Storage in Renewable Energy Power Fluctuation Mitigation［J］. CSEE Journal of Power and Energy Systems，2020，6（1）：160-173.

［28］ 宁阳天，李相俊，董德华，等. 储能系统平抑风光发电出力波动的研究方法综述［J］. 供用电，2017，34（4）：2-11.

［29］ 周喜超，孟凡强，李娜，等. 电池储能系统参与电网削峰填谷控制策略［J］. 热力发电，2021，50（4）：44-50.

［30］ 薛宇石. 电池储能电站能量管理及协调控制策略研究［D］. 北京：华北电力大学，2018.

［31］ 舒军. 风光储系统中储能单元的平滑控制方法研究［D］. 成都：电子科技大学，2012.

［32］ 李昀哲. 电力现货市场下储能参与电力系统辅助调频的策略研究［D］. 北京：北京交通大学，2021.

［33］ 孙同. 电池储能电站主动支撑控制策略及其参与电网调频特性分析［D］. 吉林：东北电力大学，2020.

［34］ 李建林，牛萌，王上行，等. 江苏电网侧百兆瓦级电池储能电站运行与控制分析［J］. 电力系统自

动化，2020，44（2）：28-35.

[35] 刘闯，孙同，蔡国伟，等. 基于同步机三阶模型的电池储能电站主动支撑控制及其一次调频贡献力分析 [J]. 中国电机工程学报，2020，40（15）：4854-4866.

主要符号表

P_t	新能源与储能联合出力
P_{lm}	新能源出力和联合出力差值
Fl_{lm}	允许 1min 功率波动的最大值
P_{lm}^{bess}	平抑 1min 波动所需储能出力
P_{sche}	计划出力
P_{out}	实际出力
CAP	新能源电站装机容量
$SOC(i-1)$	$i-1$ 时刻的 SOC 值
$dSOC(i-1)$	$i-1$ 时刻 SOC 的变化率
ΔP	实际出力和计划出力之间允许的最大偏差
λ	$SOC(i-1)$ 对跟踪目标值的影响程度
γ	$dSOC(i-1)$ 对跟踪目标值的影响程度
P'_{sche}	考虑 SOC 之后的跟踪目标值
P_{BESS}	储能电站出力
E	储能电站容量
P	恒定充放电功率
T	充放电时间
P_{av}	单日负荷平均功率
P_1	储能电站放电功率起始值
P_2	储能电站充电功率起始值
E_c	储能电站充电能量
E_d	储能电站放电能量
ε	储能装置充放电平衡系数
P_d	负荷高峰时间段内的负荷功率
P_c	负荷低谷时间段内的负荷功率
P_{max}	高峰负荷功率
P_{min}	低谷负荷功率
P_G	电网侧发电机一次调频时功率-频率特性曲线
P_L	负荷侧一次调频时功率-频率特性曲线
P_{L1}	功率变化后负荷功率-频率特性曲线

（续）

P_{G1}	功率变化后电网侧发电机功率-频率特性曲线
P_L	联合调频输出总功率
P_G	火电机组输出功率
$P_{battery}$	调频时电池储能系统输出功率
ΔP_{L0}	调频时负荷突增功率
K_G	同步发电机的单位调节功率
K_L	负荷单位调节功率
Δf	系统频率测量值与参考值偏差
$\Delta \omega$	转速变化量
D	阻尼系数
$K_{battery}$	单位调节功率
$\Delta P_{battery}$	储能系统调频出力
P_{E_k}	第 k 个储能系统分配的功率
n	储能单元的个数
P_{N_k}	第 k 个储能单元的额定功率
SOC_{max}	储能 SOC 上限值
SOC_{min}	储能 SOC 下限值
S_{N_k}	第 k 个储能单元额定容量
$P_{C_k i}$	第 k 个储能单元第 i 时刻的充电功率
$P_{D_k i}$	第 k 个储能单元在第 i 时刻的放电功率
P_{TC_i}	第 i 时刻储能单元需调节的总充电功率
P_{TD_i}	第 i 时刻储能单元需调节的总放电功率
T_C	第 k 个储能单元的充电时间
T_D	第 k 个储能单元的放电时间
α	储能系统充电调节系数
β	储能系统放电调节系数
SOC_{high}	储能 SOC 的上限值
SOC_{low}	储能 SOC 的下限值
P_{set}	有功功率设定值
P_{meas}	每次有功功率变化后第 2 个 15s 内的功率平均值
$\Delta P\%$	有功功率调节精度

第9章 储能经济性分析

自"碳中和""碳达峰"目标被提出以来，以光伏、风电为代表的新能源的战略地位不断提高。作为支撑新能源发电消纳最核心的物理手段，储能产业被广泛看好，"万亿储能市场""碳中和风口"等热词频现，储能的热度在"双碳"背景下达到了峰值。

然而，电力工业 100 多年的发展历程表明，储能的规模化发展是一个世界性难题。尽管目前储能在电力系统的应用已实现了从用户端向"源网荷"多端的蜕变，且在储能梯次利用领域取得了突破，但储能的规模化应用仍受到诸多制约。譬如，在发电侧，缺乏成熟的储能市场交易和盈利模式；在电网侧，储能针对不同应用场景的协调控制能力不足；在负荷侧，储能主要通过峰谷套利或节省容量费获利，模式相对单一。在梯次利用方面，不同梯次的技术标准一致性和安全性问题仍亟待解决。为促进储能的发展，我国近年来相继出台了一系列的补贴政策，但这并非长久之计。提高储能的盈利能力，实现储能产业的自我造血，才能从根本上解决储能规模化应用这一难题。

基于上述考虑，本章介绍了储能经济性分析的基础理论与方法。通过对储能的成本、收益等要素进行分析，可以评估储能项目的经济性，进而判断该项目是否值得投资，为储能的应用提供依据。作为储能经济性分析的一般性理论与方法，本章的内容既适用于大型储能电站，也适用于分布式的小型储能装置；既适用于储能独立运营的情况，又适用于"源储""荷储"联合运营等场景。从这个意义上说，本章可以作为前述各章所介绍的储能技术在经济性分析方面的支撑。

为便于掌握，本章主要结合储能在电力系统的应用情况，对储能经济性分析的内容进行介绍。其中，9.1 节对储能经济性分析的概念、意义、构成要素等进行概述；在此基础上，9.2 节介绍了储能经济性分析的基本原理，重点介绍了三类储能经济性评价指标；9.3 节阐述了储能在发电侧、电网侧与用户侧的经济性分析方法；为挖掘退役电池的潜在价值，9.4 节介绍了储能的梯次利用概况及其经济性分析方法；最后，9.5 节对本章进行了总结与展望。

9.1 储能经济性分析概述

9.1.1 储能经济性分析的概念

经济性是决定一项新兴技术能否推广应用的重要因素。一方面，新兴技术需要持续投入大量的研发成本；另一方面，新兴技术在应用初始阶段尚未形成规模效应，生产成本较高。这使得成本难以回收，降低了投资热情。从这个意义上说，经济性是新兴技术推广应用亟需突破的一个瓶颈。

储能的经济性分析一般以经济学为基础，计算某一储能项目详细的成本和收益情况，进而评估其经济性，为投资与运行决策提供依据。由于储能在电力系统甚至整个能源系统中具有特殊的地位，储能的经济性分析需要兼顾经济、社会、环境等因素，并考虑电力市场的影响，是一件极为复杂的工作。考虑到电力市场的理论内容较多，且已有专门的教材进行介绍，本章不再展开讨论电力市场的内容。

9.1.2 储能经济性分析的意义

随着储能示范项目的不断投入，储能在不同应用场景的定位逐步清晰，但离规模化应用尚有较大差距。究其原因，主要是储能的发展依赖于政策补贴，纯商业化项目的经济性难以保障。

储能的经济性分析可以明晰储能项目的成本与收益情况，为储能的推广应用提供依据。比如，可以帮助储能从业者评估储能项目在运营周期内的收益水平，判断是否部署以及如何部署储能项目；可以获得储能的各项经济指标，为储能政策、补贴标准、价格机制等的制定提供参考；能够明晰储能的价值流向，提高储能的综合效益，切实推动储能产业发展。

9.1.3 储能经济性分析的要素

由于储能项目的运营周期较长，对其进行经济性分析时，需要考虑成本和收益的时间价值，并借助现金流量图（表）进行分析，以下将进行具体介绍。

9.1.3.1 成本与收益

1. 成本

储能的成本与其类型及应用场景有关，从投入时序角度考虑，主要分为初始投资成本、运营维护成本等；从运行角度分析，主要有度电成本、里程成本等。

（1）初始投资成本

假定储能的电能转换设备的初始投资成本为 C_{equi}，储能系统的初始投资成本为 C_{ess}，则整个储能项目的初始投资成本 C_{in} 为

$$C_{in} = C_{equi} + C_{ess} \tag{9-1}$$

据统计，目前抽水蓄能电站的初始投资成本为 1250~1750 元/kWh，但由于选址受限，未来可能会出现一定程度的上升。压缩空气储能的初始投资成本为 1500~2500 元/kWh，随着压缩空气储能的规模化应用，其成本在未来数年内可能会降至 1000 元/kWh 左右。电化学储能的初始投资成本为 1000~8000 元/kWh，但随着电化学储能技术的发展而快速下降，预计到 2035 年将至少下降 60%。飞轮储能和超级电容器的初始投资成本相对较高，为 2500~3750 元/kWh。

（2）运行维护成本

运行维护成本是指用以维持储能设备正常运行的费用。假定所需的材料费为 C_{mt}，修理费为 C_{fix}，工资福利为 C_{wb}，其他费用为 C_{el}，则运行维护成本 C_{om} 为

$$C_{om} = C_{mt} + C_{fix} + C_{wb} + C_{el} \tag{9-2}$$

由于储能的运行维护成本的构成复杂，精确计算较为困难，为方便应用，也可按其初始投资成本的一定比例近似估算。抽水蓄能电站在运行过程中需要进行不同级别的维修和保养，平均每年的运维成本约为初始投资成本的 2.5%。压缩空气储能电站每年的运维成本约为其初始投资成本的 2%。电化学储能电站每年的运维成本约占其初始投资成本的 0.5%。

（3）度电成本

度电成本也称平准化成本，是衡量储能项目经济性的一个关键指标。比如，当储能用于削峰填谷时，若其度电成本小于峰谷电价差，则认为储能可以获利。

将储能在全生命周期内的成本和发电量平准化后就可得到储能的度电成本，即储能总成本除以储能总发电量。考虑资金的时间价值后，储能的度电成本 C_{de} 为

$$C_{de} = \frac{\sum\limits_{n=1}^{N}\left[\dfrac{C_n}{(1+i)^n}\right]}{\sum\limits_{n=1}^{N}\left[\dfrac{Q_n}{(1+i)^n}\right]} \tag{9-3}$$

式中，Q_n 为第 n 年的发电量；N 为机组的运行年限；C_n 为第 n 年的成本；i 为基准折现率，涉及全生命周期内资金的时间价值，具体还会在下一小节进行介绍。

图 9-1 给出了当前几种典型储能技术的度电成本。由于抽水蓄能的容量最大，其度电成本最低，约为 0.21~0.25 元/kWh。相对而言，电化学储能的容量较小，其度电成本达到 0.6~1.2 元/kWh。

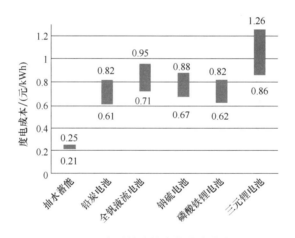

图 9-1 各种储能技术的度电成本

（4）里程成本

里程成本主要用以评价储能参与电网调频的经济性，可通过计算全生命周期内储能的调频成本与调频里程之比得到。考虑资金的时间价值后，有

$$C_m = \frac{\sum\limits_{n=1}^{N}\left[\dfrac{C_n}{(1+i)^n}\right]}{\sum\limits_{n=1}^{N}\left[\dfrac{M_n}{(1+i)^n}\right]} \tag{9-4}$$

式中，C_m 为里程成本；M_n 为第 n 年的调频里程，是指该年内调频指令变化量的绝对值之和，

代表储能完成的调频任务量。

图 9-2 给出了当前各种储能技术参与调频时的里程成本。其中，钛酸锂电池的里程成本较低，约为 6.18~8.46 元/MW；超级电容器的里程成本最高，约为 12.74~17.39 元/MW。

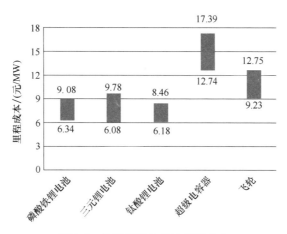

图 9-2　各种储能技术的里程成本

2. 收益

储能在电力系统的各种应用场景的收益可分为两类：一是储能带来的新增收益；二是因采用储能而减少的投资或运行成本。比如，假定安装储能后可获得低储高发收益 I_{cd} 和风光发电增益 I_{ab}，则储能带来的新增收益 I_{ni} 为

$$I_{ni} = I_{cd} + I_{ab} \tag{9-5}$$

后面还将结合具体应用场景，对储能的各种成本与收益进行详细介绍，此处不再赘述。

9.1.3.2　现金流量

1. 现金流量的概念

现金流量是对现金流出、流入及其总量的总称，主要用以反映投资项目在寿命周期内的资金流动全貌。其中，项目产生的现金收入称为现金流入，通常用 CI 表示；项目产生的现金支出称为现金流出，通常用 CO 表示。同一时间节点上现金流入与现金流出之差称为净现金流量，通常用 $CI-CO$ 表示。

2. 现金流量图

在项目的全寿命周期内，各种现金流入、流出的数额和时间不尽相同。为便于分析，通常采用图表反映现金流量的运动状态。将现金流量绘在一个时间坐标中，以表示各个时点的现金流入、流出情况，便可得到现金流量图。

现以图 9-3 说明现金流量图的作法，主要包含两个步骤：

步骤 1：以横轴为时间轴，分成 n 等分，每一等分代表一个时间单位，一般以年为单位。时间序列中某一年的年末正好是下一年的年初。

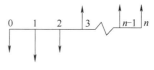

图 9-3　现金流量图

步骤 2：垂直于横轴的箭头表示现金流量，一般规定，向上的箭头表示现金流入，向下的箭头表示现金流出。在现金流量图中，箭头长短与现金流量

的大小成比例。

9.1.3.3 资金时间价值及其等值计算

1. 资金时间价值

将资金投入到生产或流通领域，经过物化劳动和活劳动后便可产生增值。由于其外在表现是时间，被称为资金时间价值（利润或利息）。具体而言，资金时间价值是资金在生产和流通过程中随着时间推移而产生的价值增值。

2. 利息和利率

资金运动过程中所产生的增值（利润或利息）与投入的资金金额之比，被称为利率或收益率，可记作 i。利率 i 越大，资金增值就越快。

3. 资金等值

资金等值是指在时间因素的作用下，不同时点上金额不同的资金在一定利率下具有相同的价值。例如，现在的 5000 元与一年后的 5500 元，虽然其数额并不相等，但如果年利率为10%，将这笔钱存入银行，则两者的价值是等值的。因为现在的 5000 元，在 10% 利率下，一年后的本金与利息之和为 5500 元。

资金等值的主要影响因素包括资金金额、资金发生时间和利率，它们也是构成现金流量的三要素。根据资金等值概念，将某一时点上的资金金额换算成另一时点的等值金额的过程称为资金等值计算。资金等值计算涉及以下几个概念：

1）贴现与贴现率：把将来某一时点发生的资金金额换算到现金流量序列起点的等值金额称为贴现或折现；贴现时采用的利率称为贴现率或折现率。

2）现值：发生在现金流量序列起点的资金，用符号 P 表示。

3）年值：指各年等额收入或支付的金额，用符号 A 表示。

4）终值：发生在现金流量序列终点的资金，用符号 F 表示。

4. 资金等值计算

在储能项目经济分析中，为考察某一项目在寿命周期内的经济性，需要对该项目不同时间发生的现金流入和流出进行计算。考虑资金时间价值后，不同时间的资金流出或流入金额需要通过资金等值计算将它们换算到同一时间点上方能进行分析。

（1）一次支付终值

一次支付终值是将项目的现金流量折算到未来某一时点上的价值。如果现在投入资金为 P，年利率为 i，n 年后拥有的本利和 F 为

$$F = P(1+i)^n \tag{9-6}$$

式中，系数 $(1+i)^n$ 称为复利支付终值系数，也可用符号 $(F/P, i, n)$ 表示，即

$$F = P(F/P, i, n) \tag{9-7}$$

（2）一次支付现值

一次支付现值是将项目的现金流量折算到当前时点上的价值。假定在 n 年后投入资金为 F，年利率为 i，则这笔资金折算到现在的资金价值 P 为

$$P = F\frac{1}{(1+i)^n} \tag{9-8}$$

式中，系数 $\dfrac{1}{(1+i)^n}$ 称为复利现值系数，记为 $(P/F, i, n)$。

（3）等额分付现值

等额分付现值是指在今后每年都有一定等额资金收支的情况下，各年分次款的现值之和。假定在 n 个计息期内，每期末等额收支一笔资金 A，则可结合图 9-4 所示的等额分付现值现金流量情况计算等额分付现值 P 如下：

根据图 9-4，等额序列可被视为 n 个一次支付现值的组合，进一步根据一次支付现值公式推导等额分付现值公式，有

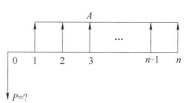

$$P = \frac{A}{(1+i)} + \frac{A}{(1+i)^2} + \cdots + \frac{A}{(1+i)^n} \qquad (9\text{-}9)$$

图 9-4 等额分付现值现金流量图

对于公比为 $\dfrac{1}{(1+i)}$ 的等比数列，利用级数求和公式，有

$$P = A \frac{(1+i)^n - 1}{i(1+i)^n} \qquad (9\text{-}10)$$

式中，系数 $\dfrac{(1+i)^n - 1}{i(1+i)^n}$ 可记为 $(P/A, i, n)$。

9.2 储能经济性分析原理

由于储能项目在功能、定位等方面的差异，需要从不同的角度对其经济性进行分析。目前，储能的经济性分析指标主要有三种：一是投资回收期等以时间为计量单位的时间型指标；二是净现值等以货币为计量单位的价值型指标；三是内部收益率等以相对量表示的效率型指标。按照是否考虑资金的时间价值，效率型指标又可细分为静态评价指标和动态评价指标。其中，静态评价指标不需考虑资金的时间价值；动态评价指标需要考虑资金的时间价值。

9.2.1 投资回收期法

投资回收期法，又称投资回收年限法，是指从项目建设之日起，用项目各年的净收入（年收入减年支出）回收全部投资所需的期限。

1. 静态投资回收期

静态投资回收期是在不考虑资金时间价值的条件下，用项目各年净收入回收项目全部投资所需的时间，其计算公式为

$$T_P = (T_a - 1) + \frac{|N_1|}{N_p} \qquad (9\text{-}11)$$

式中，T_P 为静态投资回收期；T_a 为累计净现金流量出现正值的年份数；N_1 为上一年累计净现金流量；N_p 为出现正值年份的净现金流量。

用投资回收期评价储能项目时，需要先综合考虑同类项目的历史数据并根据投资者意愿计算得到一个基准投资回收期，再与项目的静态回收期相比较。设静态投资回收期为 T_P，基准投资回收期为 T_b，判别准则为

若 $T_P \leqslant T_b$ 时，则项目可以考虑接受。

若 $T_P > T_b$ 时，则项目应予以拒绝。

例 9-1 某储能项目的现金流量情况见表 9-1，试计算其静态投资回收期。若基准投资回收期 $T_b = 5$ 年，试判断其在经济上的合理性。

表 9-1 例 9-1 现金流量表　　　　　　　（单位：万元）

年份	0	1	2	3	4	5
总投资	6000	4000	—	—	—	—
销售收入	—	—	5000	6000	8000	8000
经营成本	—	—	2000	2500	3000	3500
净现金流量	−6000	−4000	3000	3500	5000	4500
累计现金净流量	−6000	−10000	−7000	−3500	1500	6000

解： 由表 9-1 可知，该储能项目的静态投资回收期在 3 年到 4 年之间。利用式（9-11）可得

$$T_P = 4 - 1 + \frac{3500}{5000} = 3.7(年) < 5(年)$$

由于 $T_P < T_b$，故该投资方案在经济上是可行的。

2. 动态投资回收期

动态投资回收期是指在静态回收期的基础上加以考虑资金时间价值，即

$$\hat{T}_P = (\hat{T}_a - 1) + \frac{|\hat{N}_1|}{\hat{N}_P} \tag{9-12}$$

式中，$\hat{T}_P$ 为动态投资回收期；$\hat{T}_a$ 为累计净现金流量折现值开始出现正值的年份数；$\hat{N}_1$ 为上一年累计净现金流量折现值；$\hat{N}_P$ 为出现正值的年份的净现金流量折现值。

用动态投资回收期评价某一投资项目时，同样需要将其动态投资回收期 T_P 与基准投资回收期 T_b 进行比较。判别准则为

若 $T_P \leqslant T_b$ 时，则项目可以考虑接受。

若 $T_P > T_b$ 时，则项目应予以拒绝。

例 9-2 某储能项目的现金流量情况见表 9-2。假定基准折现率为 10%，试求其动态投资回收期。若基准投资回收期 $T_b = 5$ 年，试对其经济性进行评价。

表 9-2 例 9-2 现金流量表　　　　　　　（单位：万元）

年份	0	1	2	3	4	5
总投资	6000	4000	—	—	—	—
销售收入	—	—	5000	6000	8000	8000

（续）

年份	0	1	2	3	4	5
经营成本	—	—	2000	2500	3000	3500
净现金流量	−6000	−4000	3000	3500	5000	4500
折现系数	1	0.9091	0.8264	0.7513	0.6830	0.6209
净现金流量折现值	−6000	−3636	2479	2630	3415	2794
累计现金净流量折现值	−6000	−9636	−7157	−4527	−1112	1682

解： 利用式（9-12）计算该储能项目的动态投资回收期，有

$$T_P = 5 - 1 + \frac{1112}{2794} = 4.4(\text{年}) < 5(\text{年})$$

因为 $T_P < T_b$，故该投资方案在经济上是可行的。

9.2.2　净现值法

净现值（NPV）是指按照设定的折现率，将项目全寿命周期内各个时点的净现金流量折算到时间序列起点的现金累加值，具体可通过式（9-13）进行计算。

$$NPV(i_0) = \sum_{t=0}^{n} (CI - CO)_t (1 + i_0)^{-t} \tag{9-13}$$

式中，$(CI-CO)_t$ 为第 t 年的净现金流量；n 为该方案的寿命期；i_0 为基准折现率。

在获得某一储能项目的净现值后，可通过以下准则判别该项目的经济性：

1）$NPV > 0$，表明该项目获得的收益高于基准收益，即项目可行。

2）$NPV = 0$，表明该项目获得的收益刚好等于基准收益，即项目可行。

3）$NPV < 0$，表明该项目获得的收益低于基准收益，在经济上不合理，即项目不可行。

例 9-3　对于一个寿命周期为 5 年的小型储能项目，其初始投资为 10000 元，前 4 年中每年年末的收益为 3000 元，第 5 年年末的收益为 5000 元。假定可以在定期存款中获得 10% 的利率，试判断该储能项目的经济性。

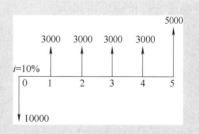

图 9-5　例 9-3 现金流量图

解： 制作图 9-5 所示的现金流量图，并计算净现值，有

$$
\begin{aligned}
NPV &= -10000 + 3000 \times (P/A, 10\%, 4) + 5000 \times (P/F, 10\%, 5) \\
&= -10000 + 3000 \times 3.1699 + 5000 \times 0.6209 \\
&= 2614.2(\text{元})
\end{aligned}
$$

由于 $NPV > 0$，说明除能达到所要求的 10% 的收益率外，还能获得超额收益，应该投资该储能项目。

9.2.3 内部收益率法

内部收益率（IRR）是指储能项目在寿命周期内净现值等于零时的折现率。内部收益率是除净现值以外的另一个非常重要的经济评价指标，可以反映资金的使用效率，具体计算公式为

$$\sum_{t=0}^{n} (CI - CO)_t (P/F, IRR, t) = 0 \tag{9-14}$$

直接用式（9-14）求解 IRR 是比较困难的。因此，在实际应用中通常采用近似方法求取 IRR 的近似值。具体步骤如下：

步骤 1：选取折现率 i_1 和 i_2，使其满足：$i_1 < i_2$，且（$i_1 - i_2$）$\leqslant 5\%$；$NPV(i_1) > 0$，且 $NPV(i_2) < 0$。

步骤 2：利用图 9-6 所示的线性插值法近似得到内部收益率 IRR。

由于 $\triangle ABE \backsim \triangle CDE$，可知 $AB:CD = BE:DE$，即

$$NPV_1 : |NPV_2| = BE : [(i_2 - i_1) - BE]$$

进一步可推出

$$IRR = i_1 + BE = i_1 + \frac{NPV_1}{NPV_1 + |NPV_2|}(i_2 - i_1) \tag{9-15}$$

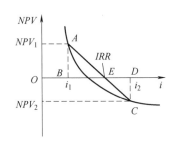

图 9-6 线性插值法求解 IRR 图解

式中，i_1 为较低的折现率；i_2 为较高的折现率；NPV_1 为用 i_1 计算的净现值（正值）；NPV_2 为用 i_2 计算的净现值（负值）。

为判断储能项目的经济性，需将计算求得的内部收益率 IRR 与项目的基准收益率 i_0 相比较：

步骤 1：当 $IRR \geqslant i_0$ 时，表明项目的收益率大于或等于基准收益率，项目可行。

步骤 2：当 $IRR < i_0$ 时，表明项目的收益率小于基准收益率，项目不可行。

图 9-7 描述了内部收益率准则与净现值准则的关系。从中可见，当 $IRR \geqslant i_0$ 时，$NPV(i_0) \geqslant 0$；当 $IRR < i_0$ 时，$NPV(i_0) < 0$。因此，在对单个储能项目进行评价时，内部收益率准则与净现值准则的评价结论相同。

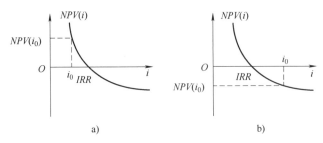

图 9-7 IRR 与净现值的关系

例 9-4 某储能项目的现金流量见表 9-3，基准折现率为 10%，试用内部收益率法分析该方案是否可行。

表 9-3　例 9-4 的现金流量表 （单位：万元）

年份	0	1	2	3	4	5
现金流量	-2000	300	500	500	500	1200

解： 试算 $i_1 = 12\%$ 时，有

$$NPV(i_1) = -2000 + 300(P/F, 12\%, 1) + 500(P/A, 12\%, 3)(P/F, 12\%, 1)$$
$$+ 1200(P/F, 12\%, 5) = 21（万元）> 0$$

试算 $i_2 = 14\%$ 时，有

$$NPV(i_2) = -2000 + 300(P/F, 14\%, 1) + 500(P/A, 14\%, 3)(P/F, 14\%, 1)$$
$$+ 1200(P/F, 14\%, 5) = -95（万元）< 0$$

可见，IRR 在 12%～14% 之间，由式（9-15）可得

$$IRR = i_1 + \frac{NPV_1}{NPV_1 + |NPV_2|}(i_2 - i_1)$$

$$= 12\% + \frac{21}{21+95} \times (14\% - 12\%)$$

$$\approx 12.4\%$$

由于 $IRR = 12.4\% > 10\%$，故该方案可行。

9.3　储能在电力系统的经济性分析

储能兼具改善新能源发电特性、调峰调频、需求侧响应等多重功能，是构建新型电力系统的关键环节。本节将结合储能在电力系统的应用情况，分别从发电侧、电网侧和用户侧对储能应用的经济性进行分析。为便于学习，本节将结合例题展示具体的储能经济性分析过程，并简要介绍某些典型的储能应用实例。

9.3.1　储能在发电侧的经济性分析

在发电侧，储能主要具有两种应用模式：一是与火电联合运行，比如广东、山西等地的火储联合调频服务；二是与新能源联合运行，比如青海、新疆等地通过配置储能消纳新能源。以下将分别对这两种模式的经济性进行分析。

9.3.1.1　储能与火电联合运行

火力发电是我国最主要的发电方式，具有技术成熟、成本低、选址灵活等优点。然而，火电机组普遍存在运行灵活性不足的问题，应用受到局限。将储能与火电机组联合运行，可以弥补火电机组灵活性不足的短板，使"火储"作为整体更好地参与电力系统的调峰、调频服务；利用储能应对负荷波动，使火电机组保持在经济运行状态，避免机组频繁起停，减少机组损耗并降低其维护成本；利用储能的"低储高发"特性增加系统在高峰时刻的供电能力，起到延缓新建电厂甚至避免新建电厂的作用。本小节先介绍火电侧储能的成本和收益构成，然后再结合例题分析其经济性。

1. 成本分析

在寿命周期内，储能的成本包括初始投资成本、运行维护成本、置换成本和废弃处置成本。为便于理解，本节后面的成本和收益公式均以年为时间单位进行折算。

（1）初始投资成本

储能的初始投资成本由电能转换设备成本和储能系统成本构成，一般可按储能的额定功率和额定容量进行估算，即

$$C_1 = k_p P_{es} + k_q S_{es} \tag{9-16}$$

式中，C_1 为储能的初始投资成本；P_{es} 为储能的额定功率；S_{es} 为储能的额定容量；k_p 为与储能功率相关的成本系数；k_q 为与储能容量相关的成本系数。

利用等额分付现值公式 [式（9-10）]，对总初始投资成本在项目周期内进行分摊，可得年均投资成本 C_{1_ann} 为

$$C_{1\_ann} = (k_p P_{es} + k_q S_{es}) \frac{i(1+i)^n}{(1+i)^n - 1} \tag{9-17}$$

式中，i 为贴现率；n 为项目周期。

（2）运行维护成本

储能系统的年运行维护成本由运行成本和维护成本构成。其中，运行成本可从储能系统每年释放的电量估算；维护成本则由定期的人工维护、人工巡检等产生，可按其额定功率估算，即

$$C_{2\_ann} = k_F P_{es} + k_V Q_{ann}^+ \tag{9-18}$$

式中，k_F 为储能系统运行维修的单价；k_V 为储能系统的放电电价；Q_{ann}^+ 为储能系统的年累计放电量。

（3）置换成本

置换成本是指当储能寿命周期小于整个项目的运行周期时，每次更换储能所产生的费用之和，即

$$C_3 = k_q S_{es} \sum_{\beta=1}^{\tau} \frac{(1-\alpha)^{\beta a}}{(1+i)^{\beta a}} \tag{9-19}$$

式中，α 为储能安装成本的年均下降率；τ 为储能的更换总次数，$\tau = n/a - 1$，a 为储能寿命，当 $n/a - 1$ 为非整数时，τ 进 1 取整；β 为电池本体更换次数的次序。

利用等额分付现值公式 [式（9-10）]，可得项目周期内的年均置换成本 C_{3_ann} 为

$$C_{3\_ann} = k_q S_{es} \sum_{\beta=1}^{\tau} \frac{(1-\alpha)^{\beta a}}{(1+i)^{\beta a}} \frac{i(1+i)^n}{(1+i)^n - 1} \tag{9-20}$$

（4）废弃处置成本

废弃处置成本指储能设备的寿命终止后，对其进行处理所需支付的费用，包括设备残值和环保费用支出。设备残值与初始投资成本和回收系数有关，为负值；环保费用支出指对报废的电池进行环境无害化处理所支付的费用，则废弃处置成本为

$$C_4 = (C_{en} - \gamma C_1) \sum_{\beta=1}^{\tau} \frac{1}{(1+i)^{\beta a}} \tag{9-21}$$

式中，C_{en} 为环境无害化处理成本；γ 为电池本体的回收系数，依照现有的废旧电池回收技

术，铅炭电池的 γ 一般取为 20%，锂电池的 γ 一般取为 0。

利用等额分付现值公式 [式 (9-10)]，可得项目周期内的年均废弃处置成本 C_{4_ann} 为

$$C_{4\_ann} = (C_{en} - \gamma C_1) \sum_{\beta=1}^{\tau} \frac{1}{(1+i)^{\beta a}} \frac{i(1+i)^n}{(1+i)^n - 1} \tag{9-22}$$

2. 收益分析

按照前述分析，火储联合运行可以改善火电机组的灵活性，在调峰、调频、经济运行、减少新建机组投资等方面产生收益。

（1）调峰收益

火储联合系统的年调峰收益为

$$I_{g1\_ann} = p_{pr} \sum_{d=1}^{D_{pr}} Q_{pr}^+(d) \tag{9-23}$$

式中，$Q_{pr}^+(d)$ 为火储联合系统在第 d 天内的调峰电量；p_{pr} 为调峰补偿电价；D_{pr} 为一年内火储联合系统调峰运行天数。

（2）调频收益

火储联合系统的年调频收益为

$$I_{g2\_ann} = \sum_{1}^{12} \sum_{x=1}^{X_{fm}} (M_{fm}(x) I_{fm}(x) Kap_{fm}(x)) \tag{9-24}$$

式中，X_{fm} 为每月调频市场的交易周期数；$M_{fm}(x)$ 为火储联合系统在第 x 个交易周期提供的调频里程；$I_{fm}(x)$ 为火储联合系统在第 x 个交易周期的调频里程补偿；$Kap_{fm}(x)$ 为火储联合系统在第 x 个交易周期的综合调频性能指标平均值，即

$$Kap_{fm}(x) = 0.25 \times (2kap_{fm\_1}(x) + kap_{fm\_2}(x) + kap_{fm\_3}(x)) \tag{9-25}$$

式中，kap_{fm_1} 为调节速率指标，反映火储联合系统响应 AGC 控制指令的速率；kap_{fm_2} 为调节精度指标，反映火储联合系统响应 AGC 控制指令的精准度；kap_{fm_3} 为响应时间指标，反映火储联合系统响应 AGC 控制指令的时间延迟。

（3）经济运行收益

火储联合系统的经济运行收益可由机组损耗成本和机组维护成本的减少量衡量。其中，减少的机组损耗成本又可由延长机组寿命带来的收益衡量，即

$$I_{loss\_ann} = I_{ther} \Delta A \frac{i(1+i)^n}{(1+i)^n - 1} \tag{9-26}$$

式中，I_{ther} 为火电机组年平均运行收益；ΔA 为配置储能后机组运行寿命的延长量。

机组减少的年运行维护成本为

$$I_{om\_ann} = \Delta k_{om} C_g \tag{9-27}$$

式中，Δk_{om} 为投入储能前后火电机组的运行维护成本费用系数之差；C_g 为火电机组的初始投资成本。

则火储联合系统的年经济运行收益 I_{g3_ann} 为

$$I_{g3\_ann} = I_{loss\_ann} + I_{om\_ann} \tag{9-28}$$

（4）减少投资收益

在火电侧储能系统配置，其年均减少投资收益可由提供辅助服务的火电装机成本减少量衡量，即

$$I_{g4\_ann} = C_{t\_er} \frac{\sum\limits_{d=1}^{D_{anc}} P_{anc}^+(d)}{Tq} \frac{i(1+i)^n}{(1+i)^n - 1} \tag{9-29}$$

式中，T 为火电机组的年运行时间；C_{t_er} 为单位容量装机成本；D_{anc} 为一年内储能参与辅助服务的运行天数；$P_{anc}^+(d)$ 为储能在第 d 天内参与辅助服务的总放电电量；q 为火电机组参与辅助服务出力与最大出力的比值。

3. 例题分析

本小节以储能辅助火电厂调频为例，分析火储联合运行的经济性。

例 9-5 建立一个 9MW/4.5MWh 的磷酸铁锂电池储能电站辅助火电厂调频。储能电站的初始投资成本为 2800 万元，电网向火电厂调频提供的补偿为 6 元/MW，典型日的 AGC 指令执行情况见表 9-4，调频性能指标见表 9-5。忽略运行过程中产生的其他成本，且仅考虑发电侧储能电池的调频效益。试求：

（1）首年火储联合调频系统的收益；

（2）倘若从第二年开始，每年的调频效益下降 3%，试求该储能系统投资的静态回收期。

表 9-4　火储联合系统典型日的 AGC 指令执行情况

典型日	夏季	冬季	春秋季
日调频里程/MW	1332	1320	927
持续天数/天	95	75	150

表 9-5　加入储能系统后调频性能指标

典型日	调节速率（k_1）	调节速率（k_2）	调节速率（k_3）	综合调频性能指标平均值（K）
夏季	4.01~4.62	0.91~1.00	0.89~1.00	2.45~2.81
冬季	4.10~4.64	0.93~1.00	0.91~1.00	2.51~2.82
春秋季	4.17~4.52	0.94~1.00	0.92~1.00	2.55~2.76

解：

（1）调频收益计算

夏季的调频收益

$$I_{1\_夏季min} = (1332×95×6×2.45)/10000 \approx 186.0（万元）$$

$$I_{1\_夏季max} = (1332×95×6×2.81)/10000 \approx 213.3（万元）$$

冬季的调频收益

$$I_{1\_冬季min} = (1320×75×6×2.51)/10000 \approx 149.1（万元）$$

$$I_{1\_冬季max} = (1320×75×6×2.82)/10000 \approx 167.5（万元）$$

春秋季的调频收益

$$I_{1\_春秋季min} = (927×150×6×2.55)/10000 \approx 212.7（万元）$$

$$I_{1\_春秋季max} = (927×150×6×2.76)/10000 \approx 230.3（万元）$$

首年的调频总收益

$$I_{1\_min} = I_{1\_夏季min} + I_{1\_冬季min} + I_{1\_春秋季min} = 547.8(万元)$$

$$I_{1\_max} = I_{1\_夏季max} + I_{1\_冬季max} + I_{1\_春秋季max} = 611.1(万元)$$

（2）投资回收期计算

最理想情况见表 9-6。将该表的数据代入式（9-11），可得投资回收期为

$$T_P = 5 - 1 + \frac{463.4}{541.0} = 4.9(年)$$

表 9-6　最理想情况的现金流量表　　　　　　　　　　（单位：万元）

年份	0	1	2	3	4	5
初始投资	2800	—	—	—	—	—
调频收益	—	611.1	592.8	575.0	557.7	541.0
净现金流量	−2800	611.1	592.8	575.0	557.7	541.0
累计现金净流量	−2800	−2188.9	−1596.1	−1021.1	−463.4	77.6

最不利情况见表 9-7。将该表的数据代入式（9-11），可得投资回收期为

$$T_P = 6 - 1 + \frac{220.4}{470.4} = 5.5(年)$$

表 9-7　最不利情况的现金流量表　　　　　　　　　　（单位：万元）

年份	0	1	2	3	4	5	6
初始投资	2800	—	—	—	—	—	—
调频收益	—	547.8	531.4	515.4	500.0	485.0	470.4
净现金流量	−2800	547.8	531.4	515.4	500.0	485.0	470.4
累计现金净流量	−2800	−2252.2	−1720.8	−1205.4	−705.4	−220.4	250

4. 储能与火电联合运行的典型应用

目前，储能与火电联合运行的应用较为广泛。截至 2020 年，全球有 20 余个国家在建或投运了超过 200 项兆瓦级储能调频项目。表 9-8 展示了国内外火储联合运行的一些典型案例，其中图 9-8 所示的美国南加州爱迪生公司的燃气轮机-储能混合发电项目较具代表性。

表 9-8　储能与火电联合运行的典型案例

序号	项目名称	储能配置	储能主要功能
1	内蒙古新丰热电公司储能项目	磷酸铁锂电池：9MW/4.478MWh	调峰、调频、无功补偿、提高电能质量、提高供电可靠性等
2	河北建投宣化热电公司储能项目	磷酸铁锂电池：9MW/4.5MWh	调峰、调频、无功补偿、提高电能质量、提高供电可靠性等
3	南加州爱迪生公司燃气轮机储能混合发电项目	锂电池：10MW/4.2MWh	提高调频响应能力、延长机组寿命、减少运行成本等

（续）

序号	项目名称	储能配置	储能主要功能
4	北京石景山热电厂火储联合运营项目	磷酸铁锂电池：2MW/0.5MWh	提高调频响应能力、延长机组寿命、减少运行成本等
5	山西京玉电厂储能项目	锰酸锂电池：9MW/4.5MWh	提高调频响应能力、延长机组寿命、减少运行成本等
6	华润电力唐山丰润公司火储联合运营项目	三元锂电池：9MW/4.5MWh	提高调频响应能力、延长机组寿命、减少运行成本等

图 9-8　美国南加州爱迪生公司 Norwalk & Rancho Cucamonga 燃气轮机-储能混合系统项目

在加利福尼亚州的"亚里索峡谷能源危机"背景下，美国南加州爱迪生公司于 2016 年开始尝试储能与传统发电机组联合运行的新型应用模式。2017 年 3 月，美国南加州爱迪生公司、通用电气公司、Wellhead Power Solutions 公司合作安装了全球首个燃气轮机-储能混合发电系统。该系统全称为 LM6000 混合发电燃气轮机系统，包括 50MW 的 LM6000 型燃气轮机和 10MW/4.2MWh 的电池储能系统。该系统于 2017 年 3 月 30 日运行成功，展现出了火储联合运行的诸多优势，主要包括：

1）响应时间显著减少。当电力负荷激增时，混合系统能够立即接受调度。

2）辅助服务的成效显著。一方面，联合系统可以以更快的调整速率参与调频市场；另一方面，储能辅助传统机组调峰，有助于增加调峰深度，获得更多的调峰补偿收益。

3）提升系统的安全性和可靠性。储能避免了机组的频繁起停，减轻了机组因动态运行产生的损耗，提升了机组寿命。同时，储能的事故备用和黑启动能力可以实现不间断供电，提高了系统的安全性。

4）减少碳排放。通过储能的辅助动态运行作用，提高了机组的运行效率，减少了碳排放，取得了良好的环境效益。

9.3.1.2　储能与新能源联合运行

由于新能源具有较强的间歇性、波动性和随机性，其并网消纳较为困难，并可能引发一系列安全、稳定问题。通过储能与新能源联合运行，可以使原本难以控制的新能源发电出力变得可控，进而提高新能源的消纳率。此外，储能与新能源联合运行时，也可以作为整体参与调峰、调频等辅助服务，获取额外收益。同时，在新能源侧装设储能系统后，由于其可控性增强，还可减少新能源场站所需的备用容量，并节省并网通道建设投入。本小节先介绍新能源侧储能的成本和收益构成，再结合例题分析其经济性。

1. 成本分析

与配置在火电侧的储能系统类似，新能源侧储能的全寿命周期成本也包括初始投资成本、运行维护成本、置换成本和废弃处置成本，参见式（9-16）~式（9-22），此处不再赘述。

2. 收益分析

储能与新能源联合运行的收益包括：促进新能源消纳收益、调峰收益、调频收益和降低备用容量收益。

（1）促进新能源消纳收益

在新能源侧配置储能系统，其促进新能源消纳的收益可由其减少的新能源弃电量衡量，即

$$I_{ng1\_ann} = (E_{wrer} - E_{wrer\_ess}) E_p \tag{9-30}$$

式中，E_{wrer} 为储能接入前新能源弃电量的年期望值；E_{wrer_ess} 为储能接入后新能源弃电量的年期望值；E_p 为平均电价。

（2）调峰收益

配置在新能源侧的储能系统，其调峰收益与火电侧储能类似，详见式（9-23）。

（3）调频收益

在新能源侧配置储能系统，其调频收益与火电侧储能类似，详见式（9-24）。

（4）降低备用容量收益

在新能源侧配置储能系统，每年降低备用容量收益为

$$I_{ng4\_ann} = \sum_{d=1}^{365} k_{spa} S_{spa}(d) \frac{i(1+i)^n}{(1+i)^n - 1} \tag{9-31}$$

式中，k_{spa} 为备用容量价格；$S_{spa}(d)$ 为配置储能后典型日新能源的备用容量减少量。

3. 例题分析

例 9-6　某光伏电站拟配置额定功率为 15.79MW、额定容量为 4.31MWh 的磷酸铁锂储能系统。该储能系统的参数见表 9-9。配置储能系统后，年弃光量由接入前的 887.999MWh 降低到 239.648MWh，系统的年调峰调频收益为 1705000 元。假设储能系统的寿命为 20 年，试求配置储能所产生的成本与收益，并确定投资该储能项目的净现值（仅考虑初始投资成本及运行维护成本）。

表 9-9　电池储能系统参数

参　数	取　值
$k_v / (元/MWh)$	300
$k_F / (元/MW)$	500
$k_p / (万元/MW)$	500
$k_q / (万元/MWh)$	600
$k_{spa} / (元/MWh)$	35000
$E_p / (元/MWh)$	2500
Q_{ann}^+ / MWh	14.4645
S_{spa} / MWh	0.40
i	0.03

解:

(1) 储能项目的全寿命周期成本

1) 初始投资成本为

$$C_1 = 5\times10^5\times15.79 + 6\times10^5\times4.31 = 1.0481\times10^7(元)$$

2) 运行维护成本为

$$C_2 = [500\times15.79 + 300\times14.4645]\times(P/A, 3\%, 20) = 1.8202\times10^5(元)$$

总成本为

$$C_{\text{total}} = C_1 + C_2 = 1.0663\times10^7(元)$$

(2) 储能项目的全寿命周期收益

1) 促进新能源消纳的收益为

$$I_1 = 2500\times(887.999 - 239.648)\times(P/A, 3\%, 20) = 2.4115\times10^7(元)$$

2) 调峰调频收益为

$$I_2 = 1705000\times(P/A, 3\%, 20) = 2.6036\times10^7(元)$$

3) 降低备用容量收益为

$$I_3 = 35000\times365\times0.40\times(P/A, 3\%, 20) = 7.6024\times10^7(元)$$

总收益为

$$I_{\text{total}} = I_1 + I_2 + I_3 = 1.2618\times10^7(元)$$

(3) 净现值

$$NPV_1 = 1.2618\times10^8 - 1.0663\times10^8 = 1.9550\times10^7(元)$$

4. 储能与新能源联合运行的典型应用

为了抑制新能源的随机波动性，多数国家强制要求在新建的新能源发电项目配置一定比例的储能，表 9-10 给出了国内外一些具有代表性的储能与新能源联合运行示范项目。

表 9-10　储能与新能源联合运行的示范项目

序号	项目名称	储能配置	储能主要功能
1	张北国家风光储输示范工程	一期 20MW，二期 50MW，包括锂离子电池、铅酸电池、钛酸锂电池、液流电池、超级电容器等	平滑出力、计划跟踪、调峰、调频、调压等
2	国电和风北镇储能型风电场项目	5MW×2h 磷酸铁锂电池，2MW×2h 全钒液流电池，1MW×2min 超级电容器	平滑出力、计划跟踪、调峰、调频、调压等
3	美国西弗吉尼亚州风储联合运营项目	锂离子电池：32MW/8MWh	平滑出力、参与系统调频
4	南澳大利亚州 Hornsdale 风储联合运营项目	Tesla 锂离子电池：100MW/129MWh	平滑出力、计划跟踪、事故备用、调峰、调频、调压等

（续）

序号	项目名称	储能配置	储能主要功能
5	格尔木时代新能源光储联合电站	磷酸铁锂电池：15MW/18MWh	提升光伏消纳水平、调频、调压等
6	意大利南部新能源储能项目	钠硫电池：35MW/230MWh	提高新能源消纳率、减少线路阻塞、参与系统调频等

9.3.2 储能在电网侧的经济性分析

在电网侧配置储能，可以使电网变得更加灵活可控。一方面，储能系统具备良好的无功调节能力，在动态逆变器等外部设备的辅助下，可以调节线路的无功功率，实现动态补偿；另一方面，储能可以双向调节系统的功率，实现对电网的快速、灵活调节，进而提高系统的调峰、调频能力。此外，通过储能的调节，可以优化系统潮流，降低调度周期内的电网损耗。在电网发生故障的情况下，储能还可以保证系统的瞬时有功功率平衡，提供无功电压支撑，并作为事故后备电源，确保系统发生故障期间重要负荷的持续供电，全面提高电网的可靠性。通过安装储能设备，也可以缓解特定时段的线路拥堵，起到延缓线路扩容的作用。本小节先介绍电网侧储能的成本和收益构成，然后再结合例题进行叙述。

1. 成本分析

与发电侧储能类似，电网侧储能的全寿命周期成本也包括初始投资成本、运行维护成本、置换成本和废弃处置成本，详见式（9-16）~式（9-22）。

2. 收益分析

电网侧储能的收益主要包括：调峰收益、调频收益、降低系统网损收益、提高电网可靠性收益和延缓电网升级扩容收益。

（1）调峰收益

在电网侧配置储能系统，其调峰收益与发电侧储能类似，可参考式（9-23）进行计算。

（2）调频收益

在电网侧配置储能系统，其调频收益与发电侧储能类似，可参考式（9-24）进行计算。

（3）降低网损收益

一方面，储能"低储高发"会造成功率的双向流动，增加网损；另一方面，储能可以优化系统潮流，降低网损。按典型日的网损情况计算储能降低网损的年收益，有

$$I_{\text{grid3\_ann}} = 365 \sum_{h=1}^{24} \left(P_{\text{loss}}(h) - P_{\text{loss\_ess}}(h) \right) P(h) \tag{9-32}$$

式中，$P(h)$ 为典型日 h 时刻的电价，$P_{\text{loss}}(h)$ 和 $P_{\text{loss\_ess}}(h)$ 分别为安装储能前后电网在典型日的 h 时刻的网损功率。

（4）提高电网可靠性收益

在电网侧配置储能系统，其提高电网可靠性的年收益为

$$I_{\text{grid4\_ann}} = \left(O_{\text{grid}} - O_{\text{grid\_ess}} \right) E_{\text{grid}} \tag{9-33}$$

式中，O_{grid} 为未安装储能系统时电网的年均故障停电时间；$O_{\text{grid\_ess}}$ 为安装储能系统后电网的年均故障停电时间；E_{grid} 为单位停电时间产生的经济损失。

（5）延缓电网升级扩容收益

在电网侧配置储能系统，延缓电网升级扩容的年收益为

$$I_{grid5\_ann} = C_{equi} S_{grid} \frac{i(1+i)^n}{(1+i)^n - 1}$$

（9-34）

式中，C_{equi} 为配电设备的单位容量造价；S_{grid} 为安装储能系统后延缓的电网升级扩容容量。

3. 例题分析

> **例 9-7** 已知某储能电站的规模为 24MW/48MWh，规划周期为 20 年。配置储能电站后可延缓电网扩容 31.5MW，每年提高电网可靠性收益为 11 万元，调峰调频收益为 25 万元。假设储能单位功率成本为 60 万元/MW，单位容量成本为 120 万元/MWh，年运行费用为 88 万元，系统单位容量扩建成本为 200 万元/MW，平均电价为 0.3 元/kWh，基准收益率为 6%，配置储能前后的网损见表 9-11。试求该项目的净现值。
>
> **表 9-11 典型日的网损情况**
>
> | | 0~7h | 8h | 9h | 10h | 11h | 12h | 13h | 14h | 15h | 16h | 17h | 18~24h |
> |---|---|---|---|---|---|---|---|---|---|---|---|---|
> | 无储能/MW | 1.2 | 9.6 | 11 | 13 | 11.5 | 13.2 | 13 | 9 | 9.8 | 8.4 | 8.4 | 1.4 |
> | 配置储能/MW | 0.8 | 8 | 9 | 10 | 9 | 11 | 11 | 6 | 7 | 6 | 7 | 1.0 |
>
> **解：**
>
> （1）储能项目成本现值
>
> 1）投资成本
>
> $$C_1 = 24 \times 60 + 48 \times 120 = 7200（万元）$$
>
> 2）运维成本
>
> $$C_2 = 88 \times (P/A, 6\%, 20) = 88 \times 11.47 = 1009.36（万元）$$
>
> （2）储能项目收益现值
>
> 1）调峰调频收益
>
> $$I_1 = 25 \times (P/A, 6\%, 20) = 286.75（万元）$$
>
> 2）降低系统网损收益
>
> $$I_2 = 0.3 \times 28.5 \times 365 \times 1000 \times (P/A, 6\%, 20)/10000 = 3579.50（万元）$$
>
> 3）提高电网可靠性收益
>
> $$I_3 = 11 \times (P/A, 6\%, 20) = 126.17（万元）$$
>
> 4）延缓电网升级扩容收益
>
> $$I_4 = 200 \times 31.5 = 6300（万元）$$
>
> （3）储能项目的净现值
>
> $$NPV = I_1 + I_2 + I_3 + I_4 - C_1 - C_2 = 2083.06（万元）$$

4. 电网侧储能的典型应用

近年来，随着新能源、电动汽车等的快速发展，电网运行条件日趋复杂。出于优化系统潮流、缓解线路阻塞、削峰填谷等考虑，电网侧储能迎来蓬勃发展之势。表 9-12 列举了国

内外电网侧的储能典型应用案例。

表 9-12 电网侧储能的应用案例

序号	项目名称	储能配置	储能主要功能
1	美国 Chemical 储能电站	由 20 组 50kW 的钠硫电池模块组成，总容量为 60kWh	削峰填谷、缓解线路阻塞、提高供电可靠性等
2	湄洲岛储能电站	磷酸铁锂电池：1MW/2MWh	削峰填谷、提高电能质量、事故备用电源等
3	深圳宝清电池储能电站	锂电池：6MW/18MWh	支撑孤岛运行、调频、调压、热备用等
4	贵州安顺电池储能电站	磷酸铁锂电池：70kW/140kWh	解决供电半径过长、低电压问题，削峰填谷，充当事故备用应急电源
5	深圳供电局 110kV 潭头变电站储能项目	磷酸铁锂电池：5MW/10MWh	缓解供电受限问题、提高供电可靠性、提供旋转备用、调压等
6	福建电科院移动储能电站	磷酸铁锂电池：250kW/500kWh	直流热力融冰、应急保供电、提高配电台区供电能力等

其中，图 9-9 所示的美国 Chemical 储能电站位于美国西弗吉尼亚州 Charleston 市，于 2006 年 6 月 26 日正式投运，是美国电力公司的第一个储能商业运行项目。该项目采用日本 NGK 公司的钠硫电池，容量为 1.2MW/7.2MWh。运行数据显示，该储能系统有效地延缓了输配电的扩容升级，提高了当地电网的运行可靠性，改善了变压器馈线的功率因数，降低了网络损耗，获得了良好的经济效益和安全效益。

图 9-10 为增加储能系统前后，馈电变压器的功率和温升对比图。可见，储能系统在减少负荷波动的同时，也降低了馈电变压器的温度 3~6℃，有利于延长馈电变压器的使用寿命。

图 9-9 美国 Chemical 变电站储能项目

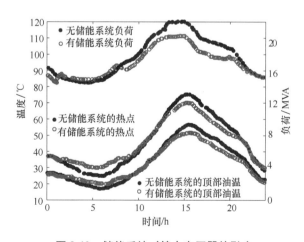

图 9-10 储能系统对馈电变压器的影响

9.3.3 储能在用户侧的经济性分析

用户侧储能门槛低，参与者众多，具有广泛的应用场景。一方面，可以利用储能的

"低储高发"性能降低整体用电成本；另一方面，由于储能在用电高峰时刻可以起到电源的作用，安装储能后可以减小用户用电功率的最高值，从而降低容量费用。此外，对于安装了储能的用户，在发生停电故障期间，仍可利用储能进行电力供应，避免停电现象，从而提高供电可靠性。储能还可在短期故障中减少电压波动、频率波动、功率因数、谐波等因素对电能质量的影响。本小节先介绍用户侧储能的成本和收益构成，然后再结合例题叙述储能在用户侧的经济性分析方法。

1. 成本分析

与发电侧和电网侧储能类似，用户侧储能的全寿命周期成本包括初始投资成本、运行维护成本、置换成本和废弃处置成本，详见式（9-16）～式（9-22）。

2. 储能的收益分析

用户侧储能系统的收益主要包括："低储高发"收益、减少容量费用收益、提高可靠性收益和提高电能质量收益。

（1）"低储高发"收益

在用户侧配置储能系统，其"低储高发"产生的年收益为

$$I_{user1\_ann} = \sum_1^{D_{cd}} \left(\sum_{h=1}^{n_1} p(h) Q^+(h) / \eta_{dis} - \sum_{h=1}^{n_2} p(h) Q^-(h) \eta_{cha} \right) \tag{9-35}$$

式中，D_{cd} 为储能系统发挥"低储高发"效益的年平均运行天数；n_1 为典型日的放电时段数；n_2 为典型日的充电时段数；$p(h)$ 为典型日第 h 时段的电价；$Q^+(h)$ 为典型日第 h 时段储能系统的放电功率；$Q^-(h)$ 为典型日第 h 时段储能系统的充电功率；η_{dis} 和 η_{cha} 分别为储能系统的放电和充电效率系数。

（2）减少容量费用收益

在用户侧配置储能系统，每年可减少容量费用收益为

$$I_{user2\_ann} = C_{tr}(S_{tr} - S_{tr\_ess}) \frac{i(1+i)^n}{(1+i)^n - 1} \tag{9-36}$$

式中，C_{tr} 为专变单位容量造价；S_{tr} 为未配置储能时的运行容量；S_{tr_ess} 为配置储能后的运行容量。

（3）提高可靠性收益

在用户侧配置储能系统，每年可提高可靠性收益为

$$I_{user3\_ann} = (O_{user} - O_{user\_ess}) E_{user} \tag{9-37}$$

式中，O_{user} 为未安装储能系统时用户年平均故障停电时间；O_{user_ess} 为安装储能系统后用户年平均故障停电时间；E_{user} 为单位停电时间带来的经济损失。

（4）提高电能质量收益

在用户侧配置储能系统可以提高电能质量，其年效益可通过储能所能等效代替的电能质量补偿装置的投入成本描述，即

$$I_{user4\_ann} = \sum_{z=1}^{Z} C_{com}(z) \tag{9-38}$$

式中，Z 为电能质量补偿装置的总数；$C_{com}(z)$ 为投入储能系统后，减少的第 z 类电能质量补偿装置的年投资成本。

3. 例题分析

例 9-8　在某 10kV 大工业用户建设容量为 100kW 的储能系统。假定该用户所在省份的工商业尖峰电价为 1.0824 元/kWh，低谷电价为 0.4164 元/kWh。采取恒功率放电模式，即在低谷充电、尖峰放电，充放电时长均为 2h。铅炭电池和磷酸铁锂电池的技术性能参数见表 9-13，其余与计算相关参数见表 9-14，忽略降损收益。试从净现值和内部收益率的角度，判断该工业用户建设铅炭电池和磷酸铁锂电池能否实现盈利。

表 9-13　电池技术性能参数

技术参数	铅炭电池	磷酸铁锂电池
能量转换效率（%）	90	95
放电深度（%）	70	80
服役年限/年	10	12
循环次数/次	3700~4200	3000~5000
每月自放电率（%）	1	1.5
能量成本/（元/kWh）	1200	1400
功率成本/（元/kW）	1200	2000
运维成本占比（%）	1	1.2

表 9-14　其他相关参数

参数	铅炭电池	磷酸铁锂电池
基准收益率（i_0）（%）	8	8
年平均运行天数/天	360	360
S_{tr}/kVA	500	500
S_{tr_ess}/kVA	300	300
P_{es}/kW	100	100
S_{es}/kWh	180	150
C_{tr}/（元/kVA）	380	380
O_{user}/h	8.76	8.76
O_{user_ess}/h	6.13	4.38
E_{user}/（元/kWh）	3000	3000
充电时长/h	2	2
每月变压器最大需量电价/（元/kWh）	40	40

解：

（1）成本计算

1）初始投资成本

对铅炭电池，有

$$C_1 = \frac{1200 \times 100 + 1200 \times 180}{10000} \approx 33.6(万元)$$

对磷酸铁锂电池，有

$$C_1 = \frac{2000 \times 100 + 1400 \times 150}{10000} = 41(万元)$$

2）年运行维护成本

对铅炭电池，有

$$C_2 = 33.6 \times 0.01 \approx 0.3(万元)$$

对磷酸铁锂电池，有

$$C_2 = 41 \times 0.012 \approx 0.5(万元)$$

（2）收益计算

1）"低储高发"收益

对铅炭电池，有

$$I_1 = 360 \times (2 \times 1.0824 \times 100/0.9 - 2 \times 0.4164 \times 100 \times 0.9) \approx 6.0(万元)$$

对磷酸铁锂电池，有

$$I_1 = 360 \times \left(2 \times 1.0824 \times \frac{100}{0.95} - 2 \times 0.4164 \times 100 \times 0.95\right) \approx 5.4(万元)$$

2）减少容量费用收益

对铅炭电池，有

$$I_2 = 380 \times (500 - 300)/10000 = 7.6(万元)$$

对磷酸铁锂电池，有

$$I_2 = 380 \times (500 - 300)/10000 = 7.6(万元)$$

3）可靠性收益

对铅炭电池，有

$$I_3 = (8.76 - 6.13) \times 3000/10000 = 0.8(万元)$$

对磷酸铁锂电池，有

$$I_3 = (8.76 - 4.38) \times 3000/10000 = 1.3(万元)$$

（3）净现值计算

对铅炭电池，有

$$NPV = 7.6 + (6.0 + 0.8) \times (P/A, 8\%, 10)$$
$$- (33.6 + 0.3 \times (P/A, 8\%, 10))$$
$$\approx 8.2(万元)$$

对磷酸铁锂电池，有

$$NPV = 7.6 + (5.4 + 1.3) \times (P/A, 8\%, 12)$$
$$- (41 + 0.5 \times (P/A, 8\%, 12))$$
$$\approx 13.3(万元)$$

（4）内部收益率计算

1）铅炭电池

若 $i_1 = 12\%$ 时，则有

$$NPV = 7.6 + (6.0 + 0.8) \times (P/A, 12\%, 10)$$
$$- (33.6 + 0.3 \times (P/A, 12\%, 10))$$
$$\approx 2.8 (万元)$$

若 $i_2 = 15\%$ 时，则有

$$NPV = 7.6 + (6.0 + 0.8) \times (P/A, 15\%, 10)$$
$$- (33.6 + 0.3 \times (P/A, 15\%, 10))$$
$$\approx -0.4 (万元)$$

可见 IRR 在 12%~15%之间，可得

$$IRR = i_1 + \frac{NPV_1}{NPV_1 + |NPV_2|}(i_2 - i_1)$$
$$= 12\% + \frac{2.8}{2.8 + 0.4} \times (15\% - 12\%) \approx 14.6\%$$

2）磷酸铁锂电池

若 $i_1 = 15\%$，则有

$$NPV = 7.6 + (5.4 + 1.3) \times (P/A, 15\%, 12)$$
$$- (41 + 0.5 \times (P/A, 15\%, 12))$$
$$\approx 0.2 (万元)$$

若 $i_2 = 18\%$，则有

$$NPV = 7.6 + (5.4 + 1.3) \times (P/A, 18\%, 12)$$
$$- (41 + 0.5 \times (P/A, 18\%, 12))$$
$$\approx -3.7 (万元)$$

可见 IRR 在 15%~18%之间，进一步计算可得

$$IRR = i_1 + \frac{NPV_1}{NPV_1 + |NPV_2|}(i_2 - i_1)$$
$$= 15\% + \frac{0.2}{0.2 + 3.7} \times (18\% - 15\%) \approx 15.2\%$$

综上，在当前的峰谷电价条件下，投资铅炭电池和磷酸铁锂电池均能实现盈利。前者内部收益率为 14.6%，后者为 15.2%。

4. 用户侧储能的典型应用

用户侧储能不仅是目前储能应用的最大市场，也是持续保持高增长的一个领域。表9-15 列举了国内外用户侧储能的典型应用实例。

在表9-15 中，北京电科院 V2G 示范项目建成了包含光伏发电、锂离子电池储能、V2G 充放电桩和传统负荷的微电网系统，其中光伏发电功率为 5kW，储能的容量为 26kWh。具体的接线图如图 9-11 所示。

表 9-15 储能在用户侧的应用实例

序号	项目名称	储能配置	储能主要功能
1	深圳坪山新区储能电站	磷酸铁锂电池：20MW/40MWh	峰谷套利、事故备用、促进新能源消纳等
2	特斯拉能量墙	标准锂离子电池：10kWh（备用版本）；7kWh（日常使用版本）	峰谷套利、需求侧响应、事故备用等
3	无锡新加坡工业园智能配网储能电站	锂离子电池：20MW/160MWh	降低变压器负载率、缓解设备扩容升级、促进新能源消纳等
4	福建玛高爱纪念医院储能项目	锂离子电池：0.75MW/1.8MWh	应急备用电源、提高电能质量、峰谷套利等
5	协鑫智慧能源分布式储能项目	锂离子电池：10MWh（由15万只锂离子电池串并联组成）	峰谷套利、需求侧响应、改善电能质量等
6	江苏连云港港口储能电站	5MW（超级电容器：1MW；锂离子电池：4MW）	减少用电成本、改善电能质量、应急备用电源等
7	北京电科院 V2G 示范项目	锂离子电池：两组共 26kWh	调峰调频、提高电能质量、备用电源等

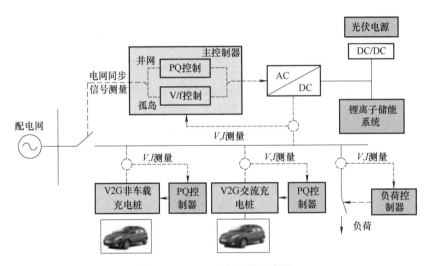

图 9-11 V2G 示范系统示意图

该系统共有四种运行模式，即并网充电模式、并网放电模式、离网应急放电模式和离网应急充电模式。在并网充电模式下，V2G 充电桩工作在常规模式，由电网和储能系统共同为电动汽车和负荷供电。在并网放电模式下，电动汽车响应能量管理系统的调度指令进行放电，V2G 充电桩自动切换到放电模式。离网应急充放电模式主要针对电网断电、微电网孤岛运行的场景。在离网应急放电模式下，光储系统和 V2G 直流充电桩分别作为主控单元和从控单元，共同为应急电源供电。在离网应急充电模式下，光储系统为主控单元，并通过

V2G 直流充电桩为电动汽车应急充电。

图 9-12 展示了该系统某两日的运行特性曲线。由该运行曲线可知，V2G 示范系统可以削峰填谷，提高光伏发电利用率，从而起到节省用户用电成本的效果。

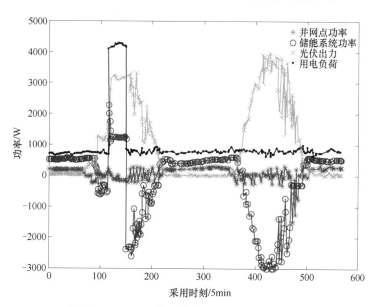

图 9-12　V2G 示范系统某两日的运行特性曲线

9.4　储能的梯次利用

9.4.1　储能梯次利用概述

1. 梯次利用的基本概念

储能梯次利用又可称为储能降级使用，是指储能在某一应用场景已无法满足性能要求时，对其进行功能重组并应用于其他对储能的性能参数要求更低的场景的过程。考虑到电动汽车的动力电池梯次利用是当前储能梯次利用的热点，本节主要以动力电池为例，对储能梯次利用的基本原理与方法进行介绍。

由于动力电池的化学作用，其可用容量会随使用时间衰减。当可用容量低于某一阈值时，虽不能满足电动汽车的续航要求，但仍具有较高的利用价值，可以应用于其他储能领域，直至可用容量降低至 30% 左右，彻底无法利用时再进行化学拆解。

2. 动力电池梯次利用的作用

随着电动汽车的快速发展，车用动力电池也迎来了前所未有的发展良机。与此同时，动力电池的回收利用问题也引起了越来越大的关注。目前，国内外的动力电池回收利用体系主要为化学拆解利用，这种技术相对成熟，但存在利用率低下、污染浪费严重等问题。在这种背景下，动力电池的梯次利用因其经济和环保价值突出而备受关注。

（1）降低成本，提高动力电池的经济价值

动力电池的梯次利用提高了电池的使用寿命，有利于降低电池在全寿命周期内的使用成本。同时，由退役的动力电池所组成的储能系统，还能在运营过程中产生巨大的经济效益，有利于提高电池的经济价值。

（2）减少环境污染，提高动力电池的环保价值

梯次利用有效提高了电池的使用寿命，变相减少了储能、低速电动汽车等对新电池的消耗，既节约了该部分电池生产的资源消耗，又减少了因报废处理该部分电池引起的环境污染。因此，动力电池的梯次利用具有重要的环保价值。

3. 动力电池梯次利用的应用领域

（1）小规模应用领域

小规模的动力电池梯次利用领域主要包括家庭"移动充电宝"、景区观光车和电动自行车等。例如，家用电动汽车淘汰下来的动力电池，可改装成为家庭的"移动充电宝"或者类似特斯拉能量墙的小规模分布式储能系统；从电动大巴以及高性能电动汽车上退役的动力电池，还可继续应用在景区的观光车、电动自行车等对电池性能要求更低的场合。

（2）中小规模应用领域

中小规模的动力电池梯次利用领域主要包括家庭储能、分布式发电、微电网、移动电源、后备电源、应急电源等。比如，将废旧电池应用在某些新型公寓中进行"低储高发"，节省用电成本；建立由退役的动力电池构成的储能系统，用于支撑微电网的安全、经济和优质运行。

（3）大规模应用领域

大规模的动力电池梯次利用领域主要包括大型、超大型的商业储能以及电网级储能市场。例如，废旧锂离子电池回收后可建成大型的储能系统，用于大规模光伏发电和新能源发电出力的调节。

9.4.2 动力电池梯次利用的基本原理

电动汽车对电池的能量密度、功率密度、寿命、安全性、可靠性等技术特性要求较高。比如，当动力电池的能量密度下降导致汽车的续航里程不足，或者功率密度下降致使汽车的加速性能不达标时，动力电池将被替换。为了发挥这些退役动力电池的剩余价值，可以将其用于对电池技术性能要求更低的场合，我们称之为动力电池梯次利用，其流程如图 9-13 所示。主要环节如下：

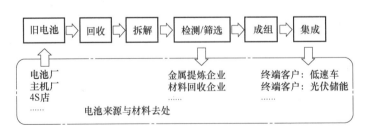

图 9-13 动力电池梯次利用流程图

1）回收：回收废旧退役动力电池。

2）拆解：无损拆解回收退役电池组，以获得单体电池。

3）检测/筛选：实验检测单体电池的外特性，从中筛选出满足外特性技术指标的单体电池。

4）成组：对筛选出的单体电池进行配对，重组成为电池组。

5）集成：系统集成、运维等。

9.4.2.1 退役电池回收模式

退役电池回收是电池梯次利用的第一个环节，需要考虑回收成本、便利性等问题。根据负责回收工作的主体的差异，可分为汽车厂商回收模式、生产商联合回收模式和第三方回收模式。

1）汽车厂商回收模式：汽车厂商回收模式的回收责任承担主体为汽车厂商。由汽车厂商主导完成对退役电池的回收，既可利用既有的物流体系，又可保证动力电池的涉密技术不泄露。同时，由厂商直接交付梯次利用企业，也便于厂商掌握电池的技术缺陷，促使厂商改进产品设计方案。

2）生产商联合回收模式：动力电池的生产商组成联盟组织，负责退役电池的回收处理工作，可称为生产商联合回收模式。这种方式有利于生产商分担风险，但生产商从消费者手中回收电池的难度较大，一般需要通过 4S 店和整车企业进行回收，这又会在一定程度上提高回收成本。

3）第三方回收模式：第三方回收模式是指生产商根据其销售产品的类型和数量向第三方交纳一定的费用，将退役电池的回收责任和风险转嫁给第三方。这种方式可以使不同型号的电池同时得到回收。这些专门的回收企业由于具有相应的资质，回收工作的专业性与规范性也容易得到保障。然而，该模式的成本投入较大，且对物流系统的依赖性较强。

9.4.2.2 动力电池梯次利用性能指标

在动力电池梯次利用过程中，我们需要测试退役电池的多个性能指标，并由此筛选出适用于不同场景的电池。以锂离子电池为例，常见的指标包括电池内阻、可用容量、电压、循环寿命等，需要据此判断电池是否符合梯次利用标准，以下将进行简要介绍。

1）电池内阻：电池内部存在的电阻可分为极化内阻和欧姆内阻。极化内阻是指电池的正、负极因电化学反应极化所形成的内阻；欧姆内阻主要由电极材料、电解液、隔膜的电阻以及各零件的接触电阻组成。电池工作过程中，电池内阻会随电池使用时间的增长而增大，超过某一标准值后，电池利用效率迅速下降，可供电时间大为减少。

2）可用容量：电池的可用容量反映了电池在一定条件下实际存储电量的大小。电池的可用容量是一个可变值，易受环境温度、充放电倍率、循环老化等因素的影响而逐渐变小。一般而言，当动力电池的可用容量降低到额定容量的 80% 时，就不能满足电动汽车的正常续航要求，但仍符合梯次利用的容量要求；当可用容量降低到额定容量的 30% 时，已不符合梯次利用的容量要求，需要进行化学拆解。

3）电池电压：电池电压是电池最重要的性能指标之一，具有多种表现形式，包括理论电压、额定电压、开路电压、工作电压等。其中，理论电压即电池电动势；额定电压即电池标称电压；开路电压为电池处于开路状态下电池两极之间的电势差；工作电压是指电池外部接有负载时电池两极之间的电势差。正常情况下，动力电池的工作电压低于标称电压，且随着使用时间的增加而不断下降。

4）倍率性能：电池的倍率是指充放电电流与电池额定容量的比率，用以表征电池充放电速度。例如，一个标注容量为 100Ah 的电池，若放电电流为 20A，则其放电倍率为 20/100＝0.2C，其中 C 为电池倍率的单位。

5）自放电率：电池的自放电率常用于衡量电池处于非工作状态时的荷电保持能力，也即电池保持自身能量不变的能力。影响自放电率的因素主要是电池的制作材料和工艺。

6）放电平台时间：将电池充满电并静置一段时间，然后以一定放电倍率放电，直至电压下降至所设的截止电压，所对应的放电过程时间即为放电平台时间。不同应用场景对电池的性能要求不同，需要设置相应的门槛电压，并根据放电平台时间反映该电池是否达到性能要求。

7）充放电效率：电池的充放电效率即为电池的电能与化学能之间的转换效率，常用百分比（%）表示。其中，充电效率是指电池在充电过程中所能存储的电量与所消耗的外界电量之比；放电效率则为电池在放电过程中所能释放的实际电量与所消耗的电池电量之比。电池的充放电效率越大，电池的电能利用效率就越高。

8）循环寿命：电池在应用过程中，每完成一次充、放电过程，便称为一个充放电循环。电池在寿命周期内（电池因可用容量下降至某一较小的值而面临退役前）所能进行的充放电循环次数，可称为循环寿命或使用寿命。循环寿命是电池梯次利用的一个关键性指标，循环寿命越长，就越有利于电池的梯次利用。

9.4.2.3 退役电池检测

1. 检测流程

根据上述动力电池梯次利用的性能指标，可以对退役电池进行检测，为其梯次利用提供依据。退役电池的检测可分为电池性状初检、关键电性能全检及分组抽样性能测试 3 个步骤，具体流程如图 9-14 所示。

1）电池性状初检：检测电池外观、电压、内阻等，淘汰具有部件不完整、严重变形、漏液、内阻过高、胀气、电压过低等特征的电池。通过上述方式，可以对电池梯次利用的安全性和经济性做出基本判断。

2）关键电性能全检：对退役电池的容量、能量、内阻、自放电率等性能指标进行检测。其中，容量和能量可通过一次完全的充放电测定；直流内阻可利用充放电过程中的电压变化量与电流变化量之比计算；交流内阻可利用高频正弦激励测量得到；自放电率可从一定时间内的容量保持率情况计算。可根据下游应用场景对电池的性能要求，有针对性地设定阈值，以淘汰性能不合格的退役电池。

3）电池分组抽检：对退役电池进行分组抽检时，技术手段较为多样。例如，在恒温箱内用多倍率充放电试验测定电池的倍率性能和高低温环境下的其他性能；用长时间充放电试验检测电池的循环寿命；用针刺、挤压、高温试验等方式测试电池的安全性；拆解电池后，利用扫描电镜、核磁等手段检测电池内部是否有过渡金属和隔膜缺陷等现象。完成分组抽检后，可进一步淘汰循环寿命短、适应性差和具有安全隐患的电池分组。

2. 检测方法

退役电池的性能指标较多，每种都有相应的检测方法。考虑到电池内阻和可用容量是动力电池梯次利用最重要的两个性能指标，本小节将以这两个指标的检测方法为例进行介绍。

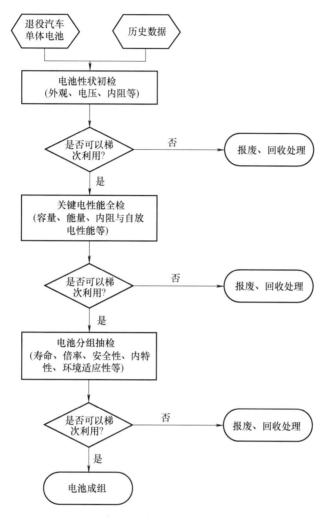

图 9-14　退役电池的检测流程

（1）内阻检测方法

由电池欧姆极化效应可知，在电流消失瞬间，电池的欧姆极化效应也将消失，此时电池的压降全都由其内阻引起，可以据此计算出电池内阻。

理论上，在电池内阻的作用下，电流在开始及结束瞬间产生的电压差的绝对值是相等的，但受量测精度、操作误差等影响，两者无法完全相等。为减小误差，本节采取两者的平均值作为内阻。

在脉冲电流放电测试中，电流和电压的波形如图 9-15a 所示。在进行电池的内阻测试时，只需选用其中一个脉冲电流下的电压差计算电池内阻。对于图 9-15b 所示的电压变化波形，有

$$R_0 = \frac{U_{AB} + U_{CD}}{2I} \tag{9-39}$$

式中，R_0 为电池的欧姆内阻；U_{AB} 为脉冲电流开始瞬间的电压差；U_{CD} 为脉冲电流结束瞬间的

电压差；I 为脉冲电流值。

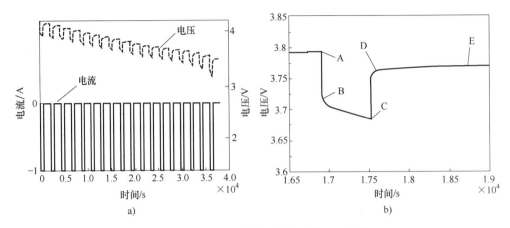

图 9-15　脉冲电流放电测试电池内阻示意图

（2）可用放电容量检测方法

退役电池的容量测试一般在温度为（25±5）℃、大气压力为 86~106kPa、湿度为 25%~85% 的标准测试环境下进行。先将退役电池充满电，再以 1C 电流恒流放电至截止电压，记录放电时间后，对流过电池的电流进行积分便可得到退役电池的放电容量，计算公式如下式所示：

$$Q_{es} = \int_0^h \eta_{dis} I \mathrm{d}\tau \tag{9-40}$$

式中，η_{dis} 表示放电倍率，一般情况下可取 1C；I 为流过电池的电流。

进一步将所得的放电容量与电池的额定容量相比较，便可判断该电池的老化程度。

9.4.3　动力电池梯次利用的经济性分析

1. 动力电池梯次利用的成本与收益

动力电池梯次利用的成本构成如图 9-16 所示，主

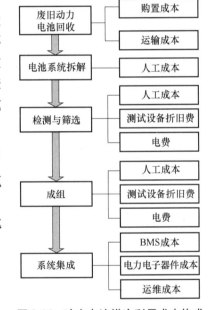

图 9-16　动力电池梯次利用成本构成

要有：购置成本、运输成本、人工成本、测试设备折旧费、电费、电池管理系统（Battery Management System，BMS）成本、电力电子器件成本和运维成本等。

动力电池梯次利用的场景比较多。如果将其应用于源、网、荷侧，则其在各个场景的收益计算方式与前文类似，此处不再赘述。

2. 动力电池经济性分析例题

例 9-9　已知某退役的动力电池的可用容量为 216Ah，剩余使用寿命为 10 年，充放电效率为 90%，充放电深度为 60%。在梯次利用期间，每经过一次使用，电池容量便衰减

为原来的 99.98%。将该退役电池用于峰谷套利，每天一充一放。假设峰时电价为 1.08 元/kWh，谷时电价为 0.28 元/kWh，贴现率定为 0.625%。试求：（1）该退役电池在剩余寿命周期内所产生的经济效益。（2）若以所获得的经济效益对退役电池进行定价，试求其单价（单位为元/Wh）。

解：

（1）第 1 年

充电总成本为

$$C_{c(1)} = 0.216 \times 60\% \times \sum_{i=1}^{365} 0.9998^i \times 0.28 \times 90\% = 11.495(元)$$

放电总收益为

$$I_{f(1)} = 0.216 \times 60\% \times \sum_{i=1}^{365} 0.9998^i \times 1.08 \times 90\% = 44.337(元)$$

第一年总效益为

$$I_{total(1)} = I_{f(1)} - C_{c(1)} = 44.337 - 11.495 = 32.842(元)$$

退役电池单价为

$$I_{ess(1)} = 32.842/216 \approx 0.152(元/Wh)$$

（2）第 2 年

未折算前两年的总效益为

$$I_{total(2)} = 0.216 \times 60\% \times \sum_{i=1}^{730} 0.9998^i \times (1.08 - 0.28) \times 90\% = 63.372(元)$$

考虑净现值后，两年的总效益为

$$I'_{total(2)} = (I_{total(2)} - I_{total(1)}) \times \frac{1}{(1+0.625\%)} + I_{total(1)}$$

$$= (63.372 - 32.842) \times 0.9938 + 32.842 \approx 63.183(元)$$

退役电池单价为

$$I_{ess(2)} = 63.183/216 \approx 0.293(元/Wh)$$

（3）第 3 年

未折算前三年的总效益为

$$I_{total(3)} = 0.216 \times 60\% \times \sum_{i=1}^{1095} 0.9998^i \times (1.08 - 0.28) \times 90\% = 91.752(元)$$

考虑净现值后，三年的总效益为

$$I'_{total(3)} = (I_{total(3)} - I_{total(2)}) \times \frac{1}{(1+0.625\%)^2} + I'_{total(2)}$$

$$= (91.752 - 63.372) \times 0.9876 + 63.183 \approx 91.211(元)$$

退役电池单价为

$$I_{ess(3)} = 91.211/216 \approx 0.422(元/Wh)$$

（4）第 4～10 年

未折算前 n 年的总效益为

$$I_{\text{total}(n)} = 0.216 \times 60\% \times \sum_{i=1}^{365n} 0.9998^n \times (1.08 - 0.28) \times 90\%$$

考虑净现值后，n 年的总效益为

$$I'_{\text{total}(n)} = (I_{\text{total}(n)} - I_{\text{total}(n-1)}) \times \frac{1}{(1+0.625\%)^{n-1}} + I'_{\text{total}(n-1)}$$

代入 n 即可求得对应的效益，再除容量即可得到该年所对应的单价。

结果汇总见表 9-16。

表 9-16　新旧电池单价对比

使用年限/年	1	2	3	4	5	6	7	8	9	10
循环次数/次	365	730	1095	1460	1825	2190	2555	2920	3285	3650
退役电池单价/(元/Wh)	0.152	0.293	0.422	0.542	0.653	0.755	0.850	0.937	1.018	1.046

9.4.4　动力电池梯次利用的典型应用

近年来，动力电池梯次利用受到了世界各国的广泛关注。美国、日本、德国等发达国家在动力电池的监测及应用方面的技术已较为成熟，并形成了相对完整的产业链。相对而言，我国退役电池梯次利用起步较晚，目前大多处于工程示范阶段，综合发展水平相比发达国家还有较大差距。

表 9-17 列举了国内外电池梯次利用的一些典型案例。下面以图 9-17 所示的比克电池梯次利用项目为例，简要介绍动力电池梯次利用情况。

表 9-17　国内外电池梯次利用的典型案例

国家	应用领域	案例概述	投资企业
中国	电网储能	利用 2008 年北京奥运会退役的电动汽车锂离子电池，建成了 360kWh 的储能系统，并在电网中进行应用	国网北京市电力公司等
中国	电动自行车	回收电动汽车退役的动力电池，改组后用作 48V 电动自行车动力电源	国网浙江省电力有限公司
中国	商业储能	自主研发智能电池管理系统，将格林美"回收-拆解-利用"的模式发展为"回收-利用-拆解-再利用"，成本低于 1 元/Wh	格林美股份有限公司
中国	电网储能	利用电动汽车上的退役动力电池建成规模为 2MW/7.2MWh 的储能系统，通过削峰填谷节省电费，并为电网提供辅助服务	深圳市比克电池有限公司、南方电网综合能源服务公司

（续）

国家	应用领域	案例概述	投资企业
日本	家庭、商业储能	由日产汽车公司和住友集团合资建立的 4R Energy 公司，负责回收日产 leaf 汽车的大量退役动力电池，改组后利用于家庭和商业储能	4R Energy 公司
美国	家庭、商业储能	Tesla Energy 公司成功开发了两个产品：由退役电池构成 Powerwall 和 Powellpack，分别用于家庭和商业储能领域	Tesla Energy 公司
美国/瑞典	电网储能	美国通用公司和瑞典的 ABB 集团合作，利用所回收的废旧锂离子电池，用于光伏发电、风电等新能源发电系统储能	通用公司、ABB 集团
德国	电网储能	博世公司回收 Active E 和 i3 这两个产品的动力电池，建成储能系统并应用在大型光伏发电站上，由瓦腾福公司负责维护	博世公司、宝马公司、瓦腾福公司

图 9-17　比克电池梯次利用项目

　　该项目是依托国家 863 课题建立的储能梯次利用示范项目，首次在国内实现对退役电池的整包梯次利用。南方电网综合能源服务公司为投资方，深圳市比克电池有限公司负责需求分析、系统方案设计、整体解决方案交付等工作。该项目的装机规模为 2MW/7.2MWh，主要由电芯、电池管理系统、储能变流器和能量管理系统四大部分组成。电芯部分又分为三套子系统，其中 1 号子系统采用的是技术相对成熟的磷酸铁锂电池，2、3 号子系统则通过整包梯次利用的方式，对新能源汽车退役的三元电池加以利用。

　　这种整包利用的方式对电芯和电池包的品质具有较高要求，需要电芯具备良好的一致性。项目采用两种电池整包梯次利用的方式，为行业提供了退役电池梯次利用的新模式，对于充分挖潜动力电池的剩余价值，尤其是对于即将大面积退役的三元电池的回收利用具有参考价值。

9.5　总结与展望

　　储能的经济性分析一般以经济学为基础，计算某一储能项目详细的成本和收益情况，进而评估其经济性，为投资与运行决策提供依据。储能的成本与其类型及应用场景有关，从投入时序角度考虑，主要分为初始投资成本、运行维护成本等；从运行角度考虑，主要有度电成本、里程成本等。

储能在电力系统的各种应用场景的收益可分为两类：储能带来的新增收益；因采用储能而减少的投资或运行成本。

储能的经济性指标主要有三种：以时间为计量单位的时间型指标；以货币为计量单位的价值型指标；以相对量表示的效率型指标。按照是否考虑资金的时间价值，效率型指标又可细分为静态评价指标和动态评价指标。

储能在电力系统的主要应用模式包括：电源侧储能（储能与火电联合运行、储能与新能源联合运行）、电网侧储能和用户侧储能。本章逐一分析了储能在各种应用模式下的成本及收益情况，并结合例题阐述具体的储能经济性分析过程。

电池梯次利用又可称为电池降级使用，是指电池在某一应用场景已无法满足性能要求时，对其进行功能重组并应用于其他对电池的性能参数要求更低的场景的过程，有利于降低电池成本，提高电池经济价值，减少环境污染，提高电池环保价值。电动汽车的动力电池梯次利用是当前储能梯次利用的热点。

动力电池的梯次利用主要包括回收、拆解、检测、筛选、成组、集成等环节，其中回收环节通常采用汽车厂商回收模式、生产商联合回收模式和第三方回收模式。

常见的电池性能指标包括电池内阻、可用容量、电压、循环寿命等，需要根据这些性能指标对退役电池进行检测，为其梯次利用提供依据。

在市场、技术、政策等共同驱动下，储能技术逐渐走向成熟，成本下降较快，有望在不久的将来获得较高的经济效益，并由此进入可持续的发展快车道。

习　题

9-1　在储能投资方案评价和选择中，只要方案的内部收益率大于基准贴现率，方案就是可取的，这个结论对吗？为什么？

9-2　某储能项目的计算期为 10 年，经计算其内部收益率恰好等于基准收益率，问该方案的净现值和动态回收期各为多少？为什么？

9-3　简述储能在电力系统各环节的应用情况。

9-4　火储联合调频系统中，储能是如何辅助火电机组进行调频的？可以获得哪些方面的效益？

9-5　储能与新能源联合运行可以发挥哪些方面的作用？如何发挥这些作用？

9-6　结合对储能技术的认识，简要分析电源侧储能、电网侧储能和用户侧储能的市场应用前景。

9-7　简述动力电池梯次利用的步骤。

9-8　简述动力电池梯次利用的检测流程以及每个流程中的检测指标。

9-9　某一储能项目初始投资为 800 万元，在第 1 年年末现金流入为 200 万元，第 2 年年末现金流入为 300 万元，第 3、4 年年末现金流入均为 400 万元。请计算该储能项目的净现值、内部收益率和动态投资回收期（$i_0 = 10\%$）。

9-10　若建立一个 9MW/4.5MWh 的磷酸铁锂电池储能电站辅助火电厂调频，初始投资成本为 2500 万元，电网向火电厂调频提供补偿为 5 元/MW，典型日的 AGC 指令统计见表 9-18，调频性能指标见表 9-19。忽略运行过程中产生的其他成本且仅考虑电源侧储能电池的调频效益，试求：

（1）首年储能系统调频带来的收益有多大。

（2）若从第二年开始每年的调频效益下降 2%，试求投资该储能系统的动态回收期。

表 9-18　安装储能系统后典型日的 AGC 指令统计情况

典型日	夏季	冬季	春秋季
日调频里程/MW	1332	1320	927
持续天数/天	95	75	150

表 9-19　安装储能系统后的调频性能指标

典型日	调节速率（k_1）	调节速率（k_2）	调节速率（k_3）	综合调频性能指标平均值（K）
夏季	4.01~4.62	0.91~1.00	0.89~1.00	2.45~2.81
冬季	4.10~4.64	0.93~1.00	0.91~1.00	2.51~2.82
春秋季	4.17~4.52	0.94~1.00	0.92~1.00	2.55~2.76

9-11　在某光伏电站配置额定功率为 12.30MW、额定容量为 5.06MWh 的磷酸铁锂储能系统，参数见表 9-20。配置储能系统后，年弃光量由接入前的 88.7999MWh 降低到 25.9648MWh，系统的年调峰调频收益为 16550 美元。假设储能系统的寿命为 20 年，试求配置储能所产生的成本（仅考虑初始投资成本及运行维护成本）与收益，并计算投资该储能项目的净现值和内部收益率。

表 9-20　电池储能系统参数

参　　数	取　　值
k_v	300 元/MWh
k_F	500 元/MW
k_p	500 万元/MW
k_q	600 万元/MWh
k_{spa}	10 万元/MWh
E_p	2500 元/MWh
Q_{ann}^+	14.4645MWh
S_{spa}	0.14MWh
i	0.03

9-12　已知某储能电站项目的总规模为 24MW/48MWh，规划周期为 20 年，配置储能电站后可延缓电网扩容 30MWh。假设储能单位功率成本为 60 万元/MW，单位容量成本为 170 万元/MWh，年运行费用为 86 万元，系统单位容量扩建成本为 200 万元/MWh，网损电价为 0.3 元/kWh。配置储能后，每年可提高电网可靠性收益 15 万元，获得调峰调频收益 23 万

元，基准收益率为 8%，配置储能前后典型日的网损见表 9-21。试求该项目的净现值。

表 9-21　典型日网损情况

	0~7h	8h	9h	10h	11h	12h	13h	14h	15h	16h	17h	18~24h
无储能/MW	1.2	9.6	11	13	11.5	13.2	12	8.6	9.8	8.4	9	1.4
配置储能/MW	0.8	8	9	10	9	11	11	6	7	6	7	1.0

9-13　在某 10kV 大工业用户配置 100kW 储能系统，尖峰电价为 0.9824 元/kWh，低谷电价为 0.3164 元/kWh。采取恒功率放电模式，即低谷充电、尖峰放电，充放电时长各为 2h。铅炭电池和磷酸铁锂电池的技术性能参数见表 9-22，其余与计算相关的参数见表 9-23。试从净现值的角度，分别判断采用铅炭电池和磷酸铁锂电池能否实现盈利（假设降损收益可忽略）。

表 9-22　电池技术性能参数

技术参数	铅炭电池	磷酸铁锂电池
能量转换效率（%）	90	95
放电深度（%）	70	80
服役年限/年	10	12
循环次数/次	3700~4200	3000~5000
每月自放电率（%）	1	1.5
能量成本/（元/kWh）	1200	1400
功率成本/（元/kW）	1200	2000
运维成本占比（%）	1	1.2

表 9-23　其他相关参数

参数	铅炭电池	磷酸铁锂电池
基准收益率（i_0）（%）	10	10
年平均运行天数/天	360	360
S_{tr}/kVA	550	550
S_{tr_ess}/kVA	300	300
P_{es}/kW	120	120
S_{es}/kWh	200	180
C_{tr}/（元/kVA）	380	380
O_{user}/h	8.60	8.60
O_{user_ess}/h	6.00	4.20
E_{user}/（元/kWh）	2800	2800
充电时长/h	2	2
每月变压器最大需量电价/（元/kWh）	40	40

9-14　已知某动力电池额定容量为 400kAh，容量降至额定容量的 60% 后投入梯次利用，以实现峰谷套利。假定峰时电价为 1.08 元/kWh，谷时电价为 0.28 元/kWh；电池充放电效率为 90%，充放电深度为 60%；每经过一次充放电循环，电池容量衰减为原来的 99.9%，且容量达到 30% 后彻底无法利用。试求：

（1）在每天一充一放的使用条件下，退役电池的最大运行年限。

（2）退运电池用于峰谷套利所产生的经济效益。

参 考 文 献

[1]　修晓青. 储能系统容量优化配置及全寿命周期经济性评估方法研究 [D]. 北京：中国农业大学，2018.

[2]　刘坚. 电动汽车退役电池储能应用潜力及成本分析 [J]. 储能科学与技术，2017，6（2）：243-249.

[3]　王维. 动力电池梯次开发利用及经济性研究 [D]. 北京：华北电力大学，2015.

[4]　韩晓娟，张婳，修晓青，等. 配置梯次电池储能系统的快速充电站经济性评估 [J]. 储能科学与技术，2016，5（4）：514-521.

[5]　于童. 梯次利用电池在储能电站中应用的可行性分析 [J]. 山西电力，2020（4）：11-13.

[6]　赵玉婷，赵永生. 电网侧储能电站投资收益分析 [J]. 湖南电力，2019，39（5）：4-8.

[7]　师洋洋. 配电网中考虑经济性与可靠性的储能电池分析及规划 [D]. 秦皇岛：燕山大学，2017.

[8]　席星璇，熊敏鹏，袁家海. 风电场发电侧配置储能系统的经济性研究 [J]. 智慧电力，2020，48（11）：16-21，47.

[9]　韩晓娟，田春光，张浩，等. 用于削峰填谷的电池储能系统经济价值评估方法 [J]. 太阳能学报，2014，35（9）：1634-1638.

[10]　潘福荣，张建赟，周子旺，等. 用户侧电池储能系统的成本效益及投资风险分析 [J]. 浙江电力，2019，38（5）：43-49.

[11]　虞晓芬，龚建立. 技术经济学概论 [M]. 4 版. 北京：高等教育出版社，2015.

[12]　何颖源，陈永翀，刘勇，等. 储能的度电成本和里程成本分析 [J]. 电工电能新技术，2019，38（9）：1-10.

[13]　孙振新，刘汉强，赵喆，等. 储能经济性研究 [J]. 中国电机工程学报，2013，33（S1）：54-58.

[14]　李建林，修晓青，吕项羽，等. 储能系统容量优化配置及全寿命周期经济性评估研究综述 [J]. 电源学报，2018，16（4）：1-13.

[15]　李娜，刘喜梅，白恺，等. 梯次利用电池储能电站经济性评估方法研究 [J]. 可再生能源，2017，35（6）：926-932.

[16]　傅旭，李富春，杨欣，等. 基于全寿命周期成本的储能成本分析 [J]. 分布式能源，2020，5（3）：34-38.

[17]　JEONG IN L, I W LEE, SANG-H K. Economic analysis for energy trading system connected with Energy Storage System and renewable Energy Sources [C]. 2016 IEEE Transportation Electrification Conference and Expo, Asia-Pacific（ITEC Asia-Pacific），2016：693-696.

[18]　QIAN X, SHEN L, ZHANG S, et al. Economic Analysis of Customer-side Energy Storage Considering Multiple Profit Models [C]. 2019 IEEE 3rd International Electrical and Energy Conference（CIEEC），2019：963-967.

[19]　LIU Z X, ZHAO Y N, LI L, et al. Economic Analysis of Compressed Air Energy Storage System and its Application in Wind Farm [C]. 2018 2nd IEEE Conference on Energy Internet and Energy System Integration（EI2），2018：1-5.

［20］ NING Y, ZUO X X, WEI L, et al. Economic dispatch analysis of wind power integration into power system with energy storage systems ［C］. 2015 IEEE International Conference on Applied Superconductivity and E-lectromagnetic Devices (ASEMD), 2015：141-142.

［21］ HAN X J, WANG F, CHEN M J. Economic Evaluation of Micro-Grid System in Commercial Parks Based on Echelon Utilization Batteries ［J］. IEEE Access, 2019, 7：65624-65634.

［22］ JIAO D S, ZHANG J G, ZHU J, et al. Economic operation analysis of energy storage system based on eche-lon-use batteries ［C］. 2014 China International Conference on Electricity Distribution (CICED), 2014：499-503.

［23］ MERKURYEVA G, VECHERINSKA O. Simulation-Based Approach for Comparison of (s, Q) and (R, S) Replenishment Policies Utilization Efficiency in Multi-echelon Supply Chains ［C］. Tenth International Con-ference on Computer Modeling and Simulation (uksim 2008), 2008：434-440.

［24］ JIANG K, ZHANG X Z, SU L, et al. Comprehensive Economic Benefit Assessment Method and Example of Energy Storage Based on Power Grid ［C］. 2019 IEEE Sustainable Power and Energy Conference (iSPEC), 2019：2287-2292.

［25］ 施金亮. 投资项目经济评价理论与实务 ［M］. 上海：立信会计出版社，2010.

［26］ 李南. 工程经济学 ［M］. 北京：科学出版社，2013.

［27］ 证券时报 e 公司. 万亿超级市场！储能行业彻底火了，多省市力推！哪些公司站上风口？［EB/OL］. (2021-04-11) ［2022-03-15］. https://baijiahao.baidu.com/s? id=1696744803851587252&wfr=spider&for=pc.

［28］ 李德智，田世明，王伟福，等. 分布式储能的商业模式研究和经济性分析 ［J］. 供用电，2019，36 (4)：86-91.

［29］ 叶郴. 储能参与调峰调频的经济评估研究 ［D］. 长沙：湖南大学，2020.

［30］ 智见能源. 储能常见运用场景及收益模式浅析 ［EB/OL］. (2018-08-27) ［2022-03-15］. http://www.chinasmartgrid.com.cn/news/20180827/629847.shtml.

［31］ 远景能源. 复盘加州经验的四大特征中国储能可以学到什么？［EB/OL］. (2018-06-20) ［2022-03-15］. https://www.energytrend.cn/news/20180620-32343.html.

［32］ 比克电池三大优势强势破解退役电池这道题！［EB/OL］. (2019-10-08) ［2022-03-15］. http://www.zctpt.com/tongxin/146929.html.

［33］ 全钒液流电池在大型风电场混合储能应用实践 ［EB/OL］. (2016-05-13) ［2022-03-15］. https://chuneng.bjx.com.cn/news/20160513/733022.shtml.

［34］ 智慧能源. 不容忽视的蓝海——电化学储能市场 ［EB/OL］. (2018-04-24) ［2022-03-15］. https://chuneng.bjx.com.cn/news/20180424/893617.shtml.

［35］ 宋莉. 慧电储之峰 聚风光之能 ［N］. 科技日报，2014-12-22 (9).

［36］ 李倩. 电池储能技术的原理及电池储能技术的特点和主要用途 ［EB/OL］. (2018-06-26) ［2022-03-15］. http://www.elecfans.com/d/700353.html.

［37］ 河北张家口国家风光储输二期工程全面开工 ［EB/OL］. (2013-09-04) ［2022-03-15］. http://www.gov.cn/jrzg/2013-09/04/content_2481475.htm.

［38］ 刘英军，刘畅，王伟，等. 储能发展现状与趋势分析 ［J］. 中外能源，2017，22 (4)：80-88.

［39］ 丁屹峰. 用户侧储能关键技术及示范应用 ［EB/OL］. (2020-02-11) ［2022-03-15］. https://max.book118.com/html/2020/0210/7064056064002115.shtm.

［40］ 韩逸飞. 价格机制有望打开电网与储能间"死结"有必要出台针对新型储能的容量电价 ［EB/OL］. (2020-06-09) ［2022-03-15］. https://shoudian.bjx.com.cn/html/20210609/1157213.shtml.

［41］ 许弈飞，曹新雅. 动力电池梯级利用回收模式与应用研究 ［J］. 科技与创新，2018 (9)：111-112.

［42］ 贾晓峰，冯乾隆，陶志军，等. 动力电池梯次利用场景与回收技术经济性研究 ［J］. 汽车工程师，

2018（6）：14-19.

[43] 基于决策树的新能源电动汽车退役动力电池等级筛选方法与流程 [EB/OL]．（2021-08-13）［2022-03-15］．http://www.xjishu.com/zhuanli/55/202110525008.html.

[44] 动力电池梯次利用？恐怕有待进一步研究 [EB/OL]．（2015-06-05）［2022-03-15］．https://shoudian.bjx.com.cn/html/20150605/627299.shtml.

[45] 废旧动力蓄电池梯级利用 [EB/OL]．（2020-12-25）［2022-03-15］．https://wenku.baidu.com/view/d6b4ac9a2d60ddccda38376baf1ffc4fff47e2ce.html.

[46] 肖钢，梁嘉．规模化储能技术综论 [M]．武汉：武汉大学出版社，2017.

[47] 吴兰旭．动力梯次电池储能系统分拣技术研究 [J]．幸福生活指南，2020（6）：186-187.

[48] 张广慧．退役电池储能系统梯次应用研究 [D]．沈阳：沈阳工程学院，2018.

[49] 李建林，修晓青，刘道坦，等．计及政策激励的退役动力电池储能系统梯次应用研究 [J]．高电压技术，2015，41（8）：2562-2568.

[50] 侯兵．电动汽车动力电池回收模式研究 [D]．重庆：重庆理工大学，2015.

[51] 杨思蔚，杜光潮，王立新，等．废旧锂离子动力电池的拆解及梯次利用 [J]．世界有色金属，2021（19）：136-137.

[52] 周小飏．退役电池拿来做储能电站，国内首个电池整包梯次利用项目落地 [EB/OL]．（2019-08-08）［2022-03-15］．https://baijiahao.baidu.com/s？id=1641255044088496601&wfr=spider&for=pc.

[53] 李建林，李雅欣，吕超，等．退役动力电池梯次利用关键技术及现状分析 [J]．电力系统自动化，2020，44（13）：172-183.

[54] 王维．动力电池梯次开发利用及经济性研究 [D]．北京：华北电力大学，2015.

[55] 吕承阳．梯次利用电池状态评估方法研究 [D]．徐州：中国矿业大学，2020.

[56] 史学伟，马步云，吴劲芳，等．退役动力电池的快速筛选与检测研究 [C]//第三届智能电网会议论文集——智能用电．北京，2019：478-481.

[57] 潘福荣，张建赟，周子旺，等．用户侧电池储能系统的成本效益及投资风险分析 [J]．浙江电力，2019，38（5）：43-49.

[58] 梁琛，王鹏，韩肖清，等．计及系统动态可靠性评估的光伏电站储能经济配置 [J]．电网技术，2017，41（8）：2639-2646.

[59] 李德智，田世明，王伟福，等．分布式储能的商业模式研究和经济性分析 [J]．供用电，2019，36（4）：86-91.

[60] 曹敏，徐杰彦，巨健，等．用户侧储能设备参与电网辅助服务的技术经济性分析 [J]．电力需求侧管理，2019，21（1）：52-55.

主要符号表

拉丁字母符号	
A	年值 ［元］
C	成本/费用 ［元］
CI	现金流入 ［元］
CO	现金流出 ［元］
D	运行天数
E	期望值

（续）

拉丁字母符号	
F	终值［元］
i	年利率［%］
I	收益［元］
IRR	内部收益率［%］
k	费用系数
kap	调频性能指标
m	时间索引［月］
M	调频里程［MW］
N	现金流量［元］
NPV	净现值［元］
O	年平均停电时间［h］
p	电价［元］/概率［%］
P	现值［元］/功率［MW］
P_{es}	储能系统额定功率［MW］
Q^-	充电电量［MWh］
Q^+	放电电量［MWh］
S	设备容量［MWh］
S_{es}	储能系统额定容量［MWh］
T	火电机组的寿命［年］
T_b	基准投资回收期［年］
T_P	静态投资回收期［年］
$\hat{T}_P$	动态投资回收期［年］
W	消耗燃料量［MW］
希腊字母符号	
α	电池成本的年均下降比例
η	储能充/放电效率
θ	功率因数角
τ	电池更换次数
λ	可靠性评估系数
γ	储能系统回收系数

（续）

上/下标	
a	电池寿命周期
anc	辅助服务
ann	折算到年值
av	平均值
cd	低储高发
cha	储能系统充电
d	运行天数
dis	储能系统放电
equi	配电设备
es	额定值
ess	储能
fm	调频
fuel	燃料
g_1	火储联合系统调峰收益
g_2	火储联合系统调频收益
g_3	火储联合系统经济运行收益
g_4	火储联合系统减少投资收益
grid	电网
$grid_1$	电网侧储能调峰收益
$grid_2$	电网侧储能调频收益
$grid_3$	电网侧储能降低系统网损收益
$grid_4$	电网侧储能提高电网可靠性收益
$grid_5$	电网侧储能延缓电网升级扩容收益
h	小时
in	初始投资
load	负荷
loss	网损
n	储能项目周期
ng_1	储能促进新能源消纳收益
ng_2	储能与新能源联合调峰收益
ng_3	储能与新能源联合调频收益
ng_4	储能降低备用容量收益

（续）

上/下标	
om	运行维护
pr	调峰
spa	备用
t	年份
ther	火电装机
tr	变压器
user	用户
$user_1$	用户侧储能低储高发收益
$user_2$	用户侧储能减少容量收益
$user_3$	用户侧储能提高可靠性收益
$user_4$	用户侧储能提高电能质量收益
wres	减少新能源弃发量
x	交易周期索引